Volume 19

CRM MONOGRAPH SERIES

Centre de Recherches Mathématiques
Université de Montréal

Chirurgie des grassmanniennes

L. Lafforgue

The Centre de Recherches Mathématiques (CRM) of the Université de Montréal was created in 1968 to promote research in pure and applied mathematics and related disciplines. Among its activities are special theme years, summer schools, workshops, postdoctoral programs, and publishing. The CRM is supported by the Université de Montréal, the Province of Québec (FCAR), and the Natural Sciences and Engineering Research Council of Canada. It is affiliated with the Institut des Sciences Mathématiques (ISM) of Montréal, whose constituent members are Concordia University, McGill University, the Université de Montréal, the Université du Québec à Montréal, and the Ecole Polytechnique. The CRM may be reached on the Web at www.crm.umontreal.ca.

American Mathematical Society
Providence, Rhode Island USA

The production of this volume was supported in part by the Fonds pour la Formation de Chercheurs et l'Aide à la Recherche (Fonds FCAR) and the Natural Sciences and Engineering Research Council of Canada (NSERC).

2000 *Mathematics Subject Classification.* Primary 14N20, 52B40, 14M15, 15A75, 14M25, 14D20.

For additional information and updates on this book, visit
www.ams.org/bookpages/crmm-19

Library of Congress Cataloging-in-Publication Data

Lafforgue, Laurent.
Chirurgie des grassmanniennes / L. Lafforgue.
p. cm. — (CRM monograph series, ISSN 1065-8599 ; v. 19)
Includes bibliographical references.
ISBN 0-8218-3358-8 (acid-free paper)
1. Grassmann manifolds. 2. Matroids. 3. Compactifications. 4. Surgery (Topology) I. Title. II. Series.

QA613.6.L34 2003
514′.72—dc21 2003045105

∞ The paper used in this book is acid-free and falls within the guidelines
established to ensure permanence and durability.
This volume was submitted to the American Mathematical Society
in camera ready form by the Centre de Recherches Mathématiques.
Visit the AMS home page at `http://www.ams.org/`

10 9 8 7 6 5 4 3 2 1 08 07 06 05 04 03

Introduction

Le cadre général pour l'ensemble de ce texte consiste en un espace vectoriel de dimension finie (c'est-à-dire un module libre de rang fini sur $\mathbb{Z}$) gradué

$$E = E_0 \oplus E_1 \oplus \cdots \oplus E_n,$$

somme de $n+1$ facteurs directs E_α, $0 \leq \alpha \leq n$, et muni de toutes les sommes partielles

$$E_I = \bigoplus_{\alpha \in I} E_\alpha, \quad I \subseteq \{0, 1, \ldots, n\}.$$

Pour tout rang r, la grassmannienne

$$\mathrm{Gr}^{r,E} = \{F \hookrightarrow E \mid \dim F = r\}$$

est un schéma projectif et lisse sur $\operatorname{Spec} \mathbb{Z}$. Elle se décompose en strates localement fermées

$$\mathrm{Gr}_{\underline{d}}^{r,E} = \{F \hookrightarrow E \mid \dim(F \cap E_I) = d_I, \quad \forall\, I \subseteq \{0, \ldots, n\}\}$$

indexées par les familles $\underline{d} = (d_I)_{I \subseteq \{0,\ldots,n\}}$ d'entiers $d_I \in \mathbb{N}$ qui vérifient

– $d_\varnothing = 0$, $d_{\{0,\ldots,n\}} = r$,

– $d_I + d_J \leq d_{I \cup J} + d_{I \cap J}$, $\forall\, I, J$.

Dans la littérature mathématique, les familles $\underline{d} = (d_I)$ qui vérifient ces conditions sont appelées « matroïdes » de rang r sur $\{0, \ldots, n\}$ et les strates associées $\mathrm{Gr}_{\underline{d}}^{r,E}$ sont appelées « cellules de Schubert minces ». Il faut dire tout de suite qu'en général l'adhérence d'une cellule de Schubert mince dans $\mathrm{Gr}^{r,E}$ n'est pas réunion de cellules de Schubert minces et qu'on ne sait pas donner de conditions nécessaires et suffisantes sur un matroïde $\underline{d}$ pour que la strate $\mathrm{Gr}_{\underline{d}}^{r,E}$ ne soit pas vide. La condition

$$r - d_{\{0,\ldots,n\}-\{\alpha\}} = r_\alpha \leq \operatorname{rg} E_\alpha, \quad \forall\, \alpha,$$

est évidemment nécessaire mais elle n'est pas suffisante.

Quoi qu'il en soit, chaque strate $\mathrm{Gr}_{\underline{d}}^{r,E}$ est respectée par l'action du groupe $\mathrm{Aut}(E_0) \times \cdots \times \mathrm{Aut}(E_n) = \mathrm{Aut}(E_\bullet)$ et en particulier de son centre $\mathbb{G}_m^{n+1}$. L'action du tore $\mathbb{G}_m^{n+1}$ se factorise à travers un tore quotient $\mathbb{G}_m^{n+1}/(\mathbb{G}_m^{n+1})_{\underline{d}}$ qui agit librement et on peut introduire le schéma quasi projectif

$$\overline{\mathrm{Gr}}_{\underline{d}}^{r,E} = \mathrm{Gr}_{\underline{d}}^{r,E} / \big(\mathbb{G}_m^{n+1}/(\mathbb{G}_m^{n+1})_{\underline{d}}\big).$$

Ce texte a pour objet de présenter et d'étudier un procédé général de compactification équivariante de tous les schémas quotients $\overline{\mathrm{Gr}}_{\underline{d}}^{r,E}$. Pour illustrer cette problématique, il convient d'examiner quelques exemples :

Exemple 1. Si $E_\alpha = \mathbb{A}^r$, $0 \leq \alpha \leq n$, et $d_I = 0$, $\forall\, I \subsetneq \{0, \ldots, n\}$, $\mathrm{Gr}_{\underline{d}}^{r,E}$ classifie les sous-espaces de dimension r en position générale dans $(\mathbb{A}^r)^{n+1}$. Elle s'identifie à $\mathrm{GL}_r^{n+1}/\mathrm{GL}_r$ et on a

$$\overline{\mathrm{Gr}}_{\underline{d}}^{r,E} = \mathrm{PGL}_r^{n+1}/\mathrm{PGL}_r.$$

Le problème de construire des compactifications équivariantes des quotients $\mathrm{PGL}_r^{n+1}/\mathrm{PGL}_r$ est celui que l'auteur a rencontré en premier et qui l'a fait s'intéresser aux cellules de Schubert minces. Il y a été amené en cherchant à résoudre les singularités des compactifications des champs de chtoucas de Drinfeld avec structures de niveau. Le premier travail de l'auteur dans ce domaine est la prépublication [Lafforgue, 1998] qui traite le cas de $\mathrm{PGL}_r^3/\mathrm{PGL}_r$. Le procédé général de compactification des $\mathrm{PGL}_r^{n+1}/\mathrm{PGL}_r$ est introduit dans l'article [Lafforgue, 1999].

Il faut signaler que de son côté G. Faltings a rencontré le même problème de compactification équivariante des $\mathrm{PGL}_r^{n+1}/\mathrm{PGL}_r$ en voulant résoudre les singularités des modèles locaux des variétés de Shimura en les places de mauvaise réduction. Cela est déjà évoqué dans les remarques de conclusion de l'article [Faltings, 1997]. Postérieurement à l'article de l'auteur, il a proposé une construction dans l'article [Faltings, 2001]. Comme on va voir, il s'avère que bien que le principe de construction de Faltings soit très différent de celui de l'auteur, les objets auxquels on parvient sont identiques : c'est-à-dire que coïncident non seulement les « structures logarithmiques » ou « champs toriques » de base mais aussi les compactifications elles-mêmes.

Exemple 2. Si $r_\alpha = r - d_{\{0,\ldots,n\}-\{\alpha\}}$ est égal à 1 pour tout α, on appelle « espace de configurations du matroïde $\underline{d}$ » le sous-schéma localement fermé $C_{\underline{d}}^{r,n}$ de $(\mathbb{P}^{r-1})^{n+1}$ des familles de $n+1$ points $P_0, P_1, \ldots, P_n \in \mathbb{P}^{r-1}$ tels que pour toute partie $I \subseteq \{0,\ldots,n\}$, le sous-espace projectif de $\mathbb{P}^{r-1}$ engendré par les P_α, $\alpha \in I$, soit de dimension $r - d_{\{0,\ldots,n\}-I} - 1$.

Il est respecté par l'action du groupe projectif PGL_r et on introduit $\overline{C}_{\underline{d}}^{r,n} = C_{\underline{d}}^{r,n}/\mathrm{PGL}_r$. On a le théorème facile mais important :

Théorème ([Gel′fand et MacPherson, 1982]). *Si $r_\alpha = 1 = \mathrm{rg}\, E_\alpha$, $0 \le \alpha \le n$, l'application*

$$(F \hookrightarrow E = E_0 \oplus \cdots \oplus E_n) \mapsto \big(\mathrm{Ker}(F \twoheadrightarrow E_\alpha) \in \mathbb{P}(F^\vee)\big)_{\alpha=0}^{n}$$

induit un isomorphisme

$$\overline{\mathrm{Gr}}_{\underline{d}}^{r,E} \xrightarrow{\sim} \overline{C}_{\underline{d}}^{r,n}.$$

Remarques. – Comme Ofer Gabber l'a fait remarquer à l'auteur (citant en particulier le livre [Artin, 1957]), il résulte trivialement du théorème de Thalès que tout schéma intègre de type fini sur $\mathbb{Z}$ contient comme ouvert un espace $\overline{C}_{\underline{d}}^{3,n}$ de configurations de points dans le plan projectif. En effet, le théorème de Thalès dit que la multiplication et l'addition, donc aussi tout polynôme à coefficients entiers, se modélisent par des relations d'alignement dans le plan.

– Le mathématicien russe Nikolai Mnëv a démontré en 1986 que pour tout schéma X affine et de type fini sur $\mathbb{Z}$, il existe un entier N et un ouvert $U \hookrightarrow X \times \mathbb{A}^N$ dont la projection sur X est surjective et qui est de la forme $U \cong \overline{C}_{\underline{d}}^{3,n}$.

Il résulte du théorème de Gelfand et MacPherson et de ces remarques que déjà les $\overline{\mathrm{Gr}}_{\underline{d}}^{3,E}$ et *a fortiori* les $\overline{\mathrm{Gr}}_{\underline{d}}^{r,E}$ sont universels au sens des motifs et ont des singularités arbitraires. Il peut donc paraître déraisonnable de vouloir étudier les $\overline{\mathrm{Gr}}_{\underline{d}}^{r,E}$ en général et plus sage de se limiter aux schémas homogènes $\mathrm{PGL}_r^{n+1}/\mathrm{PGL}_r$

et à leurs compactifications. Mais il se produit que tous les schémas $\overline{\mathrm{Gr}}_{\underline{d}}^{r,E}$ sans exception vont apparaître comme « pierres de construction » des strates de bord des compactifications des $\mathrm{PGL}_r^{n+1}/\mathrm{PGL}_r$ et ne serait-ce que pour cette raison on est amené à les considérer tous.

Toutes les constructions de ce texte sont fondées sur le plongement de Plücker

$$\mathrm{Gr}^{r,E} \hookrightarrow \mathbb{P}(\Lambda^r E).$$

La graduation de l'espace E induit une graduation canonique de ses puissances extérieures

$$\Lambda^r E = \bigoplus_{\underline{i}\in S^{r,n}} \Lambda^{\underline{i}} E_\bullet$$

indexée par $S^{r,n} = \{\underline{i} = (i_0,\ldots,i_n) \in \mathbb{N}^{n+1} \mid i_0 + \cdots + i_n = r\}$ et où les facteurs directs sont les $\Lambda^{\underline{i}} E_\bullet = \Lambda^{i_0} E_0 \otimes \cdots \otimes \Lambda^{i_n} E_n$.

Si $\underline{d} = (d_I)_{I\subseteq\{0,\ldots,n\}}$ est un matroïde de rang r, on lui associe le polyèdre convexe

$$S_{\mathbb{R}} = \left\{ (i_0,\ldots,i_n) \in \mathbb{R}_+^{n+1} \;\middle|\; i_0 + \cdots + i_n = r \text{ et } \sum_{\alpha\in I} i_\alpha \geq d_I,\ \forall I \right\}$$

et son sous-ensemble $S = S_{\mathbb{R}} \cap \mathbb{N}^{n+1} = S_{\mathbb{R}} \cap S^{r,n}$ des points entiers. Dans le présent texte, les ensembles $S_{\mathbb{R}}$ ou S associés à des matroïdes $\underline{d}$ seront appelés des « convexes entiers » (dans la littérature mathématique sur le sujet que l'auteur n'a commencé à découvrir que tardivement, on parle plutôt de « polytopes de matroïdes »). Ils apparaissent dans l'étude des cellules de Schubert minces à cause de la proposition fondamentale suivante :

PROPOSITION. *Si $S \subseteq S^{r,n}$ est un convexe entier associé à un matroïde $\underline{d}$, alors dans la grassmannienne*

$$\mathrm{Gr}^{r,E} \hookrightarrow \mathbb{P}(\Lambda^r E) = \left\{ (x_{\underline{i}})_{\underline{i}\in S^{r,n}} \in \mathbb{G}_m \middle\backslash \left(\prod_{\underline{i}} \Lambda^{\underline{i}} E_\bullet - \{0\} \right) \right\},$$

la cellule de Schubert mince $\mathrm{Gr}_{\underline{d}}^{r,E}$ est définie comme sous-schéma localement fermé par

$$x_{\underline{i}} = 0, \quad \forall\, \underline{i} \notin S,$$
$$x_{\underline{i}} \neq 0, \quad \forall\, \underline{i} \in S.$$

Voici les propriétés des convexes entiers qui sont importantes pour ce que nous allons faire :

(1) Si $S_{\mathbb{R}}$ et S sont associés à un matroïde $\underline{d} = (d_I)$, on a pour toute partie I de $\{0,\ldots,n\}$

$$d_I = \min\left\{ \sum_{\alpha\in I} i_\alpha \;\middle|\; \underline{i} = (i_0,\ldots,i_n) \in S \right\}$$

et $S_{\mathbb{R}}$ est le polyèdre convexe engendré par l'ensemble fini S.

La théorie des matroïdes est donc équivalente à celle des convexes entiers S ou $S_{\mathbb{R}}$. Dans tout le texte, on adoptera le point de vue des convexes entiers qui est meilleur pour nous (il permet de parler de faces, de pavages, ...) et on notera $\mathrm{Gr}_S^{r,E}$, $\overline{\mathrm{Gr}}_S^{r,E}$, ...au lieu de $\mathrm{Gr}_{\underline{d}}^{r,E}$, $\overline{\mathrm{Gr}}_{\underline{d}}^{r,E}$, ...

(2) Les faces d'un convexe entier sont des convexes entiers.

(3) Un polyèdre convexe qui admet un pavage par des convexes entiers est un convexe entier.

(4) Si $S \subseteq S^{r,n}$ est un convexe entier de dimension ($= \dim S_{\mathbb{R}}$) $n-p$, il existe une décomposition canonique

$$\{0,\ldots,n\} = J_0 \amalg \cdots \amalg J_p, \quad r = r_0 + \cdots + r_p,$$
$$S = S^0 \times \cdots \times S^p, \quad S_{\mathbb{R}} = S^0_{\mathbb{R}} \times \cdots \times S^p_{\mathbb{R}},$$

où chaque S^i est un « pavé entier » (c'est-à-dire un convexe entier de dimension maximale $n_i = |J_i| - 1$) dans

$$S^{r_i,n_i} = \left\{ (i_\alpha)_{\alpha \in J_i} \in \mathbb{N}^{J_i} \;\middle|\; \sum_{\alpha \in J_i} i_\alpha = r_i \right\}.$$

(5) Tout pavé entier $S \subseteq S^{r,n}$ contient une base du réseau des points entiers.

Revenant aux coordonnées de Plücker, la proposition fondamentale ci-dessus est complétée par le lemme tout aussi fondamental :

Lemme. *Si $S \subseteq S^{r,n}$ est un convexe entier et S' est une face de S, l'oubli des coordonnées en dehors de S'*

$$\mathbb{G}_m \Big\backslash \prod_{\underline{i} \in S} (\Lambda^{\underline{i}} E_\bullet - \{0\}) \to \mathbb{G}_m \Big\backslash \prod_{\underline{i} \in S'} (\Lambda^{\underline{i}} E_\bullet - \{0\})$$
$$(x_{\underline{i}})_{\underline{i} \in S} \mapsto (x_{\underline{i}})_{\underline{i} \in S'}$$

définit un morphisme

$$\mathrm{Gr}^{r,E}_S \to \mathrm{Gr}^{r,E}_{S'}.$$

Quand S' est définie dans S par une seule équation $\sum_{\alpha \in I} i_\alpha = d^S_I$, il s'écrit

$$(F \hookrightarrow E) \mapsto \big((F \cap E_I \oplus F/F \cap E_I) \hookrightarrow E_I \oplus E/E_I = E\big).$$

Cette proposition et ce lemme permettent de poser la définition suivante qui a fasciné l'auteur depuis qu'il s'en est aperçu en 1997 :

Définition. Si $\underline{S}$ est un pavage d'un convexe entier $S \subseteq S^{r,n}$ tel que pour toutes cellules S' et S'', $S' \cap S''$ est une face à la fois de S' et S'', on introduit le sous-schéma fermé

$$\mathrm{Gr}^{r,E}_{\underline{S}} \hookrightarrow \mathbb{G}_m \Big\backslash \prod_{\underline{i} \in S} (\Lambda^{\underline{i}} E_\bullet - \{0\})$$

des familles de vecteurs non nuls $(x_{\underline{i}} \in \Lambda^{\underline{i}} E_\bullet)_{\underline{i} \in S}$ telles que pour toute cellule S' de $\underline{S}$, la sous-famille $(x_{\underline{i}})_{\underline{i} \in S'}$ définisse un point de $\mathrm{Gr}^{r,E}_{S'}$.

Si l'on fait décrire à S' l'ensemble des « facettes » du pavage $\underline{S}$ (c'est-à-dire l'ensemble des cellules de $\underline{S}$ et de leurs faces de toutes les dimensions), partiellement ordonné par la relation de face, il résulte du lemme précédent que les cellules de Schubert minces correspondantes $\mathrm{Gr}^{r,E}_{S'}$ constituent un système projectif fini, et le schéma $\mathrm{Gr}^{r,E}_{\underline{S}}$ n'est autre que la limite projective de ce système.

On note $(d^S_I)_{I \subseteq \{0,\ldots,n\}}$ l'unique matroïde dont provient un convexe entier S. Presque par définition, les schémas $\mathrm{Gr}^{r,E}_{\underline{S}}$ ont la description modulaire suivante :

Corollaire. *Le schéma quasi projectif $\mathrm{Gr}^{r,E}_{\underline{S}}$ classifie les familles $(F_{S'})$ de sous-espaces de E indexés par les cellules S' de $\underline{S}$ telles que :*

- $\dim(F_{S'} \cap E_I) = d_I^{S'}$, $\forall\, I$, $\forall\, S'$,
- *si* S' *et* S'' *sont deux cellules ayant une face commune définie par une équation* $\sum_{\alpha \in I} i_\alpha = d_I^{S'} = r - d_J^{S''}$ *(avec* $J = \{0, \ldots, n\} - I$*), on a les égalités croisées*

$$F_{S'} \cap E_I = F_{S''}/F_{S''} \cap E_J \quad \textit{dans } E_I = E/E_J,$$
$$F_{S''} \cap E_J = F_{S'}/F_{S'} \cap E_I \quad \textit{dans } E_J = E/E_I,$$

entre sous-objets et objets quotients dans les deux suites exactes

$$0 \to F_{S'} \cap E_I \to F_{S'} \to F_{S'}/F_{S'} \cap E_I \to 0,$$
$$0 \to F_{S''} \cap E_J \to F_{S''} \to F_{S''}/F_{S''} \cap E_J \to 0.$$

L'étape suivante dans les constructions consiste à « mettre en famille » les schémas $\mathrm{Gr}_{\underline{S}}^{r,E}$ associés aux différents pavages $\underline{S}$ d'un même convexe entier $S \subseteq S^{r,n}$. On commence par « mettre en famille » les pavages eux-mêmes en construisant un « champ torique » $\mathcal{A}^S/\mathcal{A}_\varnothing^S$ (le champ quotient d'une variété torique $\mathcal{A}^S$ par son tore $\mathcal{A}_\varnothing^S$) dont ils sont les points :

Si $\underline{S}$ est un pavage de S par des convexes entiers, on note $\mathcal{C}_{\underline{S}}^S \subseteq \mathbb{R}^S$ le cône des fonctions « convexes »

$$v \colon S \to \mathbb{R}$$

telles que, pour toute cellule S' de $\underline{S}$, il existe une fonction affine $\ell \colon S \to \mathbb{R}$ vérifiant $\ell \leq v$ et $S' = \{\underline{i} \in S \mid \ell(\underline{i}) = v(\underline{i})\}$.

Quand $\mathcal{C}_{\underline{S}}^S$ n'est pas vide, on dit que $\underline{S}$ est un « pavage entier convexe » de S. Si $\varnothing$ désigne le pavage trivial de S, $\mathcal{C}_\varnothing^S$ est le sous-espace des fonctions affines $\ell \colon S \to \mathbb{R}$; tous les cônes $\mathcal{C}_{\underline{S}}^S$ sont stabilisés par $\mathcal{C}_\varnothing^S$.

On montre que la famille des cônes quotients $\mathcal{C}_{\underline{S}}^S/\mathcal{C}_\varnothing^S \subset \mathbb{R}^S/\mathcal{C}_\varnothing^S$ constitue un éventail et donc définit une variété torique $\mathcal{A}^S$ de tore le quotient $\mathcal{A}_\varnothing^S = \mathbb{G}_m^S/(\mathbb{G}_m^S)_\varnothing$ de $\mathbb{G}_m^S$ par le sous-tore $(\mathbb{G}_m^S)_\varnothing$ des fonctions affines $S \to \mathbb{G}_m$. Les orbites $\mathcal{A}_{\underline{S}}^S$ sont indexées par les pavages entiers convexes $\underline{S}$ de S et, étant donnés deux pavages $\underline{S}$ et $\underline{U}$, on a $\mathcal{A}_{\underline{S}}^S \subset \overline{\mathcal{A}_{\underline{U}}^S}$ si et seulement si $\underline{S}$ raffine $\underline{U}$.

Comme Valery Alexeev l'a fait remarquer à l'auteur, le livre [Gel′fand, Kapranov et Zelevinsky, 1994] contient la construction, pour tout polyèdre convexe engendré par ses points entiers, de la variété torique de ses pavages par des polyèdres convexes engendrés par leurs points entiers. Dans le cas d'un convexe entier (en notre sens) S, la variété torique $\mathcal{A}^S$ est simplement un ouvert dans celle de Gelfand, Kapranov et Zelevinsky ; son existence résulte de la propriété (3) des convexes entiers. Valery Alexeev a également appris à l'auteur que les éventails de fonctions convexes qui définissent les variétés toriques de pavages ont été introduits dès 1907 dans l'article [Voronoï, 1907].

Le premier théorème de ce texte est qu'on peut mettre en famille les schémas $\mathrm{Gr}_{\underline{S}}^{r,E}$ associés aux pavages entiers convexes $\underline{S}$ de S pour obtenir une compactification de $\overline{\mathrm{Gr}}_S^{r,E}$:

THÉORÈME. *Dans le schéma produit*

$$\mathcal{A}^S \times \mathbb{G}_m \Big\backslash \prod_{\underline{i} \in S} (\Lambda^{\underline{i}} E_\bullet - \{0\}),$$

il existe un sous-schéma fermé $\Omega^{S,E}$ *tel que :*

(i) $\Omega^{S,E}$ *est invariant par* $\mathrm{Aut}(E_\bullet) = \mathrm{Aut}(E_0) \times \cdots \times \mathrm{Aut}(E_n)$ *et par* $\mathbb{G}_m^S/\mathbb{G}_m$ *(agissant sur* $\mathcal{A}^S$ *via* $\lambda \mapsto \lambda^{-1}$ *et sur le second facteur coordonnée par coordonnée).*

(ii) *La fibre de* $\Omega^{S,E}$ *au-dessus de* $1 \in \mathcal{A}^S_\varnothing \subset \mathcal{A}^S$ *est*

$$\mathrm{Gr}_S^{r,E}.$$

(iii) *Plus généralement, la fibre de* $\Omega^{S,E}$ *au-dessus du point distingué* $\alpha_{\underline{S}}$ *de l'orbite* $\mathcal{A}^S_{\underline{S}}$ *associée à un pavage* $\underline{S}$ *est*

$$\mathrm{Gr}_{\underline{S}}^{r,E}.$$

(iv) *Le quotient* $\overline{\Omega}^{S,E}$ *de* $\Omega^{S,E}$ *par l'action libre de* $\mathbb{G}_m^S/\mathbb{G}_m$ *est un schéma* projectif. *Il est muni d'un morphisme*

$$\overline{\Omega}^{S,E} \to \mathcal{A}^S/\mathcal{A}^S_\varnothing$$

et donc de strates localement fermées $\overline{\Omega}^{S,E}_{\underline{S}}$ *qui sont les images réciproques des points* $\mathcal{A}^S_{\underline{S}}/\mathcal{A}^S_\varnothing$ *de* $\mathcal{A}^S/\mathcal{A}^S_\varnothing$. *Sa strate ouverte est*

$$\overline{\Omega}^{S,E}_\varnothing = \mathrm{Gr}_S^{r,E}/(\mathbb{G}_m^S)_\varnothing = \overline{\mathrm{Gr}}_S^{r,E}.$$

Bien sûr, ce théorème définit le fermé $\Omega^{S,E}$ de manière unique comme ensemble mais *a priori* pas comme schéma. Pour lever toute ambiguïté, on définit $\Omega^{S,E}$ par des familles explicites d'équations obtenues en « tordant » les équations de Plücker au moyen des caractères de $\mathcal{A}^S$. On renvoie pour cela au paragraphe 2.3.

Dans le cas particulier des espaces de configurations, c'est-à-dire quand $\mathrm{rg}\, E_\alpha = 1 = r_\alpha$, $0 \leq \alpha \leq n$, on note simplement $\overline{\Omega}^S$ au lieu de $\overline{\Omega}^{S,E}$.

Tout de suite après la construction des schémas $\overline{\Omega}^{S,E}$, il convient de donner leurs propriétés fonctorielles dont voici les plus importantes :

Les morphismes de faces. Si S' est une face de S, on a des morphismes naturels s'inscrivant dans un diagramme commutatif :

$$\begin{array}{ccc} \overline{\Omega}^{S,E} & \longrightarrow & \overline{\Omega}^{S',E} \\ \downarrow & & \downarrow \\ \mathcal{A}^S/\mathcal{A}^S_\varnothing & \longrightarrow & \mathcal{A}^{S'}/\mathcal{A}^{S'}_\varnothing \end{array}$$

Le morphisme du haut prolonge $\mathrm{Gr}_S^{r,E} \to \mathrm{Gr}_{S'}^{r,E}$ et celui du bas associe à tout pavage entier convexe de S le pavage induit de la face S'.

Les isomorphismes de factorisation. Si $S \subseteq S^{r,n}$ est un convexe entier de dimension $n-p$ avec les décompositions associées $\{0,\ldots,n\} = J_0 \amalg \cdots \amalg J_p$, $S = S^0 \times \cdots \times S^p$, on a des isomorphismes canoniques compatibles :

$$\begin{array}{ccc} \overline{\Omega}^{S,E} & \xrightarrow{\sim} & \overline{\Omega}^{S^0,E_{J_0}} \times \cdots \times \overline{\Omega}^{S^p,E_{J_p}} \\ \downarrow & & \downarrow \\ \mathcal{A}^S/\mathcal{A}^S_\varnothing & \xrightarrow{\sim} & \mathcal{A}^{S^0}/\mathcal{A}^{S^0}_\varnothing \times \cdots \times \mathcal{A}^{S^p}/\mathcal{A}^{S^p}_\varnothing \end{array}$$

En particulier, les pavages entiers convexes de S sont les produits de pavages entiers convexes de $S^0, \ldots, S^p$.

Dans le cas des espaces de configurations, les composés des morphismes de faces et de factorisation compactifient les morphismes d'oubli d'une partie des points d'une configuration ou de passage à la configuration quotient par le sous-espace projectif engendré par une sous-famille.

On peut citer aussi :

Les isomorphismes de dualité. Si $r^\vee = \operatorname{rg} E - r$, l'isomorphisme

$$\mathrm{Gr}^{r,E} \xrightarrow{\sim} \mathrm{Gr}^{r^\vee,E^\vee}$$

$$(F \hookrightarrow E) \mapsto (F^\perp \hookrightarrow E^\vee) = \mathrm{Ker}(E^\vee \twoheadrightarrow F^\vee)$$

induit des isomorphismes entre cellules de Schubert minces

$$\mathrm{Gr}_S^{r,E} \xrightarrow{\sim} \mathrm{Gr}_{S^\vee}^{r^\vee,E^\vee}$$

qui se prolongent naturellement aux compactifications :

$$\begin{array}{ccc} \overline{\Omega}^{S,E} & \xrightarrow{\sim} & \overline{\Omega}^{S^\vee,E^\vee} \\ \downarrow & & \downarrow \\ \mathcal{A}^S/\mathcal{A}^S_\varnothing & \xrightarrow{\sim} & \mathcal{A}^{S^\vee}/\mathcal{A}^{S^\vee}_\varnothing \end{array}$$

La première question que pose le théorème ci-dessus est la suivante :

QUESTION 1. *Pour $E = E_0 \oplus \cdots \oplus E_n$, r et $S \subseteq S^{r,n}$ arbitraires, est-il vrai ou faux que la strate ouverte $\overline{\Omega}_\varnothing^{S,E} = \overline{\mathrm{Gr}}_S^{r,E}$ est schématiquement dense dans $\overline{\Omega}^{S,E}$?*

L'auteur ne connaît pas de contre-exemple. Mais il ne sait pas démontrer que la réponse est affirmative, même dans les « situations génériques » comme les compactifications des $\mathrm{PGL}_r^{n+1}/\mathrm{PGL}_r$ ou des espaces de configurations de $n+1$ points en position générale dans $\mathbb{P}^{r-1}$. Il est clair que le théorème rend compte au moins en partie du phénomène selon lequel l'adhérence d'une cellule de Schubert mince n'est pas en général une réunion de cellules de Schubert minces (voir le corollaire 2.11). En un sens, la question 1 consiste à se demander s'il en rend compte complètement ou non.

Dans ce texte, on montre que $\overline{\Omega}_\varnothing^{S,E} = \overline{\mathrm{Gr}}_S^{r,E}$ est schématiquement dense dans $\overline{\Omega}^{S,E}$ seulement dans les cas $n \leq 2$ ou $r = 2$ comme conséquence d'une propriété beaucoup plus forte :

THÉORÈME. *Si $n+1 \leq 3$ ou bien si $r = 2$, on a :*

(i) *Le morphisme de structure $\overline{\Omega}^{S,E} \to \mathcal{A}^S/\mathcal{A}^S_\varnothing$ est lisse.*

(ii) *Pour toute face S' de S, le morphisme*

$$\overline{\Omega}^{S,E} \to \overline{\Omega}^{S',E} \times_{\mathcal{A}^{S'}/\mathcal{A}^{S'}_\varnothing} \mathcal{A}^S/\mathcal{A}^S_\varnothing$$

est lisse.

REMARQUES. – Si $r = 2$ ou $n+1 = 2$, les variétés toriques $\mathcal{A}^S$ sont toujours lisses si bien que l'assertion (i) signifie que les $\overline{\Omega}^{S,E}$ sont lisses sur $\operatorname{Spec} \mathbb{Z}$ et que leurs bords sont des diviseurs à croisements normaux relatifs. En revanche, si $n+1 = 3$, les variétés toriques $\mathcal{A}^S$ ne sont pas lisses en général et les schémas $\overline{\Omega}^{S,E}$ ont les mêmes singularités qu'elles.

– Si $r = 2$ et $\operatorname{rg} E_\alpha = 1 = r_\alpha$, $0 \leq \alpha \leq n$, les espaces de configurations $\overline{\Omega}^S_\varnothing = \overline{\mathrm{Gr}}^{2,E}_S = \overline{C}^{2,n}_S$ s'identifient aux espaces de modules $\mathcal{M}_{0,n+1}$ de courbes de genre 0 (isomorphes à $\mathbb{P}^1$) avec $n+1$ points marqués, et les schémas projectifs $\overline{\Omega}^S$ s'identifient aux compactifications $\overline{\mathcal{M}}_{0,n+1}$ construites par Grothendieck et Knudsen. Il faut signaler ici que la description de la combinatoire des strates de bord de $\overline{\mathcal{M}}_{0,n+1}$ en termes de pavages de $S = \big\{(i_\alpha)_{\alpha=0}^n \bigm| 0 \leq i_\alpha \leq 1,\ \forall\, \alpha \text{ et } \sum i_\alpha = 2\big\}$ figure déjà dans l'article [Kapranov, 1993]. Plus généralement, Kapranov y construit des compactifications de tous les espaces de configurations « génériques », c'est-à-dire classifiant les familles de $n+1$ points en position générale dans $\mathbb{P}^{r-1}$, et montre qu'à chaque point du bord est associé un pavage (entier convexe dans notre terminologie) de l'« hypersimplexe » $S = \big\{(i_\alpha)_{\alpha=0}^n \bigm| 0 \leq i_\alpha \leq 1,\ \forall\, \alpha \text{ et } \sum i_\alpha = r\big\}$. C'est la même description combinatoire que pour les strates des $\overline{\Omega}^S$ correspondants mais l'auteur ignore encore quelle est la relation exacte entre les compactifications de Kapranov et les siennes dans la même situation.

– Si $r = 2$, $E_\alpha = \mathbb{A}^2$, $\forall\, \alpha$ et $S = S^{2,n}$, $\overline{\Omega}^{S,E}$ est une compactification équivariante et lisse de $\mathrm{PGL}_2^{n+1}/\mathrm{PGL}_2$. Ces compactifications sont aussi construites par une autre méthode dans l'article [Faltings, 2001] qui contient la première preuve correcte de leur lissité.

– Si $n = 1$, $E_\alpha = \mathbb{A}^r$, $\alpha \in \{0,1\}$ et $S = S^{r,1}$, $\overline{\Omega}^{S,E}$ est la compactification de De Concini et Procesi de $\mathrm{PGL}_r^2/\mathrm{PGL}_r$. On remarque que ces compactifications font donc partie de la même théorie que les $\overline{\mathcal{M}}_{0,n+1}$.

– Si $n = 2$, $E_\alpha = \mathbb{A}^r$, $\alpha \in \{0,1,2\}$ et $S = S^{r,2}$, $\overline{\Omega}^{S,E}$ est une compactification équivariante de $\mathrm{PGL}_r^3/\mathrm{PGL}_r$ qui est lisse sur le champ torique des pavages du triangle $S^{r,2} = \{(i_0,i_1,i_2) \in \mathbb{N}^3 \mid i_0+i_1+i_2 = r\}$. Elle a été introduite dans la prépublication [Lafforgue, 1998] qui contient une preuve des propriétés de lissité différente de celle donnée dans le paragraphe 3.5 du présent texte. Munie des 3 morphismes de faces, elle compactifie la multiplication dans PGL_r. Cela permet de compactifier aussi le revêtement de Lang de PGL_r au-dessus d'un corps fini. On renvoie au paragraphe III.3c de l'article [Lafforgue, 2002] pour une application de cette construction à la résolution des singularités des compactifications des champs de chtoucas de Drinfeld avec structures de niveau sans multiplicités.

Dans l'article [Lafforgue, 1999], on prétendait et on croyait démontrer que dans le cas des compactifications des $\mathrm{PGL}_r^{n+1}/\mathrm{PGL}_r$ le morphisme de structure

$$\overline{\Omega}^{S,E} \to \mathcal{A}^S/\mathcal{A}^S_\varnothing$$

est toujours lisse. Cet énoncé est encore vrai pour $\mathrm{PGL}_3^4/\mathrm{PGL}_3$ mais il est faux en général. Le premier contre-exemple est $\mathrm{PGL}_4^4/\mathrm{PGL}_4$ où le morphisme de structure n'est pas plat (même sur $\mathbb{Q}$). On peut remarquer aussi que chaque fois que la strate ouverte d'un $\overline{\Omega}^{S,E}$ est non vide en caractéristique 0 mais que certaines strates de bord n'existent qu'en caractéristique p (ce qui se produit pour les compactifications des $\mathrm{PGL}_r^{n+1}/\mathrm{PGL}_r$ ou des espaces de configurations génériques quand $r \geq 3$ et que n est assez grand), le morphisme de structure considéré au-dessus de $\mathbb{Z}_p$ ou même de $\mathbb{F}_p = \mathbb{Z}/p\mathbb{Z}$ ne peut être plat.

D'autre part, il résulte du théorème de Mnëv que déjà dans le cas des espaces de configurations de points dans le plan projectif la fibre générique du morphisme de structure

$$\overline{\Omega}^{S,E} \to \mathcal{A}^S/\mathcal{A}^S_\varnothing$$

peut avoir des singularités arbitraires.

Cependant, pour que la théorie générale des schémas $\overline{\Omega}^{S,E}$ devienne intéressante, il faudrait certainement pouvoir produire des familles « grandes » (disons par exemple universelles au sens des motifs) de schémas $\overline{\Omega}^{S,E}$ dont on sache décrire et résoudre les singularités. Et l'auteur ne voit pas quelle autre propriété on pourrait demander que la lissité du morphisme de structure $\overline{\Omega}^{S,E} \to \mathcal{A}^S/\mathcal{A}^S_\varnothing$ considéré au-dessus de $\mathbb{Q}$ ou de $\mathbb{F}_p$.

Voici une première idée simple qu'on peut avoir pour essayer de construire des schémas $\overline{\Omega}^S$ lisses sur leur base $\mathcal{A}^S/\mathcal{A}^S_\varnothing$ à partir d'un espace de configurations arbitraire $\overline{C}^{3,n_0}_{S_0}$ dans le plan projectif $\mathbb{P}^2$ et d'un point générique η de $\overline{C}^{3,n_0}_{S_0}$. Ajoutons aux configurations de $\overline{C}^{3,n_0}_{S_0}$ tous les points d'intersection de paires de droites reliant des points de la configuration, et mettons sur l'ensemble des anciens et des nouveaux points toutes les relations d'alignement ou de non-alignement qui sont vérifiées en η. Cela définit un nouvel espace de configurations $\overline{C}^{3,n_1}_{S_1}$ qui est relié au précédent par le morphisme d'oubli des nouveaux points

$$\overline{C}^{3,n_1}_{S_1} \to \overline{C}^{3,n_0}_{S_0};$$

ce morphisme est une immersion localement fermée dont l'image contient η. On peut recommencer la même construction à partir de $\overline{C}^{3,n_1}_{S_1}$ et obtenir ainsi une tour infinie

$$\cdots \hookrightarrow \overline{C}^{3,n_2}_{S_2} \hookrightarrow \overline{C}^{3,n_1}_{S_1} \hookrightarrow \overline{C}^{3,n_0}_{S_0}$$

d'espaces de configurations $\overline{C}^{3,n_k}_{S_k}$ de plus en plus fins. Tous contiennent η mais deviennent arbitrairement petits. Il est clair qu'après un nombre fini de pas ils sont lisses sur le corps de base $\mathbb{Q}$ ou $\mathbb{F}_p$. Passant maintenant à nos compactifications $\overline{\Omega}^{S_k}$ des $\overline{C}^{3,n_k}_{S_k}$, elles s'ordonnent en une tour

$$\begin{array}{ccccccc}
\cdots \longrightarrow & \overline{\Omega}^{S_2} & \longrightarrow & \overline{\Omega}^{S_1} & \longrightarrow & \overline{\Omega}^{S_0} \\
& \downarrow & & \downarrow & & \downarrow \\
\cdots \longrightarrow & \mathcal{A}^{S_2}/\mathcal{A}^{S_2}_\varnothing & \longrightarrow & \mathcal{A}^{S_1}/\mathcal{A}^{S_1}_\varnothing & \longrightarrow & \mathcal{A}^{S_0}/\mathcal{A}^{S_0}_\varnothing
\end{array}$$

qui prolonge la précédente et où les morphismes de transition sont des morphismes de faces.

QUESTION 2. *Se plaçant sur $\mathbb{Q}$ ou sur $\mathbb{F}_p$, est-il vrai ou faux que dans la construction ci-dessus, la compactification $\overline{\Omega}^{S_k}$ de $\overline{C}^{3,n_k}_{S_k}$ devient automatiquement lisse sur $\mathcal{A}^{S_k}/\mathcal{A}^{S_k}_\varnothing$ dès que k est assez grand ?*

Si la réponse à cette question était affirmative sur $\mathbb{F}_p$, cela impliquerait une forme de résolution des singularités en caractéristique p d'après le théorème 3.10 du paragraphe 3.3 auquel nous renvoyons (et le théorème de résolution équivariante des singularités pour les variétés toriques).

Bien que jusqu'à présent nous ne sachions rien dire de la géométrie des schémas projectifs $\overline{\Omega}^{S,E}$ généraux et qu'en particulier nous ignorions la réponse aux questions 1 et 2, nous montrons dans ce texte que pour tout convexe entier S, $\overline{\Omega}^{S,E}$ est solution de deux problèmes de modules différents (et même de quatre si on tient compte des isomorphismes de dualité) associés à S. L'auteur a été amené à ces caractérisations modulaires par l'étude du travail de Faltings sur les compactifications des $\mathrm{PGL}_r^{n+1}/\mathrm{PGL}_r$.

Rappelons quel est le point de vue de Faltings.

Il part d'un point g de $\mathrm{PGL}_r^{n+1}/\mathrm{PGL}_r$ à valeurs dans le corps des fractions K d'un anneau de valuation discrète A et il cherche à le prolonger sur A d'une manière ou d'une autre. Pour cela, il relève ce point en un $(g_0, \ldots, g_n) \in \mathrm{GL}_r^{n+1}(K)$ et il considère les positions relatives des réseaux $M_\alpha = g_\alpha(A^r)$, $0 \leq \alpha \leq n$, dans K^r. À multiplication près par des puissances de l'uniformisante, les réseaux de la forme $M = \lambda_0 \cdot M_0 + \cdots + \lambda_n \cdot M_n$ avec $\lambda_0, \ldots, \lambda_n \in K^\times$, sont en nombre fini, et les fibrés projectifs associés $\mathbb{P}(M)$ sur $\operatorname{Spec} A$ ont la même fibre générique $\mathbb{P}(K^r)$. L'adhérence schématique P_g de la diagonale $\mathbb{P}(K^r)$ dans le produit des $\mathbb{P}(M)$ est un schéma projectif et plat sur $\operatorname{Spec} A$ que Faltings appelle un « schéma de Deligne ». Il montre que P_g est semi-stable c'est-à-dire régulier avec un diviseur à croisements normaux pour fibre spéciale. Cependant, la formation du schéma de Deligne P_g ne commute pas avec les changements de base $A \to A'$ par des anneaux de valuation discrète A' ramifiés sur A. Faltings construit alors un autre schéma $P_{\min}$ projectif et plat sur $\operatorname{Spec} A$ qu'il appelle un « modèle minimal de l'espace projectif » et qui est une contraction de P_g au sens qu'il est muni d'un morphisme birationnel surjectif $P_g \to P_{\min}$ dont la restriction au-dessus de $\operatorname{Spec} K$ est un isomorphisme. Le schéma $P_{\min}$ n'est plus semi-stable et a des singularités toroïdales mais sa formation commute aux changements de base. Mieux, Faltings construit une compactification $\overline{\Omega}$ de $\mathrm{PGL}_r^{n+1}/\mathrm{PGL}_r$ munie d'une fibration projective et plate P telle que tout modèle minimal $P_{\min}$ se déduit de P par le morphisme de changement de base $\operatorname{Spec} A \to \overline{\Omega}$ qui prolonge le point donné $\operatorname{Spec} K \to \mathrm{PGL}_r^{n+1}/\mathrm{PGL}_r$.

Au chapitre 5, nous construisons des fibrations projectives et plates généralisant celles de Faltings sur tous les schémas $\overline{\Omega}^{S,E}$ (pas seulement les compactifications des $\mathrm{PGL}_r^{n+1}/\mathrm{PGL}_r$), nous décrivons leur géométrie et nous montrons qu'elles sont universelles relativement à un certain problème de modules.

Avant cela, on introduit et étudie au chapitre 4 un autre problème de modules, différent mais équivalent en définitive, et qui apparaît comme un intermédiaire naturel pour passer de la première construction des $\overline{\Omega}^{S,E}$ à leurs fibrations projectives universelles.

Afin de formuler ces deux problèmes de modules, on a besoin d'introduire une seconde variété torique $\widetilde{\mathcal{A}}^S$ plus fine que celle $\mathcal{A}^S$ des pavages d'un convexe entier $S \subseteq S^{r,n}$.

Si $\underline{S}$ est un pavage entier convexe de S et S' une facette de $\underline{S}$ (c'est-à-dire une cellule ou une face de cellule), on note $\widetilde{\mathcal{C}}^S_{\underline{S},S'} \subset \mathbb{R}^S$ le cône des fonctions convexes

$$v\colon S \to \mathbb{R}$$

telles que $v \in \mathcal{C}^S_{\underline{S}}$ et $S' = \{\underline{i} \in S \mid v(\underline{i}) = \min(v)\}$. Les cônes $\widetilde{\mathcal{C}}^S_{\underline{S},S'}$ sont invariants par le sous-espace $\mathbb{R}$ des fonctions constantes et on montre que la famille des cônes quotients $\widetilde{\mathcal{C}}^S_{\underline{S},S'}/\mathbb{R} \subset \mathbb{R}^S/\mathbb{R}$ constitue un éventail. Elle définit une variété torique

$\widetilde{\mathcal{A}}^S$ de tore $\widetilde{\mathcal{A}}^S_\varnothing = \mathbb{G}_m^S/\mathbb{G}_m$ dont les orbites $\widetilde{\mathcal{A}}^S_{\underline{S},S'}$ sont indexées par les pavages avec facette distinguée $(\underline{S}, S')$.

PROPOSITION. (i) *L'homomorphisme de quotient*

$$\widetilde{\mathcal{A}}^S_\varnothing = \mathbb{G}_m^S/\mathbb{G}_m \to \mathbb{G}_m^S/(\mathbb{G}_m^S)_\varnothing = \mathcal{A}^S_\varnothing$$

se prolonge en un morphisme équivariant d'« oubli de la facette distinguée »

$$\widetilde{\mathcal{A}}^S \to \mathcal{A}^S.$$

(ii) *Ce morphisme est projectif et plat (de dimension relative* $\dim S$*) et ses fibres sont géométriquement réduites.*

Comme on va voir, la fibration projective, plate et équivariante $\widetilde{\mathcal{A}}^S \to \mathcal{A}^S$ formalise en termes de géométrie algébrique le recollement des cellules entre elles pour constituer un pavage, en plus des relations de raffinement entre pavages déjà formalisées par $\mathcal{A}^S$.

Cette fibration est respectée par le tore $\mathbb{G}_m^{n+1}$ agissant via

$$\mathbb{G}_m^{n+1} \to (\mathbb{G}_m^S)_\varnothing \quad (\lambda_0, \ldots, \lambda_n) \mapsto (\underline{i} = (i_0, \ldots, i_n) \mapsto \lambda_0^{i_0} \ldots \lambda_n^{i_n}).$$

Si $\underline{S}$ est un pavage de S, la fibre $Y_{\underline{S}}$ de $\widetilde{\mathcal{A}}^S \to \mathcal{A}^S$ au-dessus du point distingué $\alpha_{\underline{S}}$ de l'orbite $\mathcal{A}^S_{\underline{S}}$ est un schéma projectif géométriquement réduit muni d'une action de $\mathbb{G}_m^{n+1}$. Voici sa description géométrique :

LEMME. (i) $Y_{\underline{S}}$ *est réunion finie d'orbites* $\mathring{Y}_{S'}$ *indexées par les facettes* S' *du pavage* $\underline{S}$.

(ii) *Si* $\dim S' = n - p$ *et* $\{0, \ldots, n\} = J_0 \amalg \cdots \amalg J_p$ *est la décomposition associée, le fixateur dans* $\mathbb{G}_m^{n+1}$ *de n'importe quel point de* $\mathring{Y}_{S'}$ *est le sous-tore « diagonal »*

$$(\mathbb{G}_m^{n+1})_{S'} = \mathbb{G}_m^{p+1} = \mathbb{G}_m \times \cdots \times \mathbb{G}_m \hookrightarrow \mathbb{G}_m^{J_0} \times \cdots \times \mathbb{G}_m^{J_p} = \mathbb{G}_m^{n+1}.$$

(iii) *L'adhérence schématique* $Y_{S'}$ *de* $\mathring{Y}_{S'}$ *dans* $Y_{\underline{S}}$ *est une variété torique (normale) projective de tore* $\mathbb{G}_m^{n+1}/(\mathbb{G}_m^{n+1})_{S'}$*. Ses orbites sont les* $\mathring{Y}_{S''}$ *indexées par les faces* S'' *de* S'.

Ainsi, les composantes irréductibles des fibres du morphisme $\widetilde{\mathcal{A}}^S \to \mathcal{A}^S$ sont indexées naturellement par les cellules des pavages de S. Ce sont les variétés toriques des faces de ces cellules et elles sont recollées entre elles pour constituer les fibres suivant les mêmes règles combinatoires que les cellules d'un pavage pour constituer ce pavage.

Revenant maintenant au schéma $\Omega^{S,E}$ au-dessus de $\mathcal{A}^S$, le produit fibré $\Omega^{S,E} \times_{\mathcal{A}^S} \widetilde{\mathcal{A}}^S$ est muni d'une action de $\mathbb{G}_m^S/\mathbb{G}_m = \widetilde{\mathcal{A}}^S_\varnothing$ (qu'on fait agir sur $\widetilde{\mathcal{A}}^S$ via $\lambda \mapsto \lambda^{-1}$). La première caractérisation modulaire de $\overline{\Omega}^{S,E} = \Omega^{S,E}/\widetilde{\mathcal{A}}^S_\varnothing$ repose sur le résultat suivant :

PROPOSITION. *On a un morphisme canonique*

$$\Omega^{S,E} \times_{\mathcal{A}^S} \widetilde{\mathcal{A}}^S \to \mathrm{Gr}^{r,E}$$

qui est respecté par l'action de $\widetilde{\mathcal{A}}^S_\varnothing$ *et équivariant sous celles de* $\mathrm{Aut}(E_\bullet)$ *et en particulier de* $\mathbb{G}_m^{n+1}$.

Si $(F_{S'} \hookrightarrow E)_{S' \in \underline{S}}$ *est un point de la fibre* $\mathrm{Gr}_{\underline{S}}^{r,E}$ *de* $\Omega^{S,E}$ *au-dessus de* $\alpha_{\underline{S}}$ *et les* $\alpha_{\underline{S},S'}$ *sont les points distingués des orbites* $\mathring{Y}_{S'} \hookrightarrow Y_{\underline{S}}$*, ce morphisme envoie chaque* $\big((F_{S'})_{S' \in \underline{S}}; \alpha_{\underline{S},S'}\big)$ *sur* $F_{S'}$.

On note $\mathcal{E}^S$ le fibré équivariant et localement libre de rang r sur $\Omega^{S,E} \times_{\mathcal{A}^S} \widetilde{\mathcal{A}}^S$ image réciproque du fibré canonique de la grassmannienne $\mathrm{Gr}^{r,E}$. On peut aussi le voir comme un fibré $\mathbb{G}_m^{n+1}$-équivariant sur

$$(\Omega^{S,E} \times_{\mathcal{A}^S} \widetilde{\mathcal{A}}^S)/\widetilde{\mathcal{A}}_{\varnothing}^S = \overline{\Omega}^{S,E} \times_{\mathcal{A}^S/\widetilde{\mathcal{A}}_{\varnothing}^S} \widetilde{\mathcal{A}}^S/\widetilde{\mathcal{A}}_{\varnothing}^S.$$

Pour tout schéma X qui, comme $\overline{\Omega}^{S,E} = \Omega^{S,E}/\widetilde{\mathcal{A}}_{\varnothing}^S$, est muni d'un morphisme vers le champ quotient $\mathcal{A}^S/\widetilde{\mathcal{A}}_{\varnothing}^S$ (et donc en particulier de strates localement fermées indexées par les pavages $\underline{S}$ de S), on note $\widetilde{X}$ le produit fibré

$$\widetilde{X} = X \times_{\mathcal{A}^S/\widetilde{\mathcal{A}}_{\varnothing}^S} \widetilde{\mathcal{A}}^S/\widetilde{\mathcal{A}}_{\varnothing}^S.$$

C'est une fibration projective, plate et $\mathbb{G}_m^{n+1}$-équivariante sur X dont les fibres sont isomorphes (non canoniquement) aux schémas $Y_{\underline{S}}$.

Le fibré $\mathcal{E}^S$ ci-dessus est un point à valeurs dans $\overline{\Omega}^{S,E}$ du champ qu'on peut maintenant définir :

Définition. Soit $\overline{\mathcal{V}ec}^{r,S}$ le champ algébrique sur $\mathcal{A}^S/\widetilde{\mathcal{A}}_{\varnothing}^S$ qui associe à tout schéma X muni d'un morphisme

$$X \to \mathcal{A}^S/\widetilde{\mathcal{A}}_{\varnothing}^S$$

le groupoïde des fibrés $\mathcal{E}$ localement libres de rang r et $\mathbb{G}_m^{n+1}$-équivariants sur la fibration $\widetilde{X}$ qui vérifient la propriété discrète suivante :

En tout point de $\widetilde{X}$ qui est dans la strate indexée par un pavage avec facette distinguée $(\underline{S}, S')$, et si $\{0,\ldots,n\} = J_0 \amalg \cdots \amalg J_p$ est la décomposition associée à S', l'action sur la fibre de $\mathcal{E}$ du sous-tore fixateur $\mathbb{G}_m^{p+1} = (\mathbb{G}_m^{n+1})_{S'} \hookrightarrow \mathbb{G}_m^{n+1}$ se fait par les caractères $(\lambda_0,\ldots,\lambda_p) \mapsto \lambda_i$, $0 \le i \le p$, chacun apparaissant avec la multiplicité $d_{J_i}^{S'}$.

À cause de la forme particulière de la condition discrète qui est imposée dans la définition du champ $\overline{\mathcal{V}ec}^{r,S}$, on a :

Proposition. *Si* $(X \to \mathcal{A}^S/\widetilde{\mathcal{A}}_{\varnothing}^S, \mathcal{E})$ *est un point de* $\overline{\mathcal{V}ec}^{r,S}$ *à valeurs dans un schéma* X*, on peut lui associer canoniquement des fibrés* $\mathcal{E}_\alpha$ *de rangs* $r_\alpha = r - d_{\{0,\ldots,n\}-\{\alpha\}}^S$, $0 \le \alpha \le n$*, sur* X *et un homomorphisme linéaire* $\mathbb{G}_m^{n+1}$*-équivariant*

$$\mathcal{E} \to \bigoplus_{\alpha=0}^{n} \mathrm{pr}_X^* \mathcal{E}_\alpha$$

(où pr_X *désigne la projection* $\widetilde{X} \to X$*).*

On note $\mathcal{V}ec^{r,S}$ le sous-champ ouvert de $\overline{\mathcal{V}ec}^{r,S}$ où l'homomorphisme $\mathcal{E} \to \bigoplus_{\alpha=0}^{n} \mathrm{pr}_X^* \mathcal{E}_\alpha$ est injectif en tout point de $\widetilde{X}$.

Voici la première caractérisation modulaire des schémas $\overline{\Omega}^{S,E}$:

THÉORÈME. *On a un carré cartésien*

$$\begin{array}{ccc} \overline{\Omega}^{S,E} & \longrightarrow & \mathcal{V}ec^{r,S} \\ \downarrow & \square & \downarrow \\ \prod_{\alpha=0}^{n} \mathrm{Gr}^{r_\alpha, E_\alpha} & \longrightarrow & \prod_{\alpha=0}^{n} \mathrm{BGL}_{r_\alpha} \end{array}$$

où la première flèche horizontale (qui donc est lisse et surjective) est définie par $\mathcal{E}^S$ *et la seconde flèche verticale est* $\mathcal{E} \mapsto (\mathcal{E}_\alpha)_{\alpha=0}^n$.

Cheminant maintenant vers la seconde caractérisation modulaire, on considère un point $(X \to \mathcal{A}^S/\widetilde{\mathcal{A}}^S_\varnothing, \mathcal{E})$ du champ $\mathcal{V}ec^{r,S}$ à valeurs dans un schéma X. Par définition de $\mathcal{V}ec^{r,S}$ comme ouvert de $\overline{\mathcal{V}ec}^{r,S}$, le fibré $\mathcal{E}$ sur $\widetilde{X}$ est muni d'un plongement canonique

$$\mathcal{E} \hookrightarrow \bigoplus_{\alpha=0}^{n} \mathrm{pr}_X^* \, \mathcal{E}_\alpha.$$

On note $\mathring{\mathcal{E}}$ l'ouvert de $\mathcal{E}$ image réciproque de $\prod_{\alpha=0}^n (\mathcal{E}_\alpha - \{0\})$ puis $\widetilde{\mathbb{P}}(\mathcal{E})$ le quotient de $\mathring{\mathcal{E}}$ par l'action libre de $\mathbb{G}_m^{n+1}$.

PROPOSITION. *Pour* $\mathcal{E}$ *comme ci-dessus,* $\widetilde{\mathbb{P}}(\mathcal{E})$ *est une fibration projective et plate sur* X *qui est munie d'un morphisme*

$$\widetilde{\mathbb{P}}(\mathcal{E}) \to \widetilde{X}/\mathbb{G}_m^{n+1}$$

lisse de dimension relative r.

La géométrie des fibrations $\widetilde{\mathbb{P}}(\mathcal{E})$ est décrite dans le paragraphe 5.3. Leur construction est universelle au sens du théorème suivant :

THÉORÈME. *Soit* $\mathcal{P}roj^{r,S}$ *le champ* algébrique *sur* $\mathcal{A}^S/\widetilde{\mathcal{A}}^S_\varnothing$ *qui associe à tout schéma* X *muni d'un morphisme*

$$X \to \mathcal{A}^S/\widetilde{\mathcal{A}}^S_\varnothing$$

le groupoïde des fibrations projectives et plates

$$p\colon P \to X$$

vérifiant $p_*\mathcal{O}_P = \mathcal{O}_X$ *et* $R^i p_* \mathcal{O}_P = 0$, $\forall\, i \geq 1$, *et munies d'un morphisme lisse de dimension relative* r *qui relève* p

$$\widetilde{p}\colon P \to \widetilde{X}/\mathbb{G}_m^{n+1}.$$

Alors le morphisme

$$\mathcal{V}ec^{r,S} \to \mathcal{P}roj^{r,S}$$
$$\mathcal{E} \mapsto \widetilde{\mathbb{P}}(\mathcal{E})$$

est une immersion ouverte.

Ce théorème qui occupe le chapitre 5 et dernier du présent texte appelle plusieurs commentaires et questions.

Tout d'abord, l'auteur doit dire qu'il ne sait pas caractériser $\mathcal{V}ec^{r,S}$ comme ouvert dans le champ algébrique $\mathcal{P}roj^{r,S}$. Mais on peut poser la question suivante :

QUESTION 3. *Est-il vrai ou faux que l'immersion ouverte*

$$\mathcal{V}ec^{r,S} \hookrightarrow \mathcal{P}roj^{r,S}$$

est aussi fermée, autrement dit que son image est une réunion de composantes connexes ?

Quand on réfléchit au sens concret de cette question, le premier cas qui se présente est celui d'un schéma projectif et lisse sur le spectre d'un anneau de valuation discrète A dont la fibre générique est un espace projectif. Est-il vrai alors que la fibre spéciale est aussi un espace projectif ? Comme Fabrizio Catanese l'a montré à l'auteur, la réponse est oui, même si A est de caractéristique positive ou mixte.

Pour démontrer le théorème ci-dessus, on doit prouver en particulier qu'un point de $\mathcal{V}ec^{r,S}$ admet les mêmes déformations que son image dans $\mathcal{P}roj^{r,S}$. Pour ce faire, l'auteur a été inspiré par l'étude cohomologique des déformations des « schémas de Deligne » qui figurait dans une version préliminaire de l'article [Faltings, 2001] (mais a disparu de la version définitive publiée). On montre en fait (c'est l'objet des paragraphes 5.4 et 5.5) que les complexes cotangents relatifs associés aux deux problèmes de modules $\mathcal{V}ec^{r,S}$ et $\mathcal{P}roj^{r,S}$ ont la même cohomologie non seulement en degrés 0, 1 et 2 comme il aurait suffi mais en tous degrés. On vérifie au paragraphe 5.8 qu'au moins sur la strate ouverte un phénomène identique se produit pour les isomorphismes de dualité : quand deux fibrations de type $\widetilde{\mathbb{P}}(\mathcal{E})$ sont duales l'une de l'autre, leurs fibrés tangents logarithmiques ont même cohomologie en tous degrés bien que les dimensions de ces fibrations soient différentes en général.

Cela suggère qu'à la façon par exemple de l'article [Ciocan-Fontanine et Kapranov, 2001], tous les schémas projectifs $\overline{\Omega}^{S,E}$ devraient se relever naturellement en des « schémas différentiels gradués » qui seraient lisses sur les champs toriques de pavages $\mathcal{A}^S/\mathcal{A}^S_\varnothing$. Si d'ailleurs on relit la fausse démonstration de la lissité du morphisme de structure $\overline{\Omega}^{S,E} \to \mathcal{A}^S/\mathcal{A}^S_\varnothing$ dans l'article [Lafforgue, 1999] (dans le cas des $\mathrm{PGL}_r^{n+1}/\mathrm{PGL}_r$), on y trouve un faux calcul de dimension qui est en fait un calcul de caractéristique d'Euler-Poincaré. Il doit pouvoir s'interpréter comme un calcul de dimension d'un « schéma différentiel gradué » lisse qui relève $\overline{\Omega}^{S,E}$.

Cependant, les remarques et questions qui intéressent le plus l'auteur à propos du théorème ci-dessus sont peut-être celles relatives à la définition même des champs $\mathcal{P}roj^{r,S}$.

Ces champs sont munis d'un morphisme de structure sur $\mathcal{A}^S/\widetilde{\mathcal{A}}^S_\varnothing$ et *a fortiori* sur $\mathcal{A}^S/\mathcal{A}^S_\varnothing$ si bien qu'ils sont réunions de strates localement fermées $\mathcal{P}roj^{r,S}_{\underline{S}}$ indexées par les pavages entiers convexes $\underline{S}$ des convexes entiers S.

La strate ouverte $\mathcal{P}roj^{r,S}_\varnothing$ associée au pavage trivial d'un S classifie des variétés projectives munies d'un morphisme lisse sur le champ quotient $Y_S/\mathbb{G}_m^{n+1}$ de la variété torique Y_S des faces de S par le tore $\mathbb{G}_m^{n+1}$. Cela revient à classifier des variétés projectives munies de structures logarithmiques d'un type donné relativement auxquelles elles sont lisses. Autrement dit encore, on classifie des variétés projectives dont les singularités sont prescrites et qui sont munies d'une famille de diviseurs dont les intersections mutuelles ont des singularités prescrites.

Si maintenant $\underline{S}$ est un pavage entier convexe de S, la strate de bord $\mathcal{P}roj^{r,S}_{\underline{S}}$ classifie des schémas projectifs munis d'un morphisme lisse sur le champ quotient

$Y_{\underline{S}}/\mathbb{G}_m^{n+1}$ du schéma équivariant $Y_{\underline{S}}$ des facettes de $\underline{S}$ par $\mathbb{G}_m^{n+1}$. Les composantes irréductibles de ces schémas projectifs sont les images réciproques de celles $Y_{S'}/\mathbb{G}_m^{n+1}$ de $Y_{\underline{S}}/\mathbb{G}_m^{n+1}$, elles sont indexées par les cellules S' du pavage $\underline{S}$, ce sont des points des champs $\mathcal{P}roj_{\varnothing}^{r,S'}$ et elles sont recollées entre elles suivant les mêmes règles combinatoires que les cellules S' pour constituer le pavage $\underline{S}$.

On reconnaît là une situation fréquente en géométrie algébrique (fibrés stables, chtoucas de Drinfeld, variétés abéliennes et semi-abéliennes, ...) où, en voulant compactifier des espaces de modules classifiant un certain type d'objets prescrit par une donnée combinatoire, on voit apparaître au bord des strates localement fermées qui classifient des familles d'objets de types similaires mais prescrits par des données combinatoires « plus petites » et qui sont recollés entre eux suivant certaines règles.

Dans notre situation, aussi bien les types d'objets classifiés que les règles de recollement pour les strates de bord et que le passage continu de la strate ouverte aux strates de bord (où les singularités prescrites changent) sont formalisés par le système simple des deux variétés toriques l'une sur l'autre, celle $\mathcal{A}^S$ des pavages et celle $\widetilde{\mathcal{A}}^S$ des pavages avec facette distinguée.

Il est frappant de constater que dans la définition des champs $\mathcal{P}roj^{r,S}$ le caractère linéaire de la construction initiale des schémas projectifs $\overline{\Omega}^{S,E}$ a complètement disparu et on peut se demander jusqu'où la théorie peut être généralisée pour englober peut-être certains espaces de modules classiques de la géométrie algébrique et leurs compactifications. Il semble clair que la théorie classique la plus proche de celle des $\overline{\Omega}^{S,E}$ est celle des champs modulaires $\mathcal{M}_{g,n}$ de courbes de genre g avec n points marqués et de leurs compactifications $\overline{\mathcal{M}}_{g,n}$: les « morphismes de faces » reliant les différents $\overline{\Omega}^{S,E}$ correspondent aux morphismes d'oubli d'une partie des points marqués ou aux morphismes « triviaux » consistant à oublier tout sauf tel ou tel point marqué et les strates localement fermées du bord des $\overline{\mathcal{M}}_{g,n}$ se construisent en recollant des $\mathcal{M}_{g',n'}$ au moyen de ces morphismes.

Question 4. *Existe-t-il une généralisation commune de la théorie des $\overline{\Omega}^{S,E}$ et de celle des $\overline{\mathcal{M}}_{g,n}$?*

En particulier, est-il possible de formaliser la combinatoire des $\overline{\mathcal{M}}_{g,n}$ et de leurs strates de bord au moyen d'une famille de paires de champs reliés ($\widetilde{\mathcal{C}} \to \mathcal{C}$) dont les points de l'un correspondraient à des pavages d'un certain type d'objets et les points de l'autre à des pavages avec facette distinguée ?

Comme on a vu, la théorie des $\overline{\Omega}^{S,E}$ et celle des $\overline{\mathcal{M}}_{g,n}$ ont une intersection non vide consistant en les $\overline{\mathcal{M}}_{0,n}$. Si on se rappelle que les courbes elliptiques dégénèrent en « polygones de Néron » c'est-à-dire en familles de droites projectives recollées circulairement, on est tenté de penser que la combinatoire des $\overline{\mathcal{M}}_{1,n}$ pourrait s'exprimer en termes de pavages d'objets ayant le même type d'homotopie que le cercle (alors que dans la situation « linéaire » du présent texte, les objets qu'on pave pour exprimer la combinatoire des $\overline{\Omega}^{S,E}$ et en particulier des $\overline{\mathcal{M}}_{0,n}$ sont des polyèdres convexes, donc homotopiquement triviaux).

Quoi qu'il en soit de la question 4, l'auteur pense que les schémas $\overline{\Omega}^{S,E}$ ne doivent pas être étudiés isolément mais reliés entre eux par les différents morphismes fonctoriels, en particulier les morphismes de faces, et par les processus de passage aux strates de bord et de décomposition de ces strates, de même que la théorie de la « tour de Teichmüller » consiste à regarder les $\overline{\mathcal{M}}_{g,n}$ tous ensemble.

Remerciements

À la fin de cette introduction, je suis particulièrement heureux de remercier les personnes qui à un moment ou un autre m'ont manifesté leur intérêt pour cette recherche longue, difficile et balbutiante, Gérard Laumon depuis le jour où j'ai commencé à lui parler de pavages du triangle et de recollement de morceaux de grassmanniennes, Alain Genestier, Ngo Bao Chau, Michael Rapoport qui m'a appris que dans la littérature mathématique les $\mathrm{Gr}_S^{r,E}$ s'appelaient des cellules de Schubert minces et qui m'a renvoyé aux articles [Gel′fand, Goresky, MacPherson et Serganova, 1987] et [Gel′fand et Serganova, 1987], Jean-François Boutot qui m'a appris l'existence du théorème de Mnëv, Michel Brion, C.S. Seshadri, C. De Concini, Fedor Bogomolov, Vladimir Drinfeld, ...

Je remercie aussi beaucoup les quelques auditeurs de la série d'exposés que j'ai faite sur les schémas $\overline{\Omega}^{S,E}$ au printemps 2001 à l'IHÉS. J'exprime en particulier ma profonde reconnaissance envers Ofer Gabber qui par ses très nombreuses questions, remarques et corrections a énormément contribué à améliorer et clarifier le contenu des exposés. Au cours de la rédaction du texte, j'ai aussi souvent bénéficié de son aide pour répondre à des questions de géométrie algébrique. Plus que tout, sa remarque (facile mais que je n'avais pas faite) en novembre 2000 que les espaces de configurations sont universels au sens des motifs a relancé pour moi l'intérêt de toute la théorie.

Je remercie également le Centre de recherches mathématiques (CRM) de l'"Université de Montréal et en particulier son directeur, Jacques Hurtubise, de m'avoir invité dans le cadre de la « chaire Aisenstadt », de m'avoir ainsi donné l'occasion de faire une nouvelle série d'exposés sur le contenu de ce livre, à Montréal en mai 2002, puis de m'avoir proposé de le publier dans la série des monographies du CRM.

Enfin c'est vraiment un très grand plaisir pour moi de remercier Mme Cécile Cheikhchoukh de l'IHÉS pour son travail de frappe de l'ensemble du manuscrit, effectué avec une rapidité impressionnante, avec perfection et toujours dans la bonne humeur, et de remercier aussi beaucoup Mme Marie-Claude Vergne qui a réalisé tous les dessins.

Sommaire

CHAPITRE 1

Cellules de Schubert minces et espaces de configurations de matroïdes

1.1. Matroïdes, convexes entiers et cellules de Schubert minces

On considère un rang $r \geq 1$ et un espace gradué

$$E = E_0 \oplus \cdots \oplus E_n$$

somme de $n+1$ sous-espaces vectoriels E_α, $0 \leq \alpha \leq n$.

On note $\mathrm{Gr}^{r,E}$ la grassmannienne des sous-espaces de dimension r dans E. On a le plongement de Plücker

$$\mathrm{Gr}^{r,E} \hookrightarrow \mathbb{P}(\Lambda^r E)$$

et la puissance extérieure $\Lambda^r E$ se décompose en

$$\Lambda^r E = \bigoplus_{\underline{i} \in S^{r,n}} \Lambda^{\underline{i}} E_\bullet$$

où

$$S^{r,n} = \left\{ \underline{i} = (i_0, \ldots, i_n) \in \mathbb{N}^{n+1} \,\middle|\, \sum_{\alpha=0}^{n} i_\alpha = r \right\}$$

et, pour $\underline{i} = (i_0, \ldots, i_n) \in S^{r,n}$, on a noté

$$\Lambda^{\underline{i}} E_\bullet = \Lambda^{i_0} E_0 \otimes \Lambda^{i_1} E_1 \otimes \cdots \otimes \Lambda^{i_n} E_n.$$

Pour toute partie I de $\{0, \ldots, n\}$, on peut considérer la somme partielle $E_I = \bigoplus_{\alpha \in I} E_\alpha$ dans E.

On appelle « matroïde » de rang r sur $\{0, \ldots, n\}$ toute famille d'entiers $d_I^S \geq 0$ indexés par les parties I de $\{0, \ldots, n\}$ qui vérifie les conditions :

$$\text{(M)} \qquad \begin{cases} d_\varnothing^S = 0, \quad d_{\{0,\ldots,n\}}^S = r, \\ d_I^S + d_J^S \leq d_{I\cap J}^S + d_{I\cup J}^S, \quad \forall\, I, J \subseteq \{0, \ldots, n\}. \end{cases}$$

Notre point de départ est le résultat suivant :

Proposition 1.1. *Pour tout point F de $\mathrm{Gr}^{r,E}$ (à valeurs dans un corps) représenté par un uplet $(x_{\underline{i}})_{\underline{i} \in S^{r,n}}$ dans $(\bigoplus_{\underline{i} \in S^{r,n}} \Lambda^{\underline{i}} E_\bullet) - \{0\}$, l'ensemble non vide*

$$S = S_F = \{\underline{i} \in S^{r,n} \mid x_{\underline{i}} \neq 0\}$$

est un « convexe entier » au sens qu'il existe un matroïde (nécessairement unique) (d_I^S) de rang r sur $\{0, \ldots, n\}$ tel que

$$S = \left\{ \underline{i} = (i_0, \ldots, i_n) \in S^{r,n} \,\middle|\, \sum_{\alpha \in I} i_\alpha \geq d_I^S,\ \forall\, I \right\}.$$

En fonction du sous-espace $F \hookrightarrow E$, le matroïde (d_I^S) est donné par

$$d_I^S = \dim(F \cap E_I), \quad \forall\, I \subseteq \{0, \dots, n\}.$$

DÉMONSTRATION. On rappellera au paragraphe suivant comment démontrer l'unicité du matroïde (d_I^S) de rang r qui définit un convexe entier S donné.

Ici, contentons-nous de remarquer que la famille des $d_I^S = \dim(F \cap E_I)$, $I \subseteq \{0, \dots, n\}$ vérifie les conditions (M) et montrons que le convexe entier associé

$$S = \left\{ \underline{i} \in S^{r,n} \;\middle|\; \sum_{\alpha \in I} i_\alpha \geq d_I^S,\ \forall\, I \right\}$$

coïncide avec

$$S_F = \{\underline{i} \in S^{r,n} \mid x_{\underline{i}} \neq 0\}.$$

Pour toute partie I de $\{0, \dots, n\}$, on a un isomorphisme canonique

$$\Lambda^r F \cong \Lambda^{d_I^S}(F \cap E_I) \otimes \Lambda^{r - d_I^S}(F/F \cap E_I)$$

d'où il résulte

$$d_I^S = \min \left\{ \sum_{\alpha \in I} i_\alpha \;\middle|\; \underline{i} = (i_0, \dots, i_n),\ x_{\underline{i}} \neq 0 \right\}.$$

Il suffit donc de prouver que si $\underline{j} = (j_0, \dots, j_n)$ est un uplet de $S^{r,n}$ tel que $u_{\underline{j}} = 0$, il existe une partie I de $\{0, \dots, n\}$ telle que

$$\forall\, \underline{i} = (i_0, \dots, i_n), \quad \sum_{\alpha \in I} i_\alpha \geq \sum_{\alpha \in I} j_\alpha \implies u_{\underline{i}} = 0.$$

Considérons les homomorphismes $E_\alpha^\vee \to F^\vee$, $0 \leq \alpha \leq n$, duaux des $F \hookrightarrow E \to E_\alpha$. L'hypothèse sur $\underline{j}$ signifie que l'homomorphisme $\Lambda^{j_0} E_0^\vee \otimes \Lambda^{j_1} E_1^\vee \otimes \cdots \otimes \Lambda^{j_n} E_n^\vee \to \Lambda^r F^\vee$ est nul. Autrement dit, chaque fois qu'on choisit j_0 vecteurs dans $E_0^\vee, \dots, j_n$ vecteurs dans $E_n^\vee$, la famille des $r = j_0 + \cdots + j_n$ vecteurs images dans $F^\vee$ est liée.

Soit alors une famille de $n+1$ entiers $j'_0, \dots, j'_n$ non tous nuls, vérifiant $0 \leq j'_0 \leq j_0, \dots, 0 \leq j'_n \leq j_n$, tels que chaque fois qu'on prend j'_0 vecteurs dans $E_0^\vee, \dots, j'_n$ vecteurs dans $E_n^\vee$, la famille des $j'_0 + \cdots + j'_n$ vecteurs images dans $F^\vee$ est liée, et qui soit minimale pour cette propriété. Cela signifie que pour tous entiers $k_0, \dots, k_n$ vérifiant $0 \leq k_0 \leq j'_0, \dots, 0 \leq k_n \leq j'_n$ et $k_0 + \cdots + k_n = j'_0 + \cdots + j'_n - 1$, il est possible de choisir k_0 vecteurs dans $E_0^\vee, \dots, k_n$ vecteurs dans $E_n^\vee$ tels que la famille des $k_0 + \cdots + k_n$ vecteurs images dans $F^\vee$ soit linéairement indépendante.

Soit I le sous-ensemble non vide de $\{0, \dots, n\}$ constitué des indices α tels que $j'_\alpha > 0$.

En remplaçant au besoin le corps de définition de F par une extension, on peut choisir j'_0 vecteurs dans $E_0^\vee, \dots, j'_n$ vecteurs dans $E_n^\vee$ de telle façon que chaque fois qu'on enlève un vecteur à la famille image dans $F^\vee$, elle devient linéairement indépendante. Comme cette famille image est liée, elle engendre dans $F^\vee$ un sous-espace $F'^\vee$ de dimension $j'_0 + \cdots + j'_n - 1$. De plus, pour tout $\alpha \in I$, si on remplace l'un des j'_α vecteurs choisis de $E_\alpha^\vee$ par un vecteur arbitraire de $E_\alpha^\vee$, la nouvelle famille image dans $F^\vee$ engendre un sous-espace de dimension $j'_0 + \cdots + j'_n - 1$ qui est nécessairement $F'^\vee$. Cela signifie que $F'^\vee$ est la somme des images de tous les homomorphismes

$$E_\alpha^\vee \to F^\vee, \quad \alpha \in I,$$

et on a pour tout uplet $\underline{i} = (i_0, \ldots, i_n)$ de $S^{r,n}$

$$\sum_{\alpha \in I} i_\alpha \geq \sum_{\alpha \in I} j'_\alpha \implies x_{\underline{i}} = 0$$

et à plus forte raison

$$\sum_{\alpha \in I} i_\alpha \geq \sum_{\alpha \in I} j_\alpha \implies x_{\underline{i}} = 0.$$

C'est ce qu'on voulait. □

Un convexe entier $S \subseteq S^{r,n}$ étant donné, on note $\mathrm{Gr}_S^{r,E}$ le sous-schéma localement fermé de la grassmannienne $\mathrm{Gr}^{r,E}$ défini par la condition $\forall\, I,\ \dim(F \cap E_I) = d_I^S$ soit $S_F = S$.

De façon plus précise, c'est l'image réciproque par l'immersion fermée

$$\mathrm{Gr}^{r,E} \hookrightarrow \mathbb{G}_m \Big\backslash \left(\prod_{\underline{i} \in S^{r,n}} \Lambda^{\underline{i}} E_\bullet - \{0\} \right)$$

de

$$\mathbb{G}_m \Big\backslash \prod_{\underline{i} \in S} (\Lambda^{\underline{i}} E_\bullet - \{0\}) \times \prod_{\underline{i} \in S^{r,n} - S} \{0\}.$$

Les $\mathrm{Gr}_S^{r,E}$ sont appelés « cellules de Schubert minces ». Quand S décrit l'ensemble fini des convexes entiers de $S^{r,n}$, elles définissent une stratification de $\mathrm{Gr}^{r,E}$ qui est respectée par l'action du groupe

$$\mathrm{Aut}(E_0) \times \mathrm{Aut}(E_1) \times \cdots \times \mathrm{Aut}(E_n)$$

et en particulier de son sous-tore central $\mathbb{G}_m^{n+1}$.

Remarque. On ne sait pas donner de conditions nécessaires et suffisantes pour que la cellule de Schubert mince $\mathrm{Gr}_S^{r,E}$ associée à un convexe entier $S \subseteq S^{r,n}$ ne soit pas vide. Une condition nécessaire évidente est

$$\mathrm{rg}\, E_\alpha \geq r_\alpha = r - d^S_{\{0,\ldots,n\}-\{\alpha\}}, \quad \forall\, \alpha \in \{0, \ldots, n\}.$$

1.2. Propriétés des convexes entiers

À tout matroïde $(d_I)_{I \subseteq \{0,\ldots,n\}}$ de rang r est associé un convexe entier S qui est une partie de $S^{r,n} = \{\underline{i} = (i_0, \ldots, i_n) \in \mathbb{N}^{n+1} \mid \sum_{\alpha=0}^n i_\alpha = r\}$.

De même, on peut lui associer dans l'espace affine réel $\mathbb{R}^{r,n} = \{\underline{x} = (x_0, \ldots, x_n) \in \mathbb{R}^{n+1} \mid \sum_{\alpha=0}^n x_\alpha = r\}$ le polyhèdre convexe

$$S_{\mathbb{R}} = \left\{ \underline{x} = (x_0, \ldots, x_n) \in \mathbb{R}^{r,n} \;\middle|\; \sum_{\alpha \in I} x_\alpha \geq d_I,\ \forall\, I \right\}.$$

Si $\mathbb{Z}^{r,n} = \{\underline{i} = (i_0, \ldots, i_n) \in \mathbb{Z}^{n+1} \mid \sum_{\alpha=0}^n i_\alpha = r\}$ désigne le réseau des points entiers dans $\mathbb{R}^{r,n}$, on a

$$S = S_{\mathbb{R}} \cap \mathbb{Z}^{r,n}.$$

Les polyèdres convexes de $\mathbb{R}^{r,n}$ qui sont définis de cette façon sont appelés polyèdres convexes entiers.

Leurs principales propriétés sont énoncées et démontrées dans le lemme 2 du paragraphe 1a et dans les paragraphes 2a et 2b de l'article [Lafforgue, 1999] auxquels on renvoie. Contentons-nous ici de recopier les énoncés.

On a d'abord le lemme facile :

LEMME 1.2. *Soient* (d_I) *un matroïde de rang* r *sur* $\{0,\ldots,n\}$ *et* $S_{\mathbb{R}} = \{\underline{x} = (x_0,\ldots,x_n) \in \mathbb{R}^{r,n} \mid \sum_{\alpha\in I} x_\alpha \geq d_I,\ \forall I\}$ *le polyèdre convexe entier associé.*

Alors, si $\underline{x} = (x_0,\ldots,x_n)$ *est un point de* $S_{\mathbb{R}}$ *et* I, J *deux parties de* $\{0,\ldots,n\}$ *telles que*

$$\sum_{\alpha\in I} x_\alpha = d_I \quad \text{et} \quad \sum_{\alpha\in J} x_\alpha = d_J,$$

on a $d_I + d_J = d_{I\cap J} + d_{I\cup J}$ *et* $\sum_{\alpha\in I\cap J} x_\alpha = d_{I\cap J}$, $\sum_{\alpha\in I\cup J} x_\alpha = d_{I\cup J}$. □

Puis on montre les deux caractérisations suivantes des polyèdres convexes entiers :

LEMME 1.3. *Un polyèdre convexe* $S_{\mathbb{R}}$ *de* $\mathbb{R}^{r,n}$ *est entier si et seulement si pour toute suite* $S_{\mathbb{R}} = S_{\ell_0}, S_{\ell_0+1},\ldots,S_n$ *constituée de polyèdres convexes* S_ℓ, $\ell_0 \leq \ell \leq n$, *de codimension* ℓ *dont chacun est un bord du précédent, il existe une permutation* τ *de* $\{0,1,\ldots,n\}$, *une permutation* σ *de* $\{1,\ldots,n\}$ *et des entiers* $d_1, d_2,\ldots,d_n \in \mathbb{N}$ *tels que, pour tout* ℓ, $\ell_0 \leq \ell \leq n$, *les coordonnées* $x_0,\ldots,x_n$ *des points de* S_ℓ *vérifient les équations :*

$$\begin{cases} x_{\tau(\sigma(1))} + x_{\tau(\sigma(1)+1)} + \cdots + x_{\tau(n)} = d_1, \\ x_{\tau(\sigma(2))} + x_{\tau(\sigma(2)+1)} + \cdots + x_{\tau(n)} = d_2, \\ \quad\vdots \\ x_{\tau(\sigma(\ell))} + x_{\tau(\sigma(\ell)+1)} + \cdots + x_{\tau(n)} = d_\ell. \end{cases}$$

□

LEMME 1.4. *Soit* $S_{\mathbb{R}}$ *un polyèdre convexe de* $S_{\mathbb{R}}^{r,n}$ *de la forme*

$$S_{\mathbb{R}} = \left\{ (x_0,\ldots,x_n) \;\middle|\; \sum_{\alpha\in I} x_\alpha \geq d_I,\ \forall I \subseteq \{0,\ldots,n\} \right\}$$

où, pour toute partie I, $d_I = \min\{\sum_{\alpha\in I} x_\alpha \mid (x_0,\ldots,x_n) \in S_{\mathbb{R}}\}$.

Alors $S_{\mathbb{R}}$ *est entier si et seulement si les* d_I *sont éléments de* $\mathbb{N}$ *et pour toutes parties* $I_1 \supseteq I_2 \supseteq \cdots \supseteq I_\ell$, *il existe un point* $(x_0,\ldots,x_n)$ *de* $S_{\mathbb{R}}$ *qui réalise simultanément les minima de* $\sum_{\alpha\in I_1} x_\alpha, \sum_{\alpha\in I_2} x_\alpha,\ldots,\sum_{\alpha\in I_\ell} x_\alpha$. □

Ces lemmes permettent de démontrer :

PROPOSITION 1.5. (i) *Si* $S_{\mathbb{R}}$ *est un polyèdre convexe entier de* $\mathbb{R}^{r,n}$ *défini par une famille d'entiers* (d_I) *vérifiant la condition* (M), *on a pour toute partie* $I \subseteq \{0,\ldots,n\}$

$$d_I = \min\left\{ \sum_{\alpha\in I} x_\alpha \;\middle|\; (x_0,\ldots,x_n) \in S_{\mathbb{R}} \right\}$$

si bien que la famille (d_I) *est uniquement déterminée par* $S_{\mathbb{R}}$.

(ii) *Les faces d'un polyèdre convexe entier sont encore des polyèdres convexes entiers.*

(iii) *Tout polyèdre convexe entier* $S_{\mathbb{R}}$ *est engendré (comme partie convexe de* $\mathbb{R}^{r,n}$*) par ses points entiers si bien qu'on peut l'identifier au sous-ensemble fini* S *de ceux-ci.*

(iv) *Si on appelle famille génératrice toute famille de* $n+1$ *points entiers qui engendre le réseau* $\mathbb{Z}^{r,n}$ *des points entiers, tout pavé entier (c'est-à-dire* *tout polyèdre convexe entier de dimension maximale n) contient une famille génératrice.*

(v) *Un polyèdre convexe qui admet un pavage constitué de polyèdres convexes entiers est lui-même entier.*

DÉMONSTRATION DE (v). Comme dans le cas des pavés que traite [Lafforgue, 1999] (voir la fin du paragraphe 2b), cela résulte de la caractérisation des polyèdres convexes entiers fournie par le lemme 1.3. □

Il résulte de (i) et (iii) qu'il est équivalent de parler d'un convexe entier S, du polyèdre convexe entier $S_{\mathbb{R}}$ qu'il engendre ou du matroïde $(d_I^S)_{I\subseteq\{0,\ldots,n\}}$ qui le définit.

En particulier, on peut parler de la dimension d'un convexe entier ou de ses faces qui, d'après (ii), sont encore des convexes entiers.

1.3. Restriction aux faces

La proposition 1.1 est complétée par le résultat suivant :

PROPOSITION 1.6. *Pour S un convexe entier de $S^{r,n}$ et S' une face de S, l'oubli des coordonnées en dehors de S'*

$$\mathbb{G}_m\Big\backslash \prod_{\underline{i}\in S}(\Lambda^{\underline{i}} E_\bullet - \{0\}) \to \mathbb{G}_m\Big\backslash \prod_{\underline{i}\in S'}(\Lambda^{\underline{i}} E_\bullet - \{0\})$$

$$(x_{\underline{i}})_{\underline{i}\in S} \mapsto (x_{\underline{i}})_{\underline{i}\in S'}$$

induit un morphisme

$$\mathrm{Gr}_S^{r,E} \to \mathrm{Gr}_{S'}^{r,E}.$$

Quand S' est définie dans S par une seule équation de la forme

$$\sum_{\alpha\in I} i_\alpha = d_I^S$$

avec I une partie non triviale de $\{0,\ldots,n\}$ de complémentaire $J=\{0,\ldots,n\}-I$, ce morphisme représente le foncteur

$$(F\hookrightarrow E)\mapsto (F\cap E_I\oplus F/F\cap E_I\hookrightarrow E_I\oplus E/E_I = E_I\oplus E_J = E).$$

DÉMONSTRATION. Supposons d'abord que la face S' est définie dans S par une équation $\sum_{\alpha\in I} i_\alpha = d_I^S$. C'est le cas en particulier si S' est un bord de S c'est-à-dire une face de codimension 1.

Tous les sous-espaces F de E qui sont dans $\mathrm{Gr}_S^{r,E}$ ont avec E_I une intersection de dimension fixée d_I^S. On dispose donc sur $\mathrm{Gr}_S^{r,E}$ d'un morphisme bien défini à valeurs dans $\mathrm{Gr}^{r,E}$

$$F\mapsto (F\cap E_I)\oplus F/(F\cap E_I)\subseteq E_I\oplus E/E_I = E.$$

On déduit des isomorphismes canoniques

$$\Lambda^r F\cong \Lambda^{d_I^S}(F\cap E_I)\otimes\Lambda^{r-d_I^S}(F/F\cap E_I)$$

qu'il est représenté par l'oubli des coordonnées

$$(x_{\underline{i}})_{\underline{i}\in S}\mapsto \big((x_{\underline{i}})_{\underline{i}\in S'},(0)_{\underline{i}\in S^{r,n}-S'}\big)$$

et donc il est à valeurs dans $\mathrm{Gr}_{S'}^{r,E}\hookrightarrow \mathrm{Gr}^{r,E}$.

Enfin, pour S' une face quelconque de S, il existe une suite $S = S_0, S_1, \ldots, S_k = S'$ de faces de S allant de S à S' et dont chacune soit un bord de la précédente. Alors la restriction $(x_{\underline{i}})_{\underline{i}\in S} \mapsto (x_{\underline{i}})_{\underline{i}\in S'}$ s'écrit comme un composé de restrictions à des bords ; d'après ce qu'on a déjà vu, elle envoie $\mathrm{Gr}_S^{r,E}$ dans $\mathrm{Gr}_{S'}^{r,E}$. (*Remarque* : Cette représentation de $\mathrm{Gr}_S^{r,E} \to \mathrm{Gr}_{S'}^{r,E}$ dépend d'un choix d'équations associé au choix de la suite $S = S_0, S_1, \ldots, S_k = S'$ pour passer de S à S'. On peut donner une représentation canonique de ce morphisme en utilisant le fait que, d'après le lemme 1.2, l'ensemble des parties $I \subseteq \{0, \ldots, n\}$ telles que l'équation $\sum_{\alpha\in I} i_\alpha = d_I^S$ soit vérifiée dans la face S' est stable par intersections et réunions.) □

On rappelle qu'on a appelés pavés entiers ceux des convexes entiers de $S^{r,n}$ qui sont de dimension maximale n. On peut vouloir décrire la structure des cellules de Schubert minces $\mathrm{Gr}_S^{r,E}$ associées à des convexes entiers S qui peuvent s'écrire comme des faces c'est-à-dire sont de codimension ≥ 1. D'abord, on a :

LEMME 1.7. *Soit S un convexe entier de $S^{r,n}$ qui est de codimension p. Alors il existe une unique partition*

$$\{0, 1, \ldots, n\} = \coprod_{i=0}^{p} J_i$$

de $\{0, \ldots, n\}$ en $p+1$ parties non triviales J_i, $0 \leq i \leq p$, telle que

$$d_I^S = d_{J_0\cap I}^S + \cdots + d_{J_p\cap I}^S, \quad \forall\, I \subseteq \{0, \ldots, n\}.$$

Si pour tout indice i, $0 \leq i \leq p$, on note $n_i = |J_i| - 1$ et $r_i = d_{J_i}^S$, avec donc $n+1 = \sum_{i=0}^{p}(n_i+1)$ et $r = r_0 + \cdots + r_p$, on peut écrire

$$S = S_0 \times S_1 \times \cdots \times S_p$$

où chaque S_i est un pavé entier de

$$S^{r_i,n_i} = \left\{ (i_\alpha)_{\alpha\in J_i} \in \mathbb{N}^{J_i} \;\middle|\; \sum_{\alpha\in J_i} i_\alpha = r_i \right\}$$

qui est défini par la famille

$$(d_I^{S_i} = d_I^S)_{I\subseteq J_i}.$$

DÉMONSTRATION. D'après le lemme 1.3, il existe une partition de $\{0, \ldots, n\}$ en $p+1$ parties non triviales J_i, $0 \leq i \leq p$, et des entiers $r_0, \ldots, r_p$ tels que

$$\forall\, \underline{i} = (i_0, \ldots, i_n) \in S,\ \forall\, i \in \{0, \ldots, p\}, \quad \sum_{\alpha\in J_i} i_\alpha = r_i.$$

On a nécessairement $r_i = d_{J_i}^S$, $\forall\, i$.

Si I est une partie quelconque de $\{0, \ldots, n\}$, on peut choisir un point $\underline{i} = (i_0, \ldots, i_n)$ de S tel que

$$d_I^S = \sum_{\alpha\in I} i_\alpha.$$

Pour tout indice i, $0 \leq i \leq p$, on a aussi $\sum_{\alpha\in J_i} i_\alpha = d_{J_i}^S$ et donc d'après le lemme 1.2

$$d_{J_i\cap I}^S = \sum_{\alpha\in J_i\cap I} i_\alpha$$

d'où en faisant la somme

$$d_I^S = \sum_{i=0}^{p} d_{J_i \cap I}^S .$$

En notant S_i, $0 \leq i \leq p$, les convexes entiers des $S^{r_i,n_i} = \{(i_\alpha)_{\alpha \in J_i} \in \mathbb{N}^{J_i} \mid \sum_{\alpha \in J_i} i_\alpha = r_i\}$ définis par les familles $(d_I^S)_{I \subseteq J_i}$, on a alors automatiquement

$$S = S_0 \times S_1 \times \cdots \times S_p .$$

Comme S est de dimension $n - p = n_0 + \cdots + n_p$, chaque S_i est de dimension n_i c'est-à-dire est un pavé entier dans S^{r_i,n_i}.

Dans l'espace affine $\mathbb{R}^{r,n} = \{\underline{x} = (x_0, \ldots, x_n) \in \mathbb{R}^{n+1} \mid \sum_{\alpha=0}^{n} x_\alpha = r\}$, le sous-espace affine engendré par S est défini par les équations

$$\sum_{\alpha \in J_i} x_\alpha = r_i, \quad 0 \leq i \leq p,$$

ce qui implique que la partition $\{0, \ldots, n\} = \coprod_{i=0}^{p} J_i$ est uniquement déterminée par S. □

On voit d'après ce lemme que l'étude des convexes entiers généraux se ramène à celle des pavés entiers. Il en est de même de leurs cellules de Schubert minces associées :

COROLLAIRE 1.8. *Dans la situation et avec les notations du lemme* 1.7, *le foncteur*

$$(F \hookrightarrow E) \mapsto (F \cap E_{J_i} \hookrightarrow E_{J_i})_{i=0}^{p}$$

définit un isomorphisme

$$\mathrm{Gr}_S^{r,E} \xrightarrow{\sim} \mathrm{Gr}_{S_0}^{r_0,E_{J_0}} \times \mathrm{Gr}_{S_1}^{r_1,E_{J_1}} \times \cdots \times \mathrm{Gr}_{S_p}^{r_p,E_{J_p}} .$$

DÉMONSTRATION. Il suffit de remarquer que comme $\{0, \ldots, n\} = J_0 \amalg \cdots \amalg J_p$ et $r = r_0 + \cdots + r_p$, on a pour tout point $F \hookrightarrow E$ de $\mathrm{Gr}_S^{r,E}$ une décomposition en somme directe

$$F = (F \cap E_{J_0}) \oplus (F \cap E_{J_1}) \oplus \cdots \oplus (F \cap E_{J_p}). \qquad \square$$

1.4. Morphismes simpliciaux

On considère ici une application arbitraire

$$\iota \colon \{0, 1, \ldots, p\} \to \{0, 1, \ldots, n\}.$$

Elle induit une application affine

$$S^{r,p} \xrightarrow{\iota_*} S^{r,n}$$

$$\underline{j} = (j_\beta)_{\beta=0}^{p} \mapsto \underline{i} = \left(i_\alpha = \sum_{\iota(\beta)=\alpha} j_\beta \right)_{\alpha=0}^{n}$$

qui est une identification de $S^{r,p}$ à une face du simplexe $S^{r,n}$ quand ι est injective et une projection quand ι est surjective.

L'image réciproque S' d'un convexe entier S de $S^{r,n}$ par $S^{r,p} \xrightarrow{\iota_*} S^{r,n}$ est non vide si et seulement si

$$d_{\{0,\ldots,n\}-\mathrm{Im}(\iota)}^S = 0.$$

Dans ce cas, S' est un convexe entier défini par la famille $(d_J^{S'})$ où, pour $J \subseteq \{0, \ldots, p\}$, on a

$$d_J^{S'} = d_{\{0,\ldots,n\}-\iota(\{0,\ldots,p\}-J)}.$$

Si maintenant on considère aussi deux espaces gradués

$$E = E_0 \oplus E_1 \oplus \cdots \oplus E_n$$
$$E' = E'_0 \oplus E'_1 \oplus \cdots \oplus E'_p$$

tels que $E'_\beta = E_{\iota(\beta)}$, $0 \leq \beta \leq p$, l'application ι induit un homomorphisme

$$E \to E'$$
$$e = (e_\alpha)_{\alpha=0}^n \mapsto e' = (e'_\beta = e_{\iota(\beta)})_{\beta=0}^p.$$

Pour chaque élément $\underline{j} = (j_\beta)_{\beta=0}^p \in S^{r,p}$ et $\underline{i} = (i_\alpha = \sum_{\iota(\beta)=\alpha} j_\beta)_{\alpha=0}^n \in S^{r,n}$ son image par ι_*, on a un homomorphisme injectif

$$\Lambda^{\underline{i}} E_\bullet \to \Lambda^{\underline{j}} E'_\bullet,$$

et la somme de ceux-ci n'est autre que la puissance extérieure

$$\Lambda^r E \to \Lambda^r E'.$$

On a :

LEMME 1.9. *Pour toute application* $\iota \colon \{0, \ldots, p\} \to \{0, \ldots, n\}$ *comme ci-dessus, S un convexe entier de $S^{r,n}$ et S' son image réciproque par ι_* supposée non vide, le morphisme*

$$\mathbb{G}_m \Big\backslash \prod_{\underline{i} \in S} (\Lambda^{\underline{i}} E_\bullet - \{0\}) \xrightarrow{\iota^*} \mathbb{G}_m \Big\backslash \prod_{\underline{j} \in S'} (\Lambda^{\underline{j}} E'_\bullet - \{0\})$$

envoie $\mathrm{Gr}_S^{r,E}$ *dans* $\mathrm{Gr}_{S'}^{r,E'}$.

Si F est un point de $\mathrm{Gr}_S^{r,E}$ *et F' le point image dans* $\mathrm{Gr}_{S'}^{r,E'}$, *le plongement*

$$F' \hookrightarrow E'$$

est l'image de l'homomorphisme injectif composé

$$F \hookrightarrow E \to E'.$$ □

1.5. Le cas où tous les E_α sont de rang r

Un cas particulier est celui où tous les E_α, $0 \leq \alpha \leq n$, sont des copies du même espace vectoriel canonique $\mathbb{A}^r$ de rang r, avec donc $E = (\mathbb{A}^r)^{n+1}$.

C'est le cadre envisagé dans l'article [Lafforgue, 1999] où on a noté $\mathrm{Gr}^{r,E} = \mathrm{Gr}^{r,n}$.

Le groupe GL_r^{n+1} agit sur la grassmannienne $\mathrm{Gr}^{r,n}$ et il respecte sa stratification en cellules de Schubert minces $\mathrm{Gr}_S^{r,n}$ associées aux convexes entiers S du simplexe $S^{r,n} = \{\underline{i} = (i_0, \ldots, i_n) \in \mathbb{N}^{n+1} \mid \sum_{\alpha=0}^n i_\alpha = r\}$.

La strate ouverte $\mathrm{Gr}_\varnothing^{r,n} = \mathrm{Gr}_{S^{r,n}}^{r,n}$ associée à $S = S^{r,n}$ classifie les sous-espaces de dimension r dans $(\mathbb{A}^r)^{n+1} = E$ dont toutes les projections sur les $n+1$ facteurs $\mathbb{A}^r$ sont des isomorphismes. Elle est homogène sous l'action de GL_r^{n+1} et contient comme point distingué la diagonale $\mathbb{A}^r$ de $(\mathbb{A}^r)^{n+1}$; le stabilisateur de celle-ci est GL_r plongé diagonalement dans GL_r^{n+1} et donc $\mathrm{Gr}_\varnothing^{r,n}$ s'identifie à $\mathrm{GL}_r^{n+1}/\mathrm{GL}_r$.

Son quotient par l'action libre de $\mathbb{G}_m^{n+1}/\mathbb{G}_m$ s'identifie à $\mathrm{PGL}_r^{n+1}/\mathrm{PGL}_r$.

La famille des cellules $\mathrm{Gr}_{\varnothing}^{r,n}$, $n \in \mathbb{N}$, munie des morphismes simpliciaux $\iota^*: \mathrm{Gr}_{\varnothing}^{r,n} \to \mathrm{Gr}_{\varnothing}^{r,p}$ associés aux applications $\iota: \{0,\ldots,p\} \to \{0,\ldots,n\}$ constitue un schéma simplicial qui s'identifie au classifiant $(\mathrm{GL}_r^{n+1}/\mathrm{GL}_r)_{n\geq 0}$ du groupe GL_r.

1.6. Lien avec les espaces de configurations quand les E_α sont de rang 1

On considère d'abord le cas général d'un espace gradué

$$E = E_0 \oplus E_1 \oplus \cdots \oplus E_n$$

où les E_α, $0 \leq \alpha \leq n$, sont de rangs arbitraires ≥ 1.

LEMME 1.10. *Si S est un pavé entier c'est-à-dire un convexe entier de dimension maximale n dans $S^{r,n}$, l'action de $\mathbb{G}_m^{n+1}/\mathbb{G}_m$ sur la cellule de Schubert mince $\mathrm{Gr}_S^{r,n}$ est libre.*

DÉMONSTRATION. Soit $(\lambda_0, \lambda_1, \ldots, \lambda_n)$ un point de $\mathbb{G}_m^{n+1}$ qui fixe un point F de $\mathrm{Gr}_S^{r,n}$. Il s'agit de prouver que $\lambda_0 = \lambda_1 = \cdots = \lambda_n$.

Le point F peut être représenté par un uplet de coordonnées non nulles dans les $\Lambda^{\underline{i}} E_\bullet$, $\underline{i} \in S$, qui est bien déterminé à multiplication près par un scalaire.

Donc il existe un scalaire λ tel que pour tout point $\underline{i} = (i_0, \ldots, i_n)$ dans S, on ait

$$\lambda_0^{i_0} \lambda_1^{i_1} \ldots \lambda_n^{i_n} = \lambda.$$

Comme S est de dimension maximale n, il contient d'après la proposition 1.5(iv) une famille génératrice du réseau $\mathbb{Z}^{r,n} = \{\underline{i} = (i_0, \ldots, i_n) \in \mathbb{Z}^{n+1} \mid \sum_{\alpha=0}^n i_\alpha = r\}$ et pour tout point $\underline{i} = (i_0, \ldots, i_n)$ de $\mathbb{Z}^{r,n}$ on a encore

$$\lambda_0^{i_0} \lambda_1^{i_1} \ldots \lambda_n^{i_n} = \lambda.$$

On en déduit aussitôt que pour toute paire d'indices α, α', on a

$$\lambda_\alpha / \lambda_{\alpha'} = 1. \qquad \square$$

Si donc S est un pavé entier de $S^{r,n}$, on note $\overline{\mathrm{Gr}}_S^{r,E}$ le schéma quotient de $\mathrm{Gr}_S^{r,E}$ par l'action libre du tore $\mathbb{G}_m^{n+1}/\mathbb{G}_m$.

Si S est un convexe entier de $S^{r,n}$ de codimension p, on a avec les notations du lemme 1.7 et du corollaire 1.8 une partition canonique

$$\{0, \ldots, n\} = J_0 \amalg \cdots \amalg J_p$$

et une décomposition

$$\mathrm{Gr}_S^{r,E} = \mathrm{Gr}_{S_0}^{r_0, E_{J_0}} \times \cdots \times \mathrm{Gr}_{S_p}^{r_p, E_{J_p}}.$$

L'action de $\mathbb{G}_m^{n+1}/\mathbb{G}_m$ sur $\mathrm{Gr}_S^{r,E}$ se factorise à travers son quotient

$$\mathbb{G}_m^{J_0}/\mathbb{G}_m \times \mathbb{G}_m^{J_1}/\mathbb{G}_m \times \cdots \times \mathbb{G}_m^{J_p}/\mathbb{G}_m$$

lequel agit librement puisque S_0, $S_1, \ldots, S_p$ sont des pavés entiers. Le quotient $\overline{\mathrm{Gr}}_{S_0}^{r_0, E_{J_0}} \times \cdots \times \overline{\mathrm{Gr}}_{S_p}^{r_p, E_{J_p}}$ de $\mathrm{Gr}_S^{r,E}$ par cette action libre est noté $\overline{\mathrm{Gr}}_S^{r,E}$.

Supposons maintenant que E_0, $E_1, \ldots, E_n$ sont tous de rang 1. Soit S un convexe entier de $S^{r,n}$ tel que, pour tout α, $0 \leq \alpha \leq n$, on ait

$$r_\alpha (= r - d^S_{\{0,\ldots,n\}-\{\alpha\}}) = 1.$$

L'espace de configurations $C_S^{r,n}$ du convexe entier S (ou du matroïde (d_I^S)) est le schéma classifiant des familles de $n+1$ points

$$P_0, P_1, \ldots, P_n$$

de $\mathbb{P}^{r-1}$ telles que, pour toute partie non vide $I \subseteq \{0, \ldots, n\}$, le sous-espace projectif P_I de $\mathbb{P}^{r-1}$ engendré par les P_α, $\alpha \in I$, soit de dimension

$$\dim(P_I) = r - 1 - d^S_{\{0,\ldots,n\}-I}.$$

Il est muni d'une action du groupe projectif PGL_r.

THÉORÈME 1.11 (Gelfand, MacPherson). *Supposons que E_0, $E_1, \ldots, E_n$ sont tous de rang 1 et considérons un convexe entier S de $S^{r,n}$ qui a un espace de configurations non vide $C_S^{r,n}$.*

Alors l'action de PGL_r sur $C_S^{r,n}$ est libre si et seulement si S est de dimension maximale n.

Dans ce cas, le quotient $\overline{C}_S^{r,n}$ de $C^{r,n}$ par l'action libre de PGL_r s'identifie au quotient $\overline{\mathrm{Gr}}_S^{r,E}$ de $\mathrm{Gr}_S^{r,E}$ par l'action libre de $\mathbb{G}_m^{n+1}/\mathbb{G}_m$.

DÉMONSTRATION. Soit $\underline{P} = (P_0, P_1, \ldots, P_n)$ un point de $C_S^{r,n}$. Comme $d_\varnothing^S = 0$, les P_α, $0 \le \alpha \le n$, engendrent l'espace projectif $\mathbb{P}^{r-1}$ tout entier. D'après le lemme 1.7, dire que S est de dimension $< n$ équivaut à dire qu'on peut scinder la famille des P_α, $0 \le \alpha \le n$, en deux sous-familles qui engendrent des sous-espaces projectifs supplémentaires dans $\mathbb{P}^{r-1}$. C'est équivalent à demander que le point $\underline{P}$ soit fixé par un sous-groupe non trivial de PGL_r.

Supposons maintenant que S est de dimension maximale n c'est-à-dire est un pavé entier.

Soit $F \hookrightarrow E_0 \oplus \cdots \oplus E_n = E$ un point de $\mathrm{Gr}_S^{r,E}$. On peut associer à F les points P_α, $0 \le \alpha \le n$, de $\mathbb{P}(F^\vee)$ qui sont les hyperplans de F noyaux des homomorphismes surjectifs $F \to E_\alpha$; ils ne dépendent que de l'orbite de F sous $\mathbb{G}_m^{n+1}/\mathbb{G}_m$. Si on choisit une base de $F^\vee$, ils définissent un point de $C_S^{r,n}$. En effet, si pour toute partie non triviale I de $\{0, \ldots, n\}$, P_I désigne le sous-espace projectif engendré par les P_α, $\alpha \in I$, on a

$$r - 1 - \dim(P_I) = \dim\left(\mathrm{Ker}\left(F \to E_I = \bigoplus_{\alpha \in I} E_\alpha\right)\right) = d^S_{\{0,\ldots,n\}-I}.$$

L'oubli de la base $F^\vee$ revient à considérer le point image dans $\overline{C}_S^{r,n}$.

Réciproquement, si $\underline{P} = (P_0, \ldots, P_n)$ est un point de $C_S^{r,n}$, chaque P_α peut être vu comme une droite de $\mathbb{A}^r$ pour laquelle on peut choisir un isomorphisme avec $E_\alpha^\vee$. On obtient un homomorphisme

$$E^\vee = \bigoplus_{\alpha=0}^{n} E_\alpha^\vee \to \mathbb{A}^r$$

dont le dual $\mathbb{A}^r \to E$ est un plongement. Quotienter par GL_r revient à ne considérer que son image F qui est un point de $\mathrm{Gr}_S^{r,E}$. Et oublier les isomorphismes $P_\alpha \cong E_\alpha^\vee$ revient à quotienter par $\mathbb{G}_m^{n+1}$.

On a défini deux morphismes

$$\overline{\mathrm{Gr}}_S^{r,E} \to \overline{C}_S^{r,n}$$
$$\overline{C}_S^{r,n} \to \overline{\mathrm{Gr}}_S^{r,E}$$

qui sont inverses l'un de l'autre. □

Si S est un convexe entier de $S^{r,n}$ qui a un espace de configurations $C_S^{r,n}$ mais est de codimension $p \geq 1$, écrivons les décompositions canoniques du lemme 1.7 et du corollaire 1.8 :

$$\begin{aligned}\{0,\ldots,n\} &= J_0 \amalg \cdots \amalg J_p,\\ r &= r_0 + \cdots + r_p,\\ n+1 &= (n_0+1) + \cdots + (n_p+1),\\ S &= S_0 \times \cdots \times S_p,\\ \mathrm{Gr}_S^{r,E} &= \mathrm{Gr}_{S_0}^{r_0,E_{J_0}} \times \cdots \times \mathrm{Gr}_{S_p}^{r_p,E_{J_p}}.\end{aligned}$$

Alors $r_0,\ldots,r_p$ sont des entiers ≥ 1, les pavés entiers $S_0,\ldots,S_p$ dans $S^{r_0,n_0},\ldots,$ S^{r_p,n_p} ont des espaces de configurations $C_{S_0}^{r_0,n_0},\ldots,C_{S_p}^{r_p,n_p}$ et on peut noter

$$\overline{C}_S^{r,n} = \overline{C}_{S_0}^{r_0,n_0} \times \cdots \times \overline{C}_{S_p}^{r_p,n_p}$$

avec donc un isomorphisme canonique

$$\overline{C}_S^{r,n} \cong \overline{\mathrm{Gr}}_S^{r,E}.$$

On a un morphisme naturel

$$C_S^{r,n} \to \overline{C}_S^{r,n} = \overline{C}_{S_0}^{r_0,n_0} \times \cdots \times \overline{C}_{S_p}^{r_p,n_p}$$

qui consiste à associer à tout point $\underline{P} = (P_0,\ldots,P_n)$ de $C_S^{r,n}$ les configurations des familles de points $(P_\alpha)_{\alpha\in J_i}$, $0 \leq i \leq p$, dans les espaces projectifs P_{J_i} de dimensions $r_i - 1$ qu'elles engendrent. Il fait du schéma $\overline{C}_S^{r,n}$ un quotient catégorique de $C_S^{r,n}$ par PGL_r.

Dans le contexte des espaces de configurations, la proposition 1.6 s'interprète de la manière suivante :

Corollaire 1.12. *Soient S un pavé entier de $S^{r,n}$ qui a un espace de configurations $C_S^{r,n}$ et S' un bord de S (c'est-à-dire une face de codimension 1) défini par une équation $\sum_{\alpha\in I} i_\alpha = d_I^S$. Notons*

$$J = \{0,\ldots,n\} - I, \quad n_0 = |I| - 1, \quad n_1 = |J| - 1,$$
$$r_0 = d_I^S, \quad r_1 = r - r_0,$$

avec donc $S' = S_0 \times S_1$ où S_0, S_1 sont deux pavés entiers dans S^{r_0,n_0}, S^{r_1,n_1}.

Alors le morphisme

$$\overline{C}_S^{r,n} \to \overline{C}_{S'}^{r,n} = \overline{C}_{S_0}^{r_0,n_0} \times \overline{C}_S^{r,n}$$

quotient de $\mathrm{Gr}_S^{r,E} \to \mathrm{Gr}_{S'}^{r,E}$ par l'action de $\mathbb{G}_m^{n+1}$ consiste à associer à toute configuration $\underline{P} = (P_0,\ldots,P_n)$ dans $\overline{C}_S^{r,n}$ la paire $(\underline{P}_0,\underline{P}_1) \in \overline{C}_{S_0}^{r_0,n_0} \times \overline{C}_{S_1}^{r_1,n_1}$ où

- *$\underline{P}_1$ est la configuration des P_α, $\alpha \in J$, dans l'espace projectif P_J qu'ils engendrent,*
- *$\underline{P}_0$ est la configuration des points images des P_α, $\alpha \in I$, dans l'espace projectif quotient de $\mathbb{P}^{r-1}$ par P_J.* □

Exemple. Pour $r = 3$ et $n = 6$, considérons les configurations dans le plan projectif $\mathbb{P}^2$ qui sont du type de la figure 1.1 :

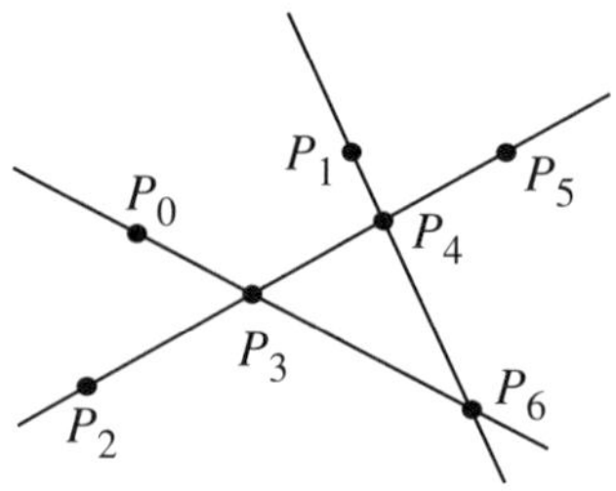

FIGURE 1.1.

- Si $I = \{0, 1, 6\}$, on a $r_0 = 1$, $r_1 = 2$, $\overline{C}_{S_0}^{r_0,n_0}$ est trivial et $\overline{C}_{S_1}^{r_1,n_1}$ est l'espace de configurations de quatre points distincts sur la droite projective $\mathbb{P}^1$. Le morphisme $\overline{C}_S^{r,n} \to \overline{C}_{S_1}^{r_1,n_1}$ consiste à associer à la figure 1.1 ci-dessus la configuration de P_2, P_3, P_4, P_5 sur la droite qu'ils engendrent.
- Si $I = \{6\}$, on a $r_0 = 2$, $r_1 = 1$, $\overline{C}_{S_1}^{r_1,n_1}$ est trivial et $\overline{C}_{S_0}^{r_0,n_0}$ est l'espace de configurations de quatre points distincts P'_2, $P'_3 = P'_0$, $P'_4 = P'_1$, P'_5 sur $\mathbb{P}^1$. Le morphisme $\overline{C}_S^{r,n} \to \overline{C}_{S_0}^{r_0,n_0}$ consiste à associer à la figure ci-dessus la configuration des images P'_α, $0 \le \alpha \le 5$, des P_α sur la droite à l'infini par la projection de centre P_6.

Enfin, voyons comment les morphismes simpliciaux du lemme 1.9 s'interprètent en termes d'espaces de configurations.

Considérons donc deux espaces gradués

$$E = E_0 \oplus \cdots \oplus E_n$$
$$E' = E'_0 \oplus \cdots \oplus E'_p$$

par des sous-espaces E_α et E'_β de rang 1 et $\iota \colon \{0, \ldots, p\} \to \{0, \ldots, n\}$ une application telle que $E'_\beta = E_{\iota(\beta)}$, $\forall\, \beta$.

Soit S un convexe entier de $S^{r,n}$ qui a un espace de configurations $C_S^{r,n}$. L'image réciproque S' de S par $\iota_* \colon S^{r,p} \to S^{r,n}$ est non vide si et seulement si pour n'importe quel point $\underline{P} = (P_0, \ldots, P_n)$ de $C_S^{r,n}$, la sous-famille des P_α, $\alpha \in \mathrm{Im}(\iota)$, engendre $\mathbb{P}^{r-1}$ tout entier.

Dans ce cas, le morphisme $\overline{C}_S^{r,n} \to \overline{C}_{S'}^{r,p}$ déduit de $\mathrm{Gr}_S^{r,n} \xrightarrow{\iota^*} \mathrm{Gr}_{S'}^{r,p}$ par passage aux quotients consiste à associer à toute configuration $\underline{P} = (P_0, \ldots, P_n)$ la configuration des $P'_\beta = P_{\iota(\beta)}$, $0 \le \beta \le p$. Quand ι est injective, cela signifie qu'on garde $p+1$ des $n+1$ points de la configuration et qu'on oublie les autres.

1.7. Application du théorème de Thalès

Considérons les espaces de configurations $C_S^{3,n}$ en rang $r = 3$.

Ils classifient les familles $\underline{P} = (P_0, \ldots, P_n)$ de $n+1$ points P_α, $0 \le \alpha \le n$, dans le plan projectif $\mathbb{P}^2$ telles que

- $\forall\, \alpha, \beta$, $P_\alpha \neq P_\beta$ si $d^S_{\{0,\ldots,n\}-\{\alpha,\beta\}} = 1$ et $P_\alpha = P_\beta$ si $d^S_{\{0,\ldots,n\}-\{\alpha,\beta\}} = 2$,
- $\forall\, \alpha, \beta, \gamma$, P_α, P_β et P_γ sont alignés si et seulement si $d^S_{\{0,\ldots,n\}-\{\alpha,\beta,\gamma\}} > 0$.

Les espaces de configurations $C_S^{3,n}$ classifient donc les familles finies de points du plan projectif $\mathbb{P}^2$ dont toutes les relations d'alignement et de non-alignement sont spécifiées.

On a :

PROPOSITION 1.13. *Pour tout schéma X de type fini sur $\mathbb{Z}$ et réduit, il existe un entier n et un pavé entier S de $S^{3,n}$ tel que l'espace de configurations*

$$\overline{C}_S^{3,n} = C_S^{3,n}/\mathrm{PGL}_r$$

soit isomorphe à un ouvert non vide U de X.

DÉMONSTRATION. On peut supposer que X est affine et intègre et qu'il est défini par un nombre fini d'équations de la forme

$$P = Q$$

où les P, Q sont des polynômes en un nombre fini de variables dont les coefficients sont des entiers positifs.

Par conséquent, on peut représenter X en choisissant des variables $X_0, X_1, \ldots, X_m$ et en posant des équations de la forme

- $X_0 = 1$,
- $X_\gamma = X_\alpha + X_\beta$ pour un certain nombre de triplets (α, β, γ) dans $\{0, 1, \ldots, m\}$,
- $X_\gamma = X_\alpha X_\beta$ pour un certain nombres d'autres triplets (α, β, γ).

Choisissons une origine 0 dans $\mathbb{P}^2$, disposons tous les $X_0 = 1, X_1, \ldots, X_m$ comme des points sur une droite projective $\mathbb{P}^1$ plongée dans $\mathbb{P}^2$ et contenant l'origine 0 et prenons enfin un point auxiliaire A en dehors de $\mathbb{P}^1$ et deux points à l'infini sur $\mathbb{P}^1$ et $(0A)$. La droite qui relie ces deux derniers est la « droite à l'infini », figurée en pointillés dans les dessins ci-dessous.

Il résulte du théorème de Thalès que les deux types de relations

$$X_\gamma = X_\alpha + X_\beta \quad \text{et} \quad X_\gamma = X_\alpha X_\beta$$

peuvent être représentées par des relations d'alignement dans $\mathbb{P}^2$ (figures 1.2 et 1.3). Quant à toutes les autres relations d'alignements ou de coïncidences de points, on demande qu'elles soient vérifiées ou pas suivant qu'elles le sont ou non au point générique de X.

De prendre le quotient $\overline{C}_S^{3,n}$ de notre espace de configurations $C_S^{3,n}$ par l'action libre de PGL_3 revient à se débarrasser du choix de l'origine 0, de l'axe $\mathbb{P}^1$, des points bases 1 et A et des deux points à l'infini sur $\mathbb{P}^1$ et $(0A)$. Il ne reste plus que les variables $X_0 = 1, X_1, \ldots, X_m$ et les équations qui les relient. □

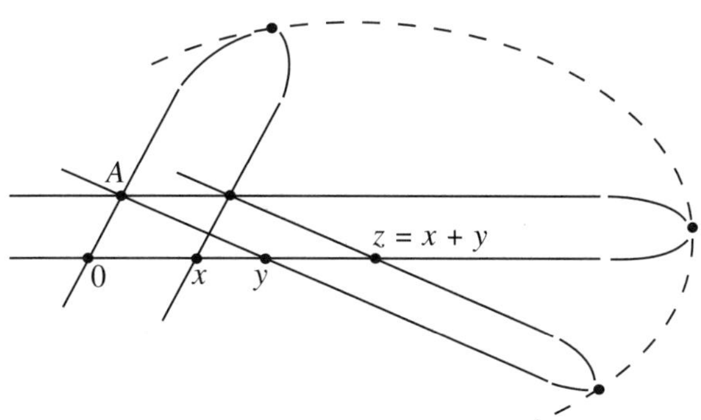

FIGURE 1.2.

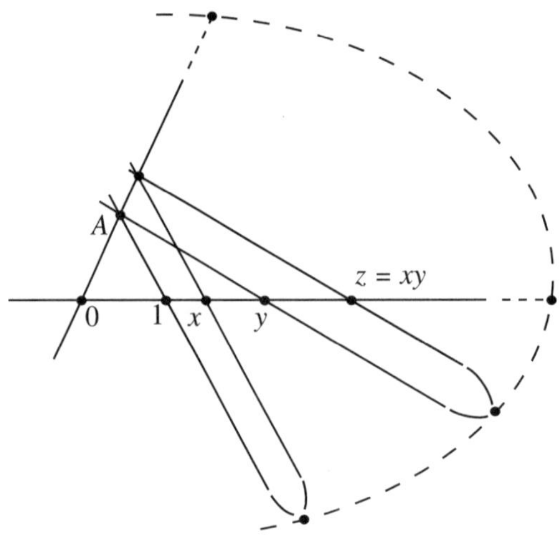

FIGURE 1.3.

1.8. Le théorème de Mnëv

On renvoie à l'exposé [Mnëv, 1988] pour l'énoncé dans un contexte topologique et une esquisse de démonstration du théorème de Mnëv, et au livre [Richter-Gebert, 1996] ou à l'article [Günzel, 1996] pour des démonstrations complètes. Ici, on présente à nouveau ce théorème et sa démonstration dans le contexte purement algébrique de la théorie des schémas.

THÉORÈME 1.14 ([Mnëv, 1988]). *Soit X un schéma affine de type fini sur* $\operatorname{Spec}\mathbb{Z}$.

Alors il existe deux entiers N et n et un ouvert $U \subseteq X \times \mathbb{A}^N$ se projetant surjectivement sur X tel que U soit isomorphe à un espace de configurations $\overline{C}_S^{3,n}$ d'un pavé entier S de $S^{3,n}$ dans le plan projectif $\mathbb{P}^2$.

DÉMONSTRATION. Le schéma X est défini par un nombre fini d'équations polynomiales à coefficients dans $\mathbb{Z}$ en des variables $Y_1, \ldots, Y_k$.

Ajoutons une variable supplémentaire T (ce qui revient à remplacer X par $X \times \mathbb{A}^1$) et écrivons les équations en fonction des variables

$$X_0 = T, \quad X_1 = Y_1 + T, \quad \ldots, \quad X_k = Y_k + T$$

sous la forme

$$P = Q$$

où les P et Q sont des polynômes en $X_0, X_1, \ldots, X_k$ à coefficients entiers positifs. Quitte à ajouter à tous les P et Q une même puissance $X_0^d = T^d$ avec d assez grand, on peut supposer que chaque P ou Q comprend un unique monôme de degré total maximal ≥ 1 et que ce monôme est affecté du coefficient 1.

Représentons alors l'expression des polynômes P, Q en fonction de $X_0, X_1, \ldots,$ X_k en introduisant un certain nombre de variables supplémentaires $X_{k+1}, \ldots, X_m$ et en imposant un certain nombre d'équations de la forme

$$X_\gamma = X_\alpha X_\beta,$$

ou

$$X_\gamma = X_\alpha + X_\beta,$$

ou

$$X_\gamma = X_\alpha + 1.$$

Chacune des variables $X_{k+1}, \ldots, X_m$ a une expression polynomiale à coefficients entiers en fonction de X_0, $X_1, \ldots, X_k$ et on peut supposer que dans chacune de ces expressions polynomiales il y a un unique monôme de degré total maximal ≥ 1 et que ce monôme est affecté du coefficient 1. Les équations $P = Q$ sont exprimées par le fait que certaines des variables X_γ, $k < \gamma \leq m$, ont deux expressions polynomiales en fonction de X_0, $X_1, \ldots, X_k$.

Maintenant, traduisons tout cela en termes de configurations dans le plan projectif $\mathbb{P}^2$.

On choisit d'abord un point « origine » 0 et pour tout α, $0 \leq \alpha \leq m$, on représente X_α sous la forme d'un birapport

$$X_\alpha = [0, 1_\alpha, P_\alpha, \infty_\alpha].$$

Autrement dit, les ∞_α sont des points deux à deux distincts qui sont « à l'infini » c'est-à-dire sur une même droite ∞ ne passant pas par 0, et pour tout α, 1_α et P_α sont deux points sur la droite $(0, \infty_\alpha)$ tels que 0, 1_α, P_α, ∞_α soient deux à deux distincts. On voit la variable X_α comme le birapport des quatre points 0, 1_α, P_α, ∞_α sur la droite projective qu'ils engendrent.

Pour chaque équation (e) de la forme

$$X_\gamma = X_\alpha X_\beta,$$

ou

$$X_\gamma = X_\alpha + X_\beta,$$

ou

$$X_\gamma = X_\alpha + 1,$$

on introduit un point « à l'infini » (c'est-à-dire sur la droite ∞) supplémentaire ∞_e différent de tous les autres, plus deux points 1_e et P_e sur la droite $(0, \infty_e)$; on impose la relation d'alignement de la figure 1.4 plus la relation d'alignement de la figure 1.5 dans le cas $X_\gamma = X_\alpha X_\beta$, celle de la figure 1.6 dans le cas $X_\gamma = X_\alpha + X_\beta$ et celle de la figure 1.7 dans le cas $X_\gamma = X_\alpha + 1$. [Dans tous ces dessins, l'arc de cercle en pointillés représente la droite à l'infini ∞.]

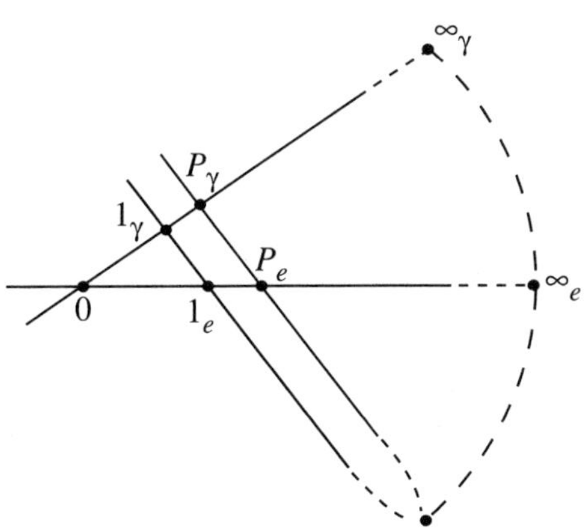

FIGURE 1.4.

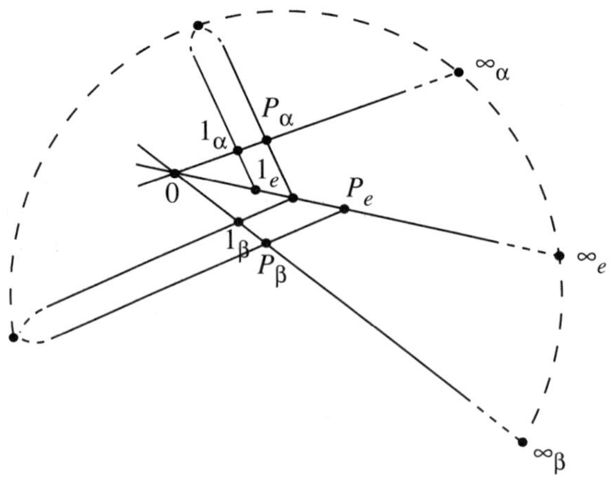

FIGURE 1.5.

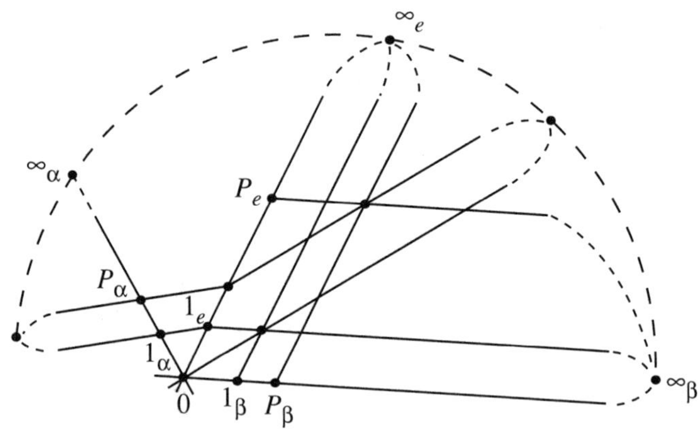

FIGURE 1.6.

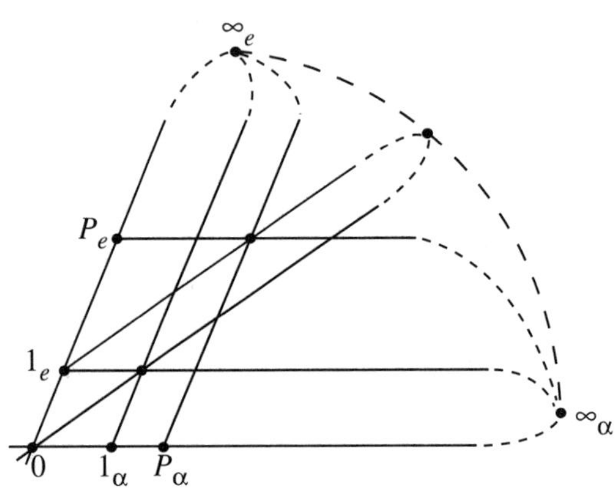

FIGURE 1.7.

Il est clair que si les ∞_α, 1_α puis les ∞_e, 1_e sont choisis les uns après les autres de façon générique, il n'y a pas d'autres relations d'alignement que celles que nous avons spécifiées et donc pas d'autres relations que les équations (e).

Nous avons défini un certain espace de configurations $C_S^{3,n}$. Le passage à son quotient $\overline{C}_S^{3,n}$ par l'action libre de PGL_3 revient à oublier le choix de l'origine 0, des deux premiers points à l'infini ∞_0 et ∞_1 définissant la droite ∞ et des deux points bases 1_0 et 1_1 sur les droites $(0\infty_0)$ et $(0\infty_1)$. En revanche, le choix de tous les autres points ∞_α et ∞_e sur la droite ∞ et 1_α, 1_e sur les droites $(0\infty_\alpha)$, $(0\infty_e)$ équivaut à l'introduction d'autant de variables affines supplémentaires dans $\mathbb{A}^1$.

Ainsi l'espace de configurations $\overline{C}_S^{3,n}$ est-il naturellement isomorphe à un ouvert U d'un produit $X \times \mathbb{A}^N$.

La projection $U \to X$ est surjective car pour tout point de X de coordonnées $Y_1, \ldots, Y_k$ et pour T générique, toutes les X_0, $X_1, \ldots, X_m$ (reliées entre elles par les équations (e) et aux $Y_1, \ldots, Y_k$ par $X_0 = T$, $X_1 = Y_1 + T, \ldots, X_k = Y_k + T$) vérifient

$$X_\alpha \neq 0,\ X_\alpha \neq 1, \quad 0 \leq \alpha \leq m.$$

Cela résulte de ce que les expressions polynomiales des X_α, $k < \alpha \leq m$, en fonction de X_0, $X_1, \ldots, X_k$ comprennent chacune un unique monôme de degré total maximal ≥ 1 et que celui-ci est affecté du coefficient 1. □

Il résulte du théorème de Mnëv que les espaces de configurations $\overline{C}_S^{3,n}$ et donc aussi les cellules de Schubert minces $\mathrm{Gr}_S^{3,E}$ classifiant des sous-espaces de dimension 3 d'espaces gradués $E = E_0 \oplus \cdots \oplus E_n$ présentent des singularités arbitraires lorsqu'on autorise n à être arbitrairement grand. Il en est *a fortiori* de même des $\overline{C}_S^{r,n}$ et $\mathrm{Gr}_S^{r,E}$ pour n'importe quel $r \geq 3$.

CHAPITRE 2

Compactifications : Pavages de convexes entiers et recollement des cellules de Schubert minces

2.1. Le champ torique des pavages d'un convexe entier

On considère un convexe entier arbitraire

$$S \subseteq S^{r,n}$$

défini par un matroïde $(d_I^S)_{I\subseteq\{0,\dots,n\}}$ de rang r sur $\{0,1,\dots,n\}$.

Dans l'espace vectoriel réel de dimension finie des fonctions $S \to \mathbb{R}$, soit $\mathcal{C}^S$ le cône des fonctions $v\colon S \to \mathbb{R}$ telles que pour toute fonction affine $\ell\colon S \to \mathbb{R}$ vérifiant $\ell \leq v$, l'ensemble $\{\underline{i} \in S \mid \ell(\underline{i}) = v(\underline{i})\}$ est un convexe entier s'il n'est pas vide.

Appelons pavages entiers de S les familles finies de convexes entiers $S' \subseteq S$ de même dimension s que S telles que les polyèdres convexes engendrés $S'_{\mathbb{R}}$ dans $\mathbb{R}^{r,n}$ forment un pavage du polyèdre $S_{\mathbb{R}}$. Si $\underline{S}$ est un tel pavage entier de S, on note $\mathcal{C}^S_{\underline{S}}$ le cône convexe des fonctions $v\colon S \to \mathbb{R}$ telles que pour tout élément S' de $\underline{S}$ il existe une application affine $\ell_{S'}\colon S \to \mathbb{R}$ vérifiant $\ell_{S'} \leq v$ et $S' = \{\underline{i} \in S \mid \ell_{S'}(\underline{i}) = v(\underline{i})\}$.

Ceux des pavages entiers $\underline{S}$ de S pour lesquels $\mathcal{C}^S_{\underline{S}}$ n'est pas vide seront appelés les pavages entiers convexes de S.

EXEMPLES. – $S^{r,1} = \{(i_0,i_1) \in \mathbb{N}^2 \mid i_0+i_1 = r\}$ est l'intervalle de longueur r, ses convexes entiers sont ses sous-intervalles de bornes entières et ses pavages entiers convexes sont ses partitions en des sous-intervalles tels ceux de la figure 2.1.

FIGURE 2.1.

– Dans le cas $n = 2$, $S^{r,2} = \{(i_0,i_1,i_2) \in \mathbb{N}^3 \mid i_0+i_1+i_2 = r\}$ est le triangle équilatéral de côté r. Ses convexes entiers sont des hexagones (éventuellement dégénérés) dont les côtés sont parallèles aux côtés du triangle. La figure 2.2 présente un exemple de pavage entier convexe d'un triangle $S^{r,2}$.

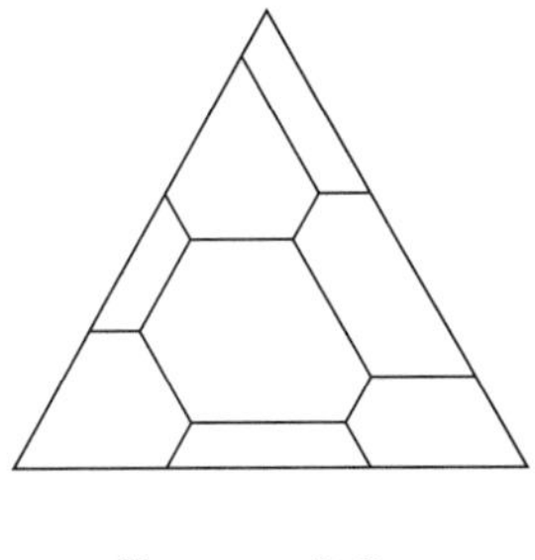

FIGURE 2.2.

On remarque que si $\varnothing$ désigne le pavage trivial de S, $\mathcal{C}^S_\varnothing$ est le sous-espace de $\mathbb{R}^S$ constitué des fonctions affines $S \to \mathbb{R}$. Pour tout pavage entier convexe $\underline{S}$ de S, on a

$$\mathcal{C}^S_{\underline{S}} + \mathcal{C}^S_\varnothing = \mathcal{C}^S_{\underline{S}} \quad \text{dans } \mathbb{R}^S.$$

On peut recopier dans le contexte général d'un convexe entier $S \subseteq S^{r,n}$ la proposition 3 du paragraphe 1a de l'article [Lafforgue, 1999] :

Proposition 2.1. (i) *Le cône $\mathcal{C}^S$ est la réunion disjointe des cônes convexes $\mathcal{C}^S_{\underline{S}}$ quand $\underline{S}$ décrit l'ensemble des pavages entiers convexes de S.*

(ii) *Pour tout $\underline{S}$, l'adhérence $\overline{\mathcal{C}}^S_{\underline{S}}$ de $\mathcal{C}^S_{\underline{S}}$ dans $\mathbb{R}^S$ est la réunion disjointe des $\mathcal{C}^S_{\underline{S}'}$ où $\underline{S}'$ décrit l'ensemble des pavages entiers convexes de S plus grossiers que $\underline{S}$.*

De plus, $\overline{\mathcal{C}}^S_{\underline{S}}$ est un cône convexe polyédral rationnel (c'est-à-dire engendré par un nombre fini de ses éléments prenant leurs valeurs dans $\mathbb{Z}$) et les faces de $\overline{\mathcal{C}}^S_{\underline{S}}$ sont les $\overline{\mathcal{C}}^S_{\underline{S}'}$ indexés par les pavages $\underline{S}'$ plus grossiers que $\underline{S}$.

(iii) *Étant donnés deux pavages entiers convexes $\underline{S}$ et $\underline{S}'$ de S, l'ensemble des pavages entiers convexes de S plus grossiers à la fois que $\underline{S}$ et $\underline{S}'$ admet un plus fin élément $\underline{S} \vee \underline{S}'$. L'intersection de $\overline{\mathcal{C}}^S_{\underline{S}}$ et $\overline{\mathcal{C}}^S_{\underline{S}'}$ est égale à $\overline{\mathcal{C}}^S_{\underline{S}\vee\underline{S}'}$.*

Démonstration. C'est la même que dans le cas particulier $S = S^{r,n}$ et nous renvoyons au paragraphe 2c de l'article [Lafforgue, 1999].

Pour les parties (ii) et (iii), le point le plus important est que, d'après la proposition 1.5(v), un polyèdre convexe de dimension arbitraire qui admet un pavage par des polyèdres convexes entiers est lui-même entier.

Pour (ii), on se sert aussi de ce que, quelle que soit la dimension s de S, il existe dans S une famille de $s+1$ points qui est génératrice au sens qu'elle engendre le réseau des points entiers du sous-espace affine de $\mathbb{R}^{r,n}$ engendré par S. Cela résulte de la proposition 1.5(iv) combinée avec le lemme 1.7. □

D'après cette proposition, la famille des cônes convexes polyédraux rationnels $\overline{\mathcal{C}}^S_{\underline{S}}/\mathcal{C}^S_\varnothing$ constitue un éventail dans le quotient de l'espace des fonctions $S \to \mathbb{R}$ par le sous-espace des fonctions affines. La théorie générale des variétés toriques telle qu'exposée dans [Saint-Donat et Kempf, 1973, §2] associe à cet éventail une variété torique normale $\mathcal{A}^S$ de tore $\mathcal{A}^S_\varnothing = \mathbb{G}^S_m/(\mathbb{G}^S_m)_\varnothing$ où $(\mathbb{G}^S_m)_\varnothing \subseteq \mathbb{G}^S_m$ désigne le sous-tore des fonctions affines $S \to \mathbb{G}_m$. (On remarque que tout choix d'une famille génératrice de $s+1$ points de S détermine un isomorphisme $(\mathbb{G}^S_m)_\varnothing \xrightarrow{\sim} \mathbb{G}^{s+1}_m$.)

Les orbites dans $\mathcal{A}^S$ sont des sous-schémas localement fermés indexés naturellement par les pavages entiers convexes $\underline{S}$ de S ; on les note $\mathcal{A}^S_{\underline{S}}$. Chacune a un point distingué $\alpha_{\underline{S}}$ dont le stabilisateur $(\mathbb{G}^S_m)_{\underline{S}}$ dans $\mathbb{G}^S_m$ est le sous-tore des fonctions $S \to \mathbb{G}_m$ dont la restriction à tout élément S' du pavage $\underline{S}$ est affine. L'adhérence d'une orbite $\mathcal{A}^S_{\underline{S}}$ est la réunion des $\mathcal{A}^S_{\underline{S}'}$ pour $\underline{S}'$ raffinant $\underline{S}$ et la réunion des $\mathcal{A}^S_{\underline{S}'}$ pour $\underline{S}'$ plus grossier que $\underline{S}$ est le plus petit ouvert invariant contenant $\mathcal{A}^S_{\underline{S}}$.

On peut dire aussi que les pavages entiers convexes $\underline{S}$ de S sont les points du « champ torique » $\mathcal{A}^S/\mathcal{A}^S_\varnothing$ quotient de la variété torique $\mathcal{A}^S$ par son tore $\mathcal{A}^S_\varnothing$. Un point $\underline{S}'$ est dans l'adhérence d'un autre $\underline{S}$ si et seulement si le pavage $\underline{S}'$ raffine le pavage $\underline{S}$.

Quand $S = S^{r,n}$, qui est le cas traité dans l'article [Lafforgue, 1999], on note $\mathcal{C}^{r,n}, \mathcal{C}^{r,n}_{\underline{S}}, \mathcal{C}^{r,n}_{\varnothing}, \mathcal{A}^{r,n}, \mathcal{A}^{r,n}_{\underline{S}}, \mathcal{A}^{r,n}_{\varnothing}$ plutôt que $\mathcal{C}^{S^{r,n}}, \mathcal{C}^{S^{r,n}}_{\underline{S}}, \mathcal{C}^{S^{r,n}}_{\varnothing}, \mathcal{A}^{S^{r,n}}, \mathcal{A}^{S^{r,n}}_{\underline{S}}, \mathcal{A}^{S^{r,n}}_{\varnothing}$.

La variété torique $\mathcal{A}^S$ est affine si et seulement si S admet un pavage entier convexe plus fin que tous les autres. C'est le cas si $n = 1$ ($S \subseteq S^{r,1}$ est alors un intervalle et admet pour plus fin pavage celui constitué de tous les intervalles entiers de longueur 1 qu'il contient) ou si $n = 2$ (dans le triangle $S^{r,2}$, S admet alors pour plus fin pavage celui constitué de tous les petits triangles entiers équilatéraux de côté 1 qu'il contient) mais ce n'est pas vrai en général. Montrons :

LEMME 2.2. *Pour tout convexe entier $S \subseteq S^{r,n}$, la variété torique $\mathcal{A}^S$ est quasi projective.*

DÉMONSTRATION. D'après le théorème 13 de [Saint-Donat et Kempf, 1973, §3], il suffit de construire une fonction

$$f\colon \mathcal{C}^S \to \mathbb{R}$$

sur le cône $\mathcal{C}^S \subset \mathbb{R}^S$, invariante par le sous-espace $\mathcal{C}^S_{\varnothing}$ des fonctions affines $S \to \mathbb{R}$ et telle que pour tout pavage entier convexe $\underline{S}$ de S, il existe une fonction linéaire rationnelle

$$\varphi_{\underline{S}}\colon \mathbb{R}^S/\mathcal{C}^S_{\varnothing} \to \mathbb{R}$$

vérifiant $\varphi_{\underline{S}} \leq f$ sur $\mathcal{C}^S$ et

$$\overline{\mathcal{C}}^S_{\underline{S}} = \{v \in \mathcal{C}^S \mid \varphi_{\underline{S}}(v) = f(v)\}.$$

On rappelle que $S_{\mathbb{R}}$ désigne le polyèdre convexe de dimension s engendré par S dans $\mathbb{R}^{r,n}$. Pour toute application $v\colon S \to \mathbb{R}$ qui est dans l'enveloppe convexe $\mathrm{Env}(\mathcal{C}^S)$ du cône fermé $\mathcal{C}^S$, on note $v_{\mathbb{R}}$ la plus grande fonction convexe $S_{\mathbb{R}} \to \mathbb{R}$ qui vérifie $v_{\mathbb{R}}(\underline{i}) \leq v(\underline{i})$, $\forall\, \underline{i} \in S$. Autrement dit, on a

$$v_{\mathbb{R}} = \sup\{\ell \mid \ell\colon S_{\mathbb{R}} \to \mathbb{R} \text{ affine}, \ell \leq v \text{ sur } S\}$$

et $v_{\mathbb{R}}$ est affine sur les polyèdres convexes d'un pavage (pas nécessairement entier) de $S_{\mathbb{R}}$ dont chacun est engendré par un sous-ensemble de S.

On a évidemment

$$(\lambda \cdot v)_{\mathbb{R}} = \lambda \cdot v_{\mathbb{R}}, \qquad \forall\, v \in \mathrm{Env}(\mathcal{C}^S),\ \forall\, \lambda \in \mathbb{R}^+,$$
$$(v + v')_{\mathbb{R}} \geq v_{\mathbb{R}} + v'_{\mathbb{R}}, \quad \forall\, v, v' \in \mathrm{Env}(\mathcal{C}^S).$$

On prétend d'autre part que pour toute $v \in \mathrm{Env}(\mathcal{C}^S)$ et tout point $\underline{i} \in S$, on a

$$v_{\mathbb{R}}(\underline{i}) = v(\underline{i}).$$

On le sait déjà quand $v \in \mathcal{C}^S$. Dans le cas général, écrivons v sous la forme $v = v_1 + \cdots + v_k$ avec $v_1, \ldots, v_k \in \mathcal{C}^S$. Le point $\underline{i}$ s'écrit quant à lui $\underline{i} = \alpha_1 \cdot \underline{i}_1 + \cdots + \alpha_m \cdot \underline{i}_m$ avec $\alpha_1, \ldots, \alpha_m$ des coefficients ≥ 0 de somme 1 et $\underline{i}_1, \ldots, \underline{i}_m$ des points de S en lesquels $v_{\mathbb{R}}$ et v coïncident et qui vérifient

$$v_{\mathbb{R}}(\underline{i}) = \alpha_1 \cdot v(\underline{i}_1) + \cdots + \alpha_m \cdot v(\underline{i}_m).$$

Pour $1 \leq k' \leq k$, on a

$$v_{k'}(\underline{i}) \leq \alpha_1 \cdot v_{k'}(\underline{i}_1) + \cdots + \alpha_m \cdot v_{k'}(\underline{i}_m)$$

d'où en faisant la somme

$$v(\underline{i}) \leq \alpha_1 \cdot v(\underline{i}_1) + \cdots + \alpha_m \cdot v(\underline{i}_m) \leq v_{\mathbb{R}}(\underline{i})$$

et finalement $v(\underline{i}) = v_{\mathbb{R}}(\underline{i})$ comme voulu.

Enfin, on remarque que la restriction à chacun des cônes convexes $\overline{\mathcal{C}}^S_{\underline{S}}$ de l'application $v \mapsto v_{\mathbb{R}}$ est linéaire.

Pour tout choix d'un pavage entier convexe $\underline{S}'$ de S, d'un élément S' de $\underline{S}'$ et d'une famille e de $s+1$ éléments de S' qui ne sont pas liés dans $\mathbb{R}^{r,n}$, associons d'abord à toute $v \in \mathrm{Env}(\mathcal{C}^S)$ l'unique fonction affine $\ell^v_{\underline{S}',S',e}\colon S_{\mathbb{R}} \to \mathbb{R}$ qui coïncide avec v ou $v_{\mathbb{R}}$ en les points de e. Soit alors

$$f_{\underline{S}',S',e}\colon \mathrm{Env}(\mathcal{C}^S) \to \mathbb{R}$$

la fonctionnelle qui associe à $v \in \mathrm{Env}(\mathcal{C}^S)$ l'intégrale sur l'enveloppe convexe de e de la différence $\ell^v_{\underline{S}',S',e} - v_{\mathbb{R}}$. Cette fonctionnelle vérifie les propriétés suivantes :

- Elle est invariante par le sous-espace $\mathcal{C}^S_{\varnothing}$.
- Pour toute $v \in \mathrm{Env}(\mathcal{C}^S) \subset \mathbb{R}^S$ qui est à valeurs rationnelles,
$$f_{\underline{S}',S',e}(v) \in \mathbb{Q}.$$
- Pour toutes v, $v' \in \mathrm{Env}(\mathcal{C}^S)$ et $\lambda \in \mathbb{R}^+$, on a
$$f_{\underline{S}',S',e}(\lambda \cdot v) = \lambda f_{\underline{S}',S',e}(v),$$
$$f_{\underline{S}',S',e}(v+v') \leq f_{\underline{S}',S',e}(v) + f_{\underline{S}',S',e}(v')$$
(puisque $(v+v')_{\mathbb{R}} \geq v_{\mathbb{R}} + v'_{\mathbb{R}}$ et $\ell^{v+v'}_{\underline{S},S',e} = \ell^v_{\underline{S},S',e} + \ell^{v'}_{\underline{S},S',e}$), et donc $f_{\underline{S}',S',e}$ est convexe sur $\mathrm{Env}(\mathcal{C}^S)$.
- Pour tout $v \in \mathrm{Env}(\mathcal{C}^S)$, on a
$$f_{\underline{S}',S',e}(v) \geq 0$$
et il y a égalité si et seulement si la restriction de $v_{\mathbb{R}}$ à l'enveloppe convexe de e est affine.
- La restriction de $f_{\underline{S}',S',e}$ à chacun des cônes convexes $\overline{\mathcal{C}}^S_{\underline{S}}$ est linéaire.

Formons alors la somme de toutes ces fonctionnelles pour définir

$$f = \sum_{\underline{S}',S',e} f_{\underline{S}',S',e}\colon \mathrm{Env}(\mathcal{C}^S) \to \mathbb{R}.$$

C'est une fonctionnelle invariante par $\mathcal{C}^S_{\varnothing}$. Montrons qu'elle répond à la question posée.

Si $\underline{S}$ est un pavage entier convexe de S, on peut choisir pour tout triplet $\underline{S}'$, S', e avec $\underline{S}' \neq \underline{S}$ une forme linéaire rationnelle

$$\varphi_{\underline{S}',S',e}\colon \mathbb{R}^S/\mathcal{C}^S_{\varnothing} \to \mathbb{R}$$

telle que $\varphi_{\underline{S}',S',e} \leq f_{\underline{S}',S',e}$ avec égalité sur le cône convexe $\overline{\mathcal{C}}^S_{\underline{S}}$.

Puis formons

$$\varphi_{\underline{S}} = \sum_{\substack{(\underline{S}',S',e) \\ \underline{S}' \neq \underline{S}}} \varphi_{\underline{S}',S',e}.$$

On a partout

$$\varphi_{\underline{S}} \leq f.$$

L'égalité en un point $v \in \mathcal{C}^S$ implique les égalités

$$f_{\underline{S},S',e}(v) = 0, \quad \forall\, S',\ \forall\, e,$$

et elle leur est équivalente quand $v \in \overline{\mathcal{C}}^S_{\underline{S}}$. Or celles-ci signifient que pour toute cellule S' du pavage $\underline{S}$ et pour toute famille e de $s+1$ points de S' qui ne sont pas liés, la restriction de $v_{\mathbb{R}}$ à l'enveloppe de e est affine. Cela signifie encore que pour toute S', la restriction de $v_{\mathbb{R}}$ à $S'_{\mathbb{R}}$ est affine, c'est-à-dire $v \in \overline{\mathcal{C}}^S_{\underline{S}}$. □

2.2. Recollement des cellules de Schubert minces

Soit à nouveau un espace gradué

$$E = E_0 \oplus \cdots \oplus E_n$$

somme de $n+1$ sous-espaces vectoriels E_α, $0 \leq \alpha \leq n$.

Pour tout pavage entier convexe $\underline{S}$ d'un convexe entier S de $S^{r,n}$, on note

$$\mathrm{Gr}^{r,E}_{\underline{S}} \hookrightarrow \mathbb{G}_m \Big\backslash \prod_{\underline{i} \in S} (\Lambda^{\underline{i}} E_\bullet - \{0\})$$

le sous-schéma fermé des uplets $(x_{\underline{i}})_{\underline{i}\in S}$ tels que pour tout élément S' du pavage $\underline{S}$, le uplet restreint à S'

$$(x_{\underline{i}})_{\underline{i}\in S'} \in \mathbb{G}_m \Big\backslash \prod_{\underline{i} \in S'} (\Lambda^{\underline{i}} E_\bullet - \{0\})$$

définisse un point de la cellule de Schubert mince $\mathrm{Gr}^{r,E}_{S'}$.

Les $\mathrm{Gr}^{r,E}_{\underline{S}}$ sont tous munis d'une action de

$$\mathrm{Aut}(E_0) \times \mathrm{Aut}(E_1) \times \cdots \times \mathrm{Aut}(E_n)$$

et en particulier de $\mathbb{G}_m^{n+1}$ (qui se factorise à travers l'action libre de $\mathbb{G}_m^{n+1}/\mathbb{G}_m^{n-s+1}$, en notant comme toujours $s = \dim S$).

Quand $\underline{S}$ est le pavage trivial de S, on a par définition $\mathrm{Gr}^{r,E}_{\underline{S}} = \mathrm{Gr}^{r,E}_S$. Dans le cas général, les propositions 1.1 et 1.6 ont pour conséquence immédiate la description modulaire suivante des schémas $\mathrm{Gr}^{r,E}_{\underline{S}}$:

COROLLAIRE 2.3. *Pour tout pavage entier convexe $\underline{S}$ d'un convexe entier $S \subseteq S^{r,n}$, le schéma $\mathrm{Gr}^{r,E}_{\underline{S}}$ classifie les familles de sous-espaces*

$$F_{S'} \hookrightarrow E$$

de dimension r dans $E = E_0 \oplus \cdots \oplus E_n$ indexés par les éléments S' du pavage $\underline{S}$ et qui vérifient :

- *Pour tout convexe entier S' de $\underline{S}$ et toute partie $I \subseteq \{0,1,\ldots,n\}$, on a*

$$\dim(F_{S'} \cap E_I) = d_I^{S'} .$$

- *Pour tous convexes entiers S', S'' de $\underline{S}$ ayant en commun une face définie par une équation $\sum_{\alpha\in I} i_\alpha = d_I^{S'} = r - d_J^{S''}$ (avec $J = \{0,1,\ldots,n\} - I$), on a*

$$F_{S'} \cap E_I = F_{S''}/F_{S''} \cap E_J \qquad \text{dans } E_I = E/E_J,$$
$$F_{S''} \cap E_J = F_{S'}/F_{S'} \cap E_I \qquad \text{dans } E_J = E/E_I.$$ □

2.3. Mise en famille. Projectivité

On considère toujours un convexe entier $S \subseteq S^{r,n}$.

Le tore $\mathbb{G}_m^S/\mathbb{G}_m$ agit composante par composante sur le schéma ambiant

$$\mathbb{G}_m \Big\backslash \prod_{\underline{i} \in S} (\Lambda^{\underline{i}} E_\bullet - \{0\})$$

mais il ne stabilise pas les sous-schémas fermés $\mathrm{Gr}^{r,E}_{\underline{S}}$ associés aux pavages entiers convexes $\underline{S}$ de S.

D'autre part, il agit sur la variété torique $\mathcal{A}^S$ via son quotient $\mathbb{G}_m^S/(\mathbb{G}_m^S)_\varnothing = \mathcal{A}^S_\varnothing$.

On peut composer cette deuxième action avec l'homomorphisme $\lambda \mapsto \lambda^{-1}$ de passage à l'inverse puis considérer l'action induite de $\mathbb{G}_m^S/\mathbb{G}_m$ sur le produit

$$\mathcal{A}^S \times \mathbb{G}_m\Big\backslash \prod_{\underline{i}\in S}(\Lambda^{\underline{i}} E_\bullet - \{0\}).$$

Montrons :

THÉORÈME 2.4. (i) *Dans le schéma produit*

$$\mathcal{A}^S \times \mathbb{G}_m\Big\backslash \prod_{\underline{i}\in S}(\Lambda^{\underline{i}} E_\bullet - \{0\}),$$

il existe un sous-schéma fermé $\Omega^{S,E}$ tel que :

- *$\Omega^{S,E}$ est stabilisé par la double action de* $\mathrm{Aut}(E_0) \times \cdots \times \mathrm{Aut}(E_n)$ *et du tore $\mathbb{G}_m^S/\mathbb{G}_m$ et donc il est muni d'un morphisme équivariant*

$$\Omega^{S,E} \to \mathcal{A}^S;$$

- *pour tout pavage entier convexe $\underline{S}$ de S, la fibre de $\Omega^{S,E}$ au-dessus du point distingué $\alpha_{\underline{S}}$ de l'orbite $\mathcal{A}^S_{\underline{S}}$ de $\mathcal{A}^S$ n'est autre que $\mathrm{Gr}^{r,E}_{\underline{S}}$.*

(ii) *Le quotient $\overline{\Omega}^{S,E}$ de $\Omega^{S,E}$ par l'action libre du tore $\mathbb{G}_m^S/\mathbb{G}_m$ est un schéma projectif.*

REMARQUE. *A priori*, les propriétés de (i) ne caractérisent pas complètement le schéma $\Omega^{S,E}$ mais seulement ses fibres au-dessus des points de $\mathcal{A}^S$. Au chapitre 4, on donnera une caractérisation modulaire globale qui définit sans ambiguïté le schéma $\Omega^{S,E}$ tel que construit dans la preuve ci-dessous.

DÉMONSTRATION. Elle est basée sur les faits suivants :

- d'après la proposition 1.1, les cellules de Schubert minces $\mathrm{Gr}^{r,E}_S$ définissent une stratification de la grassmannienne $\mathrm{Gr}^{r,E}$;
- celle-ci est munie d'une action de $\mathrm{Aut}(E_0) \times \cdots \times \mathrm{Aut}(E_n)$ et en particulier de $\mathbb{G}_m^{n+1}$ qui respecte ses strates ;
- c'est un schéma projectif.

(i) Considérons un pavage entier convexe $\underline{S}$ de S. La réunion $\mathcal{A}'$ des orbites $\mathcal{A}^S_{\underline{S}'}$ de $\mathcal{A}^S$ indexées par les pavages entiers convexes $\underline{S}'$ de S plus grossiers que $\underline{S}$ constitue une sous-variété torique ouverte affine de $\mathcal{A}^S$.

Au-dessus de cet ouvert affine, nous allons définir le sous-schéma fermé invariant

$$\Omega^{S,E} \hookrightarrow \mathcal{A}^S \times \mathbb{G}_m\Big\backslash \prod_{\underline{i}\in S}(\Lambda^{\underline{i}} E_\bullet - \{0\})$$

par une famille d'équations, quitte à vérifier ensuite que les sous-schémas fermés au-dessus des différents ouverts se recollent.

Soit $\{P\}$ une famille de polynômes homogènes partout définis sur $\prod_{\underline{i}\in S^{r,n}} \Lambda^{\underline{i}} E_\bullet = \Lambda^r E$ et qui définissent la grassmannienne $\mathrm{Gr}^{r,E}$ comme sous-schéma fermé de $\mathbb{G}_m\backslash(\prod_{\underline{i}\in S^{r,n}} \Lambda^{\underline{i}} E_\bullet) - \{0\}$. On considère les restrictions de ces polynômes au produit partiel $\prod_{\underline{i}\in S} \Lambda^{\underline{i}} E_\bullet$, les autres paquets de coordonnées étant fixés égaux à 0. Comme la grassmannienne $\mathrm{Gr}^{r,E}$ est stabilisée par l'action de $\mathbb{G}_m^{n+1}$, on peut supposer que le tore $(\mathbb{G}_m^S)_\varnothing$ des fonctions affines $S \to \mathbb{G}_m$ agit sur chacun des polynômes $P \in \{P\}$ par un caractère $\chi_P\colon (\mathbb{G}_m^S)_\varnothing \to \mathbb{G}_m$.

Pour tout élément S' du pavage $\underline{S}$, choisissons dans S' une famille $e_{S'}$ de $s+1$ points qui est génératrice (c'est-à-dire engendre le réseau des points entiers dans le sous-espace affine de $\mathbb{R}^{r,n}$ engendré par S' ou S). L'homomorphisme

$$\mathbb{G}_m^S \to \mathbb{G}_m^{s+1}$$

de restriction aux points de $e_{S'}$ induit un isomorphisme

$$(\mathbb{G}_m^S)_\varnothing \xrightarrow{\sim} \mathbb{G}_m^{s+1}$$

et définit un scindage

$$a_{e_{S'}}\colon \mathbb{G}_m^S \to (\mathbb{G}_m^S)_\varnothing, \quad b_{e_{S'}}\colon \mathbb{G}_m^S/(\mathbb{G}_m^S)_\varnothing \to \mathbb{G}_m^S$$

de la suite exacte

$$1 \to (\mathbb{G}_m^S)_\varnothing \to \mathbb{G}_m^S \to \mathbb{G}_m^S/(\mathbb{G}_m^S)_\varnothing \to 1.$$

Pour tout polynôme $P \in \{P\}$ et tout élément S' du pavage $\underline{S}$, le polynôme P s'étend en un polynôme $P_{e_{S'}}$ sur le produit

$$\mathcal{A}_\varnothing^S \times \prod_{\underline{i}\in S} \Lambda^{\underline{i}} E_\bullet$$

par la formule

$$P_{e_{S'}}\big(\lambda, (x_{\underline{i}})\big) = P\big(b_{e_{S'}}(\lambda)\cdot(x_{\underline{i}})\big)$$

pour $\lambda \in \mathcal{A}_\varnothing^S = \mathbb{G}_m^S/(\mathbb{G}_m^S)_\varnothing$.

Sous l'action du tore $\mathbb{G}_m^S$, le polynôme $P_{e_{S'}}$ est transformé par le caractère $\chi_P \circ a_{e_{S'}}$.

De plus, $P_{e_{S'}}$ se prolonge au-dessus de l'ouvert affine $\mathcal{A}'$ de $\mathcal{A}^S$ associé au pavage $\underline{S}$. Cela résulte de ce qu'il en est ainsi de tous les caractères de $\mathcal{A}_\varnothing^S = \mathbb{G}_m^S/(\mathbb{G}_m^S)_\varnothing$ qui sont les composantes de

$$b_{e_{S'}}\colon \mathbb{G}_m^S/(\mathbb{G}_m^S)_\varnothing \to \mathbb{G}_m^S.$$

En effet, si on raisonne en termes de l'éventail qui définit la variété torique $\mathcal{A}^S$, nous sommes en train de considérer le cône des fonctions convexes $S \to \mathbb{R}$ dont la restriction à chaque élément du pavage $\underline{S}$ est affine, à addition près d'une fonction affine. Pour tout S', le scindage déterminé par $e_{S'}$ correspond à choisir dans chaque classe d'équivalence l'unique fonction convexe $S \to \mathbb{R}$ qui s'annule en les points de $e_{S'}$, donc sur tout S'. Les composantes de $b_{e_{S'}}\colon \mathbb{G}_m^S/(\mathbb{G}_m^S)_\varnothing \to \mathbb{G}_m^S$ correspondent alors à regarder les valeurs des fonctions convexes choisies en les différents points de S ; ces valeurs sont automatiquement positives et c'est ce qu'on voulait.

On peut maintenant définir le schéma $\Omega^{S,E}$ au-dessus de chaque ouvert affine $\mathcal{A}'$ de $\mathcal{A}^S$ associé à un pavage entier convexe $\underline{S}$ comme le sous-schéma fermé de

$$\mathcal{A}' \times \mathbb{G}_m \Big\backslash \prod_{\underline{i}\in S} (\Lambda^{\underline{i}} E_\bullet - \{0\})$$

où s'annulent tous les polynômes $P_{e_{S'}}$. Cela ne dépend pas du choix de la famille $\{P\}$ ni des familles génératrices $e_{S'}$ (si on remplace celles-ci par d'autres, les polynômes $P_{e_{S'}}$ se trouvent multipliés par des caractères de $\mathcal{A}_\varnothing^S$ qui sont bien définis et inversibles sur tout l'ouvert considéré de $\mathcal{A}^S$). De ceci résulte que ces différents sous-schémas fermés sont invariants par $\mathrm{Aut}(E_0)\times\cdots\times\mathrm{Aut}(E_n)$ en plus de $\mathbb{G}_m^S/\mathbb{G}_m$ et qu'ils se recollent pour définir $\Omega^{S,E}$ au-dessus de $\mathcal{A}^S$ tout entier.

En le point distingué $\alpha_{\underline{S}}$ de l'orbite $\mathcal{A}^S_{\underline{S}}$ indexée par un pavage $\underline{S}$, et pour tout élément S' de $\underline{S}$, les composantes de $b_{e_{S'}}: \mathcal{A}^S_{\varnothing} = \mathbb{G}_m^S/(\mathbb{G}_m^S)_{\varnothing} \to \mathbb{G}_m^S$ dont l'indice $\underline{i}$ appartient à S' prennent la valeur 1 et les autres la valeur 0 (puisque toute fonction convexe $S \to \mathbb{R}$ qui est dans le cône $\mathcal{C}^S_{\underline{S}}$ et qui s'annule en les points de la famille génératrice $e_{S'}$ vaut 0 sur tout S' et prend des valeurs strictement positives en dehors de S'). Comme la famille des polynômes P définit la grassmannienne $\mathrm{Gr}^{r,E}$ dans $\mathbb{G}_m\backslash(\prod_{\underline{i}\in S^{r,n}} \Lambda^{\underline{i}} E_\bullet) - \{0\}$, on voit que la fibre de $\Omega^{S,E}$ au-dessus de $\alpha_{\underline{S}}$ n'est autre que $\mathrm{Gr}^{r,E}_{\underline{S}}$.

(ii) Il suffit de prouver que le morphisme

$$\Omega^{S,E} \to \mathbb{G}_m\Big\backslash \prod_{\underline{i}\in S}(\Lambda^{\underline{i}} E_\bullet - \{0\})$$

est projectif et pour cela qu'il vérifie le critère valuatif de propreté puisque d'après le lemme 2.2 la variété torique $\mathcal{A}^S$ est quasi projective.

Pour $\underline{S}$ un pavage entier convexe de S, soit $(x_{\underline{i}})_{\underline{i}\in S}$ un point de $\prod_{\underline{i}\in S}(\Lambda^{\underline{i}} E_\bullet - \{0\})$ à valeurs dans un corps K muni d'une valuation discrète v_K et qui représente un point x du schéma $\mathrm{Gr}^{r,E}_{\underline{S}}$. Soit $v\colon S \to \mathbb{Z}$ l'application qui à tout indice $\underline{i} \in S$ associe le minimum des valuations des coordonnées de $x_{\underline{i}}$.

D'après la définition de l'éventail $\mathcal{C}^S$ qui définit la variété torique $\mathcal{A}^S$, il s'agit de montrer que pour toute application affine $\ell\colon S' \to \mathbb{R}$ définie sur un élément S' du pavage $\underline{S}$ et vérifiant $\ell \le v$, l'ensemble $\{\underline{i} \in S' \mid \ell(\underline{i}) = v(\underline{i})\}$ est un convexe entier dès lors qu'il n'est pas vide.

Comme v prend ses valeurs dans $\mathbb{Z}$, on peut supposer que ℓ prend les siennes dans $\mathbb{Q}$ et même dans $\mathbb{Z}$, quitte à remplacer le corps K par une extension finie suffisamment ramifiée. Dans ces conditions, il existe un élément $\lambda \in (\mathbb{G}_m^S)_{\varnothing}(K)$ dont l'image $(\lambda_{\underline{i}})_{\underline{i}\in S}$ dans $(K^\times)^S$ vérifie

$$\ell(\underline{i}) = v_K(\lambda_{\underline{i}}), \quad \forall\, \underline{i} \in S'.$$

Alors le uplet $(\lambda_{\underline{i}}^{-1} x_{\underline{i}})_{\underline{i}\in S'}$ définit un point du schéma $\prod_{\underline{i}\in S'}(\Lambda^{\underline{i}} E_\bullet - \{0\})$ à valeurs dans l'anneau de valuation A de K et il représente l'unique point de $\mathrm{Gr}^{r,E}(A)$ qui prolonge le point image de $\lambda^{-1}x$ dans $\mathrm{Gr}^{r,E}_{S'}(K)$. Le sous-ensemble des $\underline{i} \in S'$ où la spécialisation de $\lambda_{\underline{i}}^{-1} x_{\underline{i}}$ n'est pas nulle est, d'après la proposition 1.1, un convexe entier de S' et c'est ce qu'on voulait. □

Pour tout pavage entier convexe $\underline{S}$ de S, on peut noter $\Omega^{S,E}_{\underline{S}}$ le sous-schéma localement fermé de $\Omega^{S,E}$ image réciproque de l'orbite $\mathcal{A}^S_{\underline{S}}$ de $\mathcal{A}^S$ et $\overline{\Omega}^{S,E}_{\underline{S}}$ le quotient de $\Omega^{S,E}_{\underline{S}}$ par l'action libre du tore $\mathbb{G}_m^S/\mathbb{G}_m$. Ayant désigné par $(\mathbb{G}_m^S)_{\underline{S}}$ le sous-tore de $\mathbb{G}_m^S$ stabilisateur du point distingué $\alpha_{\underline{S}}$, on a aussi

$$\overline{\Omega}^{S,E}_{\underline{S}} = \mathrm{Gr}^{r,E}_{\underline{S}}/((\mathbb{G}_m^S)_{\underline{S}}/\mathbb{G}_m).$$

Les $\overline{\Omega}^{S,E}_{\underline{S}}$ constituent une stratification du schéma projectif $\overline{\Omega}^{S,E}$. Pour tout pavage entier convexe $\underline{S}$, la réunion des $\overline{\Omega}^{S,E}_{\underline{S'}}$ pour $\underline{S'}$ raffinant $\underline{S}$ est un fermé de $\overline{\Omega}^{S,E}$ qui contient $\overline{\Omega}^{S,E}_{\underline{S}}$ comme ouvert. En particulier, $\overline{\mathrm{Gr}}^{r,E}_S = \overline{\Omega}^{S,E}_{\varnothing} = \mathrm{Gr}^{r,E}_S/((\mathbb{G}_m^S)_{\varnothing}/\mathbb{G}_m)$

est ouvert dans $\overline{\Omega}^{S,E}$ qui donc en est une compactification projective (avec cependant le bémol qu'en général on en sait pas si l'ouvert $\overline{\mathrm{Gr}}_S^{r,E}$ est dense dans $\overline{\Omega}^{S,E}$).

De façon plus synthétique et plus forte, on peut dire que le schéma projectif $\overline{\Omega}^{S,E}$ est muni d'un morphisme

$$\overline{\Omega}^{S,E} \to \mathcal{A}^S/\mathcal{A}^S_{\varnothing}$$

sur le champ torique $\mathcal{A}^S/\mathcal{A}^S_{\varnothing}$ quotient de la variété torique $\mathcal{A}^S$ par son tore $\mathcal{A}^S_{\varnothing}$. Ses strates $\overline{\Omega}^{S,E}_{\underline{S}}$ sont les images réciproques des points localement fermés $\mathcal{A}^S_{\underline{S}}/\mathcal{A}^S_{\varnothing}$ de $\mathcal{A}^S/\mathcal{A}^S_{\varnothing}$ et en particulier la strate ouverte $\overline{\Omega}^{S,E}_{\varnothing} = \overline{\mathrm{Gr}}^{r,E}_S$ est l'image réciproque du point ouvert dense $\mathcal{A}^S_{\varnothing}/\mathcal{A}^S_{\varnothing}$. Il est également muni d'une action compatible du groupe

$$\mathrm{PGL}(E_0) \times \mathrm{PGL}(E_1) \times \cdots \times \mathrm{PGL}(E_n).$$

Quand tous les E_α, $0 \le \alpha \le n$, sont des copies de $\mathbb{A}^r$ avec donc $E = (\mathbb{A}^r)^{n+1}$ et $S = S^{r,n}$, on note $\Omega^{r,n}$, $\Omega^{r,n}_{\underline{S}}$, $\overline{\Omega}^{r,n}$, $\overline{\Omega}^{r,n}_{\underline{S}}$ comme dans l'article [Lafforgue, 1999] plutôt que $\Omega^{S^{r,n},E}$, $\Omega^{S^{r,n},E}_{\underline{S}}$, $\overline{\Omega}^{S^{r,n},E}$, $\overline{\Omega}^{S^{r,n},E}_{\underline{S}}$. Dans ce cas, $\overline{\Omega}^{r,n}$ constitue une compactification équivariante sous le groupe PGL_r^{n+1} de $\overline{\Omega}^{r,n}_{\varnothing} = \overline{\mathrm{Gr}}^{r,n}_{\varnothing} = \mathrm{PGL}_r^{n+1}/\mathrm{PGL}_r$; elle est munie d'un morphisme de structure

$$\overline{\Omega}^{r,n} \to \mathcal{A}^{r,n}/\mathcal{A}^{r,n}_{\varnothing}.$$

Enfin, on rappelle que lorsque tous les E_α sont de rang 1 et le convexe entier S est de dimension maximale $s = n$, $\overline{\mathrm{Gr}}^{r,E}_S$ s'identifie d'après le théorème I.11 de Gel′fand et MacPherson à l'espace de configurations

$$\overline{C}^{r,n}_S = C^{r,n}_S/\mathrm{PGL}_r.$$

Le schéma $\overline{\Omega}^{S,E}$ fournit une compactification projective de cet espace ; il ne dépend pas de l'espace E somme de $n+1$ facteurs de rang 1 et on le notera simplement $\overline{\Omega}^S$. Il est muni d'un morphisme naturel

$$\overline{\Omega}^S \to \mathcal{A}^S/\mathcal{A}^S_{\varnothing}$$

sur le champ torique des pavages entiers convexes de S.

Exemple. Le premier espace de configurations $\overline{C}^{r,n}_S$ non trivial est celui qui classifie les configurations de 4 points distincts sur la droite projective $\mathbb{P}^1$.

Dans ce cas, on a $n = 4 - 1 = 3$ puisqu'on considère 4 points et $r = 1 + 1 = 2$ puisqu'on est sur la droite projective $\mathbb{P}^1$. Le convexe entier correspondant S est un pavé du simplexe $S^{2,3} = \{(i_0, i_1, i_2, i_3) \in \mathbb{N}^2 \mid i_0 + i_1 + i_2 + i_3 = 2\}$ (figure 2.3). Il est défini dans $S^{2,3}$ par les inégalités i_0, i_1, i_2, $i_3 \le 1$. Autrement dit, il s'obtient en enlevant au tétraèdre $S^{2,3}$ de côté 2 les 4 petits tétraèdres de côté 1 qui se trouvent aux 4 coins (figure 2.4).

Il compte exactement trois pavages entiers convexes non triviaux qui consistent à le couper en deux suivant les trois plans $abcd$, $bdef$ ou $acef$. En plus du tore $\mathcal{A}^S_{\varnothing} = \mathbb{G}^6_m/\mathbb{G}^4_m$, la variété torique associée $\mathcal{A}^S$ compte donc trois orbites, toutes de codimension 1, et elle est lisse.

On sait que le birapport définit un isomorphisme de notre espace de configurations $\overline{C}^{2,3}_S$ sur $\mathbb{P}^1 - \{0, 1, \infty\}$. Les trois strates de bord $\overline{\Omega}^S_{\underline{S}}$ de la compactification $\overline{\Omega}^S$ de $\overline{C}^{2,3}_S$ associées aux trois pavages non triviaux $\underline{S}$ de S consistent chacune en

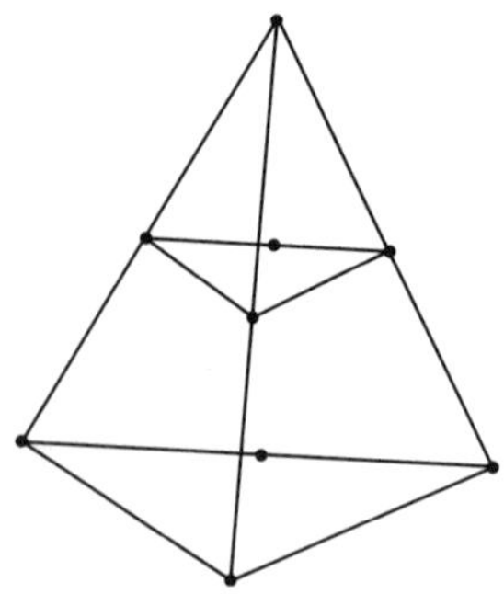

FIGURE 2.3.

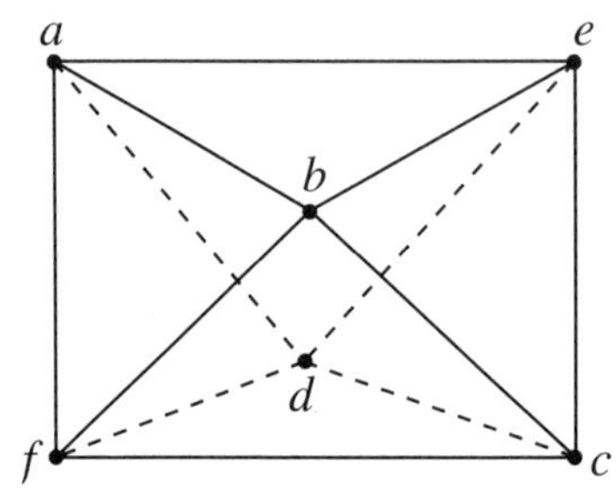

FIGURE 2.4.

un point. Ce sont les trois points 0, 1, ∞ qu'il faut ajouter à $\mathbb{P}^1 - \{0,1,\infty\}$ pour obtenir sa compactification $\mathbb{P}^1$. On voit que dans ce cas particulier le morphisme $\overline{\Omega}^S \to \mathcal{A}^S/\mathcal{A}^S_\varnothing$ est lisse.

Les démonstrations seront données au paragraphe 3.7.

2.4. Restriction aux faces

Soient S un convexe entier dans $S^{r,n}$ et S' une face de S.

La trace dans S' de tout convexe entier contenu dans S est une face de celui-ci et d'après la proposition 1.5(ii) c'est encore un convexe entier. Par conséquent, la restriction à S' des fonctions $v\colon S \to \mathbb{R}$ définit une application linéaire

$$\mathcal{C}^S \to \mathcal{C}^{S'}.$$

Pour tout pavage entier convexe $\underline{S}$ de S, sa trace $\underline{S}'$ dans S' est un pavage entier convexe et le cône $\mathcal{C}^S_{\underline{S}}$ est envoyé dans $\mathcal{C}^{S'}_{\underline{S}'}$. En particulier, le sous-espace $\mathcal{C}^S_\varnothing$ est envoyé dans $\mathcal{C}^{S'}_\varnothing$ et on a une application

$$\mathcal{C}^S/\mathcal{C}^S_\varnothing \to \mathcal{C}^{S'}/\mathcal{C}^{S'}_\varnothing$$

qui respecte les structures d'éventails.

On en déduit que la restriction

$$\mathbb{G}_m^S \to \mathbb{G}_m^{S'}$$

induit un homomorphisme de tores

$$\mathcal{A}^S_\varnothing \to \mathcal{A}^{S'}_\varnothing$$

qui se prolonge en un morphisme équivariant de variétés toriques

$$\mathcal{A}^S \to \mathcal{A}^{S'}.$$

Étant donné un espace gradué $E = E_0 \oplus \cdots \oplus E_n$, nous pouvons maintenant étendre aux compactifications le morphisme de la proposition 1.6 :

PROPOSITION 2.5. *Pour S un convexe entier de $S^{r,n}$ et S' une face de S, l'oubli des coordonnées en dehors de S'*

$$\mathbb{G}_m \Big\backslash \prod_{\underline{i}\in S} (\Lambda^{\underline{i}} E_\bullet - \{0\}) \to \mathbb{G}_m \Big\backslash \prod_{\underline{i}\in S'} (\Lambda^{\underline{i}} E_\bullet - \{0\})$$

$$(x_{\underline{i}})_{\underline{i}\in S} \mapsto (x_{\underline{i}})_{\underline{i}\in S'}$$

définit un morphisme

$$\Omega^{S,E} \to \Omega^{S',E}$$

au-dessus de $\mathcal{A}^S \to \mathcal{A}^{S'}$. Il respecte les actions de $\mathrm{Aut}(E_0) \times \cdots \times \mathrm{Aut}(E_n)$ *et des tores $\mathbb{G}_m^S/\mathbb{G}_m$, $\mathbb{G}_m^{S'}/\mathbb{G}_m$ reliés par la restriction $\mathbb{G}_m^S \to \mathbb{G}_m^{S'}$.*

DÉMONSTRATION. On considère donc le morphisme produit

$$\mathcal{A}^S \times \mathbb{G}_m \Big\backslash \prod_{\underline{i}\in S} (\Lambda^{\underline{i}} E_\bullet - \{0\}) \to \mathcal{A}^{S'} \times \mathbb{G}_m \Big\backslash \prod_{\underline{i}\in S'} (\Lambda^{\underline{i}} E_\bullet - \{0\})$$

qui est évidemment équivariant. Il s'agit de prouver que le sous-schéma fermé $\Omega^{S,E}$ du schéma de gauche s'envoie dans le sous-schéma fermé $\Omega^{S',E}$ du schéma de droite.

Si l'on se restreint aux fibres au-dessus des points de $\mathcal{A}^S$ et $\mathcal{A}^{S'}$, cela résulte de la proposition 1.6 combinée avec le corollaire 2.3. Considérons en effet un pavage entier convexe $\underline{S}$ de S et le pavage $\underline{S}'$ qu'il induit dans S'. Le morphisme

$$\mathbb{G}_m \Big\backslash \prod_{\underline{i}\in S} (\Lambda^{\underline{i}} E_\bullet - \{0\}) \to \mathbb{G}_m \Big\backslash \prod_{\underline{i}\in S'} (\Lambda^{\underline{i}} E_\bullet - \{0\})$$

envoie bien la fibre $\mathrm{Gr}_{\underline{S}}^{r,E}$de $\Omega^{S,E}$ au-dessus de $\alpha_{\underline{S}}$ dans la fibre $\mathrm{Gr}_{\underline{S}'}^{r,E}$ de $\Omega^{S',E}$ au-dessus de $\alpha_{\underline{S}'}$: Il consiste à associer à tout point de $\mathrm{Gr}_{\underline{S}}^{r,E}$ qui est une famille de sous-espaces $(F_{S_1} \hookrightarrow E)_{S_1\in\underline{S}}$ la famille $(F'_{S'_1} \hookrightarrow E)_{S'_1\in\underline{S}'}$ où, pour tout élément S'_1 de $\underline{S}'$ et si S_1 est un élément de $\underline{S}$ dont la trace dans S' est S'_1, $F'_{S'_1}$ est l'image de F_{S_1} par le morphisme

$$\mathrm{Gr}_{S_1}^{r,E} \to \mathrm{Gr}_{S'_1}^{r,E}$$

de la proposition 1.6.

Ceci prouve déjà que $\Omega^{S,E}$ s'envoie dans $\Omega^{S',E}$ comme ensembles. Afin de montrer que cela est même vrai comme schémas, il faut revenir à la construction précise de $\Omega^{S,E}$ et $\Omega^{S',E}$ dans la démonstration du théorème 2.4(i). On rappelle qu'on part d'une famille $\{P\}$ de polynômes homogènes sur $\prod_{\underline{i}\in S^{r,n}} \Lambda^{\underline{i}} E_\bullet$ qui définissent la grassmannienne $\mathrm{Gr}^{r,E}$ et sont transformés par le tore $(\mathbb{G}_m^{S^{r,n}})_\varnothing$ des fonctions affines $S^{r,n} \to \mathbb{G}_m$ suivant des caractères χ_P, $P \in \{P\}$. On considère leurs restrictions $\overline{P}$ et $\overline{P}'$ à $\prod_{\underline{i}\in S} \Lambda^{\underline{i}} E_\bullet$ et $\prod_{\underline{i}\in S'} \Lambda^{\underline{i}} E_\bullet$ (en fixant les autres paquets de coordonnées égaux à 0) et enfin on tord ceux-ci par certains caractères de $\mathbb{G}_m^S$ et $\mathbb{G}_m^{S'}$ qui prolongent les caractères de $(\mathbb{G}_m^S)_\varnothing$ et $(\mathbb{G}_m^{S'})_\varnothing$ induits par χ_P (quand ils existent ; sinon les restrictions $\overline{P}$ ou $\overline{P}'$ sont nulles).

On peut prendre pour famille $\{P\}$ les équations de Plücker. Ce sont des combinaisons linéaires de monômes de la forme $z_{\underline{i}_1} z_{\underline{i}_2}$ où $z_{\underline{i}_1}$, $z_{\underline{i}_2}$ sont des coordonnées sur deux facteurs $\Lambda^{\underline{i}_1} E_\bullet$, $\Lambda^{\underline{i}_2} E_\bullet$ dont les indices $\underline{i}_1$, $\underline{i}_2$ ont pour moyenne $\frac{1}{2}\underline{i}_1 + \frac{1}{2}\underline{i}_2$ un point $\underline{i}_P \in \mathbb{R}^{r,n}$ qui ne dépend que de P.

Considérons un élément $P \in \{P\}$ tel que $\overline{P}' \neq 0$. On a nécessairement $\underline{i}_P \in S'_{\mathbb{R}}$. Mais alors, si $z_{\underline{i}_1} z_{\underline{i}_2}$ est un monôme qui apparaît dans $\overline{P}$ avec donc $\underline{i}_1, \underline{i}_2 \in S$, on doit avoir $\underline{i}_1$, $\underline{i}_2 \in S'$ puisque $\frac{1}{2}\underline{i}_1 + \frac{1}{2}\underline{i}_2$ est dans $S'_{\mathbb{R}}$ et que S' est une face de S. Cela signifie que $\overline{P}$ est l'image réciproque de $\overline{P}'$ par le morphisme de restriction

$$\prod_{\underline{i} \in S} \Lambda^{\underline{i}} E_\bullet \to \prod_{\underline{i} \in S'} \Lambda^{\underline{i}} E_\bullet.$$

On en déduit facilement ce qu'on voulait. □

Dans la situation de cette proposition, on obtient en passant aux quotients par les actions libres des tores $\mathbb{G}_m^S/\mathbb{G}_m$ et $\mathbb{G}_m^{S'}/\mathbb{G}_m$ un morphisme entre compactifications projectives $\overline{\Omega}^{S,E} \to \overline{\Omega}^{S',E}$ qui prolonge le morphisme $\overline{\mathrm{Gr}}_S^{r,E} \to \overline{\mathrm{Gr}}_{S'}^{r,E}$ et s'inscrit dans un carré commutatif :

$$\begin{array}{ccc} \overline{\Omega}^{S,E} & \longrightarrow & \overline{\Omega}^{S',E} \\ \downarrow & & \downarrow \\ \mathcal{A}^S/\mathcal{A}^S_\varnothing & \longrightarrow & \mathcal{A}^{S'}/\mathcal{A}^{S'}_\varnothing \end{array}$$

Pour tout pavage entier convexe $\underline{S}$ de S et si $\underline{S}'$ désigne le pavage induit de S', on a un morphisme induit entre strates

$$\overline{\Omega}_{\underline{S}}^{S,E} \to \overline{\Omega}_{\underline{S}'}^{S',E}.$$

Considérons maintenant un convexe entier S de $S^{r,n}$ qui peut s'écrire comme une face, c'est-à-dire est de codimension $p \geq 1$. Écrivons les décompositions du lemme 1.7 :

$$\{0,1,\ldots,n\} = \coprod_{i=0}^{p} J_i \quad \text{avec } |J_i| = n_i + 1,$$
$$r = r_0 + \cdots + r_p,$$
$$S = S_0 \times \cdots \times S_p,$$

où chaque S_i, $0 \leq i \leq p$, est un pavé entier dans

$$S^{r_i,n_i} = \left\{ (i_\alpha)_{\alpha \in J_i} \in \mathbb{N}^{J_i} \;\middle|\; \sum_{\alpha \in J_i} i_\alpha = r_i \right\}.$$

D'après le corollaire 1.8, on a un isomorphisme canonique

$$\mathrm{Gr}_S^{r,E} \xrightarrow{\sim} \mathrm{Gr}_{S_0}^{r_0,E_{J_0}} \times \mathrm{Gr}_{S_1}^{r_1,E_{J_1}} \times \cdots \times \mathrm{Gr}_{S_p}^{r_p,E_{J_p}}.$$

On veut savoir ce qu'il en est au niveau des compactifications. Tout d'abord, on a :

Lemme 2.6. *Dans la situation ci-dessus, les pavages entiers convexes de S sont exactement ceux de la forme*

$$\underline{S} = \underline{S}_0 \times \underline{S}_1 \times \cdots \times \underline{S}_p$$

avec $\underline{S}_0$, $\underline{S}_1, \ldots, \underline{S}_p$ des pavages entiers convexes de S_0, $S_1, \ldots, S_p$.

On a deux homomorphismes injectifs canoniques entre tores

$$\mathbb{G}_m^{S_0}/\mathbb{G}_m \times \cdots \times \mathbb{G}_m^{S_p}/\mathbb{G}_m \hookrightarrow \mathbb{G}_m^S/\mathbb{G}_m,$$

$$\mathcal{A}_\varnothing^{S_0} \times \cdots \times \mathcal{A}_\varnothing^{S_p} \hookrightarrow \mathcal{A}_\varnothing^S,$$

puis un isomorphisme équivariant canonique de variétés toriques

$$\mathcal{A}^S \xrightarrow{\sim} \big((\mathcal{A}^{S_0} \times \cdots \times \mathcal{A}^{S_p}) \times \mathcal{A}_\varnothing^S\big)/(\mathcal{A}_\varnothing^{S_0} \times \cdots \times \mathcal{A}_\varnothing^{S_p}).$$

DÉMONSTRATION. Si $v_0, v_1, \ldots, v_p$ sont des fonctions dans les cônes $\mathcal{C}^{S_0}$, $\mathcal{C}^{S_1}$, $\ldots, \mathcal{C}^{S_p}$ de fonctions convexes sur $S_0, S_1, \ldots, S_p$ qui induisent des pavages entiers convexes $\underline{S}_0, \underline{S}_1, \ldots, \underline{S}_p$, la fonction $v = v_0 + \cdots + v_p \colon \underline{i} = (\underline{i}_0, \ldots, \underline{i}_p) \mapsto v(\underline{i}) = v_0(\underline{i}_0) + \cdots + v_p(\underline{i}_p)$ est dans le cône $\mathcal{C}^S$ et elle induit le pavage $\underline{S} = \underline{S}_0 \times \cdots \times \underline{S}_p$ de $S = S_0 \times \cdots \times S_p$. De plus, si on ajoute des fonctions constantes à $v_0, v_1, \ldots, v_p$, la fonction v est elle-même modifiée par une fonction constante.

Réciproquement, considérons une fonction convexe $v \in \mathcal{C}^S$ et $\underline{S}$ le pavage entier convexe de $S = S_0 \times \cdots \times S_p$ qu'elle induit.

Remarquons d'abord que d'après le lemme 1.7, tout convexe entier $S' \subseteq S$ de même dimension $s = n - p$ que S est de la forme

$$S' = S'_0 \times \cdots \times S'_p$$

où chaque S'_i, $0 \leq i \leq p$, est un pavé entier dans $S^{r_i,n_i} = \{(i_\alpha)_{\alpha \in J_i} \in \mathbb{N}^{J_i} \mid \sum_{\alpha \in J_i} i_\alpha = r_i\}$. En effet, S' induit la même décomposition $\{0, \ldots, n\} = \coprod_{i=0}^p J_i$ que S puisqu'il engendre le même sous-espace affine de $\mathbb{R}^{r,n}$. Si alors $v_0, v_1, \ldots, v_p$ sont des fonctions sur $S_0, S_1, \ldots, S_p$ telles que v et $v_0 + v_1 + \cdots + v_p$ coïncident sur

$$\begin{gathered} S'_0 \times \{\underline{i}'_1\} \times \cdots \times \{\underline{i}'_p\}, \\ \{\underline{i}'_0\} \times S'_1 \times \{\underline{i}'_2\} \times \cdots \times \{\underline{i}'_p\}, \\ \vdots \\ \{\underline{i}'_0\} \times \cdots \times \{\underline{i}'_{p-1}\} \times S'_p, \end{gathered}$$

pour un certain point $\underline{i}' = (\underline{i}'_0, \ldots, \underline{i}'_p)$ de S', les fonctions $v_0, v_1, \ldots, v_p$ sont affines sur $S'_0, S'_1, \ldots, S'_p$ et $v_0 + v_1 + \cdots + v_p$ coïncide avec v sur tout S'.

Ayant choisi un point $\underline{i} = (\underline{i}_0, \underline{i}_1, \ldots, \underline{i}_p)$ de $S = S_0 \times \cdots \times S_p$, notons $v_1, \ldots, v_p$ les restrictions de v à $\{\underline{i}_0\} \times S_1 \times \{\underline{i}_2\} \times \cdots \times \{\underline{i}_p\}, \ldots, \{\underline{i}_0\} \times \cdots \times \{\underline{i}_{p-1}\} \times S_p$ puis v_0 la restriction de $v - (v_1 + \cdots + v_p)$ à $S_0 \times \{\underline{i}_1\} \times \cdots \times \{\underline{i}_p\}$. Les fonctions v et $v_0 + v_1 + \cdots + v_p$ prennent la même valeur au point $\underline{i}$. En utilisant ce qui précède, on montre de proche en proche qu'elles coïncident sur tous les éléments S' du pavage $\underline{S}$. Les fonctions $v_0, \ldots, v_p$ sont dans $\mathcal{C}^{S_0}, \ldots, \mathcal{C}^{S_p}$, elles induisent des pavages $\underline{S}_0, \ldots, \underline{S}_p$ de $S_0, \ldots, S_p$ et on a

$$\underline{S} = \underline{S}_0 \times \cdots \times \underline{S}_p.$$

Enfin, pour une fonction arbitraire $v \colon S \to \mathbb{R}$, les familles de fonctions $v_0, \ldots, v_p$ sur $S_0, \ldots, S_p$ vérifiant $v = v_0 + \cdots + v_p$ sont, quand elles existent, bien déterminées à addition près de constantes.

En définitive, on a montré que l'application injective

$$\begin{aligned} \mathbb{R}^{S_0}/\mathbb{R} \times \cdots \times \mathbb{R}^{S_p}/\mathbb{R} &\hookrightarrow \mathbb{R}^S/\mathbb{R} \\ (v_0, \ldots, v_p) &\mapsto v_0 + \cdots + v_p \end{aligned}$$

induit une bijection

$$\mathcal{C}^{S_0}/\mathbb{R} \times \cdots \times \mathcal{C}^{S_p}/\mathbb{R} \xrightarrow{\sim} \mathcal{C}^S/\mathbb{R}$$

qui respecte les décompositions polyédrales. On a encore

$$\mathcal{C}^{S_0}_{\varnothing}/\mathbb{R} \times \cdots \times \mathcal{C}^{S_p}_{\varnothing}/\mathbb{R} \xrightarrow{\sim} \mathcal{C}^S_{\varnothing}/\mathbb{R},$$

$$\mathcal{C}^{S_0}/\mathcal{C}^{S_0}_{\varnothing} \times \cdots \times \mathcal{C}^{S_p}/\mathcal{C}^{S_p}_{\varnothing} \xrightarrow{\sim} \mathcal{C}^S/\mathcal{C}^S_{\varnothing},$$

d'où la conclusion. □

Considérons à nouveau l'espace gradué $E = E_0 \oplus \cdots \oplus E_n$. Dans la situation du lemme 2.6 où

$$S = S_0 \times \cdots \times S_p,$$

on a pour tout point $\underline{i} = (\underline{i}_0, \ldots, \underline{i}_p)$ de S un isomorphisme canonique

$$\Lambda^{\underline{i}_0} E^{J_0}_{\bullet} \otimes \cdots \otimes \Lambda^{\underline{i}_p} E^{J_p}_{\bullet} \xrightarrow{\sim} \Lambda^{\underline{i}} E_{\bullet}.$$

Nous pouvons énoncer :

PROPOSITION 2.7. *Dans la situation du lemme* 2.6, *le produit tensoriel des paquets de coordonnées*

$$\mathbb{G}_m \Big\backslash \prod_{\underline{i}_0 \in S_0} (\Lambda^{\underline{i}_0} E^{J_0}_{\bullet} - \{0\}) \times \cdots \times \mathbb{G}_m \Big\backslash \prod_{\underline{i}_p \in S_p} (\Lambda^{\underline{i}_p} E^{J_p}_{\bullet} - \{0\}) \to \mathbb{G}_m \Big\backslash \prod_{\underline{i} \in S} (\Lambda^{\underline{i}} E_{\bullet} - \{0\})$$

$$\big((x_{\underline{i}_0})_{\underline{i}_0 \in S_0}, \ldots, (x_{\underline{i}_p})_{\underline{i}_p \in S_p}\big) \mapsto (x_{\underline{i}} = x_{\underline{i}_0} \otimes \cdots \otimes x_{\underline{i}_p})_{\underline{i} = (\underline{i}_0, \ldots, \underline{i}_p) \in S}$$

définit un isomorphisme

$$\big((\Omega^{S_0, E^{J_0}} \times \cdots \times \Omega^{S_p, E^{J_p}}) \times \mathbb{G}_m^S/\mathbb{G}_m\big)/(\mathbb{G}_m^{S_0}/\mathbb{G}_m \times \cdots \times \mathbb{G}_m^{S_p}/\mathbb{G}_m) \xrightarrow{\sim} \Omega^{S,E}$$

au-dessus de

$$\big((\mathcal{A}^{S_0} \times \cdots \times \mathcal{A}^{S_p}) \times \mathcal{A}^S_{\varnothing}\big)/(\mathcal{A}^{S_0}_{\varnothing} \times \cdots \times \mathcal{A}^{S_p}_{\varnothing}) \xrightarrow{\sim} \mathcal{A}^S$$

qui prolonge l'isomorphisme du corollaire 1.8

$$\mathrm{Gr}^{r_0, E_{J_0}}_{S_0} \times \cdots \times \mathrm{Gr}^{r_p, E_{J_p}}_{S_p} \xrightarrow{\sim} \mathrm{Gr}^{r,E}_S.$$

Il respecte l'action de $\mathrm{Aut}(E_0) \times \cdots \times \mathrm{Aut}(E_n)$ *et celle du tore* $\mathbb{G}_m^S/\mathbb{G}_m$.

DÉMONSTRATION. On a un morphisme bien défini et équivariant à valeurs dans le schéma produit

$$\mathcal{A}^S \times \mathbb{G}_m \Big\backslash \prod_{\underline{i} \in S} (\Lambda^{\underline{i}} E_{\bullet} - \{0\}).$$

Il s'agit de prouver qu'il se factorise à travers le sous-schéma fermé $\Omega^{S,E}$ et qu'il induit un isomorphisme sur celui-ci.

Vérifions-le au niveau des fibres. Soient donc $\underline{S}_0, \underline{S}_1, \ldots, \underline{S}_p$ des pavages entiers convexes de $S_0, S_1, \ldots, S_p$ et $\underline{S} = \underline{S}_0 \times \underline{S}_1 \times \cdots \times \underline{S}_p$ le pavage produit de $S = S_0 \times S_1 \times \cdots \times S_p$. On a bien un isomorphisme induit

$$\mathrm{Gr}^{r_0, E_{J_0}}_{\underline{S}_0} \times \mathrm{Gr}^{r_1, E_{J_1}}_{\underline{S}_1} \times \cdots \times \mathrm{Gr}^{r_p, E_{J_p}}_{\underline{S}_p} \to \mathrm{Gr}^{r,E}_{\underline{S}}$$

entre les fibres au-dessus des points distingués $(\alpha_{\underline{S}_0}, \alpha_{\underline{S}_1}, \ldots, \alpha_{\underline{S}_p})$ et $\alpha_{\underline{S}}$. Il consiste à associer à toute famille de sous-espaces

$$F_{S'_0} \hookrightarrow E_{J_0} \quad , F_{S'_1} \hookrightarrow E_{J_1}, \quad \ldots, \quad F_{S'_p} \hookrightarrow E_{J_p},$$

de rangs $r_0, r_1, \ldots, r_p$ et indexés par les pavés $S'_0 \in \underline{S}_0$, $S'_1 \in \underline{S}_1, \ldots, S'_p \in \underline{S}_p$, la famille des sous-espaces de rang r

$$F_{S'} \hookrightarrow E = E_{J_0} \oplus E_{J_1} \oplus \cdots \oplus E_{J_p}$$

indexés par les éléments $S' = S'_0 \times S'_1 \times \cdots \times S'_p$ du pavage $\underline{S}$ qui sont définis par

$$F_{S'} = F_{S'_0} \oplus F_{S'_1} \oplus \cdots \oplus F_{S'_p}.$$

L'isomorphisme réciproque associe à tout point $(F_{S'} \hookrightarrow E)_{S' \in \underline{S}}$ de $\mathrm{Gr}_{\underline{S}}^{r,E}$ les $p+1$ familles de sous-espaces $(F_{S'_i} \hookrightarrow E_{J_i})_{S'_i \in \underline{S}_i}$, $0 \leq i \leq p$, où, pour tout élément S'_i du pavage $\underline{S}_i$ et si S' désigne n'importe quel élément de $\underline{S}$ dont la projection sur S_i est S'_i, on a posé

$$F_{S'_i} = F_{S'} \cap E_{J_i}.$$

Cette définition ne dépend pas du choix de S' d'après les conditions de recollement que doit vérifier la famille $(F_{S'} \hookrightarrow E)_{S' \in \underline{S}}$ dans l'énoncé du corollaire 2.3.

Ceci prouve déjà que notre morphisme définit une bijection sur l'ensemble sous-jacent à $\Omega^{S,E}$. On laisse au lecteur le soin de vérifier qu'il définit même un isomorphisme entre les schémas. De toute façon, ce sera une conséquence de la caractérisation modulaire globale des schémas $\Omega^{S,E}$ qu'on donnera au chapitre 4. □

Dans la situation de cette proposition où

$$S = S_0 \times \cdots \times S_p,$$

on obtient en passant aux quotients par les actions libres du tore $\mathbb{G}_m^S/\mathbb{G}_m$ un isomorphisme entre compactifications projectives $\overline{\Omega}^{S_0,E_{J_0}} \times \cdots \times \overline{\Omega}^{S_p,E_{J_p}} \xrightarrow{\sim} \overline{\Omega}^{S,E}$ qui prolonge l'isomorphisme $\overline{\mathrm{Gr}}_{S_0}^{r_0,E_{J_0}} \times \cdots \times \overline{\mathrm{Gr}}_{S_p}^{r_p,E_{J_p}} \xrightarrow{\sim} \overline{\mathrm{Gr}}_S^{r,E}$ et s'inscrit dans un carré commutatif :

$$\begin{array}{ccc}
\overline{\Omega}^{S_0,E_{J_0}} \times \cdots \times \overline{\Omega}^{S_p,E_{J_p}} & \xrightarrow{\sim} & \overline{\Omega}^{S,E} \\
\downarrow & & \downarrow \\
\mathcal{A}^{S_0}/\mathcal{A}^{S_0}_{\varnothing} \times \cdots \times \mathcal{A}^{S_p}/\mathcal{A}^{S_p}_{\varnothing} & \xrightarrow{\sim} & \mathcal{A}^{S}/\mathcal{A}^{S}_{\varnothing}
\end{array}$$

Pour tous pavages entiers convexes $\underline{S}_0, \ldots, \underline{S}_p$ de $S_0, \ldots, S_p$ et si $\underline{S} = \underline{S}_0 \times \cdots \times \underline{S}_p$ désigne le pavage produit dans S, on a un isomorphisme induit entre strates

$$\overline{\Omega}_{\underline{S}_0}^{S_0,E_{J_0}} \times \cdots \times \overline{\Omega}_{\underline{S}_p}^{S_p,E_{J_p}} \xrightarrow{\sim} \overline{\Omega}_{\underline{S}}^{S,E}.$$

À titre d'application, on peut donner le corollaire suivant de la proposition 2.5 combinée avec la proposition 2.7 dans le contexte des espaces de configurations :

Corollaire 2.8. *Soient S un pavé entier de $S^{r,n}$ qui a un espace de configurations $C_S^{r,n}$ et S' un bord de S (c'est-à-dire une face de codimension 1) qui donc est de la forme*

$$S' = S_0 \times S_1$$

où S_0, S_1 sont deux pavés entiers dans des simplexes S^{r_0,n_0}, S^{r_1,n_1} avec $r = r_0 + r_1$, $n+1 = (n_0+1) + (n_1+1)$.

Alors le morphisme entre espaces de configurations

$$\overline{C}_S^{r,n} \to \overline{C}_{S_0}^{r_0,n_0} \times \overline{C}_{S_1}^{r_1,n_1}$$

qui est explicité dans le corollaire 1.12 *se prolonge naturellement en un morphisme entre compactifications* $\overline{\Omega}^S \to \overline{\Omega}^{S_0} \times \overline{\Omega}^{S_1}$ *qui s'inscrit dans un carré commutatif :*

$$\begin{array}{ccc} \overline{\Omega}^S & \longrightarrow & \overline{\Omega}^{S_0} \times \overline{\Omega}^{S_1} \\ \downarrow & & \downarrow \\ \mathcal{A}^S/\mathcal{A}^S_\varnothing & \longrightarrow & \mathcal{A}^{S_0}/\mathcal{A}^{S_0}_\varnothing \times \mathcal{A}^{S_1}/\mathcal{A}^{S_1}_\varnothing \end{array}$$ □

2.5. Morphismes simpliciaux

Comme dans le paragraphe 1.4, on considère une application arbitraire

$$\iota\colon \{0,1,\ldots,p\} \to \{0,1,\ldots,n\}$$

et l'application affine qu'elle induit

$$\iota_*\colon S^{r,p} \to S^{r,n}$$

$$\underline{j} = (j_\beta)_{\beta=0}^p \mapsto \underline{i} = \left(i_\alpha = \sum_{\iota(\beta)=\alpha} j_\beta\right)_{\alpha=0}^n .$$

Soit S un convexe entier de $S^{r,n}$ dont l'image réciproque S' par ι_* n'est pas vide. Alors S' est aussi un convexe entier.

Pour toute fonction $v\colon S \to \mathbb{R}$ qui est dans le cône $\mathcal{C}^S$ des fonctions convexes, son image $v' = v \circ \iota_*\colon S' \to \mathbb{R}$ est dans le cône $\mathcal{C}^{S'}$ et le pavage entier associé à v' est l'image réciproque de celui associé à v. Autrement dit, l'application de composition avec ι_*

$$\mathbb{R}^S \to \mathbb{R}^{S'}$$

envoie $\mathcal{C}^S$ dans $\mathcal{C}^{S'}$, $\mathcal{C}^S_\varnothing$ dans $\mathcal{C}^{S'}_\varnothing$ et elle induit une application linéaire

$$\mathcal{C}^S/\mathcal{C}^S_\varnothing \to \mathcal{C}^{S'}/\mathcal{C}^{S'}_\varnothing$$

qui respecte les structures d'éventails.

Elle correspond à un morphisme de variétés toriques

$$\mathcal{A}^S \to \mathcal{A}^{S'}$$

qui est équivariant relativement à l'homomorphisme $\mathcal{A}^S_\varnothing \to \mathcal{A}^{S'}_\varnothing$ induit par $\mathbb{G}_m^S \to \mathbb{G}_m^{S'}$.

Considérons maintenant deux espaces gradués

$$E = E_0 \oplus E_1 \oplus \cdots \oplus E_n,$$
$$E' = E'_0 \oplus E'_1 \oplus \cdots \oplus E'_p,$$

tels que $E'_\beta = E_{\iota(\beta)}$, $0 \le \beta \le p$, et la famille d'homomorphismes injectifs associés

$$\Lambda^{\underline{i}} E_\bullet \overset{\iota^*}{\hookrightarrow} \Lambda^{\underline{j}} E'_\bullet$$

pour les couples d'indices $\underline{i} \in S^{r,n}$, $\underline{j} \in S^{r,p}$ reliés par $\underline{i} = \iota_*(\underline{j})$.

L'énoncé du lemme 1.9 s'amplifie en :

PROPOSITION 2.9. *Dans la situation ci-dessus où $S' = \iota_*^{-1}(S)$, le morphisme produit*

$$\mathbb{G}_m \Big\backslash \prod_{\underline{i}\in S} (\Lambda^{\underline{i}} E_\bullet - \{0\}) \xrightarrow{\iota^*} \mathbb{G}_m \Big\backslash \prod_{\underline{j}\in S'} (\Lambda^{\underline{j}} E'_\bullet - \{0\})$$

$$(x_{\underline{i}})_{\underline{i}\in S} \mapsto \iota^*(x_{\iota_*(\underline{j})})_{\underline{j}\in S'}$$

définit un morphisme

$$\Omega^{S,E} \to \Omega^{S',E'}$$

au-dessus de $\mathcal{A}^S \to \mathcal{A}^{S'}$. Il est équivariant relativement aux homomorphismes $\mathrm{Aut}(E_0) \times \cdots \times \mathrm{Aut}(E_n) \to \mathrm{Aut}(E'_0) \times \cdots \times \mathrm{Aut}(E'_p)$ *et* $\mathbb{G}_m^S/\mathbb{G}_m \to \mathbb{G}_m^{S'}/\mathbb{G}_m$.

DÉMONSTRATION. Bien sûr, quand ι est injective le résultat est déjà connu car alors ι^* identifie $S^{r,p}$ à une face de $S^{r,n}$ et l'énoncé ci-dessus devient un cas particulier de la proposition 2.5.

Quand ι est arbitraire, on considère le morphisme produit

$$\mathcal{A}^S \times \mathbb{G}_m \Big\backslash \prod_{\underline{i}\in S} (\Lambda^{\underline{i}} E_\bullet - \{0\}) \to \mathcal{A}^{S'} \times \mathbb{G}_m \Big\backslash \prod_{\underline{j}\in S'} (\Lambda^{\underline{j}} E'_\bullet - \{0\})$$

qui est évidemment équivariant et on doit prouver que le sous-schéma fermé $\Omega^{S,E}$ du schéma de gauche s'envoie dans le sous-schéma fermé $\Omega^{S',E'}$ du schéma de droite.

On le vérifie au niveau des fibres. Si $\underline{S}$ est un pavage entier convexe de S et $\underline{S}'$ le pavage induit de S', on voit que $\mathrm{Gr}_{\underline{S}}^{r,E}$ s'envoie effectivement dans $\mathrm{Gr}_{\underline{S}'}^{r,E'}$. Cela résulte encore une fois du corollaire 2.3 combiné ici avec le lemme 1.9.

On laisse en exercice la vérification de ce que $\Omega^{S,E}$ s'envoie dans $\Omega^{S',E'}$ comme schémas. Elle est semblable à celle de la proposition 2.5. □

Dans la situation de cette proposition, on obtient ici encore que le morphisme $\overline{\mathrm{Gr}}_S^{r,E} \to \overline{\mathrm{Gr}}_{S'}^{r,E'}$ se prolonge en un morphisme entre compactifications qui s'inscrit dans un carré commutatif :

$$\begin{array}{ccc} \overline{\Omega}^{S,E} & \longrightarrow & \overline{\Omega}^{S',E'} \\ \downarrow & & \downarrow \\ \mathcal{A}^S/\mathcal{A}^S_\varnothing & \longrightarrow & \mathcal{A}^{S'}/\mathcal{A}^{S'}_\varnothing \end{array}$$

Donnons deux applications de cette construction générale.

Première application. Compactification du classifiant de PGL_r.

On suppose ici que tous les E_α et E'_β sont égaux à $\mathbb{A}^r$ et que $S = S^{r,n}$ avec donc $S' = S^{r,p}$.

Alors l'application $\iota\colon \{0,\dots,p\} \to \{0,\dots,n\}$ induit des homomorphismes

$$\mathrm{GL}_r^{n+1} \to \mathrm{GL}_r^{p+1},$$
$$\mathbb{G}_m^{n+1} \to \mathbb{G}_m^{p+1},$$
$$\mathbb{G}_m^{S^{r,n}} \to \mathbb{G}_m^{S^{r,p}},$$
$$(\mathbb{G}_m^{S^{r,n}})_\varnothing \to (\mathbb{G}_m^{S^{r,p}})_\varnothing$$

et les morphismes simpliciaux

$$\begin{aligned} \mathcal{A}_{\varnothing}^{r,n} &\to \mathcal{A}_{\varnothing}^{r,p}, \\ \mathrm{GL}_r^{n+1}/\mathrm{GL}_r &\to \mathrm{GL}_r^{p+1}/\mathrm{GL}_r, \\ \mathrm{PGL}_r^{n+1}/\mathrm{PGL}_r &\to \mathrm{PGL}_r^{p+1}/\mathrm{PGL}_r \end{aligned}$$

se prolongent en des morphismes compatibles entre eux et avec toutes les actions

$$\begin{aligned} \mathcal{A}^{r,n} &\to \mathcal{A}^{r,p}, \\ \Omega^{r,n} &\to \Omega^{r,p}, \\ \overline{\Omega}^{r,n} &\to \overline{\Omega}^{r,p}. \end{aligned}$$

Quand on fait varier n, p et ι, les familles $(\mathcal{A}^{r,n})_{n\geq 0}$, $(\Omega^{r,n})_{n\geq 0}$, $(\overline{\Omega}^{r,n})_{n\geq 0}$ deviennent des schémas simpliciaux. Comme chaque $\overline{\Omega}^{r,n}$ est un schéma projectif qui contient comme strate ouverte $\overline{\Omega}_{\varnothing}^{r,n} = \overline{\mathrm{Gr}}_{\varnothing}^{r,n} = \mathrm{PGL}_r^{n+1}/\mathrm{PGL}_r$, le schéma simplicial $(\overline{\Omega}^{r,n})_{n\geq 0}$ peut être considéré comme une compactification équivariante du schéma simplicial $(\mathrm{PGL}_r^{n+1}/\mathrm{PGL}_r)_{n\geq 0}$ classifiant du groupe PGL_r. Il est muni d'un morphisme sur le champ torique simplicial $(\mathcal{A}^{r,n}/\mathcal{A}_{\varnothing}^{r,n})_{n\geq 0}$.

Deuxième application. Compactification des morphismes d'oubli partiel et de répétition des points d'une configuration.

On suppose ici que tous les facteurs E_α et E'_β sont de rang 1, que le convexe entier $S \subset S^{r,n}$ a un espace de configurations $C_S^{r,n}$ et que son image réciproque S' par $\iota_*\colon S^{r,p} \to S^{r,n}$ n'est pas vide. C'est la situation envisagée à la fin du paragraphe 1.6.

Alors le morphisme entre espaces de configurations

$$\begin{aligned} \overline{C}_S^{r,n} &\to \overline{C}_{S'}^{r,p} \\ \underline{P} = (P_0, \ldots, P_n) &\mapsto \underline{P}' = (P'_\beta = P_{\iota(\beta)})_{\beta=0}^{p} \end{aligned}$$

se prolonge en un morphisme entre compactifications $\overline{\Omega}^S \to \overline{\Omega}^{S'}$ qui s'inscrit dans un carré commutatif :

$$\begin{array}{ccc} \overline{\Omega}^S & \longrightarrow & \overline{\Omega}^{S'} \\ \downarrow & & \downarrow \\ \mathcal{A}^S/\mathcal{A}_{\varnothing}^S & \longrightarrow & \mathcal{A}^{S'}/\mathcal{A}_{\varnothing}^{S'} \end{array}$$

Quand ι est injective et que S et S' sont de dimensions maximales n et p (ce qui signifie que pour n'importe quelle configuration $\underline{P} = (P_0, \ldots, P_n)$ de $C_S^{r,n}$, ni la famille des P_α, $0 \leq \alpha \leq n$, ni même la sous-famille des P_α, $\alpha \in \mathrm{Im}(\iota)$, n'admettent de partition en sous-ensembles dont les sous-espaces engendrés seraient supplémentaires dans $\mathbb{P}^{r-1}$), c'est un cas particulier du corollaire 2.8.

Quand ι est surjective, le morphisme

$$\overline{C}_S^{r,n} \to \overline{C}_{S'}^{r,n}$$

consiste à répéter certains points et c'est un isomorphisme. On laisse en exercice la vérification de ce que les deux flèches

$$\mathcal{A}^S/\mathcal{A}^S_{\varnothing} \to \mathcal{A}^{S'}/\mathcal{A}^{S'}_{\varnothing}$$
$$\overline{\Omega}^S \to \overline{\Omega}^{S'}$$

sont également des isomorphismes dans ce cas.

2.6. Restriction d'un pavage à une de ses facettes

On considère un convexe entier S de $S^{r,n}$ et un pavage entier convexe $\underline{S}$ de S.

On note $\mathcal{A}^{\underline{S}}$ le sous-schéma fermé invariant de la variété torique $\mathcal{A}^S$ qui est l'adhérence schématique de l'orbite $\mathcal{A}^S_{\underline{S}}$. C'est une variété torique de tore $\mathcal{A}^{\underline{S}}_{\varnothing} = \mathbb{G}^S_m/(\mathbb{G}^S_m)_{\underline{S}}$ et dont les orbites $\mathcal{A}^{\underline{S}}_{\underline{S}'} = \mathcal{A}^S_{\underline{S}'}$ sont indexées par les pavages entiers convexes $\underline{S}'$ de S qui raffinent le pavage $\underline{S}$. L'éventail qui la définit est plongé dans l'espace quotient $\mathbb{R}^S/\mathcal{C}^{\underline{S}}_{\varnothing}$ de $\mathbb{R}^S$ par le sous-espace $\mathcal{C}^{\underline{S}}_{\varnothing}$ des fonctions $v\colon S \to \mathbb{R}$ dont la restriction à chaque élément S' de $\underline{S}$ est affine. C'est le quotient $\mathcal{C}^{\underline{S}}/\mathcal{C}^{\underline{S}}_{\varnothing}$ par $\mathcal{C}^{\underline{S}}_{\varnothing}$ du cône $\mathcal{C}^{\underline{S}}$ des fonctions $v\colon S \to \mathbb{R}$ dont la restriction à chaque $S' \in \underline{S}$ est convexe c'est-à-dire est dans $\mathcal{C}^{S'}$.

Pour $E = E_0 \oplus \cdots \oplus E_n$ un espace gradué, on note $\Omega^{\underline{S},E}$ le sous-schéma fermé invariant de $\Omega^{S,E}$ image réciproque de $\mathcal{A}^{\underline{S}}$ par le morphisme de structure $\Omega^S \to \mathcal{A}^S$ et $\overline{\Omega}^{\underline{S},E}$ son quotient par l'action libre de $\mathbb{G}^S_m/\mathbb{G}_m$. Le schéma $\overline{\Omega}^{\underline{S},E}$ est projectif et il contient $\overline{\Omega}^{\underline{S},E}_{\varnothing} = \overline{\Omega}^{S,E}_{\underline{S}} = \overline{\mathrm{Gr}}^{r,E}_{\underline{S}}$ comme sous-schéma ouvert. Il est muni d'un morphisme de structure

$$\overline{\Omega}^{\underline{S},E} \to \mathcal{A}^{\underline{S}}/\mathcal{A}^{\underline{S}}_{\varnothing}$$

sur le champ torique $\mathcal{A}^{\underline{S}}/\mathcal{A}^{\underline{S}}_{\varnothing}$ des pavages entiers convexes $\underline{S}'$ de S qui raffinent $\underline{S}$ et se décompose en strates localement fermées $\overline{\Omega}^{\underline{S},E}_{\underline{S}'} = \overline{\Omega}^{S,E}_{\underline{S}'} = \overline{\mathrm{Gr}}^{r,E}_{\underline{S}'}$ qui sont les images réciproques des points de ce champ.

Considérons maintenant une facette S' du pavage $\underline{S}$ de S c'est-à-dire un élément de l'ensemble constitué des cellules de $\underline{S}$ (qui ont même dimension que S) et de leurs faces. La restriction à $S' \subseteq S$ des fonctions $v\colon S \to \mathbb{R}$ définit une application linéaire

$$\mathbb{R}^S \to \mathbb{R}^{S'},$$
$$\mathcal{C}^{\underline{S}}_{\varnothing} \to \mathcal{C}^{S'}_{\varnothing},$$
$$\mathcal{C}^{\underline{S}} \to \mathcal{C}^{S'},$$

et donc

$$\mathcal{C}^{\underline{S}}/\mathcal{C}^{\underline{S}}_{\varnothing} \to \mathcal{C}^{S'}/\mathcal{C}^{S'}_{\varnothing}$$

qui respecte les structures d'éventails. Elle induit des morphismes compatibles de tores et de variétés toriques

$$\mathcal{A}^{\underline{S}}_{\varnothing} \to \mathcal{A}^{S'}_{\varnothing},$$
$$\mathcal{A}^{\underline{S}} \to \mathcal{A}^{S'}.$$

Le morphisme quotient $\mathcal{A}^{\underline{S}}/\mathcal{A}^{\underline{S}}_{\varnothing} \to \mathcal{A}^{S'}/\mathcal{A}^{S'}_{\varnothing}$ consiste à associer à tout raffinement $\underline{S}'$ de $\underline{S}$ le pavage induit de la facette S' de S.

De façon analogue à la proposition 2.5, on montre :

PROPOSITION 2.10. *Pour $\underline{S}$ un pavage convexe entier de $S \subseteq S^{r,n}$ et S' une facette de $\underline{S}$ comme ci-dessus, l'oubli des coordonnées en dehors de S'*

$$\mathbb{G}_m \Big\backslash \prod_{\underline{i}\in S} (\Lambda^{\underline{i}} E_\bullet - \{0\}) \to \mathbb{G}_m \Big\backslash \prod_{\underline{i}\in S'} (\Lambda^{\underline{i}} E_\bullet - \{0\})$$

$$(x_{\underline{i}})_{\underline{i}\in S} \mapsto (x_{\underline{i}})_{\underline{i}\in S'}$$

définit un morphisme

$$\Omega^{\underline{S},E} \to \Omega^{S',E}$$

au-dessus de $\mathcal{A}^{\underline{S}} \to \mathcal{A}^{S'}$. Il respecte les actions de $\mathrm{Aut}(E_0) \times \cdots \times \mathrm{Aut}(E_n)$ *et des tores $\mathbb{G}_m^S/\mathbb{G}_m$, $\mathbb{G}_m^{S'}/\mathbb{G}_m$ reliés par la restriction $\mathbb{G}_m^S \to \mathbb{G}_m^{S'}$.* □

Il suffit d'étudier ces morphismes dans le cas où S' est une cellule de $\underline{S}$, le cas général s'en déduisant par composition avec les morphismes de la proposition 2.5.

Dans ce cas où $\dim S' = \dim S$, explicitons le morphisme $\Omega^{\underline{S},E} \to \Omega^{S',E}$ au niveau des fibres. Si $\underline{U}$ est un pavage entier convexe de S qui raffine $\underline{S}$, le pavage induit $\underline{U}'$ de S' est un sous-ensemble de $\underline{U}$ et le morphisme induit entre fibres au-dessus de $\alpha_{\underline{U}}$ et $\alpha_{\underline{U}'}$

$$\mathrm{Gr}_{\underline{U}}^{r,E} \to \mathrm{Gr}_{\underline{U}'}^{r,E}$$

consiste à associer à toute famille de sous-espaces $(F_U \hookrightarrow E)_{U\in\underline{U}}$ comme dans le corollaire 2.3 la sous-famille $(F_U \hookrightarrow E)_{U\in\underline{U}'}$.

Dans la situation de la proposition ci-dessus, on obtient en passant aux quotients par les actions libres des tores $\mathbb{G}_m^S/\mathbb{G}_m$ et $\mathbb{G}_m^{S'}/\mathbb{G}_m$ un morphisme entre compactifications $\overline{\Omega}^{\underline{S},E} \to \overline{\Omega}^{S',E}$ qui prolonge le morphisme

$$\overline{\mathrm{Gr}}_{\underline{S}}^{r,E} \to \overline{\mathrm{Gr}}_{S'}^{r,E}$$

et s'inscrit dans un carré commutatif :

$$\begin{array}{ccc} \overline{\Omega}^{\underline{S},E} & \longrightarrow & \overline{\Omega}^{S',E} \\ \downarrow & & \downarrow \\ \mathcal{A}^{\underline{S}}/\mathcal{A}_{\varnothing}^{\underline{S}} & \longrightarrow & \mathcal{A}^{S'}/\mathcal{A}_{\varnothing}^{S'} \end{array}$$

On peut noter la conséquence suivante du théorème 2.4 :

COROLLAIRE 2.11. *Soient S et S' deux convexes entiers de $S^{r,n}$ et F un point de la cellule de Schubert mince $\mathrm{Gr}_{S'}^{r,E}$ qui est dans l'adhérence schématique de $\mathrm{Gr}_S^{r,E}$ dans $\mathrm{Gr}^{r,E}$ (ce qui impose $S' \subseteq S$).*

Alors il existe un pavage entier convexe $\underline{S}$ de S dont S' soit une facette et tel que le morphisme

$$\mathrm{Gr}_{\underline{S}}^{r,E} \to \mathrm{Gr}_{S'}^{r,E}$$

contienne F dans son image.

DÉMONSTRATION. Par hypothèse, il existe un point F_η de la cellule de Schubert mince $\mathrm{Gr}_S^{r,E}$ à valeurs dans le point générique d'un trait T et dont la spécialisation F_s dans $\mathrm{Gr}^{r,E}$ soit égale à F.

Le point F_η induit un point $\overline{F}_\eta$ de l'ouvert $\overline{\mathrm{Gr}}_S^{r,E} = \overline{\Omega}_{\varnothing}^{S,E}$ de la variété projective $\overline{\Omega}^{S,E}$. Il se prolonge en un point de $\overline{\Omega}^{S,E}$ à valeurs dans T dont la spécialisation

$\overline{F}_s$ est contenue dans la strate $\overline{\mathrm{Gr}}_{\underline{S}}^{r,E} = \overline{\Omega}_{\underline{S}}^{S,E}$ associée à un certain pavage entier convexe $\underline{S}$ de S.

Ce pavage $\underline{S}$ compte nécessairement S' parmi ses éléments et il répond à la question posée. □

REMARQUES. – Ce corollaire implique que, pour que $\mathrm{Gr}_{S'}^{r,E}$ rencontre l'adhérence de $\mathrm{Gr}_S^{r,E}$, il faut non seulement que $S' \subseteq S$ mais aussi que S admette un pavage entier convexe comptant S' parmi ses facettes.

– Quand $S = \{\underline{i} = (i_\alpha) \in S^{r,n} \mid i_\alpha \leq \mathrm{rg}\, E_\alpha, \forall\, \alpha\}$ (et en particulier quand tous les E_α sont égaux à $\mathbb{A}^r$ et $S = S^{r,n}$), l'hypothèse du corollaire est automatiquement vérifiée car alors la strate $\mathrm{Gr}_S^{r,E}$ est ouverte et dense dans la grassmannienne $\mathrm{Gr}^{r,E}$.

2.7. Changement des espaces ambiants

On considère toujours un espace gradué

$$E = E_0 \oplus \cdots \oplus E_n$$

et un convexe entier S de $S^{r,n}$.

Pour tout indice α, $0 \leq \alpha \leq n$, on note

$$r_\alpha = r - d^S_{\{0,\dots,n\}-\{\alpha\}}.$$

Les morphismes naturels

$$\begin{aligned} \mathrm{Gr}_S^{r,E} &\to \mathrm{Gr}^{r_\alpha,E_\alpha} \\ (F \hookrightarrow E) &\mapsto (F/F \cap E_{\{0,\dots,n\}-\{\alpha\}} \hookrightarrow E_\alpha) \end{aligned}$$

se prolongent en les morphismes simpliciaux

$$\begin{array}{ccc} \Omega^{S,E} & \longrightarrow & \mathrm{Gr}^{r_\alpha,E_\alpha} \\ \downarrow & \nearrow & \\ \overline{\Omega}^{S,E} & & \end{array}$$

associés aux $n+1$ applications

$$\begin{aligned} \{0\} &\to \{0,1,\dots,n\} \\ 0 &\mapsto \alpha \end{aligned}$$

par la proposition 2.9.

On a donc un morphisme produit

$$\begin{array}{ccc} \Omega^{S,E} & \longrightarrow & \mathrm{Gr}^{r_0,E_0} \times \cdots \times \mathrm{Gr}^{r_n,E_n} \\ \downarrow & \nearrow & \\ \overline{\Omega}^{S,E} & & \end{array}$$

qui est équivariant relativement à l'action de $\mathrm{Aut}(E_0) \times \cdots \times \mathrm{Aut}(E_n)$ laquelle est transitive sur la base.

On prouve facilement :

LEMME 2.12. *Dans la situation ci-dessus, la fibre de $\Omega^{S,E}$ au-dessus de tout point $(E'_0, \dots, E'_n)$ de $\mathrm{Gr}^{r_0,E_0} \times \cdots \times \mathrm{Gr}^{r_n,E_n}$ s'identifie à $\Omega^{S,E'}$ si E' désigne l'espace gradué $E' = E'_0 \oplus \cdots \oplus E'_n$. Cette identification est compatible avec les projections sur la variété torique $\mathcal{A}^S$, avec l'action de $\mathbb{G}_m^S/\mathbb{G}_m$ et avec les actions du stabilisateur*

$P_0 \times \cdots \times P_n$ de $E'_0, \ldots, E'_n$ dans $\mathrm{Aut}(E_0) \times \cdots \times \mathrm{Aut}(E_n)$ *et de* $\mathrm{Aut}(E'_0) \times \cdots \times \mathrm{Aut}(E'_n)$ *reliés par la restriction des automorphismes* $P_0 \to \mathrm{Aut}(E'_0), \ldots, P_n \to \mathrm{Aut}(E'_n)$. □

Il résulte de ce lemme que pour étudier tous les schémas $\mathrm{Gr}_S^{r,E}$, $\overline{\mathrm{Gr}}_S^{r,E}$, $\Omega^{S,E}$, $\overline{\Omega}^{S,E}$, il suffit de le faire dans le cas où tous les facteurs E_α sont égaux à $\mathbb{A}^r$, avec donc $E = (\mathbb{A}^r)^{n+1}$. Mais alors, d'après ce qu'on a vu au paragraphe précédent 2.6, tous ces schémas apparaissent dans l'étude des $\Omega^{r,n}$ et $\overline{\Omega}^{r,n}$ qui compactifient les $\mathrm{PGL}_r^{n+1}/\mathrm{PGL}_r$.

2.8. Dualité

Dans ce paragraphe, on fixe une famille d'entiers $e_0, e_1, \ldots, e_n \geq 1$ de somme $e = e_0 + \cdots + e_n$.

Si r est un entier vérifiant $0 < r < e$ et $r^\vee$ désigne la différence $e - r$, l'application affine

$$\underline{i} = (i_0, i_1, \ldots, i_n) \mapsto \underline{i}^\vee = (e_0 - i_0, e_1 - i_1, \ldots, e_n - i_n)$$

définit une bijection du convexe entier

$$S^{r,\underline{e}} = \{\underline{i} = (i_0, \ldots, i_n) \in S^{r,n} \mid i_\alpha \leq e_\alpha, \forall\, \alpha\}$$

sur

$$S^{r^\vee,\underline{e}} = \{\underline{i} = (i_0, \ldots, i_n) \in S^{r^\vee,n} \mid i_\alpha \leq e_\alpha, \forall\, \alpha\}.$$

On a $(r^\vee)^\vee = r$ et les deux bijections $S^{r,\underline{e}} \to S^{r^\vee,\underline{e}}$, $S^{r^\vee,\underline{e}} \to S^{r,\underline{e}}$ sont inverses l'une de l'autre.

Cette bijection $S^{r,\underline{e}} \xrightarrow{\sim} S^{r^\vee,\underline{e}}$ échange les convexes entiers de part et d'autre. Si S est un convexe entier de $S^{r,\underline{e}}$ et $S^\vee$ son image dans $S^{r^\vee,\underline{e}}$, la composition de la bijection induite $S \xrightarrow{\sim} S^\vee$ avec les fonctions $v\colon S^\vee \to \mathbb{R}$ définit un isomorphisme linéaire

$$\mathbb{R}^{S^\vee} \xrightarrow{\sim} \mathbb{R}^S,$$
$$\mathcal{C}_\varnothing^{S^\vee} \xrightarrow{\sim} \mathcal{C}_\varnothing^S,$$
$$\mathcal{C}^{S^\vee} \xrightarrow{\sim} \mathcal{C}^S,$$

et donc

$$\mathcal{C}^{S^\vee}/\mathcal{C}_\varnothing^{S^\vee} \xrightarrow{\sim} \mathcal{C}^S/\mathcal{C}_\varnothing^S$$

qui respecte les structures d'éventails. Elle induit des isomorphismes compatibles de tores et de variétés toriques

$$\mathcal{A}_\varnothing^{S^\vee} \xrightarrow{\sim} \mathcal{A}_\varnothing^S,$$
$$\mathcal{A}^{S^\vee} \xrightarrow{\sim} \mathcal{A}^S.$$

Le morphisme quotient associe à tout pavage entier convexe de $S^\vee$ son image réciproque par la bijection affine $S \xrightarrow{\sim} S^\vee$.

Considérons maintenant un espace gradué

$$E = E_0 \oplus \cdots \oplus E_n$$

dont les facteurs $E_0, \ldots, E_n$ sont de rangs $e_0, \ldots, e_n$, et son dual

$$E^\vee = E_0^\vee \oplus \cdots \oplus E_n^\vee.$$

Pour tout point $\underline{i} = (i_0, \dots, i_n)$ de $S^{r,\underline{e}}$ d'image $\underline{i}^\vee = (e_0 - i_0, \dots, e_n - i_n)$ dans $S^{r^\vee,\underline{e}}$, on a des isomorphismes canoniques

$$(\Lambda^{\underline{i}^\vee} E_\bullet)^\vee \xrightarrow{\sim} \Lambda^{\underline{i}^\vee} E_\bullet^\vee,$$

$$\Lambda^{\underline{i}} E_\bullet \xrightarrow{\sim} (\Lambda^{\underline{i}^\vee} E_\bullet)^\vee \otimes \det E \quad \text{où } \det E = \Lambda^e E,$$

et donc

$$\Lambda^{\underline{i}} E_\bullet \xrightarrow{\sim} (\Lambda^{\underline{i}^\vee} E_\bullet^\vee) \otimes \det E.$$

En faisant la somme sur tous les points $\underline{i}$ de $S^{r,\underline{e}}$, on obtient un isomorphisme

$$\mathbb{G}_m \Big\backslash \coprod_{\underline{i} \in S^{r,\underline{e}}} (\Lambda^{\underline{i}} E_\bullet - \{0\}) \xrightarrow{\sim} \mathbb{G}_m \Big\backslash \coprod_{\underline{j} \in S^{r^\vee,e}} (\Lambda^{\underline{j}} E_\bullet^\vee - \{0\}).$$

Il induit l'isomorphisme entre grassmanniennes

$$\mathrm{Gr}^{r,E} \xrightarrow{\sim} \mathrm{Gr}^{r^\vee,E^\vee}$$

qui consiste à associer à tout sous-espace de rang r de E

$$F \hookrightarrow E$$

le sous-espace de rang $r^\vee = e - r$ de $E^\vee$

$$F^\perp \hookrightarrow E^\vee$$

qui est l'orthogonal de F

$$F^\perp = \mathrm{Ker}[E^\vee \twoheadrightarrow F^\vee].$$

Pour tout convexe entier $S \subseteq S^{r,\underline{e}}$, cet isomorphisme transforme la strate $\mathrm{Gr}_S^{r,E}$ de $\mathrm{Gr}^{r,E}$ en la strate $\mathrm{Gr}_{S^\vee}^{r^\vee,E^\vee}$ de $\mathrm{Gr}^{r^\vee,E^\vee}$.

Ici encore, on prouve :

PROPOSITION 2.13. *Dans la situation et avec les notations ci-dessus, si S est un convexe entier dans $S^{r,\underline{e}}$ et $S^\vee$ son transformé dans $S^{r^\vee,\underline{e}}$, l'isomorphisme*

$$\mathbb{G}_m \Big\backslash \coprod_{\underline{i} \in S} (\Lambda^{\underline{i}} E_\bullet - \{0\}) \xrightarrow{\sim} \mathbb{G}_m \Big\backslash \coprod_{\underline{j} \in S^\vee} (\Lambda^{\underline{j}} E_\bullet^\vee - \{0\})$$

produit des isomorphismes canoniques

$$\Lambda^{\underline{i}} E_\bullet \xrightarrow{\sim} (\Lambda^{\underline{i}^\vee} E_\bullet^\vee) \otimes \det E, \quad \underline{i} \in S,$$

induit un isomorphisme

$$\Omega^{S,E} \xrightarrow{\sim} \Omega^{S^\vee,E^\vee}$$

au-dessus de $\mathcal{A}^S \xrightarrow{\sim} \mathcal{A}^{S^\vee}$. Il respecte les actions de $\mathrm{Aut}(E_0) \times \cdots \times \mathrm{Aut}(E_n)$ et $\mathrm{Aut}(E_0^\vee) \times \cdots \times \mathrm{Aut}(E_n^\vee)$ reliés par $(u_0, \dots, u_n) \mapsto ({}^t u_0^{-1}, \dots, {}^t u_n^{-1})$ et des tores $\mathbb{G}_m^S/\mathbb{G}_m$, $\mathbb{G}_m^{S^\vee}/\mathbb{G}_m$ reliés par $\mathbb{G}_m^S \xrightarrow{\sim} \mathbb{G}_m^{S^\vee}$. □

Si $\underline{S}$ est un pavage entier convexe de S et $\underline{S}^\vee$ le pavage correspondant de $S^\vee$, l'isomorphisme induit

$$\mathrm{Gr}_{\underline{S}}^{r,E} \xrightarrow{\sim} \mathrm{Gr}_{\underline{S}^\vee}^{r^\vee,E^\vee}$$

entre fibres au-dessus de $\alpha_{\underline{S}}$ et $\alpha_{\underline{S}^\vee}$ consiste à associer à toute famille de sous-espaces $(F_{S'} \hookrightarrow E)_{S' \in \underline{S}}$ comme dans le corollaire 2.3 la famille des sous-espaces orthogonaux $(F_{S'}^\perp \hookrightarrow E^\vee)_{S' \in \underline{S}}$.

CHAPITRE 3

Étude de quelques familles simples de compactifications

3.1. Les cas des rangs $r = 1$ et $r = 2$

Quand le rang r est égal à 1, le simplexe $S^{r,n} = S^{1,n} = \{(i_0, \ldots, i_n) \in \mathbb{N}^{n+1} \mid i_0 + \cdots + i_n = 1\}$ ne compte pas d'autres points entiers que ses sommets et donc il ne contient pas de pavé entier plus petit et n'admet pas de pavage entier non trivial. On a

$$\mathcal{A}^{1,n} = \mathcal{A}^{1,n}_{\varnothing} = \mathbb{G}_m^{n+1}/(\mathbb{G}_m^{n+1})_{\varnothing} = \{1\}.$$

Si $E = E_0 \oplus \cdots \oplus E_n$ est un espace gradué, on a pour $S = S^{1,n}$

$$\overline{\Omega}^{S,E} = \overline{\Omega}^{S,E}_{\varnothing} = \overline{\mathrm{Gr}}^{1,E}_{S} = \mathbb{P}(E_0) \times \cdots \times \mathbb{P}(E_n).$$

En particulier, si $E = (\mathbb{A}^1)^{n+1}$ et $S = S^{1,n}$, on a

$$\overline{\Omega}^{1,n} = \overline{\Omega}^{1,n}_{\varnothing} = \overline{\mathrm{Gr}}^{1,n}_{S} = \overline{C}^{1,n}_{S} = \{\mathrm{pt}\}.$$

A partir de maintenant, nous voulons étudier le cas où le rang r est égal à 2. Tout d'abord, nous allons considérer les variétés toriques $\mathcal{A}^S$ associées aux pavés S du simplexe $S^{2,n}$ et montrer en particulier qu'elles sont lisses. On commence par :

LEMME 3.1. *Pour $n \geq 1$ une multiplicité arbitraire, soit S un convexe entier du simplexe $S^{2,n}$ qui est de codimension 1 et n'est pas contenu dans une face de $S^{2,n}$. Alors S est l'intersection de $S^{2,n}$ avec l'hyperplan qui le supporte.*

DÉMONSTRATION. L'hyperplan qui supporte S est défini par une équation de la forme $\sum_{\alpha \in I} i_\alpha = 1$, pour I une partie non triviale de $\{0, 1, \ldots, n\}$. Notant J la partie complémentaire de I et $n_0 = |I| - 1$, $n_1 = |J| - 1$, l'intersection de $S^{2,n} = \{(i_0, \ldots, i_n) \in \mathbb{N}^{n+1} \mid \sum_{\alpha=0}^{n} i_\alpha = 2\}$ avec cet hyperplan s'écrit

$$\left\{ (i_\alpha)_{\alpha \in I} \in \mathbb{N}^I \;\middle|\; \sum_{\alpha \in I} i_\alpha = 1 \right\} \times \left\{ (i_\alpha)_{\alpha \in J} \in \mathbb{N}^J \;\middle|\; \sum_{\alpha \in J} i_\alpha = 1 \right\} = S^{1,n_0} \times S^{1,n_1}.$$

Elle est nécessairement égale à S puisque S^{1,n_0} et S^{1,n_1} ne contiennent pas de pavés entiers plus petits. □

On déduit de ce lemme :

PROPOSITION 3.2. *Soient S un pavé entier dans le simplexe $S^{2,n}$ de dimension n et de côté 2 et $\underline{S}$ un pavage entier convexe de S.*

(i) *Associons à $\underline{S}$ le graphe dont les sommets correspondent aux pavés de $\underline{S}$ et les arêtes aux faces de codimension 1 qui sont communes à deux pavés de $\underline{S}$.*

Alors ce graphe est un arbre connexe.

(ii) *Si* $|\underline{S}|$ *désigne le nombre des pavés de* $\underline{S}$, *le pavage* $\underline{S}$ *est le raffinement commun de* $|\underline{S}|-1$ *pavages entiers convexes consistant chacun en exactement deux pavés.*

DÉMONSTRATION. (i) Comme S est convexe, ce graphe est connexe. C'est un arbre car, d'après le lemme 3.1, ses arêtes correspondent à des hyperplans dans $S^{2,n}$ et il n'est possible de passer d'un côté à l'autre d'un tel hyperplan qu'en traversant l'arête correspondante.

(ii) Il s'agit des pavages à deux pavés définis par les hyperplans de $S^{2,n}$ associés aux $|\underline{S}|-1$ arêtes de l'arbre de $\underline{S}$. □

Puis cette proposition implique :

COROLLAIRE 3.3. *Pour toute multiplicité* $n \geq 1$ *et tout pavé entier* S *de* $S^{2,n}$, *la variété torique* $\mathcal{A}^S$ *des pavages entiers convexes de* S *est lisse.*

Ses orbites de codimension 1 *sont celles associées aux pavages constitués de deux pavés et plus généralement la codimension d'une orbite* $\mathcal{A}^S_{\underline{S}}$ *associée à un pavage* $\underline{S}$ *est égale à* $|\underline{S}|-1$.

Les pavages les plus fins de S *sont ceux dont tous les pavés sont minimaux au sens qu'on ne peut les subdiviser en pavés strictement plus petits.*

DÉMONSTRATION. Soient $\underline{S}$ un pavage entier convexe de S et $v\colon S \to \mathbb{Z}$ une fonction qui est dans le cône $\overline{\mathcal{C}}^S_{\underline{S}}$. Si $H_1, \ldots, H_k$ (avec $k = |\underline{S}|-1$) désignent les hyperplans correspondant aux arêtes de l'arbre de $\underline{S}$, on peut alors écrire

$$v = v_1 + \cdots + v_k$$

où pour tout i, $1 \leq i \leq k$, v_i est une fonction sur S, à valeurs dans $\mathbb{Z}$, qui est dans le cône $\mathcal{C}^S$ et dont la restriction à chaque côté de l'hyperplan H_i est affine.

Ceci prouve que la variété torique $\mathcal{A}^S$ est lisse. Les autres assertions sont immédiates. □

Bien sûr, si S est un convexe entier dans $S^{2,n}$ de codimension ≥ 1, le lemme 2.6 s'applique et la variété torique $\mathcal{A}^S$ est encore lisse.

Considérons maintenant un espace gradué $E = E_0 \oplus \cdots \oplus E_n$ et venons-en aux cellules de Schubert minces.

LEMME 3.4. *Pour tout convexe entier* S *du simplexe* $S^{2,n}$ *tel que* $\operatorname{rg} E_\alpha \geq r_\alpha = 2 - d^S_{\{0,\ldots,n\}-\{\alpha\}}$, $0 \leq \alpha \leq n$, *la cellule de Schubert mince associée* $\mathrm{Gr}^{2,E}_S$ *dans la grassmannienne* $\mathrm{Gr}^{2,E}$ *vérifie :*

(i) $\mathrm{Gr}^{2,E}_S$ *est non vide, lisse et géométriquement connexe.*

(ii) *Si* S' *est une face de* S, *le morphisme* $\mathrm{Gr}^{2,E}_S \to \mathrm{Gr}^{2,E}_{S'}$ *est lisse surjectif et ses fibres sont géométriquement connexes.*

(iii) *Si* S' *est un convexe entier contenu dans* S, $\mathrm{Gr}^{2,E}_{S'}$ *est contenue dans l'adhérence schématique de* $\mathrm{Gr}^{2,E}_S$ *dans la grassmannienne* $\mathrm{Gr}^{2,E}$.

(iv) *Si* S *est un pavé minimal, l'action de* $\mathrm{Aut}(E_0) \times \cdots \times \mathrm{Aut}(E_n)$ *sur* $\mathrm{Gr}^{2,E}_S$ *est transitive.*

(v) *Si tous les* E_α *sont de rangs* ≥ 2, S *est un pavé minimal et* S' *est une face de* S *de codimension* 1 *qui n'est contenue dans aucune face de* $S^{2,n}$, *le sous-tore*

$$\operatorname{Ker}[(\mathbb{G}^S_m)_\varnothing \to (\mathbb{G}^{S'}_m)_\varnothing]$$

des fonctions affines $S \to \mathbb{G}_m$ qui valent 1 sur S' agit transitivement sur les fibres de $\mathrm{Gr}_S^{2,E} \to \mathrm{Gr}_{S'}^{2,E}$.

DÉMONSTRATION. Le schéma $\mathrm{Gr}_S^{2,E}$ classifie la donnée d'un espace F de dimension 2 et de $n+1$ homomorphismes linéaires $E_\alpha^\vee \to F^\vee$, $0 \leq \alpha \leq n$, tels que

- $F^\vee$ est engendré par les images des $E_\alpha^\vee \to F^\vee$,
- pour tout α, $E_\alpha^\vee \to F^\vee$ est nul si $d^S_{\{0,\dots,n\}-\{\alpha\}} = 2$, de rang 1 si $d^S_{\{0,\dots,n\}-\{\alpha\}} = 1$ et de rang 2 si $d^S_{\{0,\dots,n\}-\{\alpha\}} = 0$,
- pour tous α, β tels que $d^S_{\{0,\dots,n\}-\{\alpha\}} = 1 = d^S_{\{0,\dots,n\}-\{\beta\}}$, les deux homomorphismes de rang 1
$$E_\alpha^\vee \to F^\vee, \quad E_\beta^\vee \to F^\vee$$
ont même image si et seulement si $d^S_{\{0,\dots,n\}-\{\alpha,\beta\}} = 1$.

On en déduit aussitôt les assertions (i) et (iii).

Quand S' est une face de S définie par une équation $i_\alpha = 0$, le morphisme $\mathrm{Gr}_S^{2,E} \to \mathrm{Gr}_{S'}^{2,E}$ consiste à oublier l'homomorphisme $E_\alpha^\vee \to F^\vee$ et à garder mémoire des autres $E_\beta^\vee \to F^\vee$, $\beta \neq \alpha$. Quand S' est définie par $\sum_{\alpha\in I} i_\alpha = 1$ et que $\sum_{\alpha \in I} i_\alpha \leq 1$ [resp. ≥ 1] sur S, tous les homomorphismes $E_\alpha^\vee \to F^\vee$, $\alpha \in I$ [resp. $\alpha \notin I$] sont de rang 1 et ont même image $F'^\vee$ et le morphisme $\mathrm{Gr}_S^{2,E} \to \mathrm{Gr}_{S'}^{2,E}$ consiste à considérer les homomorphismes induits $E_\alpha^\vee \to F'^\vee$, $\alpha \in I$ [resp. $\alpha \notin I$] et $E_\beta^\vee \to F^\vee/F'^\vee$, $\beta \notin I$ [resp. $\beta \in I$]. D'où l'assertion (ii).

Quand S est un pavé minimal, deux cas sont possibles : ou bien l'un des homomorphismes $E_\alpha^\vee \to F^\vee$ est de rang 2 et tous les autres sont de rang 1 et ont même image, ou bien tous les homomorphismes $E_\alpha^\vee \to F^\vee$ sont de rang 1 et les droites images sont au nombre de 3 exactement. Cela implique (iv). Pour (v), on remarque que la face S' correspond à considérer la droite image [resp. l'une des 3 droites images] $F'^\vee$ dans $F^\vee$ et le morphisme $\mathrm{Gr}_S^{2,E} \to \mathrm{Gr}_{S'}^{2,E}$ associe à F comme ci-dessus la famille des homomorphismes induits dans $F'^\vee$ et $F^\vee/F'^\vee$. □

Passant aux recollements $\mathrm{Gr}_{\underline{S}}^{2,E}$ des cellules de Schubert minces, on obtient :

LEMME 3.5. *Soient S un pavé entier du simplexe $S^{2,n}$ tel que $\mathrm{rg}\, E_\alpha \geq r_\alpha = 2 - d^S_{\{0,\dots,n\}-\{\alpha\}}$, $0 \leq \alpha \leq n$, et $\underline{S}$ un pavage entier convexe de S. Alors :*

(i) *Le schéma $\mathrm{Gr}_{\underline{S}}^{2,E}$ est lisse et géométriquement connexe et pour tout pavé S' de $\underline{S}$, le morphisme de restriction $\mathrm{Gr}_{\underline{S}}^{2,E} \to \mathrm{Gr}_{S'}^{2,E}$ est lisse surjectif et ses fibres sont géométriquement connexes.*

(ii) *Si $\underline{S}'$ est un raffinement de $\underline{S}$ obtenu en subdivisant un unique pavé de $\underline{S}$ en deux pavés dont l'un est minimal, le schéma $\mathrm{Gr}_{\underline{S}'}^{2,E}$ est contenu dans l'adhérence schématique de $\Omega_{\underline{S}}^{S,E}$ dans $\Omega^{S,E}$.*

DÉMONSTRATION. D'après le lemme 2.12, il suffit de traiter le cas où tous les E_α sont de rang 2.

Partons de la cellule de Schubert mince $\mathrm{Gr}_{S'}^{2,E}$ associée à un pavé S' de $\underline{S}$. Ce pavé correspond à un sommet de l'arbre connexe associé à $\underline{S}$. On peut alors recoller l'une après l'autre les cellules de Schubert minces $\mathrm{Gr}_{S''}^{2,E}$ associées aux autres pavés S'' de $\underline{S}$ c'est-à-dire aux autres sommets de l'arbre en progressant le long des branches à partir du sommet initial.

Alors (i) résulte des assertions (i) et (ii) du lemme 3.4 et (ii) résulte des assertions (iii), (v) et (ii) de ce lemme. □

Nous sommes parés pour prouver :

THÉORÈME 3.6. *Soient* $E = E_0 \oplus \cdots \oplus E_n$ *un espace gradué et* S *un pavé entier du simplexe* $S^{2,n}$ *tel que* $\operatorname{rg} E_\alpha \geq r_\alpha = 2 - d^S_{\{0,\ldots,n\}-\{\alpha\}}$, $0 \leq \alpha \leq n$. *Alors :*

(i) *Le morphisme de structure équivariant*

$$\Omega^{S,E} \to \mathcal{A}^S$$

est lisse et surjectif. Par conséquent, la compactification équivariante $\overline{\Omega}^{S,E}$ *de* $\overline{\mathrm{Gr}}^{r,E}_S$ *est lisse et son bord est un diviseur à croisements normaux.*

(ii) *Pour toute face* S' *de* S, *le morphisme équivariant*

$$\Omega^{S,E} \to \Omega^{S',E} \times_{\mathcal{A}^{S'}} \mathcal{A}^S$$

de la proposition 2.5 *est lisse et surjectif.*

(iii) *Pour tout pavage entier convexe* $\underline{S}$ *de* S *et toute facette* S' *du pavage* $\underline{S}$, *le morphisme équivariant*

$$\Omega^{\underline{S},E} \to \Omega^{S',E} \times_{\mathcal{A}^{S'}} \mathcal{A}^{\underline{S}}$$

de la proposition 2.10 *est lisse et surjectif.*

DÉMONSTRATION. (i) On rappelle que les fibres du morphisme $\Omega^{S,E} \to \mathcal{A}^S$ au-dessus des points distingués $\alpha_{\underline{S}}$ des orbites de $\mathcal{A}^S$ sont les schémas $\mathrm{Gr}^{2,E}_{\underline{S}}$. Il résulte donc du lemme 3.5(i) que toutes les fibres de $\Omega^{S,E} \to \mathcal{A}^S$ sont non vides, lisses et géométriquement connexes.

Si $\underline{S}$ est un pavage entier convexe de S et $\underline{S}'$ est un raffinement de $\underline{S}$ obtenu comme dans le lemme 3.5(ii), l'orbite $\mathcal{A}^S_{\underline{S}'}$ est de codimension 1 dans l'adhérence schématique de l'orbite $\mathcal{A}^S_{\underline{S}}$ dans la variété torique $\mathcal{A}^S$. Comme la strate $\Omega^{S,E}_{\underline{S}'}$ est contenue dans l'adhérence schématique de $\Omega^{S,E}_{\underline{S}}$ dans $\Omega^{S,E}$, la dimension de la fibre $\mathrm{Gr}^{2,E}_{\underline{S}'}$ est égale à celle de $\mathrm{Gr}^{2,E}_{\underline{S}}$.

Or, si $\underline{S}$ est un pavage entier convexe arbitraire de S et $\underline{S}'$ est un raffinement de $\underline{S}$ dont tous les pavés sont minimaux, on peut passer de $\underline{S}$ à $\underline{S}'$ par une succession de raffinements où, à chaque pas, on subdivise un unique pavé en deux pavés dont l'un est minimal ; cela implique que $\mathrm{Gr}^{2,E}_{\underline{S}}$ et $\mathrm{Gr}^{2,E}_{\underline{S}'}$ ont même dimension et que $\Omega^{S,E}_{\underline{S}'}$ est contenue dans l'adhérence schématique de $\Omega^{S,E}_{\underline{S}}$.

On en déduit que tous les $\mathrm{Gr}^{2,E}_{\underline{S}}$ ont la même dimension que $\mathrm{Gr}^{2,E}_S$ et que, quand $\underline{S}$ n'admet pas de raffinement, $\Omega^{S,E}_{\underline{S}}$ est contenue dans l'adhérence schématique $\Omega'^{S,E}$ de $\Omega^{S,E}_{\varnothing}$ dans $\Omega^{S,E}$.

Le morphisme $\Omega'^{S,E} \to \mathcal{A}^S$ sur la variété torique normale $\mathcal{A}^S$ est équidimensionnel et ses fibres sont lisses. Il est donc lisse. Son image est un ouvert invariant de $\mathcal{A}^S$ qui contient toutes les orbites fermées, c'est $\mathcal{A}^S$ tout entière. Cela impose $\Omega'^{S,E} = \Omega^{S,E}$ puisque les fibres de $\Omega^{S,E} \to \mathcal{A}^S$ sont toutes lisses de la même dimension et géométriquement connexes.

Ainsi le morphisme $\Omega^{S,E} \to \mathcal{A}^S$ est-il lisse et de même $\overline{\Omega}^{S,E} \to \mathcal{A}^S/\mathcal{A}^S_{\varnothing}$. Comme d'après le corollaire 3.3 la variété torique $\mathcal{A}^S$ est lisse, la compactification $\overline{\Omega}^{S,E}$ de $\overline{\mathrm{Gr}}^{2,E}_S$ est lisse et son bord est un diviseur à croisements normaux.

(ii) Il suffit de traiter le cas où la face S' de S est de codimension 1 et où tous les E_α sont de rang 2.

Comme (i) est déjà connu, on a seulement besoin de montrer que si $\underline{S}$ est un pavage entier convexe de S qui ou bien est trivial ou bien ne peut être raffiné et si $\underline{S}'$ désigne le pavage induit de S', le morphisme $\mathrm{Gr}_{\underline{S}}^{2,E} \to \mathrm{Gr}_{\underline{S}'}^{2,E}$ est lisse.

Si $\underline{S}$ est trivial ou plus généralement si $\underline{S}'$ est trivial (ce qui est le cas d'après le lemme 3.1 si la face S' de S n'est contenue dans aucune face de $S^{2,n}$), la lissité de $\mathrm{Gr}_{\underline{S}}^{2,E} \to \mathrm{Gr}_{\underline{S}'}^{2,E}$ résulte du lemme 3.4(ii) en recollant les pavés de $\underline{S}$ les uns après les autres le long de leur arbre en partant de celui dont S' est une face.

Reste le cas où le pavage $\underline{S}$ ne peut être raffiné (donc est constitué de pavés minimaux) et où le pavage induit $\underline{S}'$ est non trivial.

On peut trouver une face T' commune à deux cellules de $\underline{S}'$ et qui est de codimension 1 dans S' (ou dans la face de $S^{2,n}$ identifiée à $S^{2,n-1}$ qui supporte S') puis une face T commune à deux pavés de $\underline{S}$, qui est de codimension 1 dans S ou $S^{2,n}$ et qui vérifie $T \cap S' = T'$.

On a un carré commutatif

$$\begin{array}{ccc} \mathrm{Gr}_{\underline{S}}^{2,E} & \longrightarrow & \mathrm{Gr}_{T}^{2,E} \\ \downarrow & & \downarrow \\ \mathrm{Gr}_{\underline{S}'}^{2,E} & \longrightarrow & \mathrm{Gr}_{T'}^{2,E} \end{array}$$

où, d'après le lemme 3.4(v), les tores $(\mathbb{G}_m^S)_{\underline{S}}$ et $(\mathbb{G}_m^{S'})_{\underline{S}'}$ des fonctions $S \to \mathbb{G}_m$, $S' \to \mathbb{G}_m$ qui sont affines sur chaque cellule de S ou S' agissent transitivement sur les fibres des deux morphismes horizontaux (lesquels sont lisses et surjectifs).

Comme l'homomorphisme de restriction

$$(\mathbb{G}_m^S)_{\underline{S}} \to (\mathbb{G}_m^{S'})_{\underline{S}'}$$

est surjectif et que le morphisme

$$\mathrm{Gr}_T^{2,E} \to \mathrm{Gr}_{T'}^{2,E}$$

est trivialement lisse (on est réduit au cas $r = 1$), on conclut que le morphisme

$$\mathrm{Gr}_{\underline{S}}^{2,E} \to \mathrm{Gr}_{\underline{S}'}^{2,E}$$

est lisse et surjectif.

(iii) D'après (ii), on peut supposer que S' est un pavé de $\underline{S}$.

Ici encore, il suffit de prouver que si $\underline{U}$ est un pavage entier convexe de S qui raffine $\underline{S}$ et $\underline{U}'$ désigne le pavage induit de S', le morphisme

$$\mathrm{Gr}_{\underline{U}}^{2,E} \to \mathrm{Gr}_{\underline{U}'}^{2,E}$$

est lisse et surjectif. Cela résulte du lemme 3.4(ii) en complétant pas à pas l'arbre de $\underline{U}'$ jusqu'à obtenir celui de $\underline{U}$. □

On voit en particulier en prenant $E = (\mathbb{A}^2)^{n+1}$ et $S = S^{2,n}$ que toutes les compactifications équivariantes $\overline{\Omega}^{2,n}$ des $\overline{\mathrm{Gr}}_{\varnothing}^{2,n} = \mathrm{PGL}_2^{n+1}/\mathrm{PGL}_2$ sont lisses et que leurs bords sont des diviseurs à croisements normaux. Comme on a dit dans l'introduction, la première démonstration correcte de ce résultat (avec une méthode de construction différente pour les compactifications $\overline{\Omega}^{2,n}$) figure dans l'article [Faltings, 2001].

De plus, pour toute application injective $\iota\colon \{0,\dots,p\} \to \{0,\dots,n\}$ (qui identifie $S^{2,p}$ à une face de dimension p du simplexe $S^{2,n}$), le morphisme simplicial associé

$$\overline{\Omega}^{2,n} \to \overline{\Omega}^{2,p} \times_{\mathcal{A}^{2,p}/\mathcal{A}^{2,p}_{\varnothing}} \mathcal{A}^{2,n}/\mathcal{A}^{2,n}_{\varnothing}$$

est lisse.

3.2. Espaces de configurations en rangs $r = 1$ et $r = 2$ et leurs duaux

Dans tout ce paragraphe, on considère un espace gradué $E = E_0 \oplus \cdots \oplus E_n$ où tous les facteurs E_α sont des copies de $\mathbb{A}^1$.

Pour $r = 1$, il y a un unique espace de configurations $\overline{C}_S^{1,n}$: c'est le classifiant des familles de $n+1$ points (nécessairement tous confondus) dans $\mathbb{P}^0$. Il est égal au schéma trivial réduit à un point.

Pour $r = 2$ et $S = \{(i_0,\dots,i_n) \in S^{2,n} \mid i_\alpha \leq 1,\ \forall\, \alpha\}$, $\overline{\mathrm{Gr}}_S^{2,E}$ s'identifie à l'espace $\overline{C}_S^{2,n}$ qui classifie (à action près du groupe projectif PGL_2) les configurations de $n+1$ points deux à deux distincts sur la droite projective $\mathbb{P}^1$. C'est le schéma $\mathcal{M}_{0,n+1}$ classifiant les courbes de genre 0 avec $n+1$ points marqués. D'après le théorème 3.6(i), la compactification $\overline{\Omega}^S$ de $\overline{\mathrm{Gr}}_S^{2,E} = \overline{C}_S^{2,n}$ est lisse et son bord est un diviseur à croisements normaux. Elle est isomorphe à la compactification $\overline{\mathcal{M}}_{0,n+1}$ de $\mathcal{M}_{0,n+1}$ construite par Grothendieck et Knudsen. L'indexation des strates de bord par les pavages de S figure déjà dans l'article [Kapranov, 1993].

Le cas $r = 2$, $n = 3$, est le birapport

$$\overline{C}_S^{2,3} \cong \mathbb{P}^1 - \{0,1,\infty\}, \quad \overline{\Omega}^S \cong \mathbb{P}^1$$

explicité dans l'exemple à la fin du paragraphe 2.3.

Voyons maintenant ce que deviennent ces espaces de configurations et leurs compactifications par les isomorphismes de dualité $r \leftrightarrow (n+1) - r$ de la proposition 2.13.

Quand $r = n$, le pavé entier $\{(i_0,\dots,i_n) \in \mathbb{N}^{n+1} \mid i_0 + \cdots + i_n = n \text{ et } i_\alpha \leq 1, \forall\, \alpha\} = S \subset S^{n,n}$ ne contient pas de pavé entier plus petit. L'espace de configurations $C_S^{n,n}$ classifie les familles de $r+1$ points $P_0,\dots,P_r$ en position générale dans $\mathbb{P}^{r-1}$. Étant donnée une telle famille, il existe un unique élément $g_{P_0,\dots,P_r}$ du groupe projectif PGL_r qui envoie $P_0,\dots,P_r$ sur $(1,1,\dots,1)$, $(1,0,\dots,0),\dots,(0,\dots,0,1)$. On retrouve le fait que le quotient $\overline{C}_S^{n,n}$ est trivial réduit à un point.

Quand $n = r+1$, considérons un pavé entier

$$S \subsetneq \{(i_0,\dots,i_n) \in \mathbb{N}^{n+1} \mid i_0 + \cdots + i_n = r \text{ et } i_\alpha \leq 1,\ \forall\, \alpha\}$$

dont l'intersection avec la face d'équation $i_n = 0$ soit de dimension maximale $n-1 = r$. L'espace de configurations $C_S^{r,n}$ classifie les familles de $r+2$ points $P_0,\dots,P_r,P$ telles que P_0, $P_1,\dots,P_r$ soient en position générale et que P vérifie vis-à-vis de $P_0,\dots,P_r$ les relations de dépendance ou d'indépendance linéaire prescrites par S. D'après le théorème 3.6(i) combiné avec la proposition 2.13, la compactification $\overline{\Omega}^S$ de $\overline{C}_S^{r,n}$ est lisse et son bord est un diviseur à croisements normaux.

On a :

LEMME 3.7. *Quand $n = r+1$ et $S \subsetneq \{(i_0,\dots,i_n) \in S^{r,n} \mid i_\alpha \leq 1, \forall\, \alpha\}$ est un pavé entier comme ci-dessus, la flèche*

$$(P_0,\dots,P_r,P) \mapsto g_{P_0,\dots,P_r}(P)$$

définit un isomorphisme de $\overline{C}_S^{r,n}$ *sur un ouvert d'un sous-espace affine de* $\mathbb{P}^{r-1}$.

Il se prolonge en un morphisme partout bien défini

$$\overline{\Omega}^S \to \mathbb{P}^{r-1}.$$

DÉMONSTRATION. La première assertion résulte de la définition même de l'espace de configurations $C_S^{r,n}$ puisque $\overline{C}_S^{r,n}$ est son quotient par l'action libre de PGL_r.

Comme $\overline{C}_S^{r,n}$ est un ouvert dense dans $\overline{\Omega}^S$ qui est lisse, le prolongement $\overline{\Omega}^S \to \mathbb{P}^{r-1}$ est unique s'il existe. Son existence n'a besoin d'être vérifiée que localement.

Considérons donc un pavage entier convexe $\underline{S}$ de S et restreignons-nous à l'ouvert invariant $\mathcal{A}'$ de $\mathcal{A}^S$ qui est la réunion des orbites associées aux pavages plus grossiers que $\underline{S}$ et à l'image réciproque de $\mathcal{A}'/\mathcal{A}_\varnothing^S$ dans $\overline{\Omega}^S$.

La face S' de S définie par l'équation $i_n = 0$ est de dimension maximale $n-1 = r$. Elle est égale au pavé $\{(i_0, \ldots, i_r) \in \mathbb{N}^{r+1} \mid i_0 + \cdots + i_r = r \text{ et } i_\alpha \leq 1, \forall\, \alpha\}$ qui ne contient pas de pavé plus petit. Donc le pavage de S' induit par $\underline{S}$ est trivial. Il existe dans $\underline{S}$ un unique pavé S_0 qui admet S' comme face. Choisissons dans S_0 une famille e_{S_0} de $n+1$ points qui est génératrice (c'est-à-dire engendre le réseau des points entiers $\mathbb{Z}^{r,n}$ dans $\mathbb{R}^{r,n}$). Elle définit un scindage

$$a_{e_{S_0}} : \mathbb{G}_m^S \to (\mathbb{G}_m^S)_\varnothing, \quad b_{e_{S_0}} : \mathbb{G}_m^S/(\mathbb{G}_m^S)_\varnothing \to \mathbb{G}_m^S$$

de la suite exacte

$$1 \to (\mathbb{G}_m^S)_\varnothing \to \mathbb{G}_m^S \to \mathbb{G}_m^S/(\mathbb{G}_m^S)_\varnothing \to 1.$$

Pour tout point $\underline{i} \in S$, on note

$$b_{e_{S_0}}^{\underline{i}} : \mathcal{A}_\varnothing^S = \mathbb{G}_m^S/(\mathbb{G}_m^S)_\varnothing \to \mathbb{G}_m$$

le caractère de $\mathcal{A}_\varnothing^S$ qui est la composante d'indice $\underline{i}$ de $b_{e_{S_0}}$. Sur l'ouvert considéré $\mathcal{A}'$ de $\mathcal{A}^S$, il se prolonge en un morphisme équivariant

$$\mathcal{A}' \to \mathbb{A}^1$$

qui est à valeurs dans $\mathbb{G}_m$ si $\underline{i} \in S_0$.

Pour $1 \leq \alpha \leq r$, on note $\underline{i}_\alpha$ le point de $S' \subset S^{r,n}$ dont toutes les coordonnées valent 1 sauf celles d'indices α et $n = r+1$ qui valent 0. Et on note $\underline{j}_\alpha$ le point de $S^{r,n}$ dont toutes les coordonnées valent 1 sauf celles d'indices 0 et α qui valent 0. Comme S_0 est un pavé dont S' est une face, l'un au moins des points $\underline{j}_\alpha$, $1 \leq \alpha \leq r$, est dans S_0.

Comme tous les E_α, $0 \leq \alpha \leq n$, sont des copies de $\mathbb{A}^1$, chaque $\Lambda^{\underline{i}} E$, $\underline{i} \in S$, s'identifie à $\mathbb{A}^1$ et la flèche

$$(\lambda, (x_{\underline{i}})_{\underline{i} \in S}) \mapsto \left(\frac{b_{e_{S_0}}^{\underline{j}_\alpha}(\lambda) \cdot x_{\underline{j}_\alpha}}{b_{e_{S_0}}^{\underline{i}_\alpha}(\lambda) \cdot x_{\underline{i}_\alpha}} \right)_{\alpha=1}^{r}$$

(où on pose $b_{e_{S_0}}^{\underline{i}}(\lambda) \cdot x_{\underline{i}} = 0$ si $\underline{i} \notin S$) définit un morphisme

$$\mathcal{A}' \times \mathbb{G}_m \Big\backslash \prod_{\underline{i} \in S} (\Lambda^{\underline{i}} E_\bullet - \{0\}) \to \mathbb{P}^{r-1}$$

qui est invariant par le tore $\mathbb{G}_m^S/\mathbb{G}_m$.

Il induit un morphisme

$$\overline{\Omega}^S \times_{\mathcal{A}^S/\mathcal{A}_\varnothing^S} \mathcal{A}'/\mathcal{A}_\varnothing^S \to \mathbb{P}^{r-1}$$

dont la restriction à l'ouvert dense $\overline{\Omega}^S_\varnothing = \overline{C}^{r,n}_S$ coïncide avec celui qu'on s'était donné.

D'où la conclusion. □

Donnons aussi l'énoncé dual du lemme 3.7 avec cette fois $r = 2$ et n arbitraire. On considère donc un pavé entier $S \subseteq \{(i_0, \dots, i_n) \in \mathbb{N}^{n+1} \mid i_0 + \cdots + i_n = 2$ et $i_\alpha \leq 1, \forall\, \alpha\}$ dont l'intersection avec la face d'équation $i_n = 1$ soit de dimension maximale $n-1$. L'espace de configurations $C^{2,n}_S$ classifie les familles de $n+1$ points $P_0, \dots, P_{n-1}$, P_∞ de $\mathbb{P}^1$ telles que $P_0, \dots, P_{n-1}$ soient différents de P_∞ et vérifient entre eux les relations d'égalité ou de différence prescrites par S. Comme S est un pavé, $P_1, \dots, P_{n-1}$ ne peuvent être confondus avec P_0 et on peut supposer par exemple que S prescrit $P_1 \neq P_0$.

On note $P \mapsto [P_0, P_1, P, P_\infty]$ le birapport qui a pour valeur 0 si $P = P_0$, 1 si $P = P_1$ et ∞ si $P = P_\infty$. Voici l'énoncé dual du lemme 3.7 :

COROLLAIRE 3.8. *Étant donné $S \subseteq \{(i_0, \dots, i_n) \in S^{2,n} \mid i_\alpha \leq 1, \forall\, \alpha\}$ un pavé entier comme ci-dessus, la flèche*

$$(P_0, P_1, \dots, P_{n-1}, P_\infty) \mapsto ([P_0, P_1, P_\alpha, P_\infty])_{\alpha=2}^{n-1}$$

définit un isomorphisme de $\overline{C}^{2,n}_S$ sur un ouvert d'un sous-espace affine de $\mathbb{A}^{n-2}$.

Il se prolonge en un morphisme partout bien défini

$$\overline{\Omega}^S \to \mathbb{P}^{n-2}.$$ □

Considérons maintenant deux entiers arbitraires r et n et un pavé entier $S \subseteq \{(i_0, \dots, i_n) \in S^{r,n} \mid i_\alpha \leq 1, \forall\, \alpha\}$ dont l'intersection avec la face définie par $i_\alpha = 0$, $\forall\, \alpha > r$, soit de dimension maximale r. L'espace de configurations $C^{r,n}_S$ classifie les familles de $n+1$ points $P_0, \dots, P_n$ dans $\mathbb{P}^{r-1}$ vérifiant les relations de dépendance ou d'indépendance linéaire prescrites par S et tels en particulier que $P_0, \dots, P_r$ soient en position générale.

Pour tout α, $r < \alpha \leq n$, notons S^α la face de S définie par les équations $i_\beta = 0$ pour tous les $\beta > r$ avec $\beta \neq \alpha$.

On a des morphismes induits

$$C^{r,n}_S \to C^{r,r+1}_{S^\alpha} \quad \text{ou} \quad \overline{C}^{r,n}_S \to \overline{C}^{r,r+1}_{S^\alpha}$$

qui consistent à conserver les points $P_0, \dots, P_r$ et P_α et à oublier les autres.

D'après la proposition 2.9, ils se prolongent naturellement en des morphismes

$$\overline{\Omega}^S \to \overline{\Omega}^{S^\alpha}$$

au-dessus de $\mathcal{A}^S / \mathcal{A}^S_\varnothing \to \mathcal{A}^{S^\alpha} / \mathcal{A}^{S^\alpha}_\varnothing$.

Mais on a construit dans le lemme 3.7 des morphismes partout bien définis

$$\overline{\Omega}^{S^\alpha} \to \mathbb{P}^{r-1}.$$

En les composant avec les précédents, on obtient finalement un morphisme

$$\overline{\Omega}^S \to (\mathbb{P}^{r-1})^{n-r}.$$

Notons P_0, $P_1, \dots, P_r$ les points de $\mathbb{P}^{r-1}$ de coordonnées $(1, 1, \dots, 1)$, $(1, 0, \dots, 0)$, $\dots, (0, \dots, 0, 1)$. Et pour tout point $(P_{r+1}, \dots, P_n)$ de $(\mathbb{P}^{r-1})^{n-r}$ et toute partie I de $\{0, 1, \dots, n\}$, notons P_I le sous-espace projectif de $\mathbb{P}^{r-1}$ engendré par les P_α, $\alpha \in I$. On a :

PROPOSITION 3.9. *Pour $S \subseteq \{(i_0,\dots,i_n)\in S^{r,n} \mid i_\alpha \le 1, \forall\,\alpha\}$ un pavé entier comme ci-dessus, le morphisme*

$$\overline{\Omega}^S \to (\mathbb{P}^{r-1})^{n-r}$$

identifie l'ouvert $\overline{C}_S^{r,n}$ au sous-schéma localement fermé de $(\mathbb{P}^{r-1})^{n-r}$ constitué des familles $(P_{r+1},\dots,P_n)$ telles que

$$\forall\, I \subseteq \{0,\dots,n\}, \quad \dim(P_I) = r-1-d^S_{\{0,\dots,n\}-I}.$$

De plus, si I est une partie de $\{0,\dots,n\}$ et $d \ge 0$ est un entier, l'image réciproque dans $\overline{\Omega}^S$ du sous-schéma fermé de $(\mathbb{P}^{r-1})^{n-r}$ défini par

$$\dim(P_I) \le d$$

est de la forme

$$\overline{\Omega}^S \times_{\mathcal{A}^S/\mathcal{A}^S_\varnothing} \mathcal{A}/\mathcal{A}^S_\varnothing$$

avec $\mathcal{A}$ un sous-schéma fermé invariant de la variété torique $\mathcal{A}^S$.

DÉMONSTRATION. La première assertion résulte de la définition de l'espace de configurations $C_S^{r,n}$ (dans la discussion qui précède l'énoncé du théorème I.11 de Gel′fand et MacPherson) puisque $\overline{C}_S^{r,n}$ est son quotient par l'action libre de PGL_r.

Pour la deuxième assertion, nous allons d'abord nous placer au-dessus de l'ouvert invariant affine $\mathcal{A}'$ de $\mathcal{A}^S$ réunion des orbites $\mathcal{A}^S_{\underline{S}'}$ indexées par les pavages plus grossiers qu'un pavage entier convexe fixé $\underline{S}$ de S.

Comme $S' = \{(i_0,\dots,i_n)\in S^{r,n} \mid i_\alpha \le 1, \forall\,\alpha \text{ et } i_\alpha = 0, \forall\,\alpha > r\}$ ne contient pas de convexe entier plus petit de même dimension, S' est une face de S et le pavage de S' induit par $\underline{S}$ est trivial. Dans $\underline{S}$, il y a un pavé S_0 qui admet S comme face. Il est unique car s'il y en avait un autre S_0', il existerait des décompositions non triviales $r = s + s'$, $\{0,\dots,n\} = J \amalg J'$ telles que

$$(i_0,\dots,i_n)\in S_0 \implies \sum_{\alpha\in J} i_\alpha \ge s,$$
$$(i_0,\dots,i_n)\in S_0' \implies \sum_{\alpha\in J'} i_\alpha \ge s'$$

d'où

$$\#(J\cap\{0,\dots,r\}) \ge s+1,$$
$$\#(J'\cap\{0,\dots,r\}) \ge s'+1$$

ce qui est impossible.

Comme dans la démonstration du lemme 3.7, considérons alors une famille génératrice e_{S_0} dans S_0 et le scindage

$$b_{e_{S_0}} = (b^{\underline{i}}_{e_{S_0}})_{\underline{i}\in S} \colon \mathcal{A}^S_\varnothing = \mathbb{G}_m^S/(\mathbb{G}_m^S)_\varnothing \to \mathbb{G}_m^S$$

qu'elle induit pour la suite exacte

$$1 \to (\mathbb{G}_m^S)_\varnothing \to \mathbb{G}_m^S \to \mathbb{G}_m^S/(\mathbb{G}_m^S)_\varnothing \to 1.$$

Pour tout $\underline{i}\in S$, le caractère $b^{\underline{i}}_{e_{S_0}}$ se prolonge en

$$b^{\underline{i}}_{e_{S_0}} : \mathcal{A}' \to \mathbb{A}^1.$$

Il reste à valeurs dans $\mathbb{G}_m$ si $\underline{i}\in S_0$.

Si $1 \leq \alpha \leq r$, on note $\underline{i}_\alpha$ le point de S' dont les coordonnées valent 1 en les indices de $\{0,\dots,r\}-\{\alpha\}$ et 0 ailleurs. Et si $1\leq \alpha\leq r$, $r+1\leq \beta\leq n$, on note $\underline{i}_\alpha^\beta$ le point de $S^{r,n}$ dont les coordonnées valent 1 en les indices de $\{\beta\}\cup\{1,\dots,r\}-\{\alpha\}$ et 0 ailleurs.

Alors la restriction du morphisme

$$\Omega^{S,E} \to \overline{\Omega}^S \to (\mathbb{P}^{r-1})^{n-r}$$

à l'ouvert $\Omega^{S,E}\times_{\mathcal{A}^S}\mathcal{A}'$ de $\Omega^{S,E}$ plongé comme sous-schéma fermé dans

$$\mathcal{A}'\times\mathbb{G}_m\Big\backslash\prod_{\underline{i}\in S}(\Lambda^{\underline{i}}E_\bullet-\{0\})$$

s'écrit

$$(\lambda,(x_{\underline{i}})_{\underline{i}\in S})\mapsto\left(P_\beta=\left(\frac{b_{e_{S_0}}^{\underline{i}_\alpha^\beta}(\lambda)\cdot x_{\underline{i}_\alpha^\beta}}{b_{e_{S_0}}^{\underline{i}_\alpha}(\lambda)\cdot x_{\underline{i}_\alpha}}\right)_{\alpha=1}^r\right)_{\beta=r+1}^n.$$

Mais si on revient à la construction du schéma $\Omega^{S,E}$ dans la démonstration du théorème 2.4, on voit que la famille de coordonnées

$$b_{e_{S_0}}^{\underline{i}}(\lambda)\cdot x_{\underline{i}}\in\Lambda^{\underline{i}}E_\bullet,\quad \underline{i}\in S,$$

complétée par 0 en les indices $\underline{i}\in S^{r,n}-S$, définit un point de la grassmannienne

$$\mathrm{Gr}^{r,E}\hookrightarrow\mathbb{P}(\Lambda^r E).$$

Il en résulte que dans $\Omega^{S,E}\times_{\mathcal{A}^S}\mathcal{A}'$ la condition fermée

$$\dim(P_I)\leq d$$

est équivalente à

$$\forall\,\underline{i}=(i_0,\dots,i_n)\in S,\quad \sum_{\alpha\in I}i_\alpha\geq d+2\implies b_{e_{S_0}}^{\underline{i}}(\lambda)\cdot x_{\underline{i}}=0.$$

Comme les coordonnées $x_{\underline{i}}$ sont toujours non nulles, ce sous-schéma fermé est l'image réciproque du sous-schéma fermé invariant $\mathcal{A}'\cap\mathcal{A}$ de $\mathcal{A}'$ défini par les équations $b_{e_{S_0}}^{\underline{i}}(\lambda)=0$, $\forall\,\underline{i}=(i_0,\dots,i_n)\in S$ vérifiant $\sum_{\alpha\in I}i_\alpha\geq d+2$. Ce sous-schéma fermé $\mathcal{A}'\cap\mathcal{A}$ ne dépend pas du choix de la famille génératrice e_{S_0} dans S_0 car si on remplace celle-ci par une autre, tous les $b_{e_{S_0}}^{\underline{i}}$ se trouvent simplement multipliés par des caractères de $\mathcal{A}_\varnothing^S$ qui se prolongent sur $\mathcal{A}'$ et restent à valeurs dans $\mathbb{G}_m$. Il en résulte aussitôt que les $\mathcal{A}'\cap\mathcal{A}$ sur les différents ouverts affines $\mathcal{A}'$ de $\mathcal{A}^S$ se recollent pour définir un sous-schéma fermé invariant $\mathcal{A}\hookrightarrow\mathcal{A}^S$ qui répond à la question posée. □

Si $n>r$ et $S\subseteq\{(i_0,\dots,i_n)\in S^{r,n}\mid i_\alpha\leq 1,\forall\alpha\}$ est un pavé entier, il y a plusieurs parties $I\subsetneq\{0,\dots,n\}$ de cardinal $r+1$ telles que, pour n'importe quel point $(P_0,\dots,P_n)$ de l'espace de configurations $\overline{C}_S^{r,n}$, la sous-famille $(P_\alpha)_{\alpha\in I}$ soit en position générale dans $\mathbb{P}^{r-1}$.

Ces parties induisent chacune un morphisme

$$\overline{\Omega}^S\to(\mathbb{P}^{r-1})^{\{0,\dots,n\}-I}$$

qui vérifie les propriétés de la proposition 3.9 mais en général ces morphismes ne peuvent être transformés les uns dans les autres par des automorphismes de $\mathbb{P}^{r-1}$.

3.3. Un lemme de Chow pour les espaces de configurations

On se place toujours dans le cadre des espaces de configurations $\overline{C}_S^{r,n}$ et de leurs compactifications $\overline{\Omega}^S$.

Comme conséquence de la proposition 3.9, nous allons prouver le résultat suivant qui complète la proposition 1.13 :

THÉORÈME 3.10. *Soient X un schéma réduit, de type fini et propre sur* $\operatorname{Spec}\mathbb{Z}$ *et $Z_1, \dots, Z_k$ une famille finie de sous-schémas fermés de X.*

Alors il existe un entier $n \geq 3$, un pavé entier S de $S^{3,n}$ ayant un espace de configurations $C_S^{3,n}$, un morphisme $\overline{\Omega}^S \to X$ de la compactification $\overline{\Omega}^S$ de $\overline{C}_S^{3,n}$ sur X et des sous-schémas fermés invariants $\mathcal{A}_1, \dots, \mathcal{A}_k$ de la variété torique $\mathcal{A}^S$ tels que :

- *le morphisme $\overline{\Omega}^S \to X$ induit un isomorphisme de $\overline{C}_S^{3,n} = C_S^{3,n}/\mathrm{PGL}_3$ sur un ouvert non vide de X,*
- *les sous-schémas fermés de $\overline{\Omega}^S$ images réciproques de $Z_1, \dots, Z_k$ coïncident avec les images réciproques de $\mathcal{A}_1/\mathcal{A}_\varnothing^S, \dots, \mathcal{A}_k/\mathcal{A}_\varnothing^S$ par le morphisme de structure*
$$\overline{\Omega}^S \to \mathcal{A}^S/\mathcal{A}_\varnothing^S.$$

DÉMONSTRATION. D'après le lemme de Chow, on peut supposer que X est projectif sur $\operatorname{Spec}\mathbb{Z}$ et il n'y a pas de restriction à supposer également que c'est un schéma intègre.

Choisissons un plongement
$$X \hookrightarrow \mathbb{P}^{m-1}$$
qui ne se factorise à travers aucun sous-espace non trivial de $\mathbb{P}^{m-1}$. Notant $X_1, \dots, X_m$ les coordonnées homogènes dans $\mathbb{P}^{m-1}$, considérons une famille finie $\{P\}$ de polynômes homogènes en les variables $X_1, \dots, X_m$ telle que chacun des sous-schémas fermés X et $Z_1, \dots, Z_k$ de $\mathbb{P}^{m-1}$ soit défini par une sous-famille de $\{P\}$.

Pour tout $P \in \{P\}$ et tout indice i, $1 \leq i \leq m$, notons P_i le polynôme en les variables $X_j^i = X_j/X_i$, $1 \leq j \leq m$, $j \neq i$, qui est obtenu en remplaçant les X_j, $1 \leq j \leq m$, par les X_j/X_i. Chaque P_i s'écrit
$$P_i = Q_i - R_i$$
où Q_i et R_i sont des polynômes à coefficients dans $\mathbb{N}$. Ceux-ci peuvent être construits en introduisant un nombre fini de variables supplémentaires $X_i^i = 1$ et X_j^i, $j > m$, et de relations de la forme
$$X_j^i = X_{j'}^i + X_{j''}^i,$$
ou
$$X_j^i = X_{j'}^i \cdot X_{j''}^i.$$

Maintenant, représentons tout cela en termes de configurations dans le plan projectif $\mathbb{P}^2$.

Commençons par choisir une origine 0, deux points « à l'infini » distincts ∞ et ∞_A et un troisième point, A, sur la droite $(0\infty_A)$.

Voyons les variables homogènes $X_1, \dots, X_m$ comme des points deux à deux distincts sur la droite $(0\infty) - \{0, \infty\}$. Pour tout i, $1 \leq i \leq m$, ces points représentent aussi les variables X_j^i, $1 \leq j \leq m$, si on décide de considérer X_i comme l'unité.

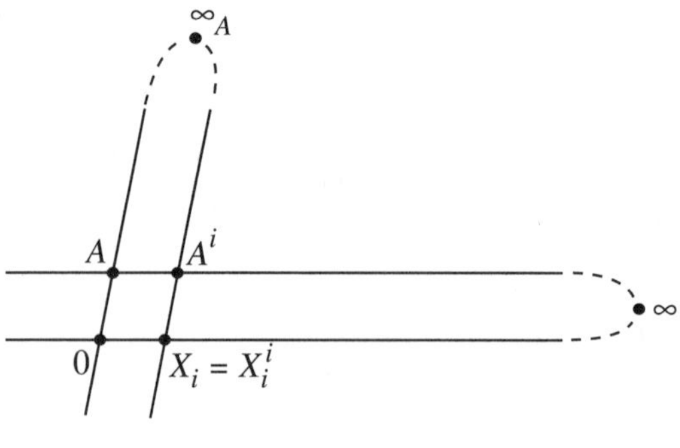

FIGURE 3.1.

Puis introduisons les autres variables X_j^i, $j > m$, sous la forme d'autres points sur la droite (0∞).

Pour $1 \leq i \leq m$, on introduit encore le point A^i défini par les relations d'alignement de la figure 3.1.

Et on représente toutes les relations choisies

$$X_j^i = X_{j'}^i + X_{j''}^i,$$

ou

$$X_j^i = X_{j'}^i \, X_{j''}^i$$

comme dans la démonstration de la proposition 1.13, mais en faisant jouer au point $X_i = X_i^i$ le rôle de l'unité sur la droite (0∞) des variables.

Quant à toutes les autres relations d'alignement ou de coïncidence de points, on demande qu'elles soient vérifiées ou pas suivant qu'elles le sont ou non au point générique de X.

Si $n+1$ désigne le nombre total de points de $\mathbb{P}^2$ qu'on a introduit, on a défini un espace de configurations $C_S^{3,n}$ associé à un certain pavé entier S de $S^{3,n}$.

En associant à toute configuration comme ci-dessus la famille des birapports

$$([0, X_i^i, X_j^i, \infty])_{j=1}^m,$$

on définit un morphisme

$$\overline{C}_S^{3,n} \to \mathbb{P}^{m-1}$$

qui ne dépend pas de i, $1 \leq i \leq m$. Il est clair que c'est un isomorphisme de $\overline{C}_S^{3,n}$ sur un ouvert non vide de $X \hookrightarrow \mathbb{P}^{m-1}$.

Il reste à prouver que cet isomorphisme se prolonge naturellement en un morphisme

$$\overline{\Omega}^S \to \mathbb{P}^{m-1}$$

et que pour tout polynôme homogène $P \in \{P\}$, le sous-schéma fermé de $\overline{\Omega}^S$ où P s'annule est de la forme

$$\overline{\Omega}^S \times_{\mathcal{A}^S/\mathcal{A}^S_\varnothing} \mathcal{A}/\mathcal{A}^S_\varnothing$$

pour un certain sous-schéma fermé invariant $\mathcal{A}$ de $\mathcal{A}^S$.

Notons $\overline{C}_{S'}^{2,m+1}$ l'espace de configurations des points 0, ∞ et X_i, $1 \leq i \leq m$, en position générale sur la droite projective (0∞) et $\overline{\Omega}^{S'}$ sa compactification.

D'après le corollaire 2.8, le morphisme

$$\overline{C}_S^{3,n} \to \overline{C}_{S'}^{2,m+1}$$

d'oubli des points autres que 0, ∞ et X_i, $1 \leq i \leq m$, se prolonge naturellement en un morphisme

$$\overline{\Omega}^S \to \overline{\Omega}^{S'}$$

au-dessus de $\mathcal{A}^S/\mathcal{A}^S_\varnothing \to \mathcal{A}^{S'}/\mathcal{A}^{S'}_\varnothing$.

Son composé avec le morphisme

$$\overline{\Omega}^{S'} \to \mathbb{P}^{m-1}$$

du corollaire 3.8 est un morphisme

$$\overline{\Omega}^S \to \mathbb{P}^{m-1}$$

qui prolonge l'immersion localement fermée

$$\overline{C}_S^{3,n} \hookrightarrow X \hookrightarrow \mathbb{P}^{m-1}.$$

Pour tout i, $1 \leq i \leq m$, considérons l'ouvert $\overline{\Omega}_i^S$ de $\overline{\Omega}^S$ constitué des points dont l'image dans $\mathbb{P}^{m-1}$ a sa coordonnée d'indice i non nulle.

Considérons aussi l'immersion localement fermée

$$\overline{C}_S^{3,n} \to (\mathbb{P}^2)^{n-3}$$

qui est définie en envoyant les points A^i, 0, ∞, ∞_A sur les points de coordonnées $(1,1,1)$, $(1,0,0)$, $(0,1,0)$, $(0,0,1)$ dans $\mathbb{P}^2$. Comme on a vu dans la discussion qui précède l'énoncé de la proposition 3.9, elle se prolonge naturellement en un morphisme

$$\pi^i \colon \overline{\Omega}^S \to (\mathbb{P}^2)^{n-3}.$$

Par ce morphisme, la composante $X_i = X_i^i$ est envoyée sur le point de $\mathbb{P}^2$ de coordonnées $(1,1,0)$. L'ouvert $\overline{\Omega}_i^S$ se définit donc en demandant que les images des composantes $X_j = X_j^i$ (qui sont nécessairement sur la droite passant par $(1,0,0)$ et $(0,1,0)$) soient distinctes du point $(0,1,0)$. D'après la proposition 3.9, il existe un ouvert invariant $\mathcal{A}^i \subset \mathcal{A}^S$ tel que $\overline{\Omega}_i^S$ soit l'image réciproque de $\mathcal{A}^i/\mathcal{A}^S_\varnothing$ par le morphisme de structure $\overline{\Omega}^S \to \mathcal{A}^S/\mathcal{A}^S_\varnothing$.

Si P est un polynôme homogène de la famille $\{P\}$, l'équation $P = 0$ sur $\overline{\Omega}^S$ est équivalente sur chaque ouvert $\overline{\Omega}_i^S$ à $P_i = 0$ ou encore $Q_i = R_i$. Or, d'après la proposition 3.9, toutes les relations d'alignement qu'on a posées pour définir l'espace de configurations $\overline{C}_S^{3,n}$ sont encore vérifiées par les composantes du morphisme $\pi^i \colon \overline{\Omega}^S \to (\mathbb{P}^2)^{n-3}$. Cela implique que sur l'ouvert $\overline{\Omega}_i^S$, l'équation $Q_i = R_i$ équivaut à la coïncidence de deux des composantes dans $\mathbb{P}^2$ du morphisme π^i. Toujours d'après la proposition 3.9, le fermé qu'elle définit est de la forme

$$\overline{\Omega}^S \times_{\mathcal{A}^S/\mathcal{A}^S_\varnothing} (\mathcal{A}^i \cap \mathcal{A})/\mathcal{A}^S_\varnothing$$

pour $\mathcal{A}^i \cap \mathcal{A}$ un sous-schéma fermé invariant de $\mathcal{A}^i$.

On peut supposer que $\mathcal{A}^i \cap \mathcal{A}$ est minimal parmi tous les sous-schémas fermés invariants de $\mathcal{A}^i$ vérifiant cette propriété.

Alors les différents $\mathcal{A}^i \cap \mathcal{A}$, $1 \le i \le m$, se recollent pour définir un sous-schéma fermé invariant $\mathcal{A}$ de $\mathcal{A}^S$ tel que l'équation $P = 0$ définisse dans $\overline{\Omega}^S$ le sous-schéma fermé image réciproque de $\mathcal{A}/\mathcal{A}^S_{\varnothing}$.

Cela termine la démonstration. □

La tour des raffinements successifs d'une configuration. On remarque qu'à partir du moment où on a un espace de configurations $\overline{C}^{3,n}_S$ et sa compactification $\overline{\Omega}^S$ vérifiant les conclusions du théorème 3.10 relativement à un schéma X, alors on en a une infinité qui s'ordonnent en un système projectif au-dessus de X.

Considérons en effet un entier $n \ge 3$ et un pavé entier $S \subset S^{3,n}$ qui a un espace de configurations $\overline{C}^{3,n}_S$ qui est un schéma quasi projectif intègre.

Ajoutons à la configuration que définit S un nombre fini $n' - n$ de points du plan projectif qui sont des intersections de paires de droites reliant des points déjà tracés. Puis imposant à l'ensemble constitué de ces nouveaux points et des anciens toutes les relations d'alignement ou de non-alignement qui sont vérifiées génériquement. Cela définit un type de configurations c'est-à-dire un pavé entier S' dans $S^{3,n'}$. L'oubli des nouveaux points définit un morphisme

$$\overline{C}^{3,n'}_{S'} \to \overline{C}^{3,n}_S$$

qui, par construction même, est une immersion ouverte. D'après la proposition 2.9, il définit aussi un morphisme entre compactifications projectives

$$\overline{\Omega}^{S'} \to \overline{\Omega}^S$$

qui prolonge le précédent et s'inscrit dans un carré commutatif :

$$\begin{array}{ccc} \overline{\Omega}^{S'} & \longrightarrow & \overline{\Omega}^S \\ \big\downarrow & & \big\downarrow \\ \mathcal{A}^{S'}/\mathcal{A}^{S'}_{\varnothing} & \longrightarrow & \mathcal{A}^S/\mathcal{A}^S_{\varnothing} \end{array}$$

Bien sûr, on peut reproduire à partir de S' le même type de raffinement qu'on a appliqué à S, et cela une infinité de fois si l'on veut...

Si $C^{3,n}_S$ et $\overline{\Omega}^S$ vérifient les conclusions du théorème 3.10 relativement à un schéma X, il en est de même de tous les nouveaux espaces de configurations qu'on peut construire par le procédé de raffinements successifs ci-dessus.

3.4. Conséquences de l'action du groupe $\mathrm{Aut}(E_0) \times \cdots \times \mathrm{Aut}(E_n)$

Pour $E = E_0 \oplus E_1 \oplus \cdots \oplus E_n$ un espace gradué et $r \ge 1$ un entier arbitraire, les cellules de Schubert minces $\mathrm{Gr}^{r,E}_S$ et les schémas $\Omega^{S,E}$, $\overline{\Omega}^{S,E}$ sont munis d'actions naturelles du groupe $\mathrm{Aut}(E_0) \times \cdots \times \mathrm{Aut}(E_n)$ qui respectent les morphismes de structure $\Omega^{S,E} \to \mathcal{A}^S$, $\overline{\Omega}^{S,E} \to \mathcal{A}^S/\mathcal{A}^S_{\varnothing}$.

Dans ce paragraphe, nous allons tirer quelques conséquences générales de l'existence de ces actions. Cela permettra en particulier de montrer que dans le cas de multiplicités $n + 1 \le 3$ les morphismes de structure $\Omega^{S,E} \to \mathcal{A}^S$ sont lisses. Cela ramènera aussi dans une large mesure l'étude des compactifications $\overline{\Omega}^{S,E}$ à celle des espaces de configurations $\overline{C}^{r,n}_{S'}$.

On commence par des résultats préliminaires.

Pour S un convexe entier de $S^{r,n}$ défini par le matroïde $(d_I^S)_{I\subseteq\{0,\dots,n\}}$, on note S_0 et S^0 ses faces inférieure et supérieure c'est-à-dire les convexes entiers des simplexes

$$\left\{(i_1,\dots,i_n)\in\mathbb{N}^n \,\middle|\, \sum_{\alpha=1}^n i_\alpha = r-d_{\{0\}}^S\right\} = S^{r-d_{\{0\}}^S,n-1}$$

et

$$\left\{(i_1,\dots,i_n)\in\mathbb{N}^n \,\middle|\, \sum_{\alpha=1}^n i_\alpha = d_{\{1,\dots,n\}}^S\right\} = S^{d_{\{1,\dots,n\}}^S,n-1}$$

qui sont définis par

$$(i_1,\dots,i_n)\in S_0 \iff (d_{\{0\}}^S,i_1,\dots,i_n)\in S,$$

et

$$(i_1,\dots,i_n)\in S^0 \iff (r-d_{\{1,\dots,n\}}^S,i_1,\dots,i_n)\in S.$$

On a :

LEMME 3.11. *Si S est un convexe entier défini par les familles $(d_I^S)_{I\subseteq\{0,\dots,n\}}$, les convexes entiers S_0 et S^0 sont définis par les familles*

$$d_I^{S_0} = d_{\{0\}\cup I}^S - d_{\{0\}}^S,\quad I\subseteq\{1,\dots,n\},$$

et

$$d_I^{S^0} = d_I^S,\quad I\subseteq\{1,\dots,n\}.$$

DÉMONSTRATION. C'est une conséquence immédiate du lemme 1.4. □

Si $F\hookrightarrow E=E_0\oplus\cdots\oplus E_n$ est un point de la cellule de Schubert mince $\mathrm{Gr}_S^{r,E}$, on note de même

$$F_0 = F/F\cap E_0 \hookrightarrow E_1\oplus\cdots\oplus E_n,$$
$$F^0 = F\cap E_{\{1,\dots,n\}} \hookrightarrow E_{\{1,\dots,n\}} = E_1\oplus\cdots\oplus E_n.$$

On remarque :

LEMME 3.12. *Pour tout convexe entier S de $S^{r,n}$, la donnée d'un point F de la cellule de Schubert mince $\mathrm{Gr}_S^{r,E}$ est équivalente à celle de*

- *un sous-espace $F_{\{0\}}$ de E_0 de dimension $d_{\{0\}}^S$,*
- *un point de $\mathrm{Gr}_{S_0}^{r-d_{\{0\}}^S,E_{\{1,\dots,n\}}}$ c'est-à-dire un sous-espace F_0 de $E_1\oplus\cdots\oplus E_n$ tel que, pour toute partie $I\subseteq\{1,\dots,n\}$, $F_0\cap E_I$ soit de dimension $d_{\{0\}\cup I}^S - d_{\{0\}}^S$,*
- *un homomorphisme*

$$u\colon F_0\to E_0/F_{\{0\}}$$

tel que, pour toute $I\subseteq\{1,\dots,n\}$, le noyau de la restriction

$$u_I\colon F_0\cap E_I\to E_0/F_{\{0\}}$$

de u à $F_0\cap E_I$ soit de dimension d_I^S.

DÉMONSTRATION. Dans cette équivalence, on a $F_{\{0\}}=F\cap E_0$, $F_0=F/F\cap E_0$ et $F\subseteq E_0\oplus F_0\subseteq E_0\oplus E_1\oplus\cdots\oplus E_n=E$ est l'image réciproque du graphe de u par la projection $E_0\oplus F_0\to E_0/F_{\{0\}}\oplus F_0$. □

Faisons maintenant agir le groupe $\mathrm{Aut}(E_0)$:

PROPOSITION 3.13. *Soient S un pavé entier de $S^{r,n}$ (c'est-à-dire un convexe entier de dimension maximale n) et F un point (à valeurs dans un corps) de la cellule de Schubert mince $\mathrm{Gr}_S^{r,E}$.*

Alors l'orbite de F sous l'action de $\mathrm{Aut}(E_0)$ dans $\mathrm{Gr}_S^{r,E} \hookrightarrow \mathrm{Gr}^{r,E}$ contient dans son adhérence un point F' de $\mathrm{Gr}^{r,E}$ dont le convexe entier associé S' est un pavé qui vérifie

$$d_{\{0\}}^{S'} + d_{\{1,\ldots,n\}}^{S'} = r-1.$$

DÉMONSTRATION. Représentons F sous la forme $(F_{\{0\}}, F_0, u\colon F_0 \to E_0/F_{\{0\}})$ du lemme 3.12.

Comme S est un pavé, on a $d_{\{0\}}^S + d_{\{1,\ldots,n\}}^S \leq r-1$. Supposons $d_{\{0\}}^S + d_{\{1,\ldots,n\}}^S \leq r-2$; cela signifie que l'homomorphisme u est de rang ≥ 2.

L'hypothèse que S est un pavé est équivalente à dire que pour toutes parties $I, J \neq \varnothing$ avec $I \amalg J = \{1,\ldots,n\}$ et $F_0 = (F_0 \cap E_I) \oplus (F_0 \cap E_J)$, on a

$$F_0 \supsetneqq (F^0 \cap E_I) \oplus (F_0 \cap E_J)$$

qui s'écrit encore

(P) $$u \neq 0 \quad \text{sur } F_0 \cap E_I.$$

Faisons agir sur u le sous-groupe de $\mathrm{Aut}(E_0)$ qui préserve le sous-espace $F_{\{0\}}$. L'adhérence de l'orbite de u est le sous-espace linéaire des homomorphismes $F_0 \to E_0/F_{\{0\}}$ dont le noyau contient celui de u. Il contient certainement un homomorphisme u' de rang 1 qui continue à vérifier la propriété (P).

Alors le sous-espace F' de $E = E_0 \oplus \cdots \oplus E_n$ qui correspond au triplet $(F_{\{0\}}, F_0, u'\colon F_0 \to E_0/F_{\{0\}})$ répond à la question posée. □

On déduit de cette proposition :

COROLLAIRE 3.14. *Soient S un convexe entier de $S^{r,n}$, $\underline{S}$ un pavage entier convexe de S et F un point (à valeurs dans un corps) du schéma associé $\mathrm{Gr}_{\underline{S}}^{r,E}$.*

On suppose que l'adhérence dans $\Omega^{S,E}$ de l'orbite de F sous la double action de $\mathrm{Aut}(E_0) \times \cdots \times \mathrm{Aut}(E_n)$ et de $\mathbb{G}_m^S/\mathbb{G}_m$ est contenue dans la strate $\Omega_{\underline{S}}^{S,E}$.

Alors tous les hyperplans d'équations $i_\alpha = d_\alpha$ $(0 \leq \alpha \leq n,\ d_{\{\alpha\}}^S \leq d_\alpha \leq r_\alpha = r - d_{\{0,\ldots,n\}-\{\alpha\}}^S)$ dans S sont des réunions de faces du pavage $\underline{S}$.

DÉMONSTRATION. D'après la proposition 2.7, on peut supposer que S est un pavé.

Il suffit de prouver que tout pavé S' du pavage $\underline{S}$ vérifie

$$d_{\{0\}}^{S'} + d_{\{1,\ldots,n\}}^{S'} = r-1.$$

Le point F de $\mathrm{Gr}_{\underline{S}}^{r,E}$ consiste en une famille de sous-espaces $F_{S'} \in \mathrm{Gr}_{S'}^{r,E}$ indexés par les pavés S' de $\underline{S}$.

Pour chaque S' et d'après la proposition 3.13, il existe un point $G_{S'}$ de $\mathrm{Gr}^{r,E}$ à valeurs dans un trait T (dont on note η le point générique) tel que

- la générisation $G_{S'}^{\eta}$ de $G_{S'}$ est dans l'orbite de $F_{S'}$ dans $\mathrm{Gr}_{S'}^{r,E}$ sous l'action de $\mathrm{Aut}(E_0)$,
- le convexe entier S'' associé à la spécialisation $G_{S'}^{s}$ de $G_{S'}$ est un pavé contenu dans S' qui vérifie

$$d_{\{0\}}^{S''} + d_{\{1,\ldots,n\}}^{S''} = r-1.$$

Comme le morphisme de restriction $\mathrm{Gr}_{\underline{S}}^{r,E} \to \mathrm{Gr}_{S'}^{r,E}$ est équivariant sous l'action de $\mathrm{Aut}(E_0) \times \cdots \times \mathrm{Aut}(E_n)$ et qu'il envoie F sur $F_{S'}$, le point $G_{S'}^{\eta}$ se relève en un point G^{η} de $\mathrm{Gr}_{\underline{S}}^{r,E}$ à valeurs dans η qui est dans l'orbite de F sous l'action de $\mathrm{Aut}(E_0)$. Le quotient $\overline{\Omega}^{S,E}$ de $\Omega^{S,E}$ par l'action libre de $\mathbb{G}_m^S/\mathbb{G}_m$ étant projectif, il existe un point λ de $\mathbb{G}_m^S/\mathbb{G}_m$ à valeurs dans η tel que le point $\lambda \cdot G^{\eta} \in \Omega^{S,E}(\eta)$ se prolonge en un point de $\Omega^{S,E}$ à valeurs dans le trait T. Le pavage de S associé à la spécialisation de ce point est un raffinement $\underline{S}'$ de $\underline{S}$ qui comprend S'' parmi ses pavés.

Or, d'après l'hypothèse du corollaire, on a nécessairement $\underline{S}' = \underline{S}$ et donc $S'' = S'$. D'où la conclusion. □

Si S est un convexe entier de $S^{r,n}$, on notera $\underline{S}_{\mathrm{c}}$ (« c » pour « coordonnées ») le pavage qui est défini en découpant S suivant tous les hyperplans de coordonnées $i_\alpha = d_\alpha$ $(0 \leq \alpha \leq n,\ d_{\{\alpha\}}^S < d_\alpha < r_\alpha = r - d_{\{0,\ldots,n\}-\{\alpha\}})$. C'est un pavage entier convexe de S. On notera $\mathcal{A}_{\mathrm{c}}^S$ l'orbite de la variété torique $\mathcal{A}^S$ qui correspond à ce pavage. L'adhérence schématique $\overline{\mathcal{A}}_{\mathrm{c}}^S = \mathcal{A}^{\underline{S}_{\mathrm{c}}}$ de $\mathcal{A}_{\mathrm{c}}^S$ dans $\mathcal{A}^S$ est la réunion des orbites associées aux pavages entiers convexes de S qui raffinent le pavage $\underline{S}_{\mathrm{c}}$ par les hyperplans de coordonnées ; ces pavages seront appelés pavages à tranches, ce sont ceux qui vérifient la conclusion du corollaire 3.14.

Pour tout espace vectoriel E' de rang fini, on note $\mathrm{Dr}^{E'}$ la variété des drapeaux de E'. Et si r', r'' sont des entiers vérifiant $0 \leq r' \leq r'' \leq \mathrm{rg}\, E'$, on note $\mathrm{Dr}^{[r',r''],E'}$ la variété « de drapeaux partiels" qui classifie les familles de sous-espaces de E' de rangs r', $r'+1, \ldots, r''$ emboîtés les uns dans les autres. On sait que toutes sont homogènes sous l'action de $\mathrm{Aut}(E')$ et on a des morphismes d'oubli équivariants $\mathrm{Dr}^{E'} \to \mathrm{Dr}^{[r',r''],E'}$.

Les strates $\overline{\Omega}_{\underline{S}}^{S,E}$ indexées par les pavages à tranches $\underline{S}$ sont naturellement fibrées au-dessus de telles variétés de drapeaux :

PROPOSITION 3.15. *Soit S un convexe entier de $S^{r,n}$, avec $r_\alpha = r - d_{\{0,\ldots,n\}-\{\alpha\}}^S$, $0 \leq \alpha \leq n$. Alors :*

(i) *Le sous-schéma fermé de $\overline{\Omega}^{S,E}$*

$$\overline{\Omega}^{\underline{S}_{\mathrm{c}},E} = \overline{\Omega}^{S,E} \times_{\mathcal{A}^S/\mathcal{A}_\varnothing^S} \mathcal{A}^{\underline{S}_{\mathrm{c}}}/\mathcal{A}_\varnothing^S$$

est naturellement muni d'un morphisme

$$\overline{\Omega}^{\underline{S}_{\mathrm{c}},E} \to \prod_{\alpha=0}^{n} \mathrm{Dr}^{[d_{\{\alpha\}}^S, r_\alpha],E_\alpha}$$

équivariant sous l'action de $\mathrm{Aut}(E_0) \times \cdots \times \mathrm{Aut}(E_n)$.

(ii) *Si $\underline{S}$ est un pavage à tranches de S, les fibres du morphisme équivariant*

$$\overline{\Omega}_{\underline{S}}^{S,E} \to \prod_{\alpha=0}^{n} \mathrm{Dr}^{[d_{\{\alpha\}}^S, r_\alpha],E_\alpha}$$

sont isomorphes à un sous-schéma fermé du tore

$$\mathbb{G}_m^S/(\mathbb{G}_m^S)_{\underline{S}}$$

(où on rappelle que $(\mathbb{G}_m^S)_{\underline{S}}$ désigne le sous-tore de $\mathbb{G}_m^S$ stabilisateur du point distingué $\alpha_{\underline{S}}$ de $\mathcal{A}_{\underline{S}}^S$).

(iii) *Si $\underline{S}$ est un pavage entier convexe de S tel que la strate $\overline{\Omega}_{\underline{S}}^{S,E}$ soit fermée dans $\overline{\Omega}^{S,E}$, $\underline{S}$ est un pavage à tranches et $\overline{\Omega}_{\underline{S}}^{S,E}$ est un revêtement fini, plat et équivariant de*

$$\prod_{\alpha=0}^{n} \mathrm{Dr}^{[d^S_{\{\alpha\}}, r_\alpha], E_\alpha}.$$

DÉMONSTRATION. (i) Pour tout élément $\underline{j} = (j_0, \ldots, j_n)$ de S, le point $\{\underline{j}\}$ est une facette du pavage $\underline{S}_{\mathrm{c}}$. D'après la proposition 2.10, la flèche

$$\mathbb{G}_m \Big\backslash \prod_{\underline{i} \in S} (\Lambda^{\underline{i}} E_\bullet - \{0\}) \to \mathbb{G}_m \backslash (\Lambda^{\underline{j}} E_\bullet - \{0\})$$
$$(x_{\underline{i}})_{\underline{i} \in S} \mapsto x_{\underline{j}}$$

définit un morphisme équivariant

$$\overline{\Omega}^{\underline{S}_{\mathrm{c}}, E} \to \overline{\Omega}^{\{\underline{j}\}, E}.$$

Mais d'après la proposition 2.7, on a un isomorphisme canonique

$$\overline{\Omega}^{\{\underline{j}\}, E} \xrightarrow{\sim} \overline{\Omega}^{\{j_0\}, E_0} \times \cdots \times \overline{\Omega}^{\{j_n\}, E_n} = \mathrm{Gr}^{j_0, E_0} \times \cdots \times \mathrm{Gr}^{j_n, E_n}.$$

Pour tout α, $0 \le \alpha \le n$, et tout entier $d_\alpha \in [d^S_{\{\alpha\}}, r_\alpha]$, on a donc une famille de morphismes équivariants

$$\overline{\Omega}^{\underline{S}_{\mathrm{c}}, E} \to \mathrm{Gr}^{d_\alpha, E_\alpha}$$

indexés par les éléments $\underline{j} = (j_0, \ldots, j_n) \in S$ tels que $j_\alpha = d_\alpha$.

On doit prouver les deux assertions suivantes :

(1) Ces morphismes ne dépendent pas de $\underline{j}$.

(2) Pour tout α, $0 \le \alpha \le n$, le morphisme induit

$$\overline{\Omega}^{\underline{S}_{\mathrm{c}}, E} \to \prod_{d^S_{\{\alpha\}} \le d_\alpha \le r_\alpha} \mathrm{Gr}^{d_\alpha, E_\alpha}$$

se factorise à travers le sous-schéma fermé $\mathrm{Dr}^{[d^S_{\{\alpha\}}, r_\alpha], E_\alpha}$.

Pour (1), considérons n'importe quelle facette S' du pavage $\underline{S}_{\mathrm{c}}$ qui est contenue dans l'hyperplan d'équation $i_\alpha = d_\alpha$. D'après le lemme 1.7, elle est de la forme $S' = \{d_\alpha\} \times S''$ où S'' est un convexe entier de

$$\left\{ (i_\beta)_{\substack{\beta=0 \\ \beta \ne \alpha}}^{n} \in \mathbb{N}^n \;\middle|\; \sum_{\substack{\beta=0 \\ \beta \ne \alpha}}^{n} i_\beta = r - d_\alpha \right\} = S^{r-d_\alpha, n-1}.$$

D'après les propositions 2.10 et 2.7, on a un morphisme

$$\overline{\Omega}^{\underline{S}_{\mathrm{c}}, E} \to \overline{\Omega}^{S', E} = \overline{\Omega}^{\{d_\alpha\}, E_\alpha} \times \overline{\Omega}^{S'', E/E_\alpha} = \mathrm{Gr}^{d_\alpha, E_\alpha} \times \overline{\Omega}^{S'', E/E_\alpha}$$

à travers lequel se factorisent tous les morphismes $\overline{\Omega}^{\underline{S}_{\mathrm{c}}, E} \to \mathrm{Gr}^{d_\alpha, E_\alpha}$ indexés par les points $\underline{j} \in S'$, et ceux-ci sont donc égaux.

Pour (2), considérons un entier d_α vérifiant $d^S_{\{\alpha\}} \le d_\alpha < r_\alpha$. On peut certainement relier les deux hyperplans d'équations $i_\alpha = d_\alpha$ et $i_\alpha = d_\alpha + 1$ par une facette

S' de $\underline{S}_c$ de dimension 1. D'après le lemme 1.7, il existe un indice $\alpha' \neq \alpha$ tel que cette facette soit de la forme

$$S' = S'' \times \prod_{\substack{\beta=0 \\ \beta \neq \alpha, \alpha'}}^{n} \{j_\beta\}$$

avec

$$S'' = \{(d_\alpha, j_{\alpha'}), (d_\alpha + 1, j_{\alpha'} - 1)\}.$$

Toujours d'après les propositions 2.10 et 2.7, on a un morphisme

$$\overline{\Omega}^{\underline{S}_c, E} \to \overline{\Omega}^{S'', E_\alpha \oplus E_{\alpha'}}$$

à travers lequel se factorisent les deux morphismes $\overline{\Omega}^{\underline{S}_c, E} \to \mathrm{Gr}^{d_\alpha, E_\alpha}$, $\overline{\Omega}^{\underline{S}_c, E} \to \mathrm{Gr}^{d_\alpha + 1, E_\alpha}$. Mais comme S'' est un segment de longueur 1 et n'admet pas de pavage non trivial, on a

$$\begin{aligned} \overline{\Omega}^{S'', E_\alpha \oplus E_{\alpha'}} &= \overline{\Omega}_{\varnothing}^{S'', E_\alpha \oplus E_{\alpha'}} = \overline{\mathrm{Gr}}_{S''}^{d_\alpha + j_{\alpha'}, E_\alpha \oplus E_{\alpha'}} \\ &= \mathrm{Dr}^{[d_\alpha, d_\alpha + 1], E_\alpha} \times \mathrm{Dr}^{[j_{\alpha'}, j_{\alpha'} - 1], E_{\alpha'}}. \end{aligned}$$

Le résultat s'en déduit aussitôt.

(ii) Comme $\mathrm{Aut}(E_0) \times \cdots \times \mathrm{Aut}(E_n)$ agit transitivement sur la base

$$\prod_{\alpha=0}^{n} \mathrm{Dr}^{[d^S_{\{\alpha\}}, r_\alpha], E_\alpha},$$

toutes les fibres de $\overline{\Omega}_{\underline{S}}^{S,E}$ sur celle-ci sont isomorphes entre elles. On a un diagramme commutatif naturel

$$\begin{array}{ccc} \overline{\Omega}_{\underline{S}}^{S,E} = \mathrm{Gr}_{\underline{S}}^{r,E} / ((\mathbb{G}_m^S)_{\underline{S}} / \mathbb{G}_m) & \hookrightarrow & (\mathbb{G}_m^S)_{\underline{S}} \backslash \prod_{\underline{i} \in S} (\Lambda^{\underline{i}} E_\bullet - \{0\}) \\ \downarrow & & \downarrow \\ \prod_{\alpha=0}^{n} \mathrm{Dr}^{[d^S_{\{\alpha\}}, r_\alpha], E_\alpha} & \hookrightarrow & \prod_{\underline{i} \in S} \mathbb{P}(\Lambda^{\underline{i}} E_\bullet) \end{array}$$

où les deux flèches horizontales sont des immersions fermées. On conclut en remarquant que la deuxième flèche verticale est un torseur sous le tore $\mathbb{G}_m^S / (\mathbb{G}_m^S)_{\underline{S}}$.

(iii) Le pavage $\underline{S}$ est à tranches d'après le corollaire 3.14. D'après (ii), les fibres du morphisme

$$\overline{\Omega}_{\underline{S}}^{S,E} \to \prod_{\alpha=0}^{n} \mathrm{Dr}^{[d^S_{\{\alpha\}}, r_\alpha], E_\alpha}$$

sont isomorphes à un sous-schéma fermé de $\mathbb{G}_m^S / (\mathbb{G}_m^S)_{\underline{S}}$. Si la strate $\overline{\Omega}_{\underline{S}}^{S,E}$ est fermée dans $\overline{\Omega}^{S,E}$, ce sous-schéma est projectif donc fini puisque le tore $\mathbb{G}_m^S / (\mathbb{G}_m^S)_{\underline{S}}$ est un schéma affine. □

Le corollaire 3.14 fait que beaucoup de propriétés des schémas $\Omega^{S,E}$ se lisent sur celles de leurs strates qui sont associées à des pavages à tranches :

PROPOSITION 3.16. *Soit S un convexe entier de $S^{r,n}$. Alors :*

(i) *Pour que le morphisme de structure*

$$\Omega^{S,E} \to \mathcal{A}^S$$

soit lisse, il suffit que pour tout pavage à tranches $\underline{S}$ *de* S*, le schéma* $\mathrm{Gr}_{\underline{S}}^{r,E}$ *soit contenu dans l'adhérence schématique de la strate ouverte* $\Omega_{\varnothing}^{S,E}$ *de* $\Omega^{S,E}$ *et soit lisse de même dimension que* $\mathrm{Gr}_S^{r,E}$.

(ii) *On suppose que* $\Omega^{S,E} \to \mathcal{A}^S$ *est lisse et que* S' *est une face de* S *telle que* $\Omega^{S',E} \to \mathcal{A}^{S'}$ *est lisse.*

Pour que le morphisme de restriction à la face S'

$$\Omega^{S,E} \to \Omega^{S',E} \times_{\mathcal{A}^{S'}} \mathcal{A}^S$$

soit lisse, il suffit que pour tout pavage à tranches $\underline{S}$ *de* S *induisant un pavage* $\underline{S}'$ *(nécessairement à tranches) de* S'*, le morphisme*

$$\mathrm{Gr}_{\underline{S}}^{r,E} \to \mathrm{Gr}_{\underline{S}'}^{r,E}$$

soit lisse.

(iii) *Soient* $\underline{S}$ *un pavage entier convexe de* S *et* S' *une facette de* $\underline{S}$ *tels que les morphismes de structure* $\Omega^{\underline{S},E} \to \mathcal{A}^{\underline{S}}$ *et* $\Omega^{S',E} \to \mathcal{A}^{S'}$ *soient lisses.*

Pour que le morphisme de restriction à la facette S'

$$\Omega^{\underline{S},E} \to \Omega^{S',E} \times_{\mathcal{A}^{S'}} \mathcal{A}^{\underline{S}}$$

soit lisse, il suffit que pour tout pavage à tranches $\underline{U}$ *de* S *qui raffine* $\underline{S}$ *et induit un pavage* $\underline{U}'$ *de* S'*, le morphisme*

$$\mathrm{Gr}_{\underline{U}}^{r,E} \to \mathrm{Gr}_{\underline{U}'}^{r,E}$$

soit lisse.

DÉMONSTRATION. (i) Par hypothèse, le schéma $\mathrm{Gr}_S^{r,E}$ est équidimensionnel d'une certaine dimension d. Si $\Omega'^{S,E}$ désigne l'adhérence schématique de la strate ouverte $\Omega_{\varnothing}^{S,E}$ dans $\Omega^{S,E}$, toutes ses fibres au-dessus de $\mathcal{A}^S$ sont donc de dimension $\geq d$ en tout point. D'autre part, d'après le corollaire 3.14 et l'hypothèse, tous les $\mathrm{Gr}_{\underline{S}}^{r,E}$ sont de dimension $\leq d$. Donc $\Omega'^{S,E} \to \mathcal{A}^S$ est équidimensionnel et même universellement ouvert puisque $\mathcal{A}^S$ est normal.

Soit $\mathcal{A}_0^S$ le sous-schéma fermé réduit invariant de $\mathcal{A}^S$ réunion des orbites $\mathcal{A}_{\underline{S}}^S$ associées à des pavages $\underline{S}$ qui n'ont pas de raffinement non trivial (et en particulier sont à tranches). Puis, pour $k \geq 1$, soit $\mathcal{A}_k^S$ le sous-schéma fermé réduit invariant de $\mathcal{A}^S$ réunion des orbites $\mathcal{A}_{\underline{S}}^S$ associées à des pavages $\underline{S}$ dont tout raffinement non trivial correspond à une orbite de $\mathcal{A}_{k-1}^S$.

Nous voulons montrer par récurrence sur $k \geq 0$ que $\Omega^{S,E} \times_{\mathcal{A}^S} \mathcal{A}_k^S$ est lisse de dimension d sur $\mathcal{A}_k^S$ et contenu dans $\Omega'^{S,E}$. On le sait déjà pour $k = 0$ d'après les hypothèses.

Si $k \geq 1$, supposons le résultat déjà connu pour $k-1$. Ainsi le schéma $\Omega^{S,E} \times_{\mathcal{A}^S} \mathcal{A}_k^S$ et son sous-schéma fermé $\Omega'^{S,E} \times_{\mathcal{A}^S} \mathcal{A}_k^S$ coïncident-ils au-dessus de $\mathcal{A}_{k-1}^S$. Comme $\Omega'^{S,E} \to \mathcal{A}^S$ est universellement ouvert et que $\mathcal{A}_k^S - \mathcal{A}_{k-1}^S$ est une réunion finie d'orbites ouvertes dans $\mathcal{A}_k^S$, on obtient que $\Omega^{S,E} \times_{\mathcal{A}^S} \mathcal{A}_k^S \to \mathcal{A}_k^S$ est universellement ouvert puis que son ouvert de lissité contient $\Omega^{S,E} \times_{\mathcal{A}^S} \mathcal{A}_{k-1}^S$. Cet ouvert de lissité est stable par la double action de $\mathrm{Aut}(E_0) \times \cdots \times \mathrm{Aut}(E_n)$ et de $\mathbb{G}_m^S/\mathbb{G}_m$ si bien que, d'après le corollaire 3.14, il contient les strates $\Omega_{\underline{S}}^{S,E}$ associées aux orbites $\mathcal{A}_{\underline{S}}^S \subseteq \mathcal{A}_k^S - \mathcal{A}_{k-1}^S$ telles que le pavage $\underline{S}$ ne soit pas à tranches. Et d'après l'hypothèse il contient aussi les strates au-dessus de $\mathcal{A}_k^S - \mathcal{A}_{k-1}^S$ qui sont associées à des pavages à tranches.

Ainsi, $\Omega^{S,E} \times_{\mathcal{A}^S} \mathcal{A}_k^S \to \mathcal{A}_k^S$ est lisse et il en est de même de $\Omega'^{S,E} \times_{\mathcal{A}^S} \mathcal{A}_k^S \to \mathcal{A}_k^S$. Cela implique que $\Omega'^{S,E} \times_{\mathcal{A}^S} \mathcal{A}_k^S$ est un sous-schéma à la fois ouvert et fermé de $\Omega^{S,E} \times_{\mathcal{A}^S} \mathcal{A}_k^S$. La différence est un sous-schéma fermé de $\Omega^{S,E}$ qui s'envoie dans $\mathcal{A}_k^S - \mathcal{A}_{k-1}^S$. D'après le corollaire 3.14, les pavages associés à ses points sont nécessairement à tranches si bien que l'hypothèse implique que cette différence est vide c'est-à-dire que $\Omega^{S,E} \times_{\mathcal{A}^S} \mathcal{A}_k^S$ est contenu dans $\Omega'^{S,E}$.

(ii) Par hypothèse, les deux schémas $\Omega^{\underline{S},E}$ et $\Omega^{S',E} \times_{\mathcal{A}^{S'}} \mathcal{A}^{\underline{S}}$ sont lisses sur la variété torique normale $\mathcal{A}^{\underline{S}}$. Le lieu de lissité du morphisme

$$\Omega^{\underline{S},E} \to \Omega^{S',E} \times_{\mathcal{A}^{S'}} \mathcal{A}^{\underline{S}}$$

est un ouvert de $\Omega^{\underline{S},E}$ qui est stable par la double action de $\mathrm{Aut}(E_0) \times \cdots \times \mathrm{Aut}(E_n)$ et de $(\mathbb{G}_m^S)_{\underline{S}}/\mathbb{G}_m$. D'après l'hypothèse, il contient les fibres $\mathrm{Gr}_{\underline{U}}^{r,E}$ associées à tous les raffinements $\underline{U}$ de $\underline{S}$ qui sont à tranches. Le corollaire 3.14 implique qu'il est égal à $\Omega^{\underline{S},E}$ tout entier.

(iii) se prouve comme (ii). □

3.5. Lissité pour les multiplicités $n+1 \leq 3$

On considère toujours dans ce paragraphe un espace gradué $E = E_0 \oplus \cdots \oplus E_n$. Nous allons prouver que lorsqu'on a $n \leq 2$, tous les morphismes de structure $\Omega^{S,E} \to \mathcal{A}^S$ sont lisses.

On commence par les faits suivants qui sont propres aux multiplicités $n+1 \leq 3$:

LEMME 3.17. *Considérons un rang r arbitraire, un entier $n \leq 2$ et un convexe entier S dans $S^{r,n} = \{(i_0, \ldots, i_n) \in \mathbb{N}^{n+1} \mid i_0 + \cdots + i_n = r\}$. Alors :*

(i) *Le convexe S est défini par des inéquations de la forme*

$$d_\alpha \leq i_\alpha \leq r_\alpha, \quad 0 \leq \alpha \leq n.$$

Le sous-espace affine de $\mathbb{R}^{r,n}$ qu'il engendre est l'intersection des hyperplans de coordonnées qui le contiennent.

(ii) *Le pavage $\underline{S}_c$ de S par les hyperplans de coordonnées raffine tous les autres pavages entiers convexes. En particulier, il est le seul pavage à tranches.*

Le sous-tore $(\mathbb{G}_m^S)_{\underline{S}_c}$ de $\mathbb{G}_m^S$ stabilisateur du point distingué $\alpha_{\underline{S}_c}$ de l'orbite fermée $\mathcal{A}_{\underline{S}_c}^S \hookrightarrow \mathcal{A}^S$ est égal à $\mathbb{G}_m^S$ tout entier.

DÉMONSTRATION. (i) Cela résulte de ce que dans $\{0,1\}$ et $\{0,1,2\}$, toute partie non triviale est de cardinal 1 ou a un complémentaire de cardinal 1.

(ii) La première assertion est conséquence immédiate de (i). Les cellules du pavage $\underline{S}_c$ sont des simplexes : des segments de longueur minimale 1 si S est de dimension 1 et des triangles équilatéraux de côté minimal 1 si S est de dimension 2. Comme $(\mathbb{G}_m^S)_{\underline{S}_c}$ est le sous-tore des fonctions $S \to \mathbb{G}_m$ dont la restriction à chaque cellule de $\underline{S}_c$ est affine, il est égal à $\mathbb{G}_m^S$ tout entier. □

On illustre (i) dans le cas $n = 2$ en disant que dans le triangle équilatéral $S^{r,2}$ les convexes entiers sont les hexagones (éventuellement dégénérés) dont les côtés sont parallèles à ceux du triangle (figure 3.2).

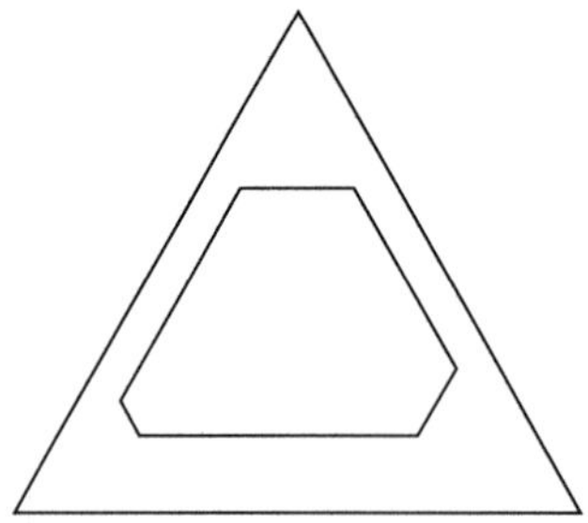

FIGURE 3.2.

Il résulte de (ii) que pour $n \leq 2$ les variétés toriques $\mathcal{A}^S$ sont toujours affines. Elles sont lisses si $n = 1$ (ou $n = 0$) mais elles ne le sont pas en général si $n = 2$.

Puis passons aux cellules de Schubert minces et à leurs recollements :

LEMME 3.18. *Pour $n \leq 2$ et r un rang arbitraire, soient S un convexe entier de $S^{r,n}$ et $\underline{S}_c$ son pavage par les hyperplans de coordonnées. Si $E = E_0 \oplus \cdots \oplus E_n$ est un espace gradué tel que $r - d^S_{\{0,\ldots,n\}-\{\alpha\}} = r_\alpha \leq \operatorname{rg} E_\alpha$, $0 \leq \alpha \leq n$, on a :*

(i) *Le morphisme équivariant canonique*

$$\overline{\mathrm{Gr}}^{r,E}_{\underline{S}_c} = \overline{\Omega}^{S,E}_{\underline{S}_c} \to \prod_{\alpha=0}^{n} \mathrm{Dr}^{[d^S_{\{\alpha\}},r_\alpha],E_\alpha}$$

est un isomorphisme.

(ii) *Les schémas $\mathrm{Gr}^{r,E}_S$ et $\mathrm{Gr}^{r,E}_{\underline{S}_c}$ sont non vides, géométriquement connexes et lisses de la même dimension.*

(iii) *La fibre $\mathrm{Gr}^{r,E}_{\underline{S}_c}$ est contenue dans l'adhérence schématique de la strate ouverte $\Omega^{S,E}_{\varnothing}$ de $\Omega^{S,E}$.*

DÉMONSTRATION. (i) D'après la proposition 3.15(ii), les fibres de ce morphisme sont isomorphes à un sous-schéma fermé de $\mathbb{G}^S_m/(\mathbb{G}^S_m)_{\underline{S}_c}$. On conclut d'après le lemme 3.17(ii).

(ii) Il suffit de traiter le cas où $n = 2$.

Notons $d_\alpha = d^S_{\{\alpha\}}$ et $r_\alpha = r - d^S_{\{0,1,2\}-\{\alpha\}}$ les minima et maxima des coordonnées i_α, $0 \leq \alpha \leq 2$, des points de S, avec donc $S = \{(i_0, i_1, i_2) \in \mathbb{N}^3 \mid i_0 + i_1 + i_2 = r$ et $d_\alpha \leq i_\alpha \leq r_\alpha, \forall\, \alpha\}$. Et notons $e_\alpha = \operatorname{rg} E_\alpha$, $0 \leq \alpha \leq n$.

Pour construire les points F de $\mathrm{Gr}^{r,E}_S$, il faut d'abord construire les intersections $F^\alpha = F \cap E_\alpha$ et les projections F_α de F sur les E_α, $0 \leq \alpha \leq 2$. Ce sont des sous-espaces de dimensions respectives d_α et r_α et qui vérifient $F^\alpha \subseteq F_\alpha$. Cette construction est représentable par un schéma projectif, lisse et géométriquement connexe, de dimension

$$\sum_{\alpha=0}^{2} [r_\alpha(e_\alpha - r_\alpha) + d_\alpha(r_\alpha - d_\alpha)] = \sum_{\alpha=0}^{2} [r_\alpha e_\alpha + d_\alpha r_\alpha - r_\alpha^2 - d_\alpha^2].$$

Choisir F revient alors à choisir dans $F_0/F^0 \oplus F_1/F^1 \oplus F_2/F^2$ un sous-espace de dimension $r - (d_0 + d_1 + d_2)$ dont l'intersection avec chacun des facteurs soit triviale et dont la projection sur chacun des facteurs soit surjective. Cette construction est représentable par un morphisme quasi projectif, lisse et à fibres géométriquement connexes de dimension

$$[r-(d_0+d_1+d_2)][r_0+r_1+r_2-r] = -r^2 + r\sum_\alpha (d_\alpha + r_\alpha) - \sum_{\alpha,\beta} d_\alpha r_\beta.$$

Ainsi la cellule de Schubert mince $\mathrm{Gr}_S^{r,E}$ est-elle géométriquement connexe et lisse de dimension

$$-r^2 + \sum_\alpha e_\alpha r_\alpha + r\sum_\alpha (d_\alpha + r_\alpha) - \sum_{\alpha\neq\beta} d_\alpha r_\beta - \sum_\alpha (d_\alpha^2 + r_\alpha^2).$$

D'autre part, le quotient $\overline{\mathrm{Gr}}_{\underline{S}_c}^{r,E}$ de $\mathrm{Gr}_{\underline{S}_c}^{r,E}$ par l'action libre de $(\mathbb{G}_m^S)_{\underline{S}_c}/\mathbb{G}_m = \mathbb{G}_m^S/\mathbb{G}_m$ est isomorphe à

$$\prod_{\alpha=0}^{2} \mathrm{Dr}^{[d_\alpha, r_\alpha], E_\alpha}$$

si bien que $\mathrm{Gr}_{\underline{S}_c}^{r,E}$ est lisse géométriquement connexe. La dimension du produit $\prod_{\alpha=0}^2 \mathrm{Dr}^{[d_\alpha, r_\alpha], E_\alpha}$ est

$$\begin{aligned}\sum_{\alpha=0}^{2} [r_\alpha(e_\alpha - r_\alpha) &+ (r_\alpha - 1) + (r_\alpha - 2) + \cdots + d_\alpha] \\ &= \sum_{\alpha=0}^{2}\left[r_\alpha(e_\alpha - r_\alpha) + \frac{r_\alpha(r_\alpha-1)}{2} - \frac{d_\alpha(d_\alpha-1)}{2}\right] \\ &= \sum_{\alpha=0}^{2}\left[r_\alpha e_\alpha - \frac{r_\alpha^2}{2} - \frac{d_\alpha^2}{2} - \frac{1}{2}r_\alpha + \frac{d_\alpha}{2}\right].\end{aligned}$$

Pour calculer le cardinal de S, on écrit S comme la différence entre un grand triangle équilatéral de côté $r-(d_0+d_1+d_2)$ et trois petits triangles de côtés respectifs $r-(d_0+d_1+d_2)-(r_\alpha - d_\alpha) - 1$, $0 \leq \alpha \leq 2$ (figure 3.3). On obtient

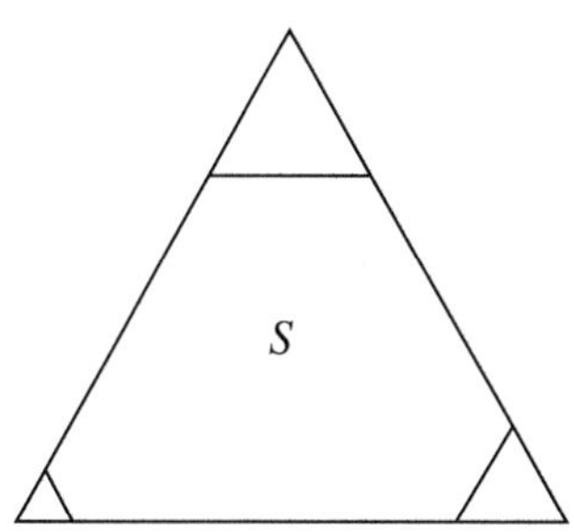

FIGURE 3.3.

$$\begin{aligned}\#S = &\frac{(r-(d_0+d_1+d_2)+2)(r-(d_0+d_1+d_2)+1)}{2} \\ &- \sum_{\alpha=0}^{2} \frac{\left(r-(r_\alpha + \sum_{\beta\neq\alpha} d_\beta)+1\right)\left(r-(r_\alpha+\sum_{\beta\neq\alpha} d_\beta)\right)}{2}\end{aligned}$$

$$= -r^2 + r(d_0 + d_1 + d_2) + r(r_0 + r_1 + r_2) - \sum_{\alpha \neq \beta} d_\alpha r_\beta$$
$$- \frac{1}{2}\sum_\alpha r_\alpha^2 - \frac{1}{2}\sum_\alpha d_\alpha^2 + \frac{1}{2}(r_0 + r_1 + r_2) - \frac{1}{2}(d_0 + d_1 + d_2) + 1.$$

La dimension de $\mathrm{Gr}^{r,E}_{\underline{S}_c}$ est égale à la somme de la dimension de $\prod_{\alpha=0}^2 \mathrm{Dr}^{[d_\alpha, r_\alpha], E_\alpha}$ et de $(\#S - 1)$. Elle vaut

$$-r^2 + \sum_\alpha e_\alpha r_\alpha + r \sum_\alpha (d_\alpha + r_\alpha) - \sum_{\alpha \neq \beta} d_\alpha r_\beta - \sum_\alpha (d_\alpha^2 + r_\alpha^2)$$

qui est aussi la dimension de $\mathrm{Gr}^{r,E}_S$ calculée précédemment.

(iii) D'après le corollaire 3.14, l'adhérence schématique de $\Omega^{S,E}_\varnothing$ dans $\Omega^{S,E}$ doit rencontrer au moins une fibre $\mathrm{Gr}^{r,E}_{\underline{S}}$ associée à un pavage à tranches $\underline{S}$ de S. Mais d'après le lemme 3.17(ii), $\underline{S}_c$ est l'unique pavage à tranches de S donc cette adhérence rencontre $\mathrm{Gr}^{r,E}_{\underline{S}_c}$. Elle le contient car $\mathrm{Gr}^{r,E}_{\underline{S}_c}$ est géométriquement connexe et lisse de même dimension que $\mathrm{Gr}^{r,E}_S$ (ou bien parce qu'il est homogène). □

Les deux lemmes précédents 3.17 et 3.18 permettent d'appliquer telle quelle la proposition 3.16 et on obtient :

THÉORÈME 3.19. *Soient n un entier ≤ 2, r un rang arbitraire et S un convexe entier de $S^{r,n}$ tel que $r - d^S_{\{0,\ldots,n\}-\{\alpha\}} = r_\alpha \leq \mathrm{rg}\, E_\alpha$, $0 \leq \alpha \leq n$. Alors :*

(i) *Le morphisme de structure*

$$\Omega^{S,E} \to \mathcal{A}^S$$

est lisse surjectif et ses fibres sont géométriquement connexes.

La compactification $\overline{\Omega}^{S,E}$ de $\overline{\mathrm{Gr}}^{r,E}_S$ est lisse sur son champ torique de base $\mathcal{A}^S/\mathcal{A}^S_\varnothing$.

(ii) *Pour toute face S' de S, le morphisme de restriction à S'*

$$\Omega^{S,E} \to \Omega^{S',E} \times_{\mathcal{A}^{S'}} \mathcal{A}^S$$

est lisse surjectif et ses fibres sont géométriquement connexes.

(iii) *Pour tout pavage entier convexe $\underline{S}$ de S, le schéma $\mathrm{Gr}^{r,E}_{\underline{S}}$ est non vide, géométriquement connexe et lisse d'une dimension qui ne dépend que de S.*

Si S' est une facette de $\underline{S}$, le morphisme de restriction à S'

$$\Omega^{\underline{S},E} \to \Omega^{S',E} \times_{\mathcal{A}^{S'}} \mathcal{A}^{\underline{S}}$$

est lisse surjectif et ses fibres sont géométriquement connexes.

DÉMONSTRATION. (i) Il suffit de dire que $\Omega^{S,E} \to \mathcal{A}^S$ est surjectif car il est lisse et son image contient l'unique orbite fermée. Ses fibres sont géométriquement connexes car elles le sont au-dessus de l'orbite associée à l'unique pavage à tranches.

De même pour (ii) et (iii). □

Quand on prend $E = (\mathbb{A}^r)^{n+1}$ et $S = S^{r,n}$, on obtient en particulier pour les schémas $\Omega^{r,1}$ et $\Omega^{r,2}$ (dont on rappelle que les fibres au-dessus des points unités de $\mathcal{A}^{r,1}$ et $\mathcal{A}^{r,2}$ s'identifient à $\mathrm{GL}_r^2/\mathrm{GL}_r$ et $\mathrm{GL}_r^3/\mathrm{GL}_r$) :

COROLLAIRE 3.20. (i) *Les morphismes $\Omega^{r,1} \to \mathcal{A}^{r,1}$ et $\Omega^{r,2} \to \mathcal{A}^{r,2}$ sont lisses surjectifs de dimensions respectives r^2 et $2r^2$.*

(ii) *Pour toute application injective* $\iota\colon \{0,1\} \to \{0,1,2\}$, *le morphisme simplicial induit*

$$\Omega^{r,2} \to \Omega^{r,1} \times_{\mathcal{A}^{r,1}} \mathcal{A}^{r,2}$$

est lisse de dimension relative r^2. □

Ainsi, la compactification équivariante $\overline{\Omega}^{r,1}$ de $\mathrm{PGL}_r^2/\mathrm{PGL}_r$ est-elle lisse sur le champ torique $\mathcal{A}^{r,1}/\mathcal{A}_\varnothing^{r,1}$ des pavages de l'intervalle $S^{r,1} = [0,r]$. Cela signifie qu'elle est lisse et que son bord est un diviseur à croisements normaux qui compte $r-1$ composantes. Elle n'est autre que le cas particulier $G = \mathrm{PGL}_r$ des compactifications de De Concini et Procesi des groupes algébriques G semi-simples de type adjoint.

De même, la compactification $\overline{\Omega}^{r,2}$ de $\mathrm{PGL}_r^3/\mathrm{PGL}_r$ est lisse sur le champ torique $\mathcal{A}^{r,2}/\mathcal{A}_\varnothing^{r,2}$ des pavages entiers convexes du triangle $S^{r,2}$ équilatéral de côté r. Mais il faut faire attention à ce que, en dehors du cas $r=2$, ce champ torique n'est pas lisse.

Application à la compactification de l'isogénie de Lang de PGL_r**.** Nous pouvons rappeler l'application du précédent corollaire à l'isogénie de Lang qui est faite dans le dernier paragraphe 3d de l'article [Lafforgue, 1999].

On se place sur un corps fini $\mathbb{F}_q$.

On note p_0, p_1, p_2 les trois morphismes simpliciaux $\mathcal{A}^{r,2} \to \mathcal{A}^{r,1}$ ou $\Omega^{r,2} \to \Omega^{r,1}$ qui sont induits par les trois identifications $(i_0,i_1) \mapsto (0,i_0,i_1)$, $(i_0,0,i_1)$, $(i_0,i_1,0)$ du segment $S^{r,1} = \{(i_0,i_1) \in \mathbb{N}^2 \mid i_0+i_1 = r\}$ aux trois côtés du triangle $S^{r,2}$.

Soit alors $\mathcal{A}^{r,\tau}$ la variété torique qui est le noyau du diagramme

$$\mathcal{A}^{r,2} \underset{\mathrm{Frob}\circ p_1}{\overset{p_0}{\rightrightarrows}} \mathcal{A}^{r,1}$$

dans la catégorie des variétés toriques normales. Le tore de $\mathcal{A}^{r,\tau}$ est le sous-tore $\mathcal{A}_\varnothing^{r,\tau} = \mathbb{G}_m^{S^{r,\tau}}/\mathbb{G}_m$ de $\mathcal{A}_\varnothing^{r,2} = \mathbb{G}_m^{S^{r,2}}/(\mathbb{G}_m^{S^{r,2}})_\varnothing$ où :

- $S^{r,\tau} = \{(i_0,i_1,i_2) \in \mathbb{N}^3 \mid i_0+i_1+i_2 = r, i_0 \neq 0\} \subsetneq S^{r,2}$,
- $\mathbb{G}_m^{S^{r,\tau}}$ est plongé dans $\mathbb{G}_m^{S^{r,2}}$ par $(\lambda_{i_0,i_1,i_2})_{i_0\neq 0} \mapsto (\lambda_{i_0,i_1,i_2})$ avec $\lambda_{0,i_1,i_2} = \lambda_{i_1,0,i_2}^q$ si $i_1 \neq 0$ et $\lambda_{0,0,r} = 1$,
- $\mathbb{G}_m$ est plongé dans $\mathbb{G}_m^{S^{r,\tau}}$ et $\mathbb{G}_m^{S^{r,2}}$ par $\lambda \mapsto (\lambda_{i_0,i_1,i_2} = \lambda^{i_0+qi_1})$.

La variété torique $\mathcal{A}^{r,\tau}$ est la normalisation de l'adhérence schématique de $\mathcal{A}_\varnothing^{r,\tau}$ dans $\mathcal{A}^{r,2}$.

Le morphisme équivariant $\mathcal{A}^{r,\tau} \to \mathcal{A}^{r,2}$ induit une injection de l'ensemble des orbites de $\mathcal{A}^{r,\tau}$ dans l'ensemble des orbites de $\mathcal{A}^{r,2}$. Par conséquent, les points du champ torique quotient $\mathcal{A}^{r,\tau}/\mathcal{A}_\varnothing^{r,\tau}$ s'identifient à un certain type de pavages entiers convexes du triangle $S^{r,2}$ qu'on peut appeler q-convexes. La figure 3.4 présente quelques exemples (lesquels apparaissent même dans la résolution des singularités des compactifications des champs de chtoucas de Drinfeld de rang r avec structure de niveau N sans multiplicités qui est construite dans le paragraphe III.3c de [Lafforgue, 2002]).

On a dessiné ici 6 pavages entiers q-convexes qui induisent la même partition du côté inférieur du triangle c'est-à-dire se projettent via p_2 sur le même point de $\mathcal{A}^{r,1}/\mathcal{A}_\varnothing^{r,1} = \mathbb{A}^{r-1}/\mathbb{G}_m^{r-1}$. On remarque d'autre part que comme tous les pavages entiers q-convexes, chacun des 6 induit la même partition des côtés gauche et droite du triangle (qui correspondent à p_1 et p_0). Cependant, l'ensemble des pavages entiers q-convexes n'est pas symétrique (on ne peut échanger les indices 0 et 1 dans la

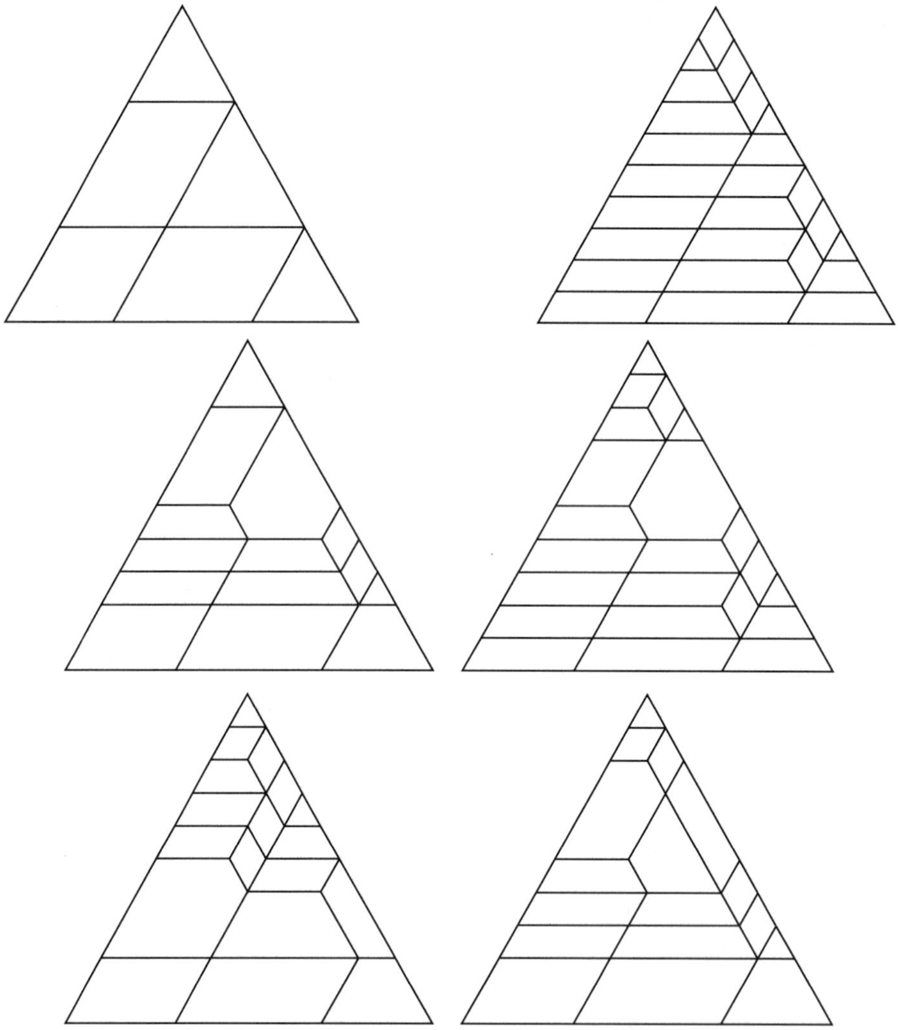

FIGURE 3.4.

relation $p_0 = \mathrm{Frob} \circ p_1$) et on voit que les 6 dessins présentent une sorte d'orientation commune.

On obtient comme conséquence immédiate du corollaire 3.20 :

THÉORÈME 3.21. *Soit $\Omega^{r,\tau}$ le sous-schéma fermé de $\Omega^{r,2} \times_{\mathcal{A}^{r,2}} \mathcal{A}^{r,\tau}$ défini par l'équation*

$$p_0 = \mathrm{Frob} \circ p_1$$

dans $\Omega^{r,1}$.

Il est muni d'actions du groupe algébrique GL_r, du groupe fini $\mathrm{GL}_r(\mathbb{F}_q)$ et du tore $\mathbb{G}_m^{S^{r,\tau}}$ commutant entre elles et d'un morphisme équivariant

$$\Omega^{r,\tau} \to \mathcal{A}^{r,\tau}$$

qui est lisse de dimension relative r^2.

Sa fibre au-dessus de l'unité du tore $\mathcal{A}_{\varnothing}^{r,\tau}$ *s'identifie à*

$$\mathrm{Ker}\left[\ \mathrm{GL}_r^3/\mathrm{GL}_r \underset{\mathrm{Frob}\circ p_1}{\overset{p_0}{\rightrightarrows}} \mathrm{GL}_r^2/\mathrm{GL}_r\ \right].$$

Enfin, le quotient $\overline{\Omega}^{r,\tau}$ *de* $\Omega^{r,\tau}$ *par l'action libre du tore* $\mathbb{G}_m^{S^{r,\tau}}$ *est projectif.*

DÉMONSTRATION. Le morphisme $\Omega^{r,\tau} \to \mathcal{A}^{r,\tau}$ est lisse car $\Omega^{r,2} \times_{\mathcal{A}^{r,2}} \mathcal{A}^{r,\tau}$ est lisse sur $\mathcal{A}^{r,\tau}$ et le morphisme

$$p_0 \colon \Omega^{r,2} \times_{\mathcal{A}^{r,2}} \mathcal{A}^{r,\tau} \to \Omega^{r,1} \times_{\mathcal{A}^{r,1}} \mathcal{A}^{r,\tau}$$

est lisse et donc transversal au morphisme $\mathrm{Frob} \circ p_1$.

Le quotient $\overline{\Omega}^{r,\tau}$ est projectif car le morphisme $\overline{\Omega}^{r,\tau} \to \overline{\Omega}^{r,2}$ est fini et $\overline{\Omega}^{r,2}$ est projectif. □

On peut considérer les deux morphismes

$$\Omega^{r,\tau} \underset{p_0=\mathrm{Frob}\circ p_1}{\overset{p_2}{\rightrightarrows}} \Omega^{r,1}.$$

Au-dessus des éléments unités de $\mathcal{A}^{r,\tau}$ et $\mathcal{A}^{r,1}$, $p_0 = \mathrm{Frob} \circ p_1$ est un isomorphisme sur $\mathrm{GL}_r^2/\mathrm{GL}_r \cong \mathrm{GL}_r$ tandis que p_2 s'identifie à l'isogénie de Lang

$$\begin{aligned} \mathrm{GL}_r &\to \mathrm{GL}_r \\ g &\mapsto \mathrm{Frob}(g)^{-1} \circ g. \end{aligned}$$

En ce sens, le schéma équivariant $\overline{\Omega}^{r,\tau}$ muni de ses deux morphismes

$$\overline{\Omega}^{r,\tau} \rightrightarrows \overline{\Omega}^{r,1}$$

compactifie l'isogénie de Lang de PGL_r.

3.6. Relation entre strates des compactifications et produits fibrés d'espaces de configurations

On considère à nouveau un rang r, un entier n et un espace gradué $E = E_0 \oplus \cdots \oplus E_n$ qui sont arbitraires.

On rappelle que pour S un convexe entier de $S^{r,n}$ et $\underline{S}$ un pavage entier convexe de S, on a construit la strate $\overline{\Omega}_{\underline{S}}^{S,E}$ du schéma projectif $\overline{\Omega}^{S,E}$ en deux temps : D'abord on a formé le produit fibré $\mathrm{Gr}_{\underline{S}}^{r,E}$ des cellules de Schubert minces $\mathrm{Gr}_{S'}^{r,E}$ associées aux facettes S' du pavage $\underline{S}$ puis on a défini $\overline{\Omega}_{\underline{S}}^{S,E}$ comme le quotient de $\mathrm{Gr}_{\underline{S}}^{r,E}$ par l'action libre du tore $(\mathbb{G}_m^S)_{\underline{S}}/\mathbb{G}_m$ des fonctions $S \to \mathbb{G}_m$ (modulo les fonctions constantes) dont la restriction à chaque cellule de $\underline{S}$ est affine.

On peut songer à intervertir l'ordre de ces deux opérations : Pour toute facette S' de $\underline{S}$, on considère d'abord le quotient $\overline{\mathrm{Gr}}_{S'}^{r,E}$ de la cellule de Schubert mince $\mathrm{Gr}_{S'}^{r,E}$ par l'action libre du tore $(\mathbb{G}_m^{S'})_{\varnothing}/\mathbb{G}_m$ des fonctions affines $S' \to \mathbb{G}_m$ (modulo les constantes). Si S'' est une face de S', on a un morphisme induit $\overline{\mathrm{Gr}}_{S'}^{r,E} \to \overline{\mathrm{Gr}}_{S''}^{r,E}$. Cela permet de définir le produit fibré des schémas $\overline{\mathrm{Gr}}_{S'}^{r,E}$ associés à toutes les facettes du pavage $\underline{S}$; on le notera $\overline{\mathrm{Gr}}_{\underline{S}}^{r,E}$.

On a un morphisme canonique

$$\overline{\Omega}_{\underline{S}}^{S,E} \to \overline{\mathrm{Gr}}_{\underline{S}}^{r,E}$$

qui respecte les actions du groupe $\mathrm{Aut}(E_0) \times \cdots \times \mathrm{Aut}(E_n)$.

LEMME 3.22. *Pour tout pavage entier convexe* $\underline{S}$ *d'un convexe entier* S *de* $S^{r,n}$, *le morphisme équivariant*

$$\overline{\Omega}_{\underline{S}}^{S,E} \to \overline{\mathrm{Gr}}_{\underline{S}}^{r,E}$$

est une immersion fermée.

DÉMONSTRATION. Montrons d'abord que c'est une immersion localement fermée.

Il suffit de prouver que si x et y sont deux points de $\mathrm{Gr}_{\underline{S}}^{r,E}$ à valeurs dans un anneau artinien A qui ont même image dans $\overline{\mathrm{Gr}}_{\underline{S}}^{r,n}$, ils diffèrent par un élément de $((\mathbb{G}_m^S)_{\underline{S}}/\mathbb{G}_m)(A)$.

Les points x et y se représentent par des uplets $(x_{\underline{i}})_{\underline{i}\in S}$ et $(y_{\underline{i}})_{\underline{i}\in S}$ d'éléments des

$$(\Lambda^{\underline{i}} E_\bullet - \{0\})(A).$$

Tout $\underline{i} \in S$ est élément d'au moins une cellule S' de $\underline{S}$ et comme x et y ont même image dans $\overline{\mathrm{Gr}}_{S'}^{r,E}$, on voit que $x_{\underline{i}}$ et $y_{\underline{i}}$ diffèrent d'un élément $\lambda_{\underline{i}}$ de $\mathbb{G}_m(A)$.

De plus, pour toute cellule S' de $\underline{S}$, et comme x et y ont même image dans $\overline{\mathrm{Gr}}_{S'}^{r,E}$, la fonction $S' \ni \underline{i} \mapsto \lambda_{\underline{i}} \in \mathbb{G}_m(A)$ est affine ce qui signifie exactement que le uplet $(\lambda_{\underline{i}})_{\underline{i}\in S}$ est un point du sous-tore $(\mathbb{G}_m^S)_{\underline{S}}$ de $\mathbb{G}_m^S$.

Il reste à prouver que le morphisme $\overline{\Omega}_{\underline{S}}^{S,E} \to \overline{\mathrm{Gr}}_{\underline{S}}^{r,E}$ est propre. Pour cela, considérons un point $\overline{x}$ de $\overline{\mathrm{Gr}}_{\underline{S}}^{r,E}$ à valeurs dans un trait T et dont la générisation $\overline{x}^\eta$ se relève en un point x^η de $\overline{\Omega}_{\underline{S}}^{S,E}$. Comme $\overline{\Omega}_{\underline{S}}^{S,E}$ est la strate ouverte du sous-schéma fermé $\overline{\Omega}^{\underline{S},E} \hookrightarrow \overline{\Omega}^{S,E}$ qui est projectif, le point x^η de $\overline{\Omega}_{\underline{S}}^{S,E}$ se prolonge en un point x de $\overline{\Omega}^{\underline{S},E}$ à valeurs dans T. La spécialisation x^s de x est dans la strate $\overline{\Omega}_{\underline{S}'}^{\underline{S},E} = \overline{\Omega}_{\underline{S}'}^{S,E}$ associée à un pavage entier convexe $\underline{S}'$ de S qui raffine $\underline{S}$ et on a seulement à montrer $\underline{S}' = \underline{S}$. Cela résulte de ce que pour toute cellule S' de $\underline{S}$, le morphisme $\overline{\Omega}_{\underline{S}}^{S,E} \to \overline{\mathrm{Gr}}_{S'}^{r,E}$ se prolonge en un morphisme $\overline{\Omega}^{\underline{S},E} \to \overline{\Omega}^{S',E}$ au-dessus de $\mathcal{A}^{\underline{S}}/\mathcal{A}_\varnothing^{\underline{S}} \to \mathcal{A}^{S'}/\mathcal{A}_\varnothing^{S'}$ qui envoie nécessairement x sur la composante d'indice S' de $\overline{x}$. □

Un convexe entier S de $S^{r,n}$ sera dit « petit » si pour tout indice $\alpha \in \{0,\ldots,n\}$, on a

$$d_{\{\alpha\}}^S + d_{\{0,\ldots,n\}-\{\alpha\}}^S = r-1 \text{ ou } r.$$

Il est clair que les faces d'un convexe entier petit sont également petites. D'autre part, il résulte de la définition qu'un pavage entier convexe $\underline{S}$ d'un convexe entier S est « à tranches » si et seulement si toutes ses cellules (et même toutes ses facettes) sont petites.

Un convexe entier $S \subset S^{r,n}$ est petit si et seulement si il s'écrit sous la forme

$$S = (d_0,\ldots,d_n) + S'$$

où $d_0,\ldots,d_n$ sont des entiers et S' est un convexe entier de $S^{r',n}$ (avec $r' = r - (d_0+\cdots+d_n)$) qui vérifie

$$r' - d_{\{0,\ldots,n\}-\{\alpha\}}^{S'} = 1, \quad \forall\,\alpha,$$

c'est-à-dire pour lequel on peut parler d'espace de configurations associé $C_{S'}^{r',n}$.

On a nécessairement

$$d_\alpha = r - d^S_{\{0,\dots,n\}-\{\alpha\}} - 1 = r_\alpha - 1, \quad 0 \le \alpha \le n,$$

ce qui signifie que l'écriture ci-dessus est unique quand elle existe. Dans ce cas, le lemme 1.7 induit pour S et S' la même décomposition de $\{0,\dots,n\}$

$$\{0,\dots,n\} = J_0 \amalg \cdots \amalg J_p.$$

On a

$$\begin{aligned} S &= S_0 \times S_1 \times \cdots \times S_p \\ S' &= S'_0 \times S'_1 \times \cdots \times S'_p \end{aligned}$$

où pour tout i, S_i et S'_i sont des pavés entiers de S^{r_i,n_i} et $S^{r'_i,n_i}$ (avec $|J_i| = n_i + 1$) translatés l'un de l'autre. La réunion des J_i tels que $n_i = 0$ est égale à l'ensemble des $\alpha \in \{0,\dots,n\}$ tels que

$$d^S_{\{\alpha\}} + d^S_{\{0,\dots,n\}-\{\alpha\}} = r.$$

On rappelle que par définition

$$\overline{C}^{r',n}_{S'} = \prod_{i=0}^{p} \overline{C}^{r'_i,n_i}_{S'_i} = \prod_{\substack{i=0\\ n_i\ge 1}}^{p} \overline{C}^{r'_i,n_i}_{S'_i}.$$

On convient de noter encore

$$\overline{C}^{r,n}_{S} = \overline{C}^{r',n}_{S'}$$

avec donc une égalité

$$\overline{C}^{r,n}_{S} = \prod_{\substack{i=0\\ n_i\ge 1}}^{p} \overline{C}^{r_i,n_i}_{Si}.$$

Dire qu'un convexe entier S de $S^{r,n}$ est petit est équivalent à dire que son pavage $\underline{S}_c$ par les hyperplans de coordonnées est trivial. Dans ce cas, on a d'après la proposition 3.15 un morphisme équivariant canonique

$$\overline{\mathrm{Gr}}^{r,E}_{S} \to \prod_{\alpha=0}^{n} \mathrm{Dr}^{[d^S_{\{\alpha\}},\, r - d^S_{\{0,\dots,n\}-\{\alpha\}}],E_\alpha}$$

où les intervalles $[d^S_{\{\alpha\}}, r - d^S_{\{0,\dots,n\}-\{\alpha\}}]$ sont tous ici de longueur 0 ou 1.

On déduit du théorème I.11 de Gel′fand et MacPherson :

PROPOSITION 3.23. *Pour tout convexe entier S de $S^{r,n}$ qui est petit, le morphisme équivariant*

$$\overline{\mathrm{Gr}}^{r,E}_{S} \to \prod_{\alpha=0}^{n} \mathrm{Dr}^{[d^S_{\{\alpha\}},\, r - d^S_{\{0,\dots,n\}-\{\alpha\}}],E_\alpha}$$

se relève en un isomorphisme canonique

$$\overline{\mathrm{Gr}}^{r,E}_{S} \xrightarrow{\sim} \overline{C}^{r,n}_{S} \times \prod_{\alpha=0}^{n} \mathrm{Dr}^{[d^S_{\{\alpha\}},\, r - d^S_{\{0,\dots,n\}-\{\alpha\}}],E_\alpha}.$$

DÉMONSTRATION. Considérons un point de $\prod_{\alpha=0}^{n} \mathrm{Dr}^{[d^S_{\{\alpha\}}, r-d^S_{\{0,\dots,n\}-\{\alpha\}}], E_\alpha}$. Il consiste en une famille de sous-espaces emboîtés

$$0 \subseteq F^\alpha \subseteq F_\alpha \subseteq E_\alpha, \quad 0 \leq \alpha \leq n,$$

avec $\dim F^\alpha = d^S_{\{\alpha\}}$, $\dim F_\alpha = r - d^S_{\{0,\dots,n\}-\{\alpha\}}$ et donc $\dim F_\alpha / F^\alpha = 1$ ou 0.

La fibre au-dessus de ce point du morphisme

$$\mathrm{Gr}_S^{r,n} \to \prod_{\alpha=0}^{n} \mathrm{Dr}^{[d^S_{\{\alpha\}}, r-d^S_{\{0,\dots,n\}-\{\alpha\}}]}$$

classifie les sous-espaces F de dimension $r-(d^S_{\{0\}}+\cdots+d^S_{\{n\}})$ dans $F_0/F^0 \oplus F_1/F^1 \oplus \cdots \oplus F_n/F^n$ tels que

$$\forall\, I \subseteq \{0,\dots,n\}, \ \dim\Big(F \cap \Big(\bigoplus_{\alpha\in I} F_\alpha/F^\alpha\Big)\Big) = d^S_I - \sum_{\alpha\in I} d^S_{\{\alpha\}}.$$

D'après le théorème 1.11, son quotient par l'action libre de $(\mathbb{G}_m^S)_\varnothing/\mathbb{G}_m$ s'identifie à $\overline{C}_S^{r,n}$. □

Si S est un convexe entier de $S^{r,n}$ qui est petit et S' est une face de S, nécessairement petite, on a un morphisme canonique

$$\overline{C}_S^{r,n} \to \overline{C}_{S'}^{r,n}$$

entre espaces de configurations associés.

Par conséquent, si $\underline{S}$ est un pavage entier convexe à tranches d'un convexe entier arbitraire S de $S^{r,n}$, on peut considérer les espaces de configurations $\overline{C}_{S'}^{r,n}$ associés à toutes les facettes S' du pavage $\underline{S}$; ils s'ordonnent en un système projectif dont on note la limite $\overline{C}_{\underline{S}}^{r,n}$.

On a comme conséquence immédiate de la proposition précédente :

COROLLAIRE 3.24. *Pour $E = E_0 \oplus \cdots \oplus E_n$ un espace gradué, S un convexe entier de $S^{r,n}$ avec $r - d^S_{\{0,\dots,n\}-\{\alpha\}} = r_\alpha \leq \mathrm{rg}\, E_\alpha$, $0 \leq \alpha \leq n$ et $\underline{S}$ un pavage entier convexe de S qui est à tranches, on a un isomorphisme canonique*

$$\overline{\mathrm{Gr}}_{\underline{S}}^{r,E} \xrightarrow{\sim} \overline{C}_{\underline{S}}^{r,n} \times \prod_{\alpha=0}^{n} \mathrm{Dr}^{[d^S_{\{\alpha\}}, r_\alpha], E_\alpha}$$

équivariant sous l'action de $\mathrm{Aut}(E_0) \times \cdots \times \mathrm{Aut}(E_n)$.

De plus, le morphisme de la proposition 3.15

$$\overline{\Omega}_{\underline{S}}^{S,E} \to \prod_{\alpha=0}^{n} \mathrm{Dr}^{[d^S_{\{\alpha\}}, r_\alpha], E_\alpha}$$

est le composé de l'immersion fermée du lemme 3.22

$$\overline{\Omega}_{\underline{S}}^{S,E} \hookrightarrow \overline{\mathrm{Gr}}_{\underline{S}}^{r,E},$$

de l'isomorphisme ci-dessus et de la projection sur $\prod_{\alpha=0}^{n} \mathrm{Dr}^{[d^S_{\{\alpha\}}, r_\alpha], E_\alpha}$.

DÉMONSTRATION. Pour toutes les facettes S' du pavage $\underline{S}$, on écrit l'isomorphisme

$$\overline{\mathrm{Gr}}_{S'}^{r,E} \xrightarrow{\sim} \overline{C}_{S'}^{r,n} \times \prod_{\alpha=0}^{n} \mathrm{Dr}^{[d^{S'}_{\{\alpha\}}, r-d^{S'}_{\{0,\dots,n\}-\{\alpha\}}], E_\alpha}.$$

La limite projective $\overline{\mathrm{Gr}}_{\underline{S}}^{r,E}$ des $\overline{\mathrm{Gr}}_{S'}^{r,E}$ est égale au produit de la limite projective $\overline{C}_{\underline{S}}^{r,n}$ des $\overline{C}_{S'}^{r,n}$ et des limites projectives $\mathrm{Dr}^{[d^S_{\{\alpha\}}, r_\alpha], E_\alpha}$ des $\mathrm{Dr}^{[d^{S'}_{\{\alpha\}}, r - d^{S'}_{\{0,\dots,n\}-\{\alpha\}}], E_\alpha}$. □

3.7. Les pavés entiers petits en dimension $n = 3$

De façon générale, si S est un convexe entier petit d'un simplexe $S^{r,n}$, la dimension

$$r - \sum_{\alpha=0}^{n} d^S_{\{\alpha\}}$$

est toujours comprise entre 0 et n. Cela signifie qu'à translation près S est contenu dans le simplexe $S^{n,n}$ de côté n.

Appelons minimaux les pavés entiers petits qui n'admettent pas de pavage entier convexe non trivial et appelons maximaux ceux qui ne sont contenus dans aucun pavé petit strictement plus grand c'est-à-dire sont définis par une famille d'inégalités

$$d_\alpha \leq i_\alpha \leq d_{\alpha+1}, \quad 0 \leq \alpha \leq n.$$

En dimension $n = 3$, nous allons dresser la liste de tous les pavés entiers petits et rappeler quels sont leurs espaces de configurations associés. Tous sont contenus dans le tétraèdre $S^{3,3} = \{(i_0, i_1, i_2, i_3) \in \mathbb{N}^4 \mid i_0 + i_1 + i_2 + i_3 = 3\}$ de côté 3 que nous dessinons à la figure 3.5.

Quand $r = 1$, il y a dans $S^{1,3}$ un unique pavé entier petit S_{I} qui est à la fois minimal et maximal. C'est le tétraèdre de la figure 3.6.

Son espace de configurations classifie la donnée de 4 points (nécessairement confondus) dans l'espace projectif de dimension 0 ; il est trivial.

Quand $r = 2$, le simplexe $S^{2,3}$ compte 4 pavés entiers petits de type S_{I} aux quatre coins. Leur complémentaire est le pavé petit maximal S_{II} qui est illustré à la figure 3.7.

Il compte exactement trois pavages entiers non triviaux $\underline{S}_{\mathrm{II}}$ qui consistent à le couper en deux suivant les trois plans $abcd$, $bdef$ ou $acef$. Les pavés entiers S'_{II} de ces pavages sont minimaux.

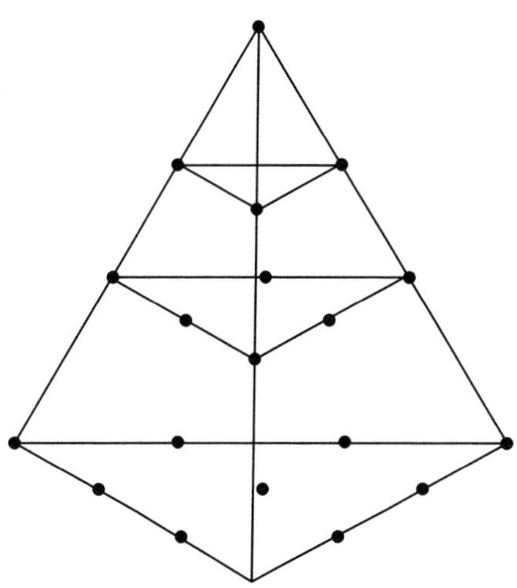

FIGURE 3.5.

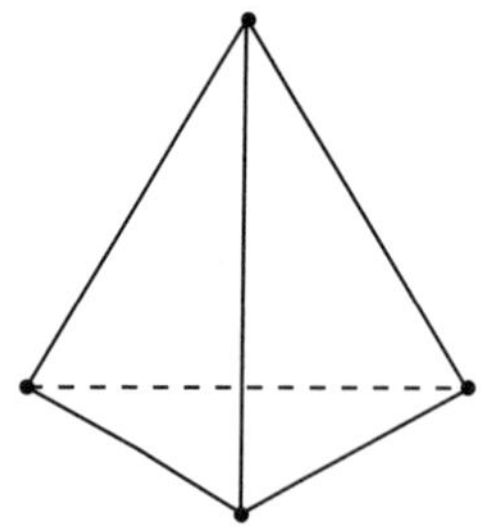

FIGURE 3.6.

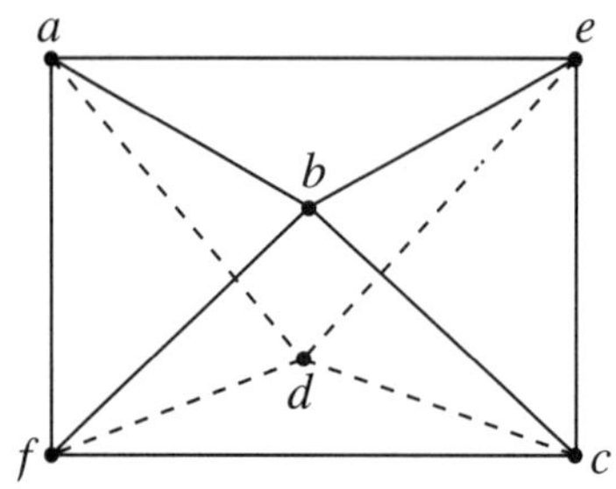

FIGURE 3.7.

Au pavé petit S_{II} est associée la cellule de Schubert mince $\mathrm{Gr}_{S_{\mathrm{II}}}$ qui classifie les sous-espaces de dimension 2 en position générale dans $(\mathbb{A}^1)^4$. Les coordonnées de Plücker dans $\Lambda^2(\mathbb{A}^1)^4$ définissent un isomorphisme

$$\mathrm{Gr}_{S_{\mathrm{II}}} \cong \{(\lambda_a, \lambda_b, \lambda_c, \lambda_d, \lambda_e, \lambda_f) \in \mathbb{G}_m^6/\mathbb{G}_m \mid \lambda_a\lambda_c - \lambda_b\lambda_d + \lambda_e\lambda_f = 0\}.$$

Le quotient $\overline{C}_{S_{\mathrm{II}}}$ de $\mathrm{Gr}_{S_{\mathrm{II}}}$ par l'action libre de $(\mathbb{G}_m^6)_\varnothing/\mathbb{G}_m \cong \mathbb{G}_m^4/\mathbb{G}_m$ est l'espace des configurations de 4 points en position générale dans $\mathbb{P}^1$. Il est muni des 6 isomorphismes

$$\overline{C}_{S_{\mathrm{II}}} \xrightarrow{\sim} \mathbb{P}^1 - \{0, 1, \infty\}$$

définis par les 6 birapports

$$\frac{\lambda_a\lambda_c}{\lambda_b\lambda_d}, \quad \frac{\lambda_b\lambda_d}{\lambda_a\lambda_c}, \quad \frac{\lambda_b\lambda_d}{\lambda_e\lambda_f}, \quad \frac{\lambda_e\lambda_f}{\lambda_b\lambda_d}, \quad -\frac{\lambda_a\lambda_c}{\lambda_e\lambda_f}, \quad -\frac{\lambda_e\lambda_f}{\lambda_a\lambda_c}.$$

Les 6 cellules de Schubert minces $\mathrm{Gr}_{S'_{\mathrm{II}}}$ associées aux 6 pavés petits minimaux S'_{II} de S_{II} sont isomorphes aux 6 sous-schémas localement fermés de

$$\{(\lambda_a, \lambda_b, \lambda_c, \lambda_d, \lambda_e, \lambda_f) \in (\mathbb{A}^6 - \{0\})/\mathbb{G}_m \mid \lambda_a\lambda_c - \lambda_b\lambda_d + \lambda_e\lambda_f = 0\}$$

définis par la condition que l'une des 6 coordonnées soit 0 et les autres soient non nulles. Leurs quotients par l'action libre de $(\mathbb{G}_m^6)_\varnothing/\mathbb{G}_m \cong \mathbb{G}_m^4/\mathbb{G}_m$ sont des espaces de configurations de 3 points en position générale dans $\mathbb{P}_1$; ils sont triviaux. D'après le lemme 3.22, les strates $\overline{\Omega}_{\underline{S}_{\mathrm{II}}}^{S_{\mathrm{II}}}$ de la compactification $\overline{\Omega}^{S_{\mathrm{II}}}$ de $\overline{C}_{S_{\mathrm{II}}}$ sont triviales *a fortiori*. Elles s'interprètent comme les 3 points limites 0, 1, ∞ de

$$\mathbb{P}^1 - \{0, 1, \infty\} \xrightarrow{\sim} \overline{C}_{S_{\mathrm{II}}}.$$

On remarque enfin que toutes les faces de S_{II} sont des simplexes si bien que leurs espaces de configurations associés sont triviaux.

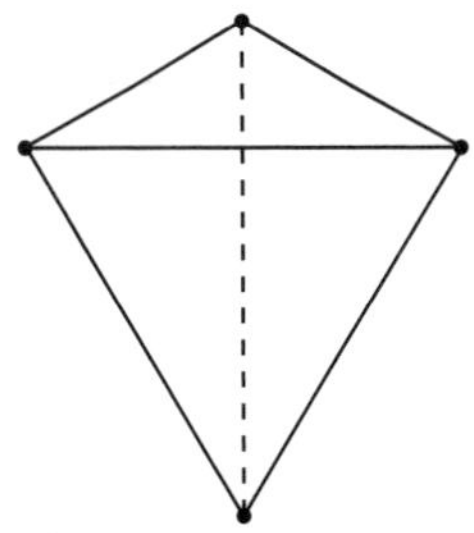

FIGURE 3.8.

Quand $r = 3$ enfin, le tétraèdre $S^{3,3}$ compte 10 pavés petits de type S_{I} et 4 pavés petits de type S_{II} et leur complémentaire est un pavé petit à la fois maximal et minimal S_{III} de la forme de la figure 3.8.

C'est un simplexe donc son espace associé $\overline{C}_{S_{\mathrm{III}}}$ (qui est l'espace des configurations de 4 points en position générale dans $\mathbb{P}^2$) est trivial.

On déduit de cette analyse :

PROPOSITION 3.25. *En dimension $n = 3$ et pour tout rang r, tout pavé entier S de $S^{r,3}$ et tout pavage entier convexe à tranches $\underline{S}$ de S, l'espace de configurations $\overline{C}_{\underline{S}}^{r,3}$ associé à $\underline{S}$ est isomorphe à un produit de facteurs*

$$\mathbb{P}^1 - \{0, 1, \infty\}$$

indexés naturellement par les pavés de $\underline{S}$ qui sont de type S_{II}. □

Comme les espaces de configurations $\overline{C}_{\underline{S}_{\mathrm{II}}}$ associés aux trois pavages non triviaux $\underline{S}_{\mathrm{II}}$ des pavés S_{II} s'interprètent comme les 3 points limites 0, 1, ∞ de $\overline{C}_{S_{\mathrm{II}}} \cong \mathbb{P}^1 - \{0, 1, \infty\}$, on obtient même par combinaison avec la proposition 3.15 et le corollaire 3.24 :

COROLLAIRE 3.26. *En dimension $n = 3$, considérons un pavé entier S d'un simplexe $S^{r,3}$ et son pavage $\underline{S}_{\mathrm{c}}$ par les hyperplans de coordonnées.*

Pour tout espace gradué $E = E_0 \oplus E_1 \oplus E_2 \oplus E_3$ tel que $\operatorname{rg} E_\alpha \geq r_\alpha = r - d^S_{\{0,1,2,3\}-\{\alpha\}}$, $0 \leq \alpha \leq 3$, le sous-schéma fermé $\overline{\Omega}^{\underline{S}_{\mathrm{c}},E}$ de $\overline{\Omega}^{S,E}$ s'identifie à un sous-schéma fermé invariant par $\mathrm{Aut}(E_0) \times \mathrm{Aut}(E_1) \times \mathrm{Aut}(E_2) \times \mathrm{Aut}(E_3)$ du produit

$$(\mathbb{P}^1)^{\{S_{\mathrm{II}}\}} \times \prod_{\alpha=0}^{3} \mathrm{Dr}^{[d^S_{\{\alpha\}}, r_\alpha], E_\alpha}$$

où $\{S_{\mathrm{II}}\}$ désigne l'ensemble des pavés entiers petits de type S_{II} contenus dans le pavé S. □

Quand $E = (\mathbb{A}^r)^{n+1}$ et $S = S^{r,n}$, le sous-schéma fermé $\overline{\Omega}^{\underline{S}_{\mathrm{c}},E}$ de $\overline{\Omega}^{S,E} = \overline{\Omega}^{r,n}$ associé au pavage $\underline{S}_{\mathrm{c}}$ de S par les hyperplans de coordonnées pourra être noté aussi

$$\overline{\Omega}^{\underline{S}_{\mathrm{c}},E} = \overline{\Omega}_{\mathrm{c}}^{r,n}.$$

3.8. Examen des rangs $r = 2, 3$ et 4 en dimension $n = 3$

Nous allons nous servir des résultats du paragraphe précédent pour étudier les compactifications $\overline{\Omega}^{2,3}$, $\overline{\Omega}^{3,3}$ et $\overline{\Omega}^{4,3}$ de $\mathrm{PGL}_2^4/\mathrm{PGL}_2$, $\mathrm{PGL}_3^4/\mathrm{PGL}_3$ et $\mathrm{PGL}_4^4/\mathrm{PGL}_4$.

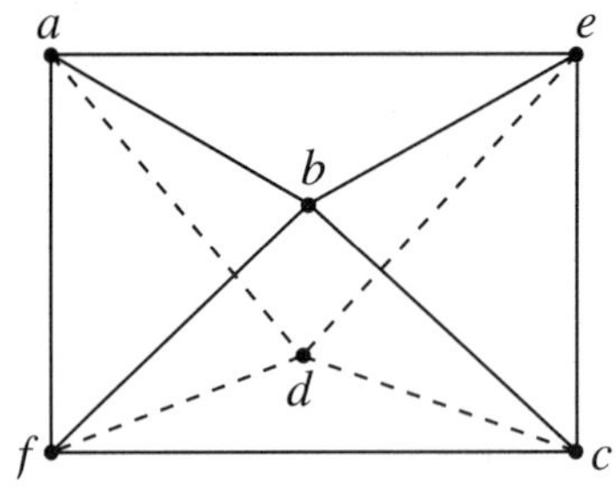

FIGURE 3.9.

En dimension $n = 3$ et pour tout pavage entier convexe à tranches $\underline{S}$ d'un pavé $S \subseteq S^{r,3}$, le sous-tore $(\mathbb{G}_m^S)_{\underline{S}}$ de $\mathbb{G}_m^S$ est constitué des familles de scalaires $(\lambda_{\underline{i}})_{\underline{i} \in S} \in \mathbb{G}_m^S$ qui vérifient les relations suivantes :

Pour tout pavé entier petit de type S_{II} contenu dans S (figure 3.9), on a les deux équations

$$\lambda_a \lambda_c = \lambda_b \lambda_d = \lambda_e \lambda_f$$

si ce pavé est une cellule de $\underline{S}$ et si au contraire il est coupé en 2 par $\underline{S}$ par exemple suivant le plan *abcd*, on ne garde plus que la seule équation

$$\lambda_a \lambda_c = \lambda_b \lambda_d.$$

Quand $r = 2$ et $S = S^{2,3}$, le cardinal de S est 10. Il y a dans S un unique pavé petit de type S_{II} si bien que

$$\mathrm{rg}(\mathbb{G}_m^S)_{\underline{S}}/\mathbb{G}_m = 10 - 2 - 1 = 7$$

si ce pavé est dans le pavage à tranches $\underline{S}$, et

$$\mathrm{rg}(\mathbb{G}_m^S)_{\underline{S}}/\mathbb{G}_m = 10 - 1 - 1 = 8$$

si au contraire il est coupé en deux par $\underline{S}$.

D'autre part, $\overline{\Omega}_{\mathrm{c}}^{2,3} \hookrightarrow \overline{\Omega}^{2,3}$ est un sous-schéma fermé invariant par l'action de PGL_2^4 du produit

$$\mathbb{P}^1 \times (\mathrm{Dr}^{\mathbb{A}^2})^4$$

qui est de dimension $1 + 4 = 5$.

Mais on doit avoir

$$7 + \dim \overline{\Omega}_{\mathrm{c}}^{2,3} \geq nr^2 = 12$$

d'où on conclut que

$$\overline{\Omega}_{\mathrm{c}}^{2,3} = \mathbb{P}^1 \times (\mathrm{Dr}^{\mathbb{A}^2})^4$$

et que $\overline{\Omega}_{\mathrm{c}}^{2,3}$ est contenu dans l'adhérence schématique de $\overline{\Omega}_{\varnothing}^{2,3}$ dans $\overline{\Omega}^{2,3}$. De plus, pour tout pavage à tranches $\underline{S}$, $\mathrm{Gr}_{\underline{S}}^{2,3}$ est lisse de dimension $12 = nr^2$. D'après la proposition 3.16(i), cela donne une nouvelle démonstration de ce que $\Omega^{2,3} \to \mathcal{A}^{2,3}$ est lisse.

Quand $r = 3$ et $S = S^{3,3}$, le cardinal de S est $1 + 3 + 6 + 10 = 20$.

Il y a dans S exactement 4 pavés petits de type S_{II} et il est facile de se convaincre que pour tout pavage à tranches $\underline{S}$ de S les relations qui définissent le sous-tore $(\mathbb{G}_m^S)_{\underline{S}}$ de $\mathbb{G}_m^S$ ne présentent pas de redondance si bien que

$$\mathrm{rg}(\mathbb{G}_m^S)_{\underline{S}}/\mathbb{G}_m = 20 - 4 - s - 1 = 15 - s$$

où s désigne le nombre, compris entre 0 et 4, de pavés de type S_{II} que compte le pavage $\underline{S}$.

D'autre part, la strate $\overline{\Omega}_{\underline{S}}^{3,3}$ est un sous-schéma fermé de

$$(\mathbb{P}^1 - \{0, 1, \infty\})^s \times (\mathrm{Dr}^{\mathbb{A}^3})^4$$

lequel a pour dimension $s + 4 \times 3 = 12 + s$.

Mais si $\overline{\Omega}_{\underline{S}}^{3,3}$ rencontre l'adhérence schématique de $\overline{\Omega}_{\varnothing}^{3,3}$, on doit avoir

$$\mathrm{rg}(\mathbb{G}_m^S)_{\underline{S}}/\mathbb{G}_m + \dim \overline{\Omega}_{\underline{S}}^{3,3} \geq nr^2 = 27$$

d'où on conclut que

$$\overline{\Omega}_{\mathrm{c}}^{3,3} = (\mathbb{P}^1)^4 \times (\mathrm{Dr}^{\mathbb{A}^3})^4, \overline{\Omega}_{\underline{S}}^{3,3} = (\mathbb{P}^1 - \{0, 1, \infty\})^s \times (\mathrm{Dr}^{\mathbb{A}^3})^4,$$

et que $\overline{\Omega}_{\mathrm{c}}^{3,3}$ et les $\overline{\Omega}_{\underline{S}}^{3,3}$ sont contenus dans l'adhérence schématique de $\overline{\Omega}_{\varnothing}^{3,3}$. Pour tout pavage à tranches $\underline{S}$, $\mathrm{Gr}_{\underline{S}}^{3,3}$ est lisse de dimension $(15-s)+(12+s) = 27 = nr^2$ et d'après la proposition 3.16(i), on obtient :

PROPOSITION 3.27. *Pour $n = 3$ et $r = 3$, le morphisme de structure $\Omega^{3,3} \to \mathcal{A}^{3,3}$ est lisse de dimension relative 27.*

Autrement dit, la compactification équivariante $\overline{\Omega}^{3,3}$ de $\overline{\Omega}_{\varnothing}^{3,3} = \mathrm{PGL}_3^4/\mathrm{PGL}_3$ est lisse sur le champ torique $\mathcal{A}^{3,3}/\mathcal{A}_{\varnothing}^{3,3}$ des pavages entiers convexes du tétraèdre $S^{3,3} = \{(i_0, i_1, i_2, i_3) \in \mathbb{N}^4 \mid i_0 + i_1 + i_2 + i_3 = 3\}$. □

Enfin, examinons le cas où $r = 4$ et $S = S^{4,3}$.

Le tétraèdre S de côté 4 compte $1 + 3 + 6 + 10 + 15 = 35$ points et il contient $1 + 3 + 6 = 10$ pavés entiers petits de type S_{II}.

Il est facile de se convaincre que pour tout pavage entier convexe à tranches $\underline{S}$ de S, les relations qui définissent le sous-tore $(\mathbb{G}_m^S)_{\varnothing}$ de $\mathbb{G}_m^S$ présentent au plus une unique redondance. Celle-ci apparaît quand dans la figure 3.10 les 6 parallélogrammes 1245, 2367, 3189, $491'2'$, $872'3'$ et $653'1'$ sont chacun contenu dans un pavé de type S_{II} de $\underline{S}$ ou égal à une face commune de 2 pavés de type S'_{II}. Il y a une redondance car le produit des 6 équations

$$\frac{\lambda_1\lambda_5}{\lambda_2\lambda_4} = 1, \quad \frac{\lambda_2\lambda_7}{\lambda_3\lambda_6} = 1, \quad \frac{\lambda_3\lambda_9}{\lambda_1\lambda_8} = 1,$$
$$\frac{\lambda_{2'}\lambda_4}{\lambda_{1'}\lambda_9} = 1, \quad \frac{\lambda_{3'}\lambda_8}{\lambda_{2'}\lambda_7} = 1, \quad \frac{\lambda_{1'}\lambda_6}{\lambda_{3'}\lambda_5} = 1,$$

est égal à $1 = 1$.

Ainsi, si s désigne le nombre de pavés de type S_{II} contenus dans le pavage à tranches $\underline{S}$, on a

$$\mathrm{rg}(\mathbb{G}_m^S)_{\underline{S}}/\mathbb{G}_m = 35 - 10 - s - 1 = 24 - s$$

quand il n'y a pas redondance, et

$$\mathrm{rg}(\mathbb{G}_m^S)_{\underline{S}}/\mathbb{G}_m = 25 - s$$

quand il y a redondance.

D'autre part, $\overline{\Omega}_{\underline{S}}^{4,3}$ est un sous-schéma fermé de

$$(\mathbb{P}^1 - \{0, 1, \infty\})^s \times (\mathrm{Dr}^{\mathbb{A}^4})^4$$

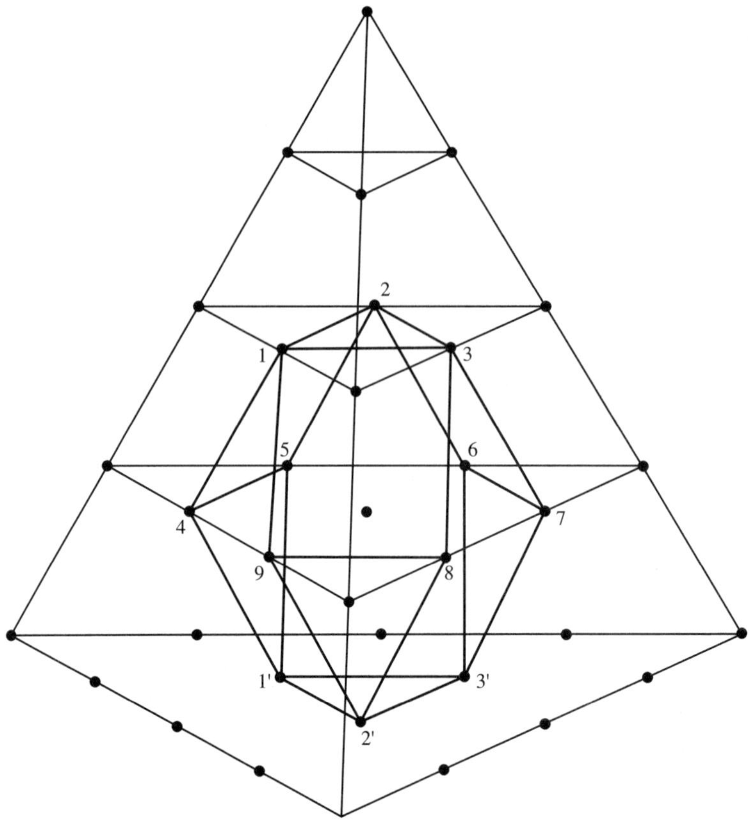

FIGURE 3.10.

lequel est de dimension $s + 4 \times 6 = 24 + s$, et $\overline{\Omega}_{\mathrm{c}}^{4,3}$ est un sous-schéma fermé du schéma de dimension 34

$$(\mathbb{P}^1)^{10} \times (\mathrm{Dr}^{\mathbb{A}^4})^4.$$

Les 6 quotients

$$\frac{\lambda_1\lambda_5}{\lambda_2\lambda_4}, \quad \frac{\lambda_2\lambda_7}{\lambda_3\lambda_6}, \quad \frac{\lambda_3\lambda_9}{\lambda_1\lambda_8}, \quad \frac{\lambda_{2'}\lambda_4}{\lambda_{1'}\lambda_9}, \quad \frac{\lambda_{3'}\lambda_8}{\lambda_{2'}\lambda_7}, \quad \frac{\lambda_{1'}\lambda_6}{\lambda_{3'}\lambda_5}$$

définissent 6 birapports c'est-à-dire 6 morphismes de $\overline{\Omega}_{\mathrm{c}}^{4,3}$ dans 6 des facteurs de

$$(\mathbb{P}^1)^{10}.$$

Ces 6 birapports μ_1, μ_2, μ_3, μ_4, μ_5, μ_6 vérifient entre eux la relation

$$\mu_1\mu_2\mu_3\mu_4\mu_5\mu_6 = 1$$

ce qui définit un sous-schéma fermé intègre de codimension 1 dans $(\mathbb{P}^1)^{10}$ que nous noterons P.

Ainsi, $\overline{\Omega}_{\mathrm{c}}^{4,3}$ est un sous-schéma fermé de

$$P \times \left(\mathrm{Dr}^{\mathbb{A}^4}\right)^4.$$

Or on doit avoir

$$15 + \dim \overline{\Omega}_{\mathrm{c}}^{4,3} \geq nr^2 = 48 = 15 + \dim\left(P \times \left(\mathrm{Dr}^{\mathbb{A}^4}\right)^4\right)$$

et on conclut que

$$\overline{\Omega}_{\mathrm{c}}^{4,3} = P \times \left(\mathrm{Dr}^{\mathbb{A}^4}\right)^4$$

et que $\overline{\Omega}_{\mathrm{c}}^{4,3}$ est contenu dans l'adhérence schématique de $\overline{\Omega}_{\varnothing}^{4,3} = \mathrm{PGL}_4^4/\mathrm{PGL}_4$ dans $\overline{\Omega}^{4,3}$.

Trois cas sont possibles pour un pavage entier convexe à tranches $\underline{S}$ de $S = S^{4,3}$:

(1) Si la relation $\mu_1\mu_2\mu_3\mu_4\mu_5\mu_6 = 1$ définit dans le schéma

$$(\mathbb{P}^1 - \{0, 1, \infty\})^s$$

un sous-schéma de codimension 1 (ce qui ne se produit que si $\underline{S}$ présente une redondance), celui-ci est lisse et la fibre $\mathrm{Gr}_{\underline{S}}^{4,3}$ est lisse de dimension 48.

(2) Si cette relation n'est jamais vérifiée dans

$$(\mathbb{P}^1 - \{0, 1, \infty\})^s,$$

$\mathrm{Gr}_{\underline{S}}^{4,3}$ est vide et l'image de $\Omega^{4,3} \to \mathcal{A}^{4,3}$ ne contient pas l'orbite $\mathcal{A}_{\underline{S}}^{4,3}$.

(3) Si cette relation est toujours vérifiée dans

$$(\mathbb{P}^1 - \{0, 1, \infty\})^s,$$

on a

$$\overline{\Omega}_{\underline{S}}^{4,3} = (\mathbb{P}^1 - \{0, 1, \infty\})^s \times (\mathrm{Dr}^{\mathbb{A}^4})^4,$$

et la fibre $\mathrm{Gr}_{\underline{S}}^{4,3}$ est lisse. Sa dimension vaut 48 si $\underline{S}$ ne présente pas de redondance mais elle vaut 49 si $\underline{S}$ présente une redondance.

En conclusion, on a montré :

PROPOSITION 3.28. *Pour $n = 3$ et $r = 4$, le morphisme de structure*

$$\Omega^{4,3} \to \mathcal{A}^{4,3}$$

n'a pas une image ouverte, a fortiori *il n'est ni lisse ni plat. Au-dessus des orbites associées aux pavages entiers convexes de $S^{4,3}$ qui sont à tranches, ses fibres non vides sont toutes lisses mais certaines ont la dimension* 48 *et d'autres la dimension* 49. □

CHAPITRE 4

Le fibré équivariant universel sur la variété torique des facettes des pavages

4.1. Le champ torique des pavages avec facette distinguée

On considère un convexe entier arbitraire

$$S \subseteq S^{r,n} = \left\{ \underline{i} = (i_0, \ldots, i_n) \in \mathbb{N}^{n+1} \;\middle|\; \sum_{\alpha=0}^{n} i_\alpha = r \right\}$$

défini par un matroïde $(d_I^S)_{I \subseteq \{0,\ldots,n\}}$ de rang r sur $\{0, 1, \ldots, n\}$.

On rappelle qu'on a noté $\mathcal{C}^S \subseteq \mathbb{R}^S$ le cône des fonctions « convexes » $v\colon S \to \mathbb{R}$ telles que, pour toute fonction affine $\ell\colon S \to \mathbb{R}$ vérifiant $\ell \leq v$, le sous-ensemble $\{\underline{i} \in S \mid \ell(\underline{i}) = v(\underline{i})\}$ soit un convexe entier s'il n'est pas vide. Il a une décomposition $\mathcal{C}^S = \coprod \mathcal{C}^S_{\underline{S}}$ en cônes convexes $\mathcal{C}^S_{\underline{S}}$ indexés par les « pavages entiers convexes » $\underline{S}$ de S et qui sont invariants par le sous-espace $\mathcal{C}^S_{\varnothing}$ des fonctions affines $\ell\colon S \to \mathbb{R}$. Dans l'espace quotient $\mathbb{R}^S/\mathcal{C}^S_{\varnothing}$, les $\mathcal{C}^S_{\underline{S}}/\mathcal{C}^S_{\varnothing}$ constituent un éventail qui définit la variété torique $\mathcal{A}^S$ de tore $\mathcal{A}^S_{\varnothing} = \mathbb{G}^S_m/(\mathbb{G}^S_m)_{\varnothing}$.

Soit alors $\widetilde{\mathcal{C}}^S \subset \mathcal{C}^S \subset \mathbb{R}^S$ le cône des fonctions

$$v\colon S \to \mathbb{R}$$

qui sont « convexes » c'est-à-dire éléments de $\mathcal{C}^S$, sont à valeurs ≥ 0 et sont telles que l'ensemble $\{\underline{i} \in S \mid v(\underline{i}) = 0\}$ ne soit pas vide.

Pour tout couple $(\underline{S}, S')$ formé d'un pavage entier convexe $\underline{S}$ de S et d'une facette S' de ce pavage, on note $\widetilde{\mathcal{C}}^S_{\underline{S},S'}$ le sous-cône convexe non vide de $\widetilde{\mathcal{C}}^S$ constitué des fonctions $v\colon S \to \mathbb{R}^+$ telles que $\underline{S}$ soit le pavage associé à v c'est-à-dire $v \in \mathcal{C}^S_{\underline{S}}$ et que $S' = \{\underline{i} \in S \mid v(\underline{i}) = 0\}$.

En particulier, si $\varnothing$ désigne le couple formé du pavage trivial de S et de son unique cellule S, le cône $\widetilde{\mathcal{C}}^S_{\varnothing}$ est le point $\{0\}$ dans $\mathbb{R}^S$.

De façon analogue à la proposition 2.1, on a :

Proposition 4.1. *Pour $S \subseteq S^{r,n}$ un convexe entier arbitraire, on a :*

(i) *Le cône $\widetilde{\mathcal{C}}^S$ est la réunion disjointe des cônes convexes $\widetilde{\mathcal{C}}^S_{\underline{S},S'}$ quand $(\underline{S}, S')$ décrit l'ensemble des pavages entiers convexes $\underline{S}$ de S avec facette distinguée S'.*

(ii) *Pour tout $(\underline{S}, S')$, l'adhérence $\overline{\widetilde{\mathcal{C}}^S_{\underline{S},S'}}$ de $\widetilde{\mathcal{C}}^S_{\underline{S},S'}$ dans $\mathbb{R}^S$ est la réunion disjointe des $\widetilde{\mathcal{C}}^S_{\underline{U},U}$ où $\underline{U}$ décrit l'ensemble des pavages entiers convexes de S plus grossiers que $\underline{S}$ et U l'ensemble des facettes de $\underline{U}$ qui contiennent S'.*

De plus, $\overline{\widetilde{\mathcal{C}}^S_{\underline{S},S'}}$ est un cône convexe polyédral rationnel dont les faces sont les adhérences $\overline{\widetilde{\mathcal{C}}^S_{\underline{U},U}}$ de ces $\widetilde{\mathcal{C}}^S_{\underline{U},U}$.

(iii) *Étant donnés deux pavages entiers convexes* $\underline{S}_1$ *et* $\underline{S}_2$ *de* S *avec deux facettes distinguées* S_1 *et* S_2*, l'ensemble des pavages avec facette distinguée* $(\underline{U}, U)$ *tels que* $\underline{U}$ *soit plus grossier à la fois que* $\underline{S}_1$ *et* $\underline{S}_2$ *et que* U *contienne à la fois* S_1 *et* S_2 *n'est pas vide et il admet un plus petit élément* $(\underline{U}_0, U_0)$*. L'intersection de* $\overline{\widetilde{\mathcal{C}}^S_{\underline{S}_1,S_1}}$ *et* $\overline{\widetilde{\mathcal{C}}^S_{\underline{S}_2,S_2}}$ *est égale à* $\overline{\widetilde{\mathcal{C}}^S_{\underline{U}_0,U_0}}$*.*

DÉMONSTRATION. (i) résulte de la proposition 2.1(i) et de la définition des cônes $\widetilde{\mathcal{C}}^S_{\underline{S},S'}$.

(ii) L'adhérence $\overline{\widetilde{\mathcal{C}}^S_{\underline{S},S'}}$ de $\widetilde{\mathcal{C}}^S_{\underline{S},S'}$ dans $\mathbb{R}^S$ est constituée des fonctions $v\colon S \to \mathbb{R}$ qui sont convexes, éléments de $\overline{\mathcal{C}^S_{\underline{S}}}$ (c'est-à-dire dont la restriction à chaque cellule ou facette de $\underline{S}$ est affine), à valeurs ≥ 0, et telles que $S' \subseteq \{\underline{i} \in S \mid v(\underline{i}) = 0\}$. Ainsi (ii) résulte-t-il de la proposition 2.1(ii).

(iii) Cet ensemble n'est pas vide car il contient le couple formé par le pavage trivial de S et son unique cellule S. Notons $(\underline{U}_1, U_1), \ldots, (\underline{U}_k, U_k)$ ses éléments et choisissons des fonctions $v_1, \ldots, v_k$ dans les sous-cônes associés de $\mathbb{R}^S$. Les pavages entiers convexes $\underline{U}_1, \ldots, \underline{U}_k$ sont plus grossiers que $\underline{S}_1$ (ou $\underline{S}_2$) donc d'après la proposition 1.5(v) toutes les cellules du pavage $\underline{U}_0$ défini par intersection des cellules de $\underline{U}_1, \ldots, \underline{U}_k$ sont encore des convexes entiers. Le cône $\mathcal{C}^S_{\underline{U}_0}$ contient la fonction $v_0 = v_1 + \cdots + v_k$ et donc $\underline{U}_0$ est un pavage entier convexe de S.

On a $v_0 \geq 0$ et le sous-ensemble $U_0 = \{\underline{i} \in S \mid v_0(\underline{i}) = 0\}$ est une facette du pavage $\underline{U}_0$ qui contient à la fois S_1 et S_2. Par construction, $(\underline{U}_0, U_0)$ est le plus petit élément de l'ensemble $\{(\underline{U}_1, U_1), \ldots, (\underline{U}_k, U_k)\}$.

La deuxième assertion est conséquence immédiate de la première et de la partie (ii) déjà démontrée. □

D'après cette proposition, la famille des cônes convexes polyédraux rationnels $\overline{\widetilde{\mathcal{C}}^S_{\underline{S},S'}}$ constitue un éventail dans l'espace $\mathbb{R}^S$ des fonctions $S \to \mathbb{R}$. La théorie générale des variétés toriques telle qu'exposée dans [Saint-Donat et Kempf, 1973, §2] associe à cet éventail une variété torique normale $\widetilde{\mathcal{A}}'^S$ de tore $\widetilde{\mathcal{A}}'^S_{\varnothing} = \mathbb{G}^S_m$. On a :

LEMME 4.2. *Pour tout convexe entier* $S \subseteq S^{r,n}$*, l'identification*

$$\widetilde{\mathcal{A}}'^S_{\varnothing} = \mathbb{G}^S_m$$

se prolonge en un morphisme équivariant de variétés toriques partout défini

$$\widetilde{\mathcal{A}}'^S \to (\mathbb{A}^1)^S - \{0\}$$

dont les composantes sont des caractères notés

$$\chi_{\underline{i}}\colon \widetilde{\mathcal{A}}'^S \to \mathbb{A}^1, \quad \underline{i} \in S.$$

Le tore $\mathbb{G}_m$ *agit librement sur* $\widetilde{\mathcal{A}}'^S$*.*

DÉMONSTRATION. On a un morphisme équivariant partout défini

$$\widetilde{\mathcal{A}}'^S \to (\mathbb{A}^1)^S - \{0\}$$

car le cône $\widetilde{\mathcal{C}}^S \subset \mathbb{R}^S$ qui définit la variété torique $\widetilde{\mathcal{A}}'^S$ est contenu dans celui des fonctions $v \geq 0$ qui s'annulent en au moins un point de S.

La deuxième assertion est conséquence immédiate de la première. □

On note $\widetilde{\mathcal{A}}^S$ la variété torique normale de tore $\widetilde{\mathcal{A}}^S_\varnothing = \mathbb{G}_m^S/\mathbb{G}_m$ qui est le quotient de $\widetilde{\mathcal{A}}'^S$ par l'action libre de $\mathbb{G}_m$. Elle est munie d'un morphisme équivariant

$$\widetilde{\mathcal{A}}^S \to \mathbb{P}\big((\mathbb{A}^1)^S\big).$$

Les orbites dans $\widetilde{\mathcal{A}}^S$ sont les quotients par $\mathbb{G}_m$ de celles de $\widetilde{\mathcal{A}}'^S$. Ce sont des sous-schémas localement fermés indexés naturellement par les couples $(\underline{S}, S')$ formés d'un pavage entier convexe $\underline{S}$ de S et d'une facette (dite « facette distinguée ») S' de $\underline{S}$; on les note $\widetilde{\mathcal{A}}^S_{\underline{S},S'}$.

Chacune a un point distingué $\alpha_{\underline{S},S'}$ dont le stabilisateur $(\mathbb{G}_m^S)_{\underline{S},S'}$ dans $\mathbb{G}_m^S$ est le sous-tore des fonctions $S \longrightarrow \mathbb{G}_m$ dont la restriction à toute cellule du pavage $\underline{S}$ est affine et dont la restriction à la facette S' est constante.

L'adhérence d'une orbite $\widetilde{\mathcal{A}}^S_{\underline{S},S'}$ est la réunion des $\widetilde{\mathcal{A}}^S_{\underline{U},U}$ pour $\underline{U}$ raffinant $\underline{S}$ et U une facette de $\underline{U}$ contenue dans S'. La réunion des $\widetilde{\mathcal{A}}^S_{\underline{U},U}$ pour $\underline{U}$ un pavage plus grossier que $\underline{S}$ et U contenant S' est le plus petit ouvert invariant contenant $\widetilde{\mathcal{A}}^S_{\underline{S},S'}$; il est affine.

On peut dire aussi que les pavages entiers convexes $\underline{S}$ de S avec facette distinguée S' sont les points du champ torique $\widetilde{\mathcal{A}}^S/\widetilde{\mathcal{A}}^S_\varnothing$ quotient de la variété torique $\widetilde{\mathcal{A}}^S$ par son tore $\widetilde{\mathcal{A}}^S_\varnothing$. Un point $(\underline{U}, U)$ est dans l'adhérence d'un autre $(\underline{S}, S')$ si et seulement si le pavage $\underline{U}$ raffine le pavage $\underline{S}$ et la facette U est contenue dans S'.

Quand $S = S^{r,n}$, on pourra noter $\widetilde{\mathcal{C}}^{r,n}$, $\widetilde{\mathcal{C}}^{r,n}_{\underline{S},S'}$, $\widetilde{\mathcal{A}}^{r,n}$, $\widetilde{\mathcal{A}}^{r,n}_{\underline{S},S'}$ plutôt que $\widetilde{\mathcal{C}}^S$, $\widetilde{\mathcal{C}}^S_{\underline{S},S'}$, $\widetilde{\mathcal{A}}^S$, $\widetilde{\mathcal{A}}^S_{\underline{S},S'}$.

4.2. Le morphisme d'oubli des facettes distinguées

On considère toujours un convexe entier $S \subseteq S^{r,n}$.

L'homomorphisme de passage au quotient

$$\mathbb{R}^S \to \mathbb{R}^S/\mathcal{C}^S_\varnothing$$

envoie le cône $\widetilde{\mathcal{C}}^S$ sur le cône $\mathcal{C}^S/\mathcal{C}^S_\varnothing$ et il respecte les structures d'éventails. Par conséquent, il définit un morphisme de variétés toriques

$$\widetilde{\mathcal{A}}^S \to \mathcal{A}^S$$

qui est équivariant relativement à l'homomorphisme

$$\widetilde{\mathcal{A}}^S_\varnothing = \mathbb{G}_m^S/\mathbb{G}_m \to \mathbb{G}_m^S/(\mathbb{G}_m^S)_\varnothing = \mathcal{A}^S_\varnothing.$$

Pour tout pavage avec facette distinguée $(\underline{S}, S')$ de S, ce morphisme envoie l'orbite $\widetilde{\mathcal{A}}^S_{\underline{S},S'}$ sur l'orbite $\mathcal{A}^S_{\underline{S}}$ et plus précisément le point distingué $\alpha_{\underline{S},S'}$ sur $\alpha_{\underline{S}}$. Le morphisme induit entre champs toriques

$$\widetilde{\mathcal{A}}^S/\widetilde{\mathcal{A}}^S_\varnothing \to \mathcal{A}^S/\mathcal{A}^S_\varnothing$$

représente donc l'oubli de la facette distinguée S' dans les couples $(\underline{S}, S')$.

Remarquons qu'on a un homomorphisme surjectif

$$\begin{aligned} \mathbb{G}_m^{n+1} &\to (\mathbb{G}_m^S)_\varnothing \\ (\lambda_0, \dots, \lambda_n) &\mapsto (S \ni \underline{i} = (i_0, \dots, i_n) \mapsto \lambda_0^{i_0} \cdots \lambda_n^{i_n}). \end{aligned}$$

Montrons :

PROPOSITION 4.3. *Pour tout convexe entier $S \subseteq S^{r,n}$ de dimension s, on a :*

Le morphisme produit

$$\widetilde{\mathcal{A}}^S \to \mathcal{A}^S \times \mathbb{P}\big((\mathbb{A}^1)^S\big)$$

est une immersion fermée si bien que la variété torique $\widetilde{\mathcal{A}}^S$ est quasi projective.

(i) *Le morphisme d'oubli des facettes distinguées*

$$\widetilde{\mathcal{A}}^S \to \mathcal{A}^S$$

est projectif et plat de dimension relative s.

Ses fibres sont géométriquement réduites.

(ii) *Si $(\underline{S}, S')$ est un pavage avec facette distinguée, le tore $(\mathbb{G}_m^S)_\varnothing$ ou $\mathbb{G}_m^{n+1}$ agit transitivement sur l'intersection de l'orbite $\widetilde{\mathcal{A}}^S_{\underline{S},S'}$ et de la fibre au-dessus de $\alpha_{\underline{S}}$.*

Si p est la codimension de S' dans $S^{r,n}$ et $\{0,\ldots,n\} = J_0 \amalg \cdots \amalg J_p$ est la partition de $\{0,\ldots,n\}$ canoniquement associée à S' dans le lemme I.7, *le stabilisateur du point distingué $\alpha_{\underline{S},S'}$ dans $\mathbb{G}_m^{n+1}$ est le sous-tore diagonal*

$$(\mathbb{G}_m^{n+1})_{S'} = \mathbb{G}_m^{p+1} = \mathbb{G}_m \times \cdots \times \mathbb{G}_m \hookrightarrow \mathbb{G}_m^{J_0} \times \cdots \times \mathbb{G}_m^{J_p} = \mathbb{G}_m^{n+1}.$$

DÉMONSTRATION. (i) On sait déjà d'après le lemme 2.2 que la variété torique $\mathcal{A}^S$ est quasi projective. Il suffit donc de prouver que le morphisme

$$\widetilde{\mathcal{A}}'^S \to \mathcal{A}^S \times [(\mathbb{A}^1)^S - \{0\}]$$

est une immersion fermée.

Tout d'abord, il vérifie le critère valuatif de propreté par définition même des cônes $\mathcal{C}^S/\mathcal{C}^S_\varnothing$ et $\widetilde{\mathcal{C}}^S$ auxquels sont associées les variétés toriques $\mathcal{A}^S$ et $\widetilde{\mathcal{A}}'^S$: toute fonction $v\colon S \to \mathbb{R}$ qui est convexe c'est-à-dire est élément de $\mathcal{C}^S$ et qui est ≥ 0 et s'annule en au moins un point est dans le cône $\widetilde{\mathcal{C}}^S \subset \mathbb{R}^S$.

Plaçons-nous au-dessus d'un ouvert affine invariant arbitraire $\mathcal{A}$ de $\mathcal{A}^S$; c'est la réunion des orbites associées aux pavages plus grossiers qu'un certain pavage entier convexe $\underline{S}$ de S. Et pour $\underline{i}$ un point de S, considérons l'ouvert affine $(\mathbb{A}^1)^S_{\underline{i}}$ de $(\mathbb{A}^1)^S - \{0\}$ défini par la condition que la coordonnée d'indice $\underline{i}$ soit non nulle. Si S' est la plus petite facette de $\underline{S}$ qui contient $\underline{i}$, l'image réciproque de $\mathcal{A} \times (\mathbb{A}^1)^S_{\underline{i}}$ dans $\widetilde{\mathcal{A}}'^S$ est l'ouvert affine $\widetilde{\mathcal{A}}'$ qui est le plus petit ouvert invariant contenant l'orbite $\widetilde{\mathcal{A}}^S_{\underline{S},S'}$. Ainsi, le morphisme

$$\widetilde{\mathcal{A}}' \to \mathcal{A} \times (\mathbb{A}^1)^S_{\underline{i}}$$

est fini puisqu'il est affine et propre. Notant $\widetilde{\mathcal{A}}''$ le sous-schéma fermé de $\mathcal{A} \times (\mathbb{A}^1)^S_{\underline{i}}$ qui est son image schématique, le morphisme induit

$$\widetilde{\mathcal{A}}' \to \widetilde{\mathcal{A}}''$$

est fini et birationnel ; il s'agit de prouver que c'est un isomorphisme.

Il suffit de vérifier cela en codimension ≤ 2. On peut donc supposer que la facette S' de $\underline{S}$ est de dimension s ou $s-1$ ou bien que $\underline{S}$ est le pavage trivial de S et que S' est une face de S de codimension 2.

Soit $\chi\colon \widetilde{\mathcal{A}}'^S_\varnothing \to \mathbb{G}_m$ un caractère du tore $\widetilde{\mathcal{A}}'^S_\varnothing = \mathbb{G}_m^S$ qui se prolonge en $\chi\colon \widetilde{\mathcal{A}}' \to \mathbb{A}^1$. On doit montrer que χ est bien défini déjà sur $\widetilde{\mathcal{A}}''$.

Si S' a la même dimension s que S, elle contient une famille $e_{S'} = \{e_0, \dots, e_s\}$ de $s+1$ points qui est génératrice du réseau des points entiers. Cette famille définit un scindage

$$b_{e_{S'}} : \mathcal{A}^S_\varnothing = \mathbb{G}^S_m/(\mathbb{G}^S_m)_\varnothing \to \mathbb{G}^S_m = \widetilde{\mathcal{A}}'^S_\varnothing$$

de la suite exacte

$$1 \to (\mathbb{G}^S_m)_\varnothing \to \mathbb{G}^S_m \to \mathbb{G}^S_m/(\mathbb{G}^S_m)_\varnothing \to 1$$

qui se prolonge en un morphisme partout défini

$$b_{e_{S'}} : \mathcal{A} \to \widetilde{\mathcal{A}}'.$$

En effet, si on associe à tout élément de $\mathcal{C}^S/\mathcal{C}^S_\varnothing \subset \mathbb{R}^S/\mathcal{C}^S_\varnothing$ qui est dans le cône de $\mathcal{A}$ son unique représentant $v\colon S \to \mathbb{R}$ dans $\mathbb{R}^S$ qui s'annule en les points de $e_{S'}$ et donc de S', ce représentant v est dans le cône de $\widetilde{\mathcal{A}}'$.

Alors $\overline{\chi} = \chi \circ b_{e_{S'}}$ est un caractère de $\mathcal{A}^S_\varnothing$ qui se prolonge à $\mathcal{A}$.

Notons p la projection de $\widetilde{\mathcal{A}}'$ ou $\widetilde{\mathcal{A}}''$ sur $\mathcal{A}$ et pour tout point e de S, désignons par χ_e le caractère de $\widetilde{\mathcal{A}}^S_\varnothing = \mathbb{G}^S_m$ qui est le projection sur la coordonnée d'indice e. On peut écrire

$$\chi = (\overline{\chi} \circ p) \cdot \chi^{n_0}_{e_0} \cdots \chi^{n_s}_{e_s}$$

pour certains entiers $n_0, \dots, n_s \in \mathbb{Z}$. Les caractères $\chi_{e_0}, \dots, \chi_{e_s}$ se prolongent sur $\widetilde{\mathcal{A}}''$ et restent inversibles puisque les points $e_0, \dots, e_s$ sont dans S'. Cela prouve que χ est bien défini sur $\widetilde{\mathcal{A}}''$.

Si la facette S' de $\underline{S}$ est de dimension $s-1$ et n'est pas contenue dans une face de S, elle est face commune à exactement deux cellules S'_1 et S'_2 de dimension s du pavage $\underline{S}$. On peut trouver des points $e_1, \dots, e_s$ de S' et des points e^1_0, e^2_0 de S'_1 et S'_2 tels que les familles $e_{S'_1} = \{e^1_0, e_1, \dots, e_s\}$ et $e_{S'_2} = \{e^2_0, e_1, \dots, e_s\}$ soient génératrices du réseau des points entiers. Elles déterminent deux sections

$$b_{e_{S'_1}}, b_{e_{S'_2}} : \mathcal{A} \to \widetilde{\mathcal{A}}'$$

de la projection $p\colon \widetilde{\mathcal{A}}' \to \mathcal{A}$.

Alors $\overline{\chi}_1 = \chi \circ b_{e_{S'_1}}$ et $\overline{\chi}_2 = \chi \circ b_{e_{S'_2}}$ sont deux caractères bien définis sur $\mathcal{A}$ et on peut écrire

$$\chi = (\overline{\chi}_1 \circ p) \cdot \chi^{n^1_0}_{e^1_0} \chi^{n^1_1}_{e_1} \cdots \chi^{n^1_s}_{e_s}$$
$$\chi = (\overline{\chi}_2 \circ p) \cdot \chi^{n^2_0}_{e^2_0} \chi^{n^2_1}_{e_1} \cdots \chi^{n^2_s}_{e_s}$$

où n^1_0, $n^1_1, \dots, n^1_s$ et n^2_0, $n^2_1, \dots, n^2_s$ sont des éléments de $\mathbb{Z}$ qui vérifient $n^2_0 = -n^1_0$ (si bien que n^1_0 ou n^2_0 est ≥ 0). Tous les caractères $\chi_{e_1} \cdots \chi_{e_s}$ sont bien définis et inversibles sur $\widetilde{\mathcal{A}}''$ et les deux autres $\chi_{e^1_0}$, $\chi_{e^2_0}$ sont bien définis sur $\widetilde{\mathcal{A}}''$. Donc χ est bien défini sur $\widetilde{\mathcal{A}}''$.

Si S' est contenue dans une face de S et a pour dimension $s-1$, elle est face d'exactement une cellule S'_1 du pavage $\underline{S}$. On peut trouver des points $e_1, \dots, e_s$ dans S' et un point e_0 de S'_1 tels que la famille $e_{S'_1} = \{e_0, e_1, \dots, e_s\}$ soit génératrice.

Alors le composé $\overline{\chi} = \chi \circ b_{e_{S'_1}}$ de χ avec la section associée $b_{e_{S'_1}} : \mathcal{A} \to \widetilde{\mathcal{A}}'$ est un caractère bien défini sur $\mathcal{A}$ et on peut écrire

$$\chi = (\overline{\chi} \circ p) \cdot \chi^{n_0}_{e_0} \chi^{n_1}_{e_1} \cdots \chi^{n_s}_{e_s}$$

avec $n_0, n_1, \ldots, n_s \in \mathbb{Z}$. Le caractère χ est un élément de l'espace dual de $\mathbb{R}^S$. Il doit prendre des valeurs ≥ 0 sur les fonctions $v\colon S \to \mathbb{R}$ qui sont affines, à valeurs ≥ 0 et s'annulent sur S'. Cela impose $n_0 \geq 0$. Les caractères $\chi_{e_0}, \ldots, \chi_{e_s}$ sont bien définis sur $\widetilde{\mathcal{A}}''$ et, sauf peut-être le premier, ils sont inversibles. Donc χ est bien défini sur $\widetilde{\mathcal{A}}''$.

Voyons enfin le cas où le pavage $\underline{S}$ est trivial et S' est une face de S de codimension 2. Elle est face commune à exactement deux faces S'_0, S'_1 de S de codimension 1. On peut trouver des points $e_2, \ldots, e_s$ de S', un point e_0 de S'_0 et un point e_1 de S'_1 tels que la famille $e_S = \{e_0, e_1, \ldots, e_s\}$ soit génératrice.

Alors $\overline{\chi} = \chi \circ b_{e_S}$ est bien défini sur $\mathcal{A}$ et on peut écrire

$$\chi = (\overline{\chi} \circ p) \cdot \chi_{e_0}^{n_0} \chi_{e_1}^{n_1} \cdots \chi_{e_s}^{n_s}$$

avec $n_0, n_1, \ldots, n_s \in \mathbb{Z}$. Le caractère χ, vu comme forme linéaire sur $\mathbb{R}^S$, doit prendre des valeurs ≥ 0 sur les fonctions affines $v\colon S \to \mathbb{R}$ qui sont à valeurs ≥ 0 et s'annulent sur S'_0 ou bien sur S'_1. Cela impose $n_0 \geq 0$ et $n_1 \geq 0$. Les caractères $\chi_{e_0}, \ldots, \chi_{e_s}$ sont bien définis sur $\widetilde{\mathcal{A}}''$ et, sauf peut-être χ_{e_0} et χ_{e_1}, ils sont inversibles. Donc χ est bien défini sur $\widetilde{\mathcal{A}}''$.

Cela termine la preuve de (i).

(iii) Si $\underline{S}$ est un pavage entier convexe de S et S' une facette de $\underline{S}$, le stabilisateur dans $\mathbb{G}_m^S$ du point distingué $\alpha_{\underline{S}}$ de $\mathcal{A}^S$ est le tore des fonctions $S \to \mathbb{G}_m$ dont la restriction à chaque cellule de $\underline{S}$ est affine, et le stabilisateur du point distingué $\alpha_{\underline{S},S'}$ de $\widetilde{\mathcal{A}}^S$ est le sous-tore de ces fonctions $S \to \mathbb{G}_m$ qui valent 1 sur S'. Par conséquent, l'intersection de la fibre de $\widetilde{\mathcal{A}}^S$ au-dessus de $\alpha_{\underline{S}}$ et de l'orbite $\widetilde{\mathcal{A}}^S_{\underline{S},S'}$ de $\alpha_{\underline{S},S'}$ est munie d'une action simplement transitive du quotient $(\mathbb{G}_m^{S'})_\varnothing/\mathbb{G}_m$ par $\mathbb{G}_m$ du tore $(\mathbb{G}_m^{S'})_\varnothing$ des fonctions affines $S' \to \mathbb{G}_m$. Or l'homomorphisme composé

$$\mathbb{G}_m^{n+1} \to (\mathbb{G}_m^S)_\varnothing \to (\mathbb{G}_m^{S'})_\varnothing/\mathbb{G}_m$$

est surjectif. Avec les notations de l'énoncé, il reste seulement à prouver que son noyau est le sous-tore

$$(\mathbb{G}_m^{n+1})_{S'} = \mathbb{G}_m^{p+1}.$$

D'après le lemme 1.7, on peut écrire

$$S' = S'_0 \times S'_1 \times \cdots \times S'_p$$

où, avec $r = r_0 + \cdots + r_p$ et $n_i = |J_i| - 1$, $0 \leq i \leq p$, chaque S'_i est un pavé entier (c'est-à-dire un convexe entier de dimension maximale n_i) dans

$$S^{r_i,n_i} = \left\{ (i_\alpha)_{\alpha\in J_i} \in \mathbb{N}^{J_i} \;\middle|\; \sum_{\alpha\in J_i} i_\alpha = r_i \right\}.$$

De plus, d'après la proposition 1.5(iv), chaque S'_i engendre le réseau $\mathbb{Z}^{r_i,n_i}$ des points entiers dans $\mathbb{R}^{r_i,n_i} = \{\underline{x} = (x_\alpha)_{\alpha\in J_i} \in \mathbb{R}^{J_i} \mid \sum_{\alpha\in J_i} x_\alpha = r_i\}$. On conclut en remarquant que le noyau de l'homomorphisme

$$\mathbb{G}_m^{J_i} \ni (\lambda_\alpha)_{\alpha\in J_i} \mapsto \left(\prod_{\alpha\in J_i} \lambda_\alpha^{i_\alpha} \right)_{\underline{i}=(i_\alpha)\in\mathbb{Z}^{J_i}, \sum i_\alpha = 0}$$

est $\mathbb{G}_m$ plongé diagonalement.

(ii) On sait déjà d'après (i) que le morphisme $\widetilde{\mathcal{A}}^S \to \mathcal{A}^S$ est projectif et d'après (iii) qu'il est équidimensionnel de dimension relative s. Comme $\mathcal{A}^S$ est normale, on n'a plus qu'à montrer que ses fibres sont géométriquement réduites ou, ce qui est équivalent, celles de $\widetilde{\mathcal{A}}'^S \to \mathcal{A}^S$.

Comme dans la preuve de (i), on peut se restreindre à deux ouverts affines invariants $\widetilde{\mathcal{A}}'$ et $\mathcal{A}$ de $\widetilde{\mathcal{A}}'^S$ et $\mathcal{A}^S$. L'unique orbite fermée de $\mathcal{A}$ correspond à un pavage entier convexe $\underline{S}$ de S et on peut supposer que l'unique orbite fermée de $\widetilde{\mathcal{A}}'$ correspond au couple formé de $\underline{S}$ et d'une facette de dimension 0 c'est-à-dire un sommet $\underline{i}$ de $\underline{S}$.

On considère un caractère χ de $\widetilde{\mathcal{A}}'^S_{\varnothing} = \mathbb{G}_m^S$ partout bien défini sur $\widetilde{\mathcal{A}}$. Il s'agit de prouver que s'il s'annule sur toutes les orbites de $\widetilde{\mathcal{A}}'$ associées aux cellules S' de $\underline{S}$ qui contiennent $\underline{i}$, alors il est dans l'idéal engendré par l'idéal de $\mathcal{A}$ qui définit l'orbite fermée $\mathcal{A}^S_{\underline{S}}$.

D'après (i) déjà démontré, le caractère χ est de la forme

$$\chi = (\overline{\chi} \circ p) \cdot \chi_{\underline{i}}^n \cdot \chi_{e_1} \cdots \chi_{e_m}$$

où $\overline{\chi}$ est un caractère partout défini sur $\mathcal{A}$ qu'on compose avec $p\colon \widetilde{\mathcal{A}}' \to \mathcal{A}$, n est un entier dans $\mathbb{Z}$ et $e_1, \ldots, e_m$ sont des points de S différents de $\underline{i}$.

Si le caractère $\overline{\chi}\colon \mathcal{A} \to \mathbb{A}^1$ s'annule sur l'orbite fermée $\mathcal{A}^S_{\underline{S}}$, on a terminé. Sinon, on est dans l'un des deux cas suivants : ou bien il y a parmi les points $e_1, \ldots, e_m$ deux points e et e' tels que $\{e, e'\}$ ne soit contenu dans aucune cellule du pavage $\underline{S}$, ou bien il y a parmi $e_1, \ldots, e_m$ au moins un point e qui n'est contenu dans aucune cellule de $\underline{S}$ qui contienne $\underline{i} = e'$.

Il suffit de prouver que le caractère

$$\chi_e \chi_{e'}\colon \widetilde{\mathcal{A}}' \to \mathbb{A}^1$$

est divisible par un caractère de $\mathcal{A}$ qui s'annule sur $\mathcal{A}^S_{\underline{S}}$. Notons e'' le milieu du segment $[e, e']$. C'est un point de $S_{\mathbb{R}} \subset \mathbb{R}^{r,n}$ dont les coordonnées sont dans $\frac{1}{2}\mathbb{Z}$.

Pour toute fonction $v\colon S \to \mathbb{R}$ qui est dans le cône $\overline{\mathcal{C}^S_{\underline{S}}}$ (dont le quotient par le sous-espace $\mathcal{C}^S_{\varnothing}$ définit la variété torique affine $\mathcal{A}$), on désigne par $v_{\mathbb{R}}\colon S_{\mathbb{R}} \to \mathbb{R}$ son unique prolongement en une fonction sur $S_{\mathbb{R}}$ dont la restriction à $S'_{\mathbb{R}}$, pour toute cellule S' de $\underline{S}$, soit affine.

Alors l'application

$$v \mapsto 2v_{\mathbb{R}}(e'')$$

est une fonctionnelle linéaire qui prend des valeurs entières en les $v\colon S \to \mathbb{Z}$. Bien sûr elle prend des valeurs ≥ 0 sur le cône $\overline{\widetilde{\mathcal{C}}^S_{\underline{S},\{\underline{i}\}}}$ qui définit la variété torique affine $\widetilde{\mathcal{A}}'$. Il lui est associé un caractère $\chi'\colon \widetilde{\mathcal{A}}' \to \mathbb{A}^1$, bien défini à multiplication près par un caractère inversible sur $\widetilde{\mathcal{A}}'$.

La fonctionnelle linéaire

$$v \mapsto v(e) + v(e') - 2v_{\mathbb{R}}(e'')$$

prend aussi des valeurs entières en les $v\colon S \to \mathbb{Z}$, elle s'annule sur le sous-espace $\mathcal{C}^S_{\varnothing}$ des fonctions affines et elle prend des valeurs ≥ 0 sur le cône $\overline{\mathcal{C}^S_{\underline{S}}}$ et même > 0 sur son intérieur $\mathcal{C}^S_{\underline{S}}$ (puisqu'il n'existe pas de cellule de $\underline{S}$ qui contienne à la fois e et e'). Il lui est associé un caractère $\overline{\chi}'\colon \mathcal{A} \to \mathbb{A}^1$, bien défini à multiplication près par un caractère inversible sur $\mathcal{A}$ et qui est dans l'idéal de définition de l'orbite fermée $\mathcal{A}^S_{\underline{S}}$.

La conclusion résulte alors de l'égalité

$$\chi_e \chi_{e'} = (\overline{\chi}' \circ p) \cdot \chi',$$

vraie à multiplication près par un caractère inversible sur $\mathcal{A}$.

On a terminé la démonstration de la proposition. □

4.3. Le fibré équivariant canonique

On considère maintenant un espace gradué

$$E = E_0 \oplus E_1 \oplus \cdots \oplus E_n$$

et un convexe entier arbitraire

$$S \subseteq \{\underline{i} = (i_0, \ldots, i_n) \in S^{r,n} \mid i_\alpha \leq \operatorname{rg} E_\alpha,\ \forall\, \alpha\}.$$

On rappelle que le schéma $\Omega^{S,E}$ sur la variété torique $\mathcal{A}^S$ a été construit comme sous-schéma fermé du produit

$$\mathcal{A}^S \times \mathbb{G}_m \Big\backslash \prod_{\underline{i} \in S} (\Lambda^{\underline{i}} E_\bullet - \{0\}).$$

En faisant un changement de base par le morphisme équivariant

$$\widetilde{\mathcal{A}}^S \to \mathcal{A}^S,$$

on voit que le produit fibré

$$\Omega^{S,E} \times_{\mathcal{A}^S} \widetilde{\mathcal{A}}^S$$

est un sous-schéma fermé dans le produit

$$\widetilde{\mathcal{A}}^S \times \mathbb{G}_m \Big\backslash \prod_{\underline{i} \in S} (\Lambda^{\underline{i}} E_\bullet - \{0\}).$$

Il est invariant par la double action du tore $\widetilde{\mathcal{A}}^S_{\varnothing} = \mathbb{G}_m^S / \mathbb{G}_m$ (que l'on fait agir sur le deuxième facteur composante par composante et sur le premier facteur via l'homomorphisme $\lambda \mapsto \lambda^{-1}$ de passage à l'inverse) et du groupe $\operatorname{Aut}(E_0) \times \cdots \times \operatorname{Aut}(E_n)$.

Rappelons qu'on a notées $\chi_{\underline{i}} \colon \widetilde{\mathcal{A}}'^S \to \mathbb{A}^1$, $\underline{i} \in S$, les composantes du morphisme équivariant $\widetilde{\mathcal{A}}'^S \to (\mathbb{A}^1)^S - \{0\}$ du lemme 4.2. On peut les voir aussi comme les composantes homogènes de $\widetilde{\mathcal{A}}^S \to \mathbb{P}\big((\mathbb{A}^1)^S\big)$.

Considérons enfin la grassmannienne $\mathrm{Gr}^{r,E}$ plongée comme sous-schéma fermé de

$$\mathbb{P}(\Lambda^r E) = \mathbb{G}_m \Big\backslash \left(\prod_{\underline{i} \in S^{r,n}} \Lambda^{\underline{i}} E_\bullet \right) - \{0\}$$

et munie de l'action de $\operatorname{Aut}(E_0) \times \cdots \times \operatorname{Aut}(E_n)$.

On a :

Proposition 4.4. *La flèche*

$$\widetilde{\mathcal{A}}^S \times \mathbb{G}_m \Big\backslash \prod_{\underline{i} \in S} (\Lambda^{\underline{i}} E_\bullet - \{0\}) \to \mathbb{G}_m \Big\backslash \left(\prod_{\underline{i} \in S^{r,n}} \Lambda^{\underline{i}} E_\bullet \right) - \{0\}$$

$$(\lambda, (x_{\underline{i}})_{\underline{i} \in S}) \mapsto \big((\chi_{\underline{i}}(\lambda) \cdot x_{\underline{i}})_{\underline{i} \in S}, (0)_{\underline{i} \in S^{r,n} - S} \big)$$

définit un morphisme

$$\widetilde{\mathcal{A}}^S \times_{\mathcal{A}^S} \Omega^{S,E} \to \mathrm{Gr}^{r,E}$$

qui est respecté par l'action de $\widetilde{\mathcal{A}}^S_\varnothing = \mathbb{G}_m^S/\mathbb{G}_m$ *sur la source et commute aux actions de* $\mathrm{Aut}(E_0) \times \cdots \times \mathrm{Aut}(E_n)$.

Au-dessus de l'ouvert dense $\widetilde{\mathcal{A}}^S_\varnothing$, *il s'envoie dans la cellule de Schubert mince* $\mathrm{Gr}^{r,E}_S$ *et se relève en un isomorphisme*

$$\widetilde{\mathcal{A}}^S_\varnothing \times_{\mathcal{A}^S_\varnothing} \Omega^{S,E}_\varnothing \xrightarrow{\sim} (\mathbb{G}_m^S/\mathbb{G}_m) \times \mathrm{Gr}^{r,E}_S.$$

Démonstration. Cette flèche définit un morphisme équivariant

$$\widetilde{\mathcal{A}}'^S \times_{\mathcal{A}^S} \Omega^{S,E} \to \mathbb{P}(\Lambda^r E)$$

et on a seulement à montrer qu'il se factorise à travers le sous-schéma fermé $\mathrm{Gr}^{r,E}$.

On sait d'après la proposition 4.3(ii) que le morphisme $\widetilde{\mathcal{A}}'^S \times_{\mathcal{A}^S} \Omega^{S,E} \to \Omega^{S,E}$ est plat et que ses fibres sont géométriquement réduites. Il suffit donc de prouver qu'il y a factorisation au-dessus d'un ouvert de $\widetilde{\mathcal{A}}'^S \times_{\mathcal{A}^S} \Omega^{S,E}$ qui soit dense fibre à fibre. On peut se placer au-dessus d'un ouvert affine $\widetilde{\mathcal{A}}'$ de $\widetilde{\mathcal{A}}'^S$ qui est le plus petit ouvert invariant contenant l'orbite associée au couple formé d'un pavage entier convexe $\underline{S}$ de S et d'une cellule (de même dimension que S) S' du pavage $\underline{S}$.

Soit $\mathcal{A}$ le plus petit ouvert affine invariant de $\mathcal{A}^S$ qui contienne l'orbite $\mathcal{A}^S_{\underline{S}}$. La projection $\widetilde{\mathcal{A}}'^S \to \mathcal{A}^S$ se localise en $p\colon \widetilde{\mathcal{A}}' \to \mathcal{A}$.

Dans la cellule S', on peut choisir une famille $e_{S'}$ de $\dim(S)+1$ points qui est génératrice du réseau des points entiers du sous-espace affine de $\mathbb{R}^{r,n}$ engendré par S. Cette famille définit une section équivariante

$$b_{e_{S'}}\colon \mathcal{A} \to \widetilde{\mathcal{A}}'$$

de la projection $p\colon \widetilde{\mathcal{A}}' \to \mathcal{A}$.

Soit $\{P\}$ une famille de polynômes homogènes sur $\left(\prod_{\underline{i}\in S} \Lambda^{\underline{i}} E_\bullet\right) - \{0\}$ qui définissent la trace de la grassmannienne $\mathrm{Gr}^{r,E}$. On peut supposer qu'ils sont transformés par le tore $(\mathbb{G}_m^S)_\varnothing$ des fonctions affines $S \to \mathbb{G}_m$ suivant des caractères $\chi_P\colon (\mathbb{G}_m^S)_\varnothing \to \mathbb{G}_m$.

D'après la construction du schéma $\Omega^{S,E}$ dans la preuve du théorème 2.4, les points

$$(\lambda, (x_{\underline{i}})_{\underline{i}\in S})$$

à valeurs dans le schéma

$$\widetilde{\mathcal{A}}' \times \mathbb{G}_m \Big\backslash \prod_{\underline{i}\in S} (\Lambda^{\underline{i}} E_\bullet - \{0\})$$

qui se factorisent à travers le sous-schéma fermé

$$\widetilde{\mathcal{A}}' \times_{\mathcal{A}^S} \Omega^{S,E}$$

vérifient en particulier les équations

$$P\Big(\big((\chi_{\underline{i}} \circ b_{e_{S'}} \circ p)(\lambda) \cdot x_{\underline{i}}\big)_{\underline{i}\in S}\Big) = 0.$$

Or il existe un caractère partout bien défini

$$\chi\colon \widetilde{\mathcal{A}}' \to (\mathbb{G}_m^S)_\varnothing$$

tel que sur $\widetilde{\mathcal{A}}'$, on ait l'égalité

$$\lambda = (b_{e_{S'}} \circ p)(\lambda) \cdot \chi(\lambda).$$

Les équations ci-dessus se récrivent donc

$$(\chi_P \circ \chi)(\lambda) \cdot P\big((\chi_{\underline{i}}(\lambda) \cdot x_{\underline{i}})_{\underline{i} \in S}\big) = 0$$

et elles sont équivalentes à

$$P\big((\chi_{\underline{i}}(\lambda) \cdot x_{\underline{i}})_{\underline{i} \in S}\big) = 0.$$

Cela termine la démonstration. □

Dans le fibré

$$\mathrm{Gr}^{r,E} \times E$$

constant égal à E au-dessus de la grassmannienne $\mathrm{Gr}^{r,E}$, le sous-module

$$\{(F, x) \in \mathrm{Gr}^{r,E} \times E \mid x \in F\}$$

est un sous-fibré maximal localement constant de rang r. Il est invariant par l'action de $\mathrm{Aut}\, E$ et en particulier par celle de $\mathrm{Aut}(E_0) \times \cdots \times \mathrm{Aut}(E_n)$ et du tore central $\mathbb{G}_m^{n+1}$ de celui-ci. On peut l'appeler le fibré canonique de rang r sur $\mathrm{Gr}^{r,E}$. On a comme conséquence immédiate de la proposition 4.4 :

COROLLAIRE 4.5. *Le produit fibré*

$$\widetilde{\mathcal{A}}^S \times_{\mathcal{A}^S} \Omega^{S,E}$$

est muni d'un fibré canonique $\mathcal{E}^S$ de rang r qui est l'image réciproque de celui de $\mathrm{Gr}^{r,E}$ par le morphisme

$$\widetilde{\mathcal{A}}^S \times_{\mathcal{A}^S} \Omega^{S,E} \to \mathrm{Gr}^{r,E}$$

de la proposition 4.4. Il est muni d'une double action de $\widetilde{\mathcal{A}}^S_\varnothing = \mathbb{G}_m^S/\mathbb{G}_m$ et de $\mathrm{Aut}(E_0) \times \cdots \times \mathrm{Aut}(E_n)$.

On peut aussi le voir comme un fibré localement libre de rang r sur le schéma

$$\overline{\Omega}^{S,E} \times_{\mathcal{A}^S/\widetilde{\mathcal{A}}^S_\varnothing} \widetilde{\mathcal{A}}^S/\widetilde{\mathcal{A}}^S_\varnothing$$

projectif et plat sur $\overline{\Omega}^{S,E}$, qui est muni d'une action de $\mathbb{G}_m^{n+1}$ qui relève celle sur $\widetilde{\mathcal{A}}^S$.

DÉMONSTRATION. La première assertion résulte simplement de ce que le morphisme de la proposition 4.4 est respecté par $\mathbb{G}_m^S/\mathbb{G}_m$ et commute aux actions de $\mathrm{Aut}(E_0) \times \cdots \times \mathrm{Aut}(E_n)$.

Le morphisme de structure

$$\overline{\Omega}^{S,E} \to \mathcal{A}^S/\mathcal{A}^S_\varnothing$$

se factorise en un morphisme canonique

$$\overline{\Omega}^{S,E} \to \mathcal{A}^S/\widetilde{\mathcal{A}}^S_\varnothing$$

car par construction $\overline{\Omega}^{S,E}$ est le quotient par l'action libre de $\mathbb{G}_m^S/\mathbb{G}_m = \widetilde{\mathcal{A}}^S_\varnothing$ du schéma $\Omega^{S,E}$ qui est muni d'un morphisme équivariant sur $\mathcal{A}^S$.

Cela donne un sens à l'écriture

$$\overline{\Omega}^{S,E} \times_{\mathcal{A}^S/\widetilde{\mathcal{A}}^S_\varnothing} \widetilde{\mathcal{A}}^S/\widetilde{\mathcal{A}}^S_\varnothing$$

qui d'après la proposition 4.3(ii) désigne un schéma projectif et plat sur $\overline{\Omega}^{S,E}$. (Il est muni du fibré très ample relatif qui est le quotient du fibré inversible canonique

$\mathcal{O}(1)$ de $\mathbb{P}((\mathbb{A}^1)^S)$ par $\widetilde{\mathcal{A}}^S_\varnothing$ pour n'importe quel choix de scindage de la suite exacte $1 \to \mathbb{G}_m \to \mathbb{G}_m^S \to \mathbb{G}_m^S/\mathbb{G}_m = \widetilde{\mathcal{A}}^S_\varnothing \to 1$.) Ce schéma s'identifie au quotient de

$$\widetilde{\mathcal{A}}^S \times_{\mathcal{A}^S} \Omega^{S,E}$$

par l'action libre de $\mathcal{A}^S_\varnothing = \mathbb{G}_m^S/\mathbb{G}_m$ (qui agit sur le second facteur composante par composante et sur le premier via l'homomorphisme $\lambda \mapsto \lambda^{-1}$).

Pour conclure, il suffit de remarquer qu'avec cette identification le quotient de l'action de $\mathbb{G}_m^{n+1}$ sur $\widetilde{\mathcal{A}}^S \times_{\mathcal{A}^S} \Omega^{S,E}$ qui est triviale sur $\widetilde{\mathcal{A}}^S$ et déduite de $\mathbb{G}_m^{n+1} \hookrightarrow \mathrm{Aut}(E_0) \times \cdots \times \mathrm{Aut}(E_n)$ sur $\Omega^{S,E}$ correspond à l'action de $\mathbb{G}_m^{n+1}$ sur $\overline{\Omega}^{S,E} \times_{\mathcal{A}^S/\widetilde{\mathcal{A}}^S_\varnothing} \widetilde{\mathcal{A}}^S/\widetilde{\mathcal{A}}^S_\varnothing$ qui est triviale sur $\overline{\Omega}^{S,E}$ et déduite de l'homomorphisme $\mathbb{G}_m^{n+1} \twoheadrightarrow (\mathbb{G}_m^S)_\varnothing/\mathbb{G}_m \hookrightarrow \mathbb{G}_m^S/\mathbb{G}_m$ sur $\widetilde{\mathcal{A}}^S$ relativement à $\mathcal{A}^S$. □

4.4. Le champ des fibrés équivariants

On considère encore un convexe entier arbitraire

$$S \subseteq S^{r,n} = \left\{ \underline{i} = (i_0, \dots, i_n) \in \mathbb{N}^{n+1} \,\middle|\, \sum_{\alpha=0}^{n} i_\alpha = r \right\}$$

défini par un matroïde $(d_I^S)_{I \subseteq \{0,\dots,n\}}$ de rang r sur $\{0, \dots, n\}$.

Le corollaire 4.5 amène à vouloir classifier les fibrés localement libres de rang r sur les fibres du morphisme projectif et plat $\widetilde{\mathcal{A}}^S \to \mathcal{A}^S$ qui sont équivariants sous l'action du tore $\mathbb{G}_m^{n+1}$. On rappelle en effet que $\mathbb{G}_m^{n+1}$ agit sur $\widetilde{\mathcal{A}}^S$ via son quotient $(\mathbb{G}_m^S)_\varnothing/\mathbb{G}_m$ en respectant le morphisme $\widetilde{\mathcal{A}}^S \to \mathcal{A}^S$.

Si $\underline{S}$ est un pavage entier convexe de S, S' une facette de $\underline{S}$ dont la codimension dans $S^{r,n}$ est p et $\{0, \dots, n\} = J_0 \amalg \cdots \amalg J_p$ est la décomposition canoniquement associée à S' selon le lemme 1.7, on a vu dans la proposition 4.3(iii) que le stabilisateur dans $\mathbb{G}_m^{n+1}$ du point distingué $\alpha_{\underline{S},S'}$ de $\widetilde{\mathcal{A}}^S$ est le sous-tore diagonal

$$(\mathbb{G}_m^{n+1})_{S'} = \mathbb{G}_m^{p+1} \hookrightarrow \mathbb{G}_m^{J_0} \times \cdots \times \mathbb{G}_m^{J_p} = \mathbb{G}_m^{n+1}.$$

On notera $\chi_{S'}^{J_i} : (\mathbb{G}_m^{n+1})_{S'} \to \mathbb{G}_m$, $0 \le i \le p$, les $p+1$ caractères de $(\mathbb{G}_m^{n+1})_{S'}$ qui sont les projections de $\mathbb{G}_m^{p+1}$ sur les différents facteurs.

On a :

LEMME 4.6. *À tout schéma X muni d'un morphisme vers le champ quotient $\mathcal{A}^S/\widetilde{\mathcal{A}}^S_\varnothing$, associons le groupoïde des fibrés $\mathcal{E}$ localement libres de rang r sur le produit fibré*

$$\widetilde{X} = X \times_{\mathcal{A}^S/\widetilde{\mathcal{A}}^S_\varnothing} \widetilde{\mathcal{A}}^S/\widetilde{\mathcal{A}}^S_\varnothing$$

et équivariants sous l'action de $\mathbb{G}_m^{n+1}$ qui vérifient la propriété suivante :

(∗) *On demande que pour tout pavage entier convexe $\underline{S}$ de S et toute facette S' de $\underline{S}$ (de décomposition associée $\{0, \dots, n\} = J_0 \amalg \cdots \amalg J_p$), le fibré équivariant $\mathcal{E}_{\underline{S},S'}$ induit par $\mathcal{E}$ sur $X \times_{\mathcal{A}^S/\widetilde{\mathcal{A}}^S_\varnothing} \widetilde{\mathcal{A}}^S_{\underline{S},S'}/\widetilde{\mathcal{A}}^S_\varnothing$ se décompose en une somme directe*

$$\mathcal{E}_{\underline{S},S'} = \bigoplus_{i=0}^{p} \mathcal{E}_{\underline{S},S'}^{J_i}$$

respectée par l'action de $\mathbb{G}_m^{n+1}$ *et telle que chaque* $\mathcal{E}^{J_i}_{\underline{S},S'}$ *soit un fibré localement libre de rang* $d^{S'}_{J_i}$ *sur lequel le stabilisateur* $(\mathbb{G}_m^{n+1})_{S'}$ *agisse par son caractère* $\chi^{J_i}_{S'}$.

Alors ce problème de modules est représentable par un unique champ algébrique $\overline{\mathcal{V}ec}^{r,S}$ *muni d'un morphisme*

$$\overline{\mathcal{V}ec}^{r,S} \to \mathcal{A}^S/\widetilde{\mathcal{A}}^S_{\varnothing}.$$

Démonstration. Les fibrés équivariants considérés vérifient la propriété de descente pour la topologie étale et les isomorphismes entre eux constituent des faisceaux. Donc ils définissent un champ $\overline{\mathcal{V}ec}^{r,S}$ muni d'un morphisme $\overline{\mathcal{V}ec}^{r,S} \to \mathcal{A}^S/\widetilde{\mathcal{A}}^S_{\varnothing}$.

Il s'agit de prouver que ce champ $\overline{\mathcal{V}ec}^{r,S}$ est algébrique au sens d'Artin. On peut procéder comme pour la démonstration du théorème 4.6.2.1 de Laumon et Moret-Bailly [2000].

Si $\mathcal{E}, \mathcal{E}'$ sont deux points de $\overline{\mathcal{V}ec}^{r,S}$ à valeurs dans un schéma X c'est-à-dire deux fibrés $\mathbb{G}_m^{n+1}$-équivariants sur $\widetilde{X} = X \times_{\mathcal{A}^S/\widetilde{\mathcal{A}}^S_{\varnothing}} \widetilde{\mathcal{A}}^S/\widetilde{\mathcal{A}}^S_{\varnothing}$, il résulte de [Grothendieck, 1960–1967, III, paragraphe 7.7] que le faisceau des isomorphismes linéaires de $\mathcal{E}$ sur $\mathcal{E}'$ est représentable par un schéma V de type fini sur X. Ce schéma est muni d'une action de $\mathbb{G}_m^{n+1}$ et le sous-faisceau des isomorphismes équivariants de $\mathcal{E}$ sur $\mathcal{E}'$ est représentable par le sous-schéma fermé de V défini comme le lieu fixe de $\mathbb{G}_m^{n+1}$.

Il reste à construire un schéma P et un morphisme de présentation

$$P \to \overline{\mathcal{V}ec}^{r,S}$$

représentable, surjectif et lisse. Pour cela, on peut aussi bien remplacer $\overline{\mathcal{V}ec}^{r,S}$ par le torseur $\overline{\mathcal{V}ec}^{r,S} \times_{\mathcal{A}^S/\widetilde{\mathcal{A}}^S_{\varnothing}} \mathcal{A}^S$ qui associe à tout schéma X l'ensemble des morphismes $X \to \mathcal{A}^S$ munis d'un fibré $\mathbb{G}_m^{n+1}$-équivariant de rang r sur $X \times_{\mathcal{A}^S} \widetilde{\mathcal{A}}^S$ qui vérifie les conditions $(*)$.

On sait que le morphisme $\widetilde{\mathcal{A}}^S \to \mathcal{A}^S$ est projectif, plat et respecté par l'action de $\mathbb{G}_m^{n+1}$. On peut choisir sur $\widetilde{\mathcal{A}}^S$ un fibré inversible $\mathbb{G}_m^{n+1}$-équivariant $\mathcal{O}(1)$ qui est ample relativement à $\mathcal{A}^S$. Pour tous entiers N, $n \geq 1$, on considère le schéma de Hilbert (ou plutôt de Grothendieck) $\mathrm{Quot}^{N,n}$ qui classifie les faisceaux cohérents sur $\widetilde{\mathcal{A}}^S$ relativement à $\mathcal{A}^S$ qui sont écrits comme quotients de $\mathcal{O}(-n)^N$.

Puis, pour toute représentation ρ de $\mathbb{G}_m^{n+1}$ dans GL_N, on note $P^{N,n,\rho}$ le sous-schéma localement fermé de $\mathrm{Quot}^{N,n}$ qui classifie les faisceaux cohérents $\mathcal{E}$ tels que :

- $\mathcal{E}$ est localement libre de rang r (condition ouverte),
- l'homomorphisme surjectif de quotient

  $$\mathcal{O}(-n)^N \twoheadrightarrow \mathcal{E}$$

  induit un isomorphisme

  $$\mathbb{A}^N = H^0(\mathcal{O}^N) \xrightarrow{\sim} H^0(\mathcal{E} \otimes \mathcal{O}(n))$$

  (condition ouverte),
- si on considère l'action de $\mathbb{G}_m^{n+1}$ sur $\mathrm{Quot}^{N,n}$ qui est induite par celle sur $\mathcal{O}(-n)^N$ définie comme produit tensoriel de celle sur $\mathcal{O}(-n)$ et de ρ, $\mathcal{E}$ est

un point fixe sous cette action (condition fermée) et donc $\mathcal{E}$ est un fibré $\mathbb{G}_m^{n+1}$-équivariant,
- les fibres du fibré équivariant $\mathcal{E}$ au-dessus des points des strates $\widetilde{\mathcal{A}}^S_{\underline{S},S'}$ de $\widetilde{\mathcal{A}}^S$ vérifient les conditions $(*)$ (qui sont à la fois ouvertes et fermées).

Alors les champs algébriques quotients des $P^{N,n,\rho}$ par les groupes des automorphismes de $\mathbb{A}^N$ qui respectent ρ s'identifient à des ouverts de $\overline{\mathcal{V}ec}^{r,S} \times_{\mathcal{A}^S/\widetilde{\mathcal{A}}^S_\varnothing} \mathcal{A}^S$ et ils en forment un recouvrement. □

Ayant défini le champ $\overline{\mathcal{V}ec}^{r,S}$, nous pouvons reformuler et préciser de la manière suivante le corollaire 4.5 :

COROLLAIRE 4.7. *Pour tout espace gradué $E = E_0 \oplus \cdots \oplus E_n$, le fibré équivariant canonique $\mathcal{E}^S$ sur $\overline{\Omega}^{S,E} \times_{\mathcal{A}^S/\widetilde{\mathcal{A}}^S_\varnothing} \widetilde{\mathcal{A}}^S/\widetilde{\mathcal{A}}^S_\varnothing$ peut être vu comme un morphisme*

$$\overline{\Omega}^{S,E} \to \overline{\mathcal{V}ec}^{r,S}$$

au-dessus de $\mathcal{A}^S/\widetilde{\mathcal{A}}^S_\varnothing$.

DÉMONSTRATION. La seule chose à vérifier est que le fibré $\mathcal{E}^S$ satisfait les conditions $(*)$ du lemme 4.6.

On rappelle qu'il est l'image réciproque du fibré canonique de rang r sur $\mathrm{Gr}^{r,E}$ par le morphisme équivariant

$$\widetilde{\mathcal{A}}^S \times_{\mathcal{A}^S} \Omega^{S,E} \to \mathrm{Gr}^{r,E}.$$

Si $\underline{S}$ est un pavage entier convexe de S et S' une facette de $\underline{S}$ (avec $\{0,\ldots,n\} = J_0 \amalg \cdots \amalg J_p$ la décomposition associée), le morphisme induit

$$\widetilde{\mathcal{A}}^S_{\underline{S},S'} \times_{\mathcal{A}^S} \Omega^{S,E} \to \mathrm{Gr}^{r,E}$$

se factorise à travers la cellule de Schubert mince $\mathrm{Gr}^{r,E}_{S'}$. Celle-ci classifie des sous-espaces $F \hookrightarrow E$ qui se décomposent en sommes directes

$$F = F_0 \oplus \cdots \oplus F_p$$

où, pour tout i, $0 \le i \le p$, F_i est un sous-espace de E_{J_i} de dimension $d^{S'}_{J_i}$. Un tel sous-espace F et sa décomposition sont respectés par

$$\mathbb{G}_m^{p+1} = (\mathbb{G}_m^{n+1})_{S'} \hookrightarrow \mathbb{G}_m^{n+1} \hookrightarrow \mathrm{Aut}(E_0) \times \cdots \times \mathrm{Aut}(E_n)$$

et $(\mathbb{G}_m^{n+1})_{S'}$ agit sur chaque facteur F_i par son caractère $\chi^{J_i}_{S'}$ qui est la i^{e} projection de $\mathbb{G}_m^{p+1}$. □

Terminons ce paragraphe par deux résultats généraux sur les fibrés équivariants sur les variétés toriques (non nécessairement normales).

Considérons donc une variété (c'est-à-dire un schéma intègre de type fini) affine X sur un corps algébriquement clos k, munie de l'action d'un tore T et admettant une orbite ouverte. Si M désigne le groupe abélien des caractères $\chi\colon T \to \mathbb{G}_m$ de T, la variété X s'écrit

$$X = \mathrm{Spec}(k[M_X])$$

pour un certain sous-semi-groupe M_X de M. Elle a une unique orbite fermée qui a la forme

$$X^0 = \mathrm{Spec}(k[M_X^0])$$

(en notant M_X^0 le groupe des éléments inversibles de M_X) et dont l'idéal de définition est engendré par $M_X^+ = M_X - M_X^0$.

LEMME 4.8. *Dans la situation et avec les notations ci-dessus, on a :*

(i) *Tout fibré localement libre T-équivariant $\mathcal{E}$ sur la variété affine X est entièrement déterminé par sa restriction $\mathcal{E}^0$ à l'orbite fermée X^0.*

En particulier, il est somme de fibrés équivariants inversibles, et il est trivial si et seulement si sa restriction $\mathcal{E}^0$ est triviale.

(ii) *Si $\mathcal{E}$ et $\mathcal{E}'$ sont deux fibrés T-équivariants sur X, tout morphisme équivariant sur X^0 entre les restrictions*

$$\mathcal{E}^0 \to \mathcal{E}'^0$$

se relève en un morphisme équivariant sur X

$$\mathcal{E} \to \mathcal{E}'.$$

Ce relèvement est unique s'il n'existe pas de paire de caractères χ, $\chi' \in M$ qui apparaissent dans les décompositions de $\Gamma(X^0, \mathcal{E}^0)$ et $\Gamma(X^0, \mathcal{E}'^0)$ (vues comme représentations de T) et qui vérifient

$$\chi\chi'^{-1} \in M_X^+.$$

DÉMONSTRATION. (ii) Si $\mathcal{E}$ et $\mathcal{E}'$ sont des fibrés localement libres et équivariants sur X, il en est de même de $\mathcal{H}om(\mathcal{E}, \mathcal{E}') = \mathcal{E}' \otimes \check{\mathcal{E}}$ et on a

$$\mathrm{Hom}(\mathcal{E}, \mathcal{E}') = \Gamma(X, \mathcal{E}' \otimes \check{\mathcal{E}}),$$
$$\mathrm{Hom}(\mathcal{E}^0, \mathcal{E}'^0) = \Gamma(X^0, \mathcal{E}'^0 \otimes \check{\mathcal{E}}^0) = \Gamma(X^0, \mathcal{E}'^0) \otimes_{k[M_X^0]} \Gamma(X^0, \mathcal{E}^0)^\vee.$$

Il suffit donc de traiter le cas où $\mathcal{E}$ est le fibré inversible trivial $\mathcal{O}_X$.

Les modules $\Gamma(X, \mathcal{E}')$ et $\Gamma(X^0, \mathcal{E}'^0)$ sont projectifs sur $k[M_X]$ et $k[M_X^0]$ respectivement et ils sont gradués c'est-à-dire se décomposent canoniquement en sommes directes

$$\Gamma(X, \mathcal{E}') = \bigoplus_{\chi \in M} \Gamma(X, \mathcal{E}')_\chi$$
$$\Gamma(X^0, \mathcal{E}'^0) = \bigoplus_{\chi \in M} \Gamma(X^0, \mathcal{E}'^0)_\chi$$

d'espaces de dimensions finies $\Gamma(X, \mathcal{E}')_\chi$ et $\Gamma(X^0, \mathcal{E}'^0)_\chi$ sur lesquels le tore T agit par les caractères χ.

De plus, chaque $\Gamma(X^0, \mathcal{E}'^0)_\chi$ s'identifie au quotient de $\Gamma(X, \mathcal{E}')_\chi$ par le sous-espace engendré par les images des applications linéaires

$$\Gamma(X, \mathcal{E}')_{\chi\chi'^{-1}} \to \Gamma(X, \mathcal{E}')_\chi, \quad \chi' \in M_X^+,$$

de multiplication par les caractères $\chi' \in M_X^+$.

Si 1 désigne le caractère trivial de T, on voit que tout élément de

$$\Gamma(X^0, \mathcal{E}'^0)_1 = \mathrm{Hom}_T(\mathcal{O}_{X^0}, \mathcal{E}'^0)$$

se relève en un élément de

$$\Gamma(X, \mathcal{E}')_1 = \mathrm{Hom}_T(\mathcal{O}_X, \mathcal{E}')$$

et ce relèvement est unique si on suppose

$$\Gamma(X, \mathcal{E}')_{\chi'^{-1}} = 0, \quad \forall \chi' \in M_X^+.$$

(i) D'après (ii), tout isomorphisme

$$\mathcal{E}^0 \xrightarrow{\sim} \mathcal{E}'^0$$

entre les restrictions à X^0 de deux fibrés localement libres et équivariants $\mathcal{E}, \mathcal{E}'$ sur X se relève en un morphisme équivariant

$$\mathcal{E} \to \mathcal{E}'$$

qui est nécessairement un isomorphisme puisque sa restriction à l'unique orbite fermée de X l'est et que $\mathcal{E}$ et $\mathcal{E}'$ sont localement libres.

Pour conclure, il suffit de remarquer que la catégorie des fibrés équivariants sur X^0 est équivalente à celle des représentations de dimension finie du sous-groupe du tore T fixateur de n'importe quel point de X^0 et que toute telle représentation est somme directe de représentations de dimension 1. □

Enfin, on a :

LEMME 4.9. *Soient X un schéma muni de l'action du tore $\mathbb{G}_m$ et $\mathcal{E}$ un fibré localement libre et $\mathbb{G}_m$-équivariant sur X.*

Soit x_1 un point de X tel que le morphisme

$$\mathbb{G}_m \to X \quad \lambda \mapsto \lambda \cdot x_1$$

se prolonge en un morphisme

$$\mathbb{A}^1 \to X.$$

On note x_0 le point de X image de $0 \in \mathbb{A}^1$.

On suppose que la fibre $\mathcal{E}_0$ de $\mathcal{E}$ en x_0, munie de l'action de $\mathbb{G}_m$, se décompose en une somme directe

$$\mathcal{E}_0 = \mathcal{E}'_0 \oplus \mathcal{E}''_0$$

telle que $\mathbb{G}_m$ agisse sur $\mathcal{E}'_0$ et $\mathcal{E}''_0$ par deux caractères $\lambda \mapsto \lambda^{m'}$ et $\lambda \mapsto \lambda^{m''}$ avec $m' < m''$.

Alors la fibre $\mathcal{E}_1$ de $\mathcal{E}$ en x_1 s'inscrit dans une suite exacte canonique

$$0 \to \mathcal{E}''_0 \to \mathcal{E}_1 \to \mathcal{E}'_0 \to 0.$$

DÉMONSTRATION. On peut supposer que X est $\mathbb{A}^1$ muni de l'action canonique de $\mathbb{G}_m$ et que $x_1 = 1$, $x_0 = 0$.

On se propose de définir un homomorphisme $u\colon \mathcal{E}_1 \to \mathcal{E}_0$ par

$$e \mapsto \lim_{\lambda \mapsto 0} \lambda^{-m'} \cdot e$$

et un homomorphisme $v\colon \mathcal{E}_0 \to \mathcal{E}_1$ via son dual $v^\vee : \mathcal{E}_1^\vee \to \mathcal{E}_0^\vee$ en posant

$$v^\vee(e^\vee) = \lim_{\lambda \mapsto 0} \lambda^{m''} \cdot e^\vee.$$

Il s'agit de vérifier que u et v sont bien définis et que

$$\operatorname{Im} u = \mathcal{E}'_0, \quad \operatorname{Ker} v = \mathcal{E}'_0, \quad \operatorname{Ker} u = \operatorname{Im} v.$$

Pour tout entier $m \in \mathbb{Z}$, notons $\mathcal{O}(m)$ le fibré inversible trivial $\mathbb{A}^1 \times \mathbb{A}^1$ sur $\mathbb{A}^1$ muni de l'action équivariante de $\mathbb{G}_m$ définie par le caractère $\lambda \mapsto \lambda^m$.

D'après le lemme 4.8(i), $\mathcal{E}$ peut s'écrire comme une somme directe de facteurs égaux à $\mathcal{O}(m')$ ou $\mathcal{O}(m'')$ et il suffit de traiter le cas où $\mathcal{E} = \mathcal{O}(m')$ ou $\mathcal{E} = \mathcal{O}(m'')$.

Si $\mathcal{E} = \mathcal{O}(m')$, on a $\mathcal{E}_0 = \mathcal{E}'_0$, $\mathcal{E}''_0 = 0$, $v = 0$ et u est un isomorphisme.

Si $\mathcal{E} = \mathcal{O}(m'')$, on a $\mathcal{E}_0 = \mathcal{E}''_0$, $\mathcal{E}'_0 = 0$, $u = 0$ et v est un isomorphisme. □

4.5. Décomposition d'un convexe entier en facteurs et fibrés équivariants

Comme dans la seconde partie du paragraphe 2.4, on considère ici un convexe entier

$$S \subset S^{r,n} = \{(i_0, \ldots, i_n) \in \mathbb{N}^{n+1} \mid i_0 + \cdots + i_n = r\}$$

qui est de codimension $p \geq 1$ dans $S^{r,n}$. On écrit les décompositions du lemme 1.7 :

$$\{0, 1, \ldots, n\} = \coprod_{i=0}^{p} J_i \quad \text{avec } |J_i| = n_i + 1,$$
$$r = r_0 + \cdots + r_p,$$
$$S = S_0 \times \cdots \times S_p,$$

où chaque S_i, $0 \leq i \leq p$, est un pavé entier dans

$$S^{r_i,n_i} = \left\{(i_\alpha)_{\alpha \in J_i} \in \mathbb{N}^{J_i} \,\middle|\, \sum_{\alpha \in J_i} i_\alpha = r_i\right\}.$$

Commençons par compléter le lemme 2.6 :

LEMME 4.10. *Dans la situation ci-dessus et pour tout pavage entier convexe de S qui est nécessairement de la forme*

$$\underline{S} = \underline{S}_0 \times \cdots \times \underline{S}_p,$$

les facettes de $\underline{S}$ sont exactement les produits

$$S' = S'_0 \times \cdots \times S'_p$$

de facettes $S'_0, \ldots, S'_p$ des pavages entiers convexes $\underline{S}_0, \ldots, \underline{S}_p$ de $S_0, \ldots, S_p$.

L'homomorphisme injectif canonique entre tores

$$\widetilde{\mathcal{A}}_{\varnothing}^{S_0} \times \cdots \times \widetilde{\mathcal{A}}_{\varnothing}^{S_p} \hookrightarrow \widetilde{\mathcal{A}}_{\varnothing}^{S}$$

induit un isomorphisme équivariant de variétés toriques

$$((\widetilde{\mathcal{A}}^{S_0} \times \cdots \times \widetilde{\mathcal{A}}^{S_p}) \times \widetilde{\mathcal{A}}_{\varnothing}^{S})/(\widetilde{\mathcal{A}}_{\varnothing}^{S_0} \times \cdots \times \widetilde{\mathcal{A}}_{\varnothing}^{S_p}) \xrightarrow{\sim} \widetilde{\mathcal{A}}^{S}$$

au-dessus de

$$((\mathcal{A}^{S_0} \times \cdots \times \mathcal{A}^{S_p}) \times \mathcal{A}_{\varnothing}^{S})/(\mathcal{A}_{\varnothing}^{S_0} \times \cdots \times \mathcal{A}_{\varnothing}^{S_p}) \xrightarrow{\sim} \mathcal{A}^{S}$$

et on a un isomorphisme canonique de champs toriques

$$\widetilde{\mathcal{A}}^{S_0}/\widetilde{\mathcal{A}}_{\varnothing}^{S_0} \times \cdots \times \widetilde{\mathcal{A}}^{S_p}/\widetilde{\mathcal{A}}_{\varnothing}^{S_p} \xrightarrow{\sim} \widetilde{\mathcal{A}}^{S}/\widetilde{\mathcal{A}}_{\varnothing}^{S}$$

au-dessus de

$$\mathcal{A}^{S_0}/\widetilde{\mathcal{A}}_{\varnothing}^{S_0} \times \cdots \times \mathcal{A}^{S_p}/\widetilde{\mathcal{A}}_{\varnothing}^{S_p} \xrightarrow{\sim} \mathcal{A}^{S}/\widetilde{\mathcal{A}}_{\varnothing}^{S}.$$

DÉMONSTRATION. On a vu dans la démonstration du lemme 2.6 que les fonctions $v\colon S \to \mathbb{R}$ qui sont convexes c'est-à-dire sont éléments du cône $\mathcal{C}^S \subset \mathbb{R}^S$ sont exactement celles de la forme

$$v = v_0 + \cdots + v_p$$

avec $v_0 \in \mathcal{C}^{S_0}, \ldots, v_p \in \mathcal{C}^{S_p}$. De plus, les fonctions $v_0, \ldots, v_p$ sont déterminées par v à addition près de constantes dont la somme vaut 0.

Si v est dans le sous-cône $\widetilde{\mathcal{C}}^S$ de $\mathcal{C}^S$ c'est-à-dire est ≥ 0 et prend la valeur 0 en au moins un point de S, il existe une unique façon de choisir $v_0 \in \widetilde{\mathcal{C}}^{S_0}, \ldots, v_p \in \widetilde{\mathcal{C}}^{S_p}$ de façon à vérifier

$$v = v_0 + \cdots + v_p$$

et dans ce cas on a

$$\{\underline{i} \in S \mid v(\underline{i}) = 0\} = \{\underline{i}_0 \in S_0 \mid v_0(\underline{i}_0) = 0\} \times \cdots \times \{\underline{i}_p \in S_p \mid v_p(\underline{i}_p) = 0\}.$$

Toutes les assertions du lemme se déduisent de là. □

Nous pouvons maintenant énoncer la proposition suivante dont la démonstration va occuper le reste de ce paragraphe :

PROPOSITION 4.11. *Dans la situation ci-dessus et en notant :*

$$q_i \colon \widetilde{\mathcal{A}}^S/\widetilde{\mathcal{A}}^S_\varnothing \to \widetilde{\mathcal{A}}^{S_i}/\widetilde{\mathcal{A}}^{S_i}_\varnothing, \quad 0 \leq i \leq p,$$

les $p+1$ composantes (au-dessus des $\mathcal{A}^S/\widetilde{\mathcal{A}}^S_\varnothing \to \mathcal{A}^{S_i}/\widetilde{\mathcal{A}}^{S_i}_\varnothing$) de l'isomorphisme

$$\widetilde{\mathcal{A}}^S/\widetilde{\mathcal{A}}^S_\varnothing \xrightarrow{\sim} \widetilde{\mathcal{A}}^{S_0}/\widetilde{\mathcal{A}}^{S_0}_\varnothing \times \cdots \times \widetilde{\mathcal{A}}^{S_p}/\widetilde{\mathcal{A}}^{S_p}_\varnothing,$$

le foncteur entre catégories de fibrés équivariants

$$(\mathcal{E}_0, \ldots, \mathcal{E}_p) \mapsto q_0^*\mathcal{E}_0 \oplus \cdots \oplus q_p^*\mathcal{E}_p$$

définit un isomorphisme de champs algébriques

$$\overline{\mathcal{V}ec}^{r_0,S_0} \times \cdots \times \overline{\mathcal{V}ec}^{r_p,S_p} \xrightarrow{\sim} \overline{\mathcal{V}ec}^{r,S}$$

au-dessus de

$$\mathcal{A}^{S_0}/\widetilde{\mathcal{A}}^{S_0}_\varnothing \times \cdots \times \mathcal{A}^{S_p}/\widetilde{\mathcal{A}}^{S_p}_\varnothing \xrightarrow{\sim} \mathcal{A}^S/\widetilde{\mathcal{A}}^S_\varnothing.$$

DÉMONSTRATION. L'isomorphisme

$$\big((\widetilde{\mathcal{A}}^{S_0} \times \cdots \times \widetilde{\mathcal{A}}^{S_p}) \times \widetilde{\mathcal{A}}^S_\varnothing\big)/(\widetilde{\mathcal{A}}^{S_0}_\varnothing \times \cdots \times \widetilde{\mathcal{A}}^{S_p}_\varnothing) \xrightarrow{\sim} \widetilde{\mathcal{A}}^S$$

est équivariant ; en particulier, il est compatible avec les actions sur les $\widetilde{\mathcal{A}}^{S_i}$ et $\widetilde{\mathcal{A}}^{S_i}_\varnothing$ des $\mathbb{G}_m^{J_i}$ et avec l'action sur $\widetilde{\mathcal{A}}$ et $\widetilde{\mathcal{A}}_\varnothing$ de $\mathbb{G}_m^{n+1} = \mathbb{G}_m^{J_0} \times \cdots \times \mathbb{G}_m^{J_p}$.

Si donc X est un schéma muni de morphismes $X \to \mathcal{A}^{S_i}/\widetilde{\mathcal{A}}^{S_i}_\varnothing$, $0 \leq i \leq p$, et les $\mathcal{E}_i$ sont des fibrés localement libres de rangs r_i et $\mathbb{G}_m^{J_i}$-équivariants sur les produits fibrés $X \times_{\mathcal{A}^{S_i}/\widetilde{\mathcal{A}}^{S_i}_\varnothing} \widetilde{\mathcal{A}}^{S_i}/\widetilde{\mathcal{A}}^{S_i}_\varnothing$, la somme directe

$$\mathcal{E} = q_0^*\mathcal{E}_0 \oplus \cdots \oplus q_p^*\mathcal{E}_p$$

est un fibré localement libre de rang r et $\mathbb{G}_m^{n+1}$-équivariant sur $X \times_{\mathcal{A}^S/\widetilde{\mathcal{A}}^S_\varnothing} \widetilde{\mathcal{A}}^S/\widetilde{\mathcal{A}}^S_\varnothing$. Et on vérifie aussitôt que si les $\mathcal{E}_i$ vérifient la propriété $(*)$ du lemme 4.6, alors il en est de même de $\mathcal{E}$.

Ainsi voit-on que le foncteur

$$(\mathcal{E}_0, \ldots, \mathcal{E}_p) \mapsto \mathcal{E} = q_0^*\mathcal{E}_0 \oplus \cdots \oplus q_p^*\mathcal{E}_p$$

définit un morphisme de champs algébriques

$$\overline{\mathcal{V}ec}^{r_0,S_0} \times \cdots \times \overline{\mathcal{V}ec}^{r_p,S_p} \to \overline{\mathcal{V}ec}^{r,S}$$

au-dessus de l'isomorphisme

$$\mathcal{A}^{S_0}/\widetilde{\mathcal{A}}^{S_0}_\varnothing \times \cdots \times \mathcal{A}^{S_p}/\widetilde{\mathcal{A}}^{S_p}_\varnothing \to \mathcal{A}^S/\widetilde{\mathcal{A}}^S_\varnothing.$$

Il reste à prouver que c'est un isomorphisme, c'est-à-dire que tout point $\mathcal{E}$ de $\overline{\mathcal{V}ec}^{r,S}$ à valeurs dans un schéma X s'écrit sous la forme

$$\mathcal{E} = q_0^*\mathcal{E}_0 \oplus \cdots \oplus q_p^*\mathcal{E}_p,$$

pour $\mathcal{E}_0, \dots, \mathcal{E}_p$ des points de $\overline{\mathcal{V}ec}^{r_0,S_0}, \dots, \overline{\mathcal{V}ec}^{r_p,S_p}$ à valeurs dans X bien déterminés à unique isomorphisme près.

Le sous-tore $\mathbb{G}_m^{p+1} = (\mathbb{G}_m^{n+1})_S \hookrightarrow \mathbb{G}_m^{n+1}$ obtenu comme produit des sous-tores diagonaux $\mathbb{G}_m \hookrightarrow \mathbb{G}_m^{J_i}$, $0 \leq i \leq p$, agit trivialement sur la variété torique $\widetilde{\mathcal{A}}^S$ et donc sur $X \times_{\mathcal{A}^S/\widetilde{\mathcal{A}}^S_\varnothing} \widetilde{\mathcal{A}}^S/\widetilde{\mathcal{A}}^S_\varnothing$. Il agit linéairement sur chaque fibre de $\mathcal{E}$ et, d'après la propriété $(*)$ que vérifie $\mathcal{E}$, chaque telle fibre se décompose en une somme directe de $p+1$ sous-espaces de dimensions $r_0, \dots, r_p$ sur lesquels $(\mathbb{G}_m^{n+1})_S = \mathbb{G}_m^{p+1}$ agit par ses $p+1$ caractères $\chi_S^{J_0}, \dots, \chi_S^{J_p}$ de projection sur $\mathbb{G}_m$.

Cela signifie que $\mathcal{E}$ se décompose canoniquement en une somme directe

$$\mathcal{E} = \mathcal{E}'_0 \oplus \cdots \oplus \mathcal{E}'_p$$

de $p+1$ fibrés $\mathbb{G}_m^{n+1}$-équivariants et localement libres de rangs $r_0, \dots, r_p$ sur lesquels $(\mathbb{G}_m^{n+1})_S$ agit par $\chi_S^{J_0}, \dots, \chi_S^{J_p}$. Il reste à démontrer que les facteurs $\mathcal{E}'_0, \dots, \mathcal{E}'_p$ sont de la forme

$$\mathcal{E}'_0 = q_0^*\mathcal{E}_0, \quad \dots, \quad \mathcal{E}'_p = q_p^*\mathcal{E}_p.$$

Pour cela, considérons un point géométrique x de X et $\underline{S} = \underline{S}_0 \times \cdots \times \underline{S}_p$ le pavage entier convexe de $S = S_0 \times \cdots \times S_p$ qui correspond à l'image de x dans $\mathcal{A}^S/\widetilde{\mathcal{A}}^S_\varnothing$. La fibre de $X \times_{\mathcal{A}^S/\widetilde{\mathcal{A}}^S_\varnothing} \widetilde{\mathcal{A}}^S/\widetilde{\mathcal{A}}^S_\varnothing$ au-dessus de x est isomorphe à

$$\widetilde{\mathcal{A}}^S \times_{\mathcal{A}^S} \alpha_{\underline{S}} \cong (\widetilde{\mathcal{A}}^{S_0} \times_{\mathcal{A}^{S_0}} \alpha_{\underline{S}_0}) \times \cdots \times (\widetilde{\mathcal{A}}^{S_p} \times_{\mathcal{A}^{S_p}} \alpha_{\underline{S}_p})$$

muni des projections $q_0, \dots, q_p$ sur ses $p+1$ facteurs et de l'action de $\mathbb{G}_m^{n+1} = \mathbb{G}_m^{J_0} \times \cdots \times \mathbb{G}_m^{J_p}$.

Si $S' = S'_0 \times \cdots \times S'_p$ est une facette arbitraire de $\underline{S}$, on a une identité entre sous-groupes fixateurs

$$(\mathbb{G}_m^{n+1})_{S'} = (\mathbb{G}_m^{J_0})_{S'_0} \times \cdots \times (\mathbb{G}_m^{J_p})_{S'_p}$$

et pour tout indice i, $0 \leq i \leq p$, il résulte de la définition du facteur $\mathcal{E}'_i$ de $\mathcal{E}$ et encore une fois de la propriété $(*)$ du lemme 4.6 que l'action de $\prod_{\substack{j=0 \\ j\neq i}}^p (\mathbb{G}_m^{J_p})_{S'_j}$ sur la fibre de $\mathcal{E}'_i$ au-dessus du point $(x, \alpha_{\underline{S},S'})$ de $X \otimes_{\mathcal{A}^S/\widetilde{\mathcal{A}}^S_\varnothing} \widetilde{\mathcal{A}}^S/\widetilde{\mathcal{A}}^S_\varnothing$ est triviale.

Pour conclure, on est ramené à démontrer le lemme suivant :

LEMME 4.12. *Soient $S \subseteq S^{r,n}$ un convexe entier, $\underline{S}$ un pavage entier convexe de S et $\mathcal{E}$ un fibré $\mathbb{G}_m^{n+1}$-équivariant et localement libre de rang r' sur le schéma projectif $\widetilde{\mathcal{A}}^S \times_{\mathcal{A}^S} \alpha_{\underline{S}}$.*

On suppose que pour toute facette S' de $\underline{S}$, le fixateur $(\mathbb{G}_m^{n+1})_{S'}$ du point $\alpha_{\underline{S},S'}$ agit trivialement sur la fibre de $\mathcal{E}$ au-dessus de ce point.

Alors le fibré équivariant $\mathcal{E}$ est trivial, son espace

$$H^0_{\mathbb{G}_m^{n+1}}(\widetilde{\mathcal{A}}^S \times_{\mathcal{A}^S} \alpha_{\underline{S}}, \mathcal{E})$$

des sections invariantes globales est de dimension r' et sa cohomologie équivariante vérifie

$$H^1_{\mathbb{G}_m^{n+1}}(\widetilde{\mathcal{A}}^S \times_{\mathcal{A}^S} \alpha_{\underline{S}}, \mathcal{E}) = 0.$$

DÉMONSTRATION. D'après le lemme 4.10, on peut supposer que S est un pavé entier de $S^{r,n}$ et que le résultat est connu pour la face S_0 de S définie par l'égalité $i_0 = d^S_{\{0\}}$ et le pavage $\underline{S}_0$ de S_0 induit par $\underline{S}$.

On note $Y_{\underline{S}}$ la fibre $\widetilde{\mathcal{A}}^S \times_{\mathcal{A}^S} \alpha_{\underline{S}}$ dans $\widetilde{\mathcal{A}}^S$. On remarque que $Y_{\underline{S}_0} = \widetilde{\mathcal{A}}^{S_0} \times_{\mathcal{A}^{S_0}} \alpha_{\underline{S}_0}$ s'identifie à un sous-schéma fermé de $Y_{\underline{S}}$ invariant par l'action de $\mathbb{G}_m^{n+1}$. Par hypothèse, la conclusion du lemme est déjà connue pour la restriction $\mathcal{E}_0$ de $\mathcal{E}$ à $Y_{\underline{S}_0}$.

Les composantes irréductibles $Y_{S'}$ de $Y_{\underline{S}}$ sont naturellement indexées par les pavés S' du pavage $\underline{S}$. Ce sont les adhérences schématiques des orbites $Y_{\underline{S}} \cap \widetilde{\mathcal{A}}_{\underline{S},S'}$ des points $\alpha_{\underline{S},S'}$ sous l'action de $\mathbb{G}_m^{n+1}$.

D'après le lemme 4.8(i), la restriction de $\mathcal{E}$ à n'importe quel ouvert affine invariant d'une composante $Y_{S'}$ est triviale et tout vecteur d'une fibre de $\mathcal{E}$ se prolonge de manière unique en une section invariante de $\mathcal{E}$ sur cet ouvert.

Il en résulte aussitôt que la restriction de $\mathcal{E}$ à une composante $Y_{S'}$ est triviale et que tout vecteur de la fibre de $\mathcal{E}$ en un point de $Y_{S'}$ se prolonge de manière unique en une section invariante de $\mathcal{E}$ sur tout $Y_{S'}$. De plus, toute extension équivariante

$$0 \to \mathcal{E} \to \mathcal{E}' \to \mathcal{O} \to 0$$

sur $Y_{S'}$ du fibré trivial $\mathcal{O}$ par $\mathcal{E}$ est scindée et tout scindage de la suite exacte des fibres en un point se prolonge de manière unique en un scindage équivariant sur tout $Y_{S'}$.

Par hypothèse de récurrence, les mêmes propriétés sont connues pour la restriction de $\mathcal{E}$ à $Y_{\underline{S}_0}$.

Pour conclure, il suffit de montrer qu'il est possible d'ordonner les pavés de $\underline{S}$ de telle façon que pour tout pavé S' de $\underline{S}$, l'intersection de $Y_{S'}$ avec la réunion de $Y_{\underline{S}_0}$ et des $Y_{S''}$ indexées par les pavés $S'' < S'$ de $\underline{S}$ est connexe. Cela résulte du lemme suivant (qui reprend le lemme 1 du paragraphe 3b de Lafforgue [1999]) :

LEMME 4.13. *Si S est un pavé entier de $S^{r,n}$ et $\underline{S}$ un pavage entier convexe de S, l'ensemble des pavés de $\underline{S}$ peut être totalement ordonné de sorte que, pour tout pavé S' de $\underline{S}$ et toute partie non vide $I \subsetneq \{0,1,\ldots,n\}$, on ait :*

- *si $0 \in I$, la face de S' d'équation $\sum_{\alpha\in I} i_\alpha = d_I^{S'}$ est contenue dans la réunion des faces de S d'équations $\sum_{\alpha\in J} i_\alpha = d_J^S$, $J \ni 0$, et des pavés $S'' < S'$ de $\underline{S}$,*
- *si $0 \notin I$, la face de S' d'équation $\sum_{\alpha\in I} i_\alpha = d_I^{S'}$ est contenue dans la réunion des faces de S d'équations $\sum_{\alpha\in J} i_\alpha = d_J^S$, $J \not\ni 0$, et des pavés $S'' > S'$ de $\underline{S}$.*

DÉMONSTRATION. Par définition des pavages entiers convexes, il existe une fonction convexe v sur $S_{\mathbb{R}}$ telle que les pavés de $\underline{S}$ soient les pavés entiers maximaux sur lesquels v est affine. Si x est un vecteur non nul de l'espace $\{(x_0,\ldots,x_n) \in \mathbb{R}^{n+1} \mid \sum_{\alpha=0\leq\alpha}^n x_\alpha = 0\}$, on dispose pour tout pavé S' de $\underline{S}$ de la pente $\partial v/\partial x(S'_{\mathbb{R}})$ dans la direction x de l'application affine v restreinte à $S'_{\mathbb{R}}$.

On peut choisir le vecteur $x = (x_0,\ldots,x_n) \neq 0$ de façon que les pentes $\partial v/\partial x(S'_{\mathbb{R}})$ soient deux à deux distinctes et que $x_0 > 0$ et $x_1,\ldots,x_n < 0$ si bien que pour toute partie non vide $I \subsetneq \{0,1,\ldots,n\}$, on a

$$\sum_{\alpha\in I} x_\alpha > 0 \text{ si } 0 \in I \quad \text{et} \quad \sum_{\alpha\in I} x_\alpha < 0 \text{ si } 0 \notin I.$$

Alors la relation d'ordre total définie par

$$S' < S'' \iff \frac{\partial v}{\partial x}(S'_{\mathbb{R}}) > \frac{\partial v}{\partial x}(S''_{\mathbb{R}})$$

répond à la question posée.

Ceci termine la démonstration du lemme 4.13 et donc aussi du lemme 4.12 et de la proposition 4.11. □

4.6. Restrictions aux faces d'un convexe entier ou aux facettes d'un pavage

Comme on a fait dans le chapitre 2 pour les schémas $\mathcal{A}^S$, $\Omega^{S,E}$ et $\overline{\Omega}^{S,E}$, montrons maintenant que les fonctorialités entre convexes entiers que sont les restrictions aux faces et les restrictions des pavages convexes entiers à une de leurs facettes induisent des morphismes entre les variétés toriques $\widetilde{\mathcal{A}}^S$ de pavages avec facettes distinguées et les champs $\overline{\mathcal{V}ec}^{r,S}$ de fibrés équivariants sur les $\widetilde{\mathcal{A}}^S$ relativement aux $\mathcal{A}^S$.

Commençons par considérer un convexe entier arbitraire S de $S^{r,n}$ et une face S' de S.

On a vu dans le paragraphe 2.4 que l'homomorphisme de tores $\mathcal{A}^S_\varnothing \to \mathcal{A}^{S'}_\varnothing$ induit par la restriction $\mathbb{G}_m^S \to \mathbb{G}_m^{S'}$ se prolonge en un morphisme équivariant de variétés toriques

$$\mathcal{A}^S \to \mathcal{A}^{S'}.$$

Le morphisme de champs toriques associé

$$\mathcal{A}^S/\mathcal{A}^S_\varnothing \to \mathcal{A}^{S'}/\mathcal{A}^{S'}_\varnothing$$

consiste à envoyer tout pavage entier convexe $\underline{S}$ de S sur le pavage $\underline{S}'$ de S' qui est sa trace.

Bien sûr, la restriction $\mathbb{G}_m^S \to \mathbb{G}_m^{S'}$ induit aussi un homomorphisme $\widetilde{\mathcal{A}}^S_\varnothing \to \widetilde{\mathcal{A}}^{S'}_\varnothing$ au dessus de $\mathcal{A}^S_\varnothing \to \mathcal{A}^{S'}_\varnothing$. On a :

LEMME 4.14. *Il y a une immersion fermée naturelle*

$$\widetilde{\mathcal{A}}^{S'} \times_{\mathcal{A}^{S'}} \mathcal{A}^S \to \widetilde{\mathcal{A}}^S$$

au-dessus de $\mathcal{A}^S$ qui est équivariante relativement aux actions de $\widetilde{\mathcal{A}}^S_\varnothing$ et a fortiori de $\mathbb{G}_m^{n+1}$.

Si $\underline{S}$ est un pavage entier convexe de S et $\underline{S}'$ désigne le pavage induit de S', le morphisme induit entre les fibres au-dessus de $\alpha_{\underline{S}}$ consiste à identifier $\widetilde{\mathcal{A}}^{S'} \times_{\mathcal{A}^{S'}} \alpha_{\underline{S}'}$ au sous-schéma fermé invariant de $\widetilde{\mathcal{A}}^S \times_{\mathcal{A}^S} \alpha_{\underline{S}}$ qui est la réunion des orbites (sous $\mathbb{G}_m^{n+1}$) associées aux facettes de $\underline{S}$ qui sont contenues dans S'.

Le morphisme entre champs toriques qui s'en déduit

$$\widetilde{\mathcal{A}}^{S'}/\widetilde{\mathcal{A}}^{S'}_\varnothing \times_{\mathcal{A}^{S'}/\mathcal{A}^{S'}_\varnothing} \mathcal{A}^S/\mathcal{A}^S_\varnothing \to \widetilde{\mathcal{A}}^S/\widetilde{\mathcal{A}}^S_\varnothing$$

associe à tout triplet constitué d'un pavage $\underline{S}'$ de S', d'une facette U' de $\underline{S}'$ et d'un pavage $\underline{S}$ de S dont la trace dans S' est $\underline{S}'$ le couple $(\underline{S}, U')$ où U' est vue comme une facette de $\underline{S}$.

DÉMONSTRATION. Considérons dans $\widetilde{\mathcal{A}}^S$ l'orbite $\widetilde{\mathcal{A}}^S_{(\varnothing,S')}$ associée au couple $(\varnothing, S')$ formé du pavage trivial $\varnothing$ de S et de sa facette S'. Le fixateur dans $\widetilde{\mathcal{A}}^S_\varnothing = \mathbb{G}_m^S/\mathbb{G}_m$ de son point distingué $\alpha_{(\varnothing,S')}$ est le quotient par $\mathbb{G}_m$ du sous-tore des fonctions $S \to \mathbb{G}_m$ qui sont affines sur S et constantes sur S'. Le quotient de $\widetilde{\mathcal{A}}^S_\varnothing$ par ce fixateur s'identifie donc au produit fibré $\widetilde{\mathcal{A}}^{S'}_\varnothing \times_{\mathcal{A}^{S'}_\varnothing} \mathcal{A}^S_\varnothing$ et l'adhérence schématique $\overline{\widetilde{\mathcal{A}}^S_{(\varnothing,S')}}$ de $\widetilde{\mathcal{A}}^S_{(\varnothing,S')}$ dans $\widetilde{\mathcal{A}}^S$ est une variété torique de tore $\widetilde{\mathcal{A}}^{S'}_\varnothing \times_{\mathcal{A}^{S'}_\varnothing} \mathcal{A}^S_\varnothing$.

Son cône est celui des couples (v', v) où $v' \in \mathcal{C}^{S'}/\mathbb{R}$, $v \in \mathcal{C}^S/\mathcal{C}^S_\varnothing$ et v', v ont même image dans $\mathcal{C}^{S'}/\mathcal{C}^{S'}_\varnothing$. Sa décomposition polyédrale est indexée par les couples $(U', \underline{S})$ formés d'un pavage entier convexe $\underline{S}$ de S et d'une facette U' de $\underline{S}$ contenue dans S'. Un vecteur (v', v) est dans le cône associé à $(U', \underline{S})$ quand $v \in \mathcal{C}^S_{\underline{S}}/\mathcal{C}^S_\varnothing$ et U' est la partie de S' où n'importe quelle représentante $S' \to \mathbb{R}$ de v' prend sa valeur minimale. Ceci prouve que

$$\overline{\widetilde{\mathcal{A}}^S_{(\varnothing,S')}} = \widetilde{\mathcal{A}}^{S'} \times_{\mathcal{A}^{S'}} \mathcal{A}^S. \qquad \square$$

À partir de ce lemme, on obtient immédiatement :

COROLLAIRE 4.15. *Pour $S \subseteq S^{r,n}$ un convexe entier et S' une face de S comme dans le lemme précédent, associons à tout schéma X muni d'un morphisme*

$$X \to \mathcal{A}^S/\widetilde{\mathcal{A}}^S_\varnothing$$

et à tout fibré $\mathcal{E}$ de rang r et $\mathbb{G}_m^{n+1}$-équivariant sur

$$X \times_{\mathcal{A}^S/\widetilde{\mathcal{A}}^S_\varnothing} \widetilde{\mathcal{A}}^S/\widetilde{\mathcal{A}}^S_\varnothing$$

le fibré de rang r et $\mathbb{G}_m^{n+1}$-équivariant sur

$$X \times_{\mathcal{A}^{S'}/\widetilde{\mathcal{A}}^{S'}_\varnothing} \widetilde{\mathcal{A}}^{S'}/\widetilde{\mathcal{A}}^{S'}_\varnothing$$

qui est l'image réciproque de $\mathcal{E}$ par le morphisme

$$X \times_{\mathcal{A}^{S'}/\widetilde{\mathcal{A}}^{S'}_\varnothing} \widetilde{\mathcal{A}}^{S'}/\widetilde{\mathcal{A}}^{S'}_\varnothing \to X \times_{\mathcal{A}^S/\widetilde{\mathcal{A}}^S_\varnothing} \widetilde{\mathcal{A}}^S/\widetilde{\mathcal{A}}^S_\varnothing$$

déduit des morphismes équivariants $\mathcal{A}^S \to \mathcal{A}^{S'}$ et

$$\widetilde{\mathcal{A}}^{S'} \times_{\mathcal{A}^{S'}} \mathcal{A}^S \to \widetilde{\mathcal{A}}^S.$$

Cela définit un morphisme de champs algébriques

$$\overline{\mathcal{V}ec}^{r,S} \to \overline{\mathcal{V}ec}^{r,S'}$$

au-dessus de $\mathcal{A}^S/\widetilde{\mathcal{A}}^S_\varnothing \to \mathcal{A}^{S'}/\widetilde{\mathcal{A}}^{S'}_\varnothing$.

DÉMONSTRATION. La seule chose à vérifier est que les propriétés $(*)$ du lemme 4.6 sont conservées, mais c'est évident. $\square$

Considérons maintenant un convexe entier S de $S^{r,n}$ et un pavage entier convexe $\underline{S}$ de S.

Comme dans le paragraphe 2.6, on note $\mathcal{A}^{\underline{S}}$ la variété torique des pavages entiers convexes de S qui raffinent $\underline{S}$. Son tore $\mathcal{A}^{\underline{S}}_\varnothing$ est le quotient de $\mathbb{G}_m^S$ par le sous-tore $(\mathbb{G}_m^S)_{\underline{S}}$ des fonctions $S \to \mathbb{G}_m$ dont la restriction à toute cellule de $\underline{S}$ est affine. Elle est plongée dans $\mathcal{A}^S$ comme sous-schéma fermé invariant.

Si S' est une facette du pavage $\underline{S}$, on a vu que l'homomorphisme de restriction

$$\mathbb{G}_m^S \to \mathbb{G}_m^{S'}$$

induit un morphisme équivariant de variétés toriques

$$\mathcal{A}^{\underline{S}} \to \mathcal{A}^{S'}.$$

En notant $\widetilde{\mathcal{A}}^{\underline{S}}$ le produit fibré $\widetilde{\mathcal{A}}^S \times_{\mathcal{A}^S} \mathcal{A}^{\underline{S}}$ muni de l'action naturelle de $\widetilde{\mathcal{A}}_\varnothing^S = \mathbb{G}_m^S/\mathbb{G}_m$ et donc de $\mathbb{G}_m^{n+1}$, on a :

LEMME 4.16. *Il y a une immersion fermée naturelle*

$$\widetilde{\mathcal{A}}^{S'} \times_{\mathcal{A}^{S'}} \mathcal{A}^{\underline{S}} \to \widetilde{\mathcal{A}}^{\underline{S}}$$

au-dessus de $\mathcal{A}^{\underline{S}}$ qui est équivariante relativement aux actions de $\widetilde{\mathcal{A}}_\varnothing^S$ et a fortiori *de $\mathbb{G}_m^{n+1}$.*

Si $\underline{U}$ est un pavage entier convexe de S qui raffine $\underline{S}$ et $\underline{U}'$ désigne le pavage induit de S', le morphisme induit entre les fibres au-dessus de $\alpha_{\underline{U}}$ consiste à identifier $\widetilde{\mathcal{A}}^{S'} \times_{\mathcal{A}^{S'}} \alpha_{\underline{U}'}$ au sous-schéma fermé invariant de $\widetilde{\mathcal{A}}^{\underline{S}} \times_{\mathcal{A}^{\underline{S}}} \alpha_{\underline{U}} = \widetilde{\mathcal{A}}^S \times_{\mathcal{A}^S} \alpha_{\underline{U}}$ qui est la réunion des orbites (sous $\mathbb{G}_m^{n+1}$) associées aux facettes de $\underline{U}$ qui sont contenues dans S'.

Le morphisme qui s'en déduit

$$\widetilde{\mathcal{A}}^{S'}/\widetilde{\mathcal{A}}_\varnothing^{S'} \times_{\mathcal{A}^{S'}/\mathcal{A}_\varnothing^{S'}} \mathcal{A}^{\underline{S}}/\mathcal{A}_\varnothing^S \to \widetilde{\mathcal{A}}^{\underline{S}}/\widetilde{\mathcal{A}}_\varnothing^S \hookrightarrow \widetilde{\mathcal{A}}^S/\widetilde{\mathcal{A}}_\varnothing^S$$

associe à tout triplet constitué d'un pavage $\underline{U}'$ de S', d'une facette U' de $\underline{U}'$ et d'un pavage $\underline{U}$ de S raffinant $\underline{S}$ dont la trace dans S' est $\underline{U}'$ le couple $(\underline{U}, U')$ où U' est vue comme un facette de $\underline{U}$.

DÉMONSTRATION. Elle est semblable à celle du lemme 4.14.

Dans la variété torique $\widetilde{\mathcal{A}}^S$, on considère l'adhérence schématique $\overline{\widetilde{\mathcal{A}}_{(\underline{S},S')}^S}$ de l'orbite $\widetilde{\mathcal{A}}_{(\underline{S},S')}^S$ associée au couple formé du pavage $\underline{S}$ et de sa facette S'. C'est un sous-schéma fermé invariant de $\widetilde{\mathcal{A}}^S$ qui est contenu dans $\widetilde{\mathcal{A}}^{\underline{S}}$.

D'autre part, c'est une variété torique. Son tore est le quotient de $\mathbb{G}_m^S$ par le sous-tore $(\mathbb{G}_m^S)_{\underline{S},S'}$ des fonctions $S \to \mathbb{G}_m$ dont la restriction à chaque cellule de $\underline{S}$ est affine et dont la restriction à S' est constante. Il s'identifie à $\widetilde{\mathcal{A}}_\varnothing^{S'} \times_{\mathcal{A}_\varnothing^{S'}} \mathcal{A}_\varnothing^{\underline{S}}$. Et son cône est celui des fonctions $v\colon S \to \mathbb{R}$ dont la restriction à chaque cellule de $\underline{S}$ est convexe, modulo les fonctions $S \to \mathbb{R}$ dont la restriction à chaque cellule de $\underline{S}$ est affine et la restriction à S' est constante.

On en déduit une identification

$$\overline{\widetilde{\mathcal{A}}_{(\underline{S},S')}^S} = \widetilde{\mathcal{A}}^{S'} \times_{\mathcal{A}^{S'}} \mathcal{A}^{\underline{S}}. \qquad \square$$

Considérant toujours un convexe entier S de $S^{r,n}$ et un pavage entier convexe $\underline{S}$ de S, on note $\overline{\mathcal{V}ec}^{r,\underline{S}}$ le sous-champ fermé de $\overline{\mathcal{V}ec}^{r,S}$ obtenu par le changement de base $\mathcal{A}^{\underline{S}}/\widetilde{\mathcal{A}}_\varnothing^S \to \mathcal{A}^S/\widetilde{\mathcal{A}}_\varnothing^S$.

À tout schéma X muni d'un morphisme $X \to \mathcal{A}^{\underline{S}}/\widetilde{\mathcal{A}}_\varnothing^S$, il associe le groupoïde des fibrés $\mathbb{G}_m^{n+1}$-équivariants de rang r sur $X \times_{\mathcal{A}^{\underline{S}}/\widetilde{\mathcal{A}}_\varnothing^S} \widetilde{\mathcal{A}}^{\underline{S}}/\widetilde{\mathcal{A}}_\varnothing^S$ qui vérifient la propriété $(*)$ du lemme 4.6.

On déduit immédiatement du lemme 4.16 :

COROLLAIRE 4.17. *Pour $S \subseteq S^{r,n}$ un convexe entier, $\underline{S}$ un pavage entier convexe de S et S' une facette de $\underline{S}$ comme dans le lemme précédent, associons à tout schéma X muni d'un morphisme*

$$X \to \mathcal{A}^{\underline{S}}/\widetilde{\mathcal{A}}^{S}_{\varnothing}$$

et à tout fibré $\mathcal{E}$ de rang r et $\mathbb{G}_m^{n+1}$-équivariant sur

$$X \times_{\mathcal{A}^{\underline{S}}/\widetilde{\mathcal{A}}^{S}_{\varnothing}} \widetilde{\mathcal{A}}^{\underline{S}}/\widetilde{\mathcal{A}}^{S}_{\varnothing}$$

le fibré de rang r et $\mathbb{G}_m^{n+1}$-équivariant sur

$$X \times_{\mathcal{A}^{S'}/\widetilde{\mathcal{A}}^{S'}_{\varnothing}} \widetilde{\mathcal{A}}^{S'}/\widetilde{\mathcal{A}}^{S'}_{\varnothing}$$

qui est l'image réciproque de $\mathcal{E}$ par le morphisme

$$X \times_{\mathcal{A}^{S'}/\widetilde{\mathcal{A}}^{S'}_{\varnothing}} \widetilde{\mathcal{A}}^{S'}/\widetilde{\mathcal{A}}^{S'}_{\varnothing} \to X \times_{\mathcal{A}^{\underline{S}}/\widetilde{\mathcal{A}}^{S}_{\varnothing}} \widetilde{\mathcal{A}}^{\underline{S}}/\widetilde{\mathcal{A}}^{S}_{\varnothing}$$

déduit des morphismes équivariants $\mathcal{A}^{\underline{S}} \to \mathcal{A}^{S'}$ et

$$\widetilde{\mathcal{A}}^{S'} \times_{\mathcal{A}^{S'}} \mathcal{A}^{\underline{S}} \to \widetilde{\mathcal{A}}^{\underline{S}}.$$

Ceci définit un morphisme de champs algébriques

$$\overline{\mathcal{V}ec}^{r,\underline{S}} \to \overline{\mathcal{V}ec}^{r,S'}$$

au-dessus de $\mathcal{A}^{\underline{S}}/\widetilde{\mathcal{A}}^{S}_{\varnothing} \to \mathcal{A}^{S'}/\widetilde{\mathcal{A}}^{S'}_{\varnothing}$. □

4.7. Universalité du fibré équivariant canonique

On a vu dans le corollaire 4.7 que si $S \subseteq S^{r,n}$ est un convexe entier et $E = E_0 \oplus \cdots \oplus E_n$ est un espace gradué tel que $r - d^S_{\{0,\ldots,n\}-\{\alpha\}} = r_\alpha \leq \operatorname{rg} E_\alpha$, $0 \leq \alpha \leq n$, le fibré équivariant canonique $\mathcal{E}^S$ sur $\overline{\Omega}^S \times_{\mathcal{A}^S/\widetilde{\mathcal{A}}^S_{\varnothing}} \widetilde{\mathcal{A}}^S/\widetilde{\mathcal{A}}^S_{\varnothing}$ définit un morphisme

$$\overline{\Omega}^{S,E} \to \overline{\mathcal{V}ec}^{r,S}$$

au-dessus de $\mathcal{A}^S/\widetilde{\mathcal{A}}^S_{\varnothing}$.

Nous allons prouver dans ce paragraphe que ce morphisme est lisse et que son image est un ouvert $\mathcal{V}ec^{r,S}$ qui permet de reconstituer complètement $\overline{\Omega}^{S,E}$.

Considérons pour cela un point arbitraire de $\overline{\mathcal{V}ec}^{r,S}$ à valeurs dans un schéma X muni d'un morphisme $X \to \mathcal{A}^S/\widetilde{\mathcal{A}}^S_{\varnothing}$; il consiste en un fibré $\mathcal{E}$ localement libre de rang r et $\mathbb{G}_m^{n+1}$-équivariant sur $\widetilde{X} = X \times_{\mathcal{A}^S/\widetilde{\mathcal{A}}^S_{\varnothing}} \widetilde{\mathcal{A}}^S/\widetilde{\mathcal{A}}^S_{\varnothing}$ qui vérifie la propriété $(*)$ du lemme 4.6.

Pour tout α, $0 \leq \alpha \leq n$, notons $S^\alpha \subset S^{r,n} = \{(i_0,\ldots,i_n) \in \mathbb{N}^{n+1} \mid i_0 + \cdots + i_n = r\}$ la face de S qui est définie par l'égalité $i_\alpha = r_\alpha$. D'après le lemme 4.14 et le corollaire 4.15, on a une immersion fermée $\mathbb{G}_m^{n+1}$-équivariante canonique

$$X \times_{\mathcal{A}^{S^\alpha}/\widetilde{\mathcal{A}}^{S^\alpha}_{\varnothing}} \widetilde{\mathcal{A}}^{S^\alpha}/\widetilde{\mathcal{A}}^{S^\alpha}_{\varnothing} \hookrightarrow X \times_{\mathcal{A}^S/\widetilde{\mathcal{A}}^S_{\varnothing}} \widetilde{\mathcal{A}}^S/\widetilde{\mathcal{A}}^S_{\varnothing} = \widetilde{X}$$

et on peut considérer le fibré $\mathbb{G}_m^{n+1}$-équivariant $\mathcal{E}_{S^\alpha}$ sur $X \times_{\mathcal{A}^{S^\alpha}/\widetilde{\mathcal{A}}^{S^\alpha}_{\varnothing}} \widetilde{\mathcal{A}}^{S^\alpha}/\widetilde{\mathcal{A}}^{S^\alpha}_{\varnothing}$ qui est la restriction de $\mathcal{E}$; c'est un point de $\overline{\mathcal{V}ec}^{r,S^\alpha}$ à valeurs dans X.

Le sous-tore $(\mathbb{G}_m^{n+1})_{S^\alpha} \subseteq \mathbb{G}_m^{n+1}$ agit trivialement sur $X \times_{\mathcal{A}^{S^\alpha}/\widetilde{\mathcal{A}}^{S^\alpha}_{\varnothing}} \widetilde{\mathcal{A}}^{S^\alpha}/\widetilde{\mathcal{A}}^{S^\alpha}_{\varnothing}$ et il est muni d'un caractère $\chi^{\{\alpha\}}_{S^\alpha} : (\mathbb{G}_m^{n+1})_{S^\alpha} \to \mathbb{G}_m$ associé au singleton $\{\alpha\}$ car celui-ci figure dans la décomposition de $\{0,\ldots,n\}$ associée au convexe entier S^α.

On peut considérer le fibré facteur direct de $\mathcal{E}_{S^\alpha}$ sur lequel $(\mathbb{G}_m^{n+1})_{S^\alpha}$ agit par son caractère $\chi_{S^\alpha}^{\{\alpha\}}$. D'après la proposition 4.11, il est localement libre de rang r_α et il provient par image réciproque d'un fibré $\mathcal{E}_\alpha$ (bien défini à unique isomorphisme près) sur X muni de l'action de $\mathbb{G}_m^{n+1}$ par le caractère $(\lambda_0, \ldots, \lambda_n) \mapsto \lambda_\alpha$. En notant p_X la projection naturelle $\widetilde{X} \to X$, on a :

PROPOSITION 4.18. *Considérons un point arbitraire de $\overline{Vec}^{r,S}$ à valeurs dans un schéma X, consistant comme ci-dessus en un morphisme $X \to \mathcal{A}^S/\widetilde{\mathcal{A}}_\varnothing^S$ et un fibré $\mathcal{E}$ de rang r et $\mathbb{G}_m^{n+1}$-équivariant sur $\widetilde{X}$.*

Pour tout α, $0 \leq \alpha \leq n$, soit $\mathcal{E}_\alpha$ le fibré de rang r_α associé à $\mathcal{E}$ sur X, muni de l'action de $\mathbb{G}_m^{n+1}$ par $(\lambda_0, \ldots, \lambda_n) \mapsto \lambda_\alpha$.

Alors le morphisme de projection naturelle

$$\mathcal{E}_{S^\alpha} \to p_X^* \mathcal{E}_\alpha \mid S^\alpha$$

entre les restrictions de $\mathcal{E}$ et $p_X^*\mathcal{E}_\alpha$ à $X \times_{\mathcal{A}^{S_\alpha}/\widetilde{\mathcal{A}}_\varnothing^{S_\alpha}} \widetilde{\mathcal{A}}^{S_\alpha}/\widetilde{\mathcal{A}}_\varnothing^{S_\alpha}$ se prolonge de manière unique en un morphisme $\mathbb{G}_m^{n+1}$-équivariant

$$\mathcal{E} \to p_X^* \mathcal{E}_\alpha$$

sur $\widetilde{X}$ tout entier.

DÉMONSTRATION. D'après la proposition 4.11, on peut supposer que S est un pavé entier (de dimension maximale n) dans $S^{r,n}$.

Considérons le foncteur qui à tout schéma X' sur X associe l'ensemble des morphismes $\mathbb{G}_m^{n+1}$-équivariants

$$\mathcal{E}_{X'} \to (p_X^* \mathcal{E}_\alpha)_{|X'}$$

entre les images réciproques de $\mathcal{E}$ et $p_X^*\mathcal{E}_\alpha$ sur $X' \times_{\mathcal{A}^S/\widetilde{\mathcal{A}}_\varnothing^S} \widetilde{\mathcal{A}}^S/\widetilde{\mathcal{A}}_\varnothing^S$ qui induisent le morphisme donné sur le sous-schéma fermé invariant $X' \times_{\mathcal{A}^{S^\alpha}/\widetilde{\mathcal{A}}_\varnothing^{S^\alpha}} \widetilde{\mathcal{A}}^{S^\alpha}/\widetilde{\mathcal{A}}_\varnothing^{S^\alpha}$. On déduit de [Grothendieck, 1960–1967, III, paragraphe 7.7] que ce foncteur est représentable par un schéma V de type fini sur X.

D'après le lemme 4.20 ci-dessous, le morphisme

$$V \to X$$

induit des bijections entre les ensembles de points à valeurs dans n'importe quel corps, c'est-à-dire est radiciel et surjectif, et toujours d'après ce lemme il est étale, donc est un isomorphisme.

Considérons en effet un point de V à valeurs dans le quotient A/m d'un anneau artinien A par un idéal m de carré 0 et un relèvement $\operatorname{Spec} A \to X$ de $\operatorname{Spec} A/m \to V \to X$. L'élément donné de $V(A/I)$ consiste en un homomorphisme équivariant

$$\mathcal{E} \otimes_{\mathcal{O}_X} A/m \to (p_X^* \mathcal{E}_\alpha) \otimes_{\mathcal{O}_X} A/m$$

qui prolonge la projection naturelle

$$\mathcal{E}_{S^\alpha} \otimes_{\mathcal{O}_X} A/m \to (p_X^* \mathcal{E}_\alpha)_{S^\alpha} \otimes_{\mathcal{O}_X} A/m.$$

L'obstruction à son relèvement en un homomorphisme équivariant

$$\mathcal{E} \otimes_{\mathcal{O}_X} A \to (p_X^* \mathcal{E}_\alpha) \otimes_{\mathcal{O}_X} A$$

est un élément du groupe

$$\operatorname{Ext}^1_{\mathbb{G}_m^{n+1}}(\mathcal{E} \otimes_{\mathcal{O}_X} A/I, (p_X^* \mathcal{E}_\alpha) \otimes_{\mathcal{O}_X} I)$$

et si cette obstruction est 0, l'ensemble des relèvements possibles est un espace homogène sous le groupe

$$\mathrm{Hom}_{\mathbb{G}_m^{n+1}}(\mathcal{E} \otimes_{\mathcal{O}_X} A/I, (p_X^* \mathcal{E}_\alpha) \otimes_{\mathcal{O}_X} I).$$

On peut conclure car d'après le lemme 4.20, l'homomorphisme de restriction

$$\mathrm{Ext}^1_{\mathbb{G}_m^{n+1}}(\mathcal{E} \otimes_{\mathcal{O}_X} A/I, (p_X^* \mathcal{E}_\alpha) \otimes_{\mathcal{O}_X} I) \to \mathrm{Ext}^1_{\mathbb{G}_m^{n+1}}(\mathcal{E}_{S^\alpha} \otimes_{\mathcal{O}_X} A/I, (p_X^* \mathcal{E}_\alpha)_{S^\alpha} \otimes_{\mathcal{O}_X} I)$$

est injectif, et

$$\mathrm{Hom}_{\mathbb{G}_m^{n+1}}(\mathcal{E} \otimes_{\mathcal{O}_X} A/I, (p_X^* \mathcal{E}_\alpha) \otimes_{\mathcal{O}_X} I) \\ \to \mathrm{Hom}_{\mathbb{G}_m^{n+1}}(\mathcal{E}_{S^\alpha} \otimes_{\mathcal{O}_X} A/I, (p_X^* \mathcal{E}_\alpha)_{S^\alpha} \otimes_{\mathcal{O}_X} I)$$

est bijectif, comme il résulte par dévissage du lemme facile que voici :

LEMME 4.19. *Dans le diagramme commutatif de groupes abéliens*

$$\begin{array}{ccccccccccc} 0 & \to & A^0 & \to & A^1 & \to & A^2 & \to & A^3 & \to & A^4 & \to & A^5 \\ & & \downarrow{\scriptstyle \alpha^0} & & \downarrow{\scriptstyle \alpha^1} & & \downarrow{\scriptstyle \alpha^2} & & \downarrow{\scriptstyle \alpha^3} & & \downarrow{\scriptstyle \alpha^4} & & \downarrow{\scriptstyle \alpha^5} \\ 0 & \to & B^0 & \to & B^1 & \to & B^2 & \to & B^3 & \to & B^4 & \to & B^5 \end{array}$$

on suppose que les deux suites horizontales sont des suites exactes, que α^0 et α^2 sont bijectives et que α^3 et α^5 sont injectives. Alors α^1 est bijective et α^4 est injective. □

Pour démontrer la proposition 4.18, on a seulement besoin de prouver :

LEMME 4.20. *Soient $\underline{S}$ un pavage entier convexe d'un pavé entier S de $S^{r,n}$ et $\mathcal{E}$ un fibré $\mathbb{G}_m^{n+1}$-équivariant et localement libre de rang r sur le schéma projectif $\widetilde{\mathcal{A}}^S \times_{\mathcal{A}^S} \alpha_{\underline{S}}$ qui vérifie la propriété $(*)$ du lemme 4.6.*

Pour $0 \leq \alpha \leq n$, soient $\underline{S}^\alpha$ le pavage induit par S sur la face S^α de S et $\mathcal{E}_\alpha$ un fibré trivial sur $\widetilde{\mathcal{A}}^S \times_{\mathcal{A}^S} \alpha_{\underline{S}}$ muni de l'action de $\mathbb{G}_m^{n+1}$ par le caractère $(\lambda_0, \dots, \lambda_n) \mapsto \lambda_\alpha$.

Alors, si $\mathcal{E}_{S^\alpha}$ et $\mathcal{E}_{\alpha|S^\alpha}$ désignent les restrictions de $\mathcal{E}$ et $\mathcal{E}_\alpha$ au sous-schéma fermé invariant $\widetilde{\mathcal{A}}^{S^\alpha} \times_{\mathcal{A}^{S^\alpha}} \alpha_{\underline{S}^\alpha}$ de $\widetilde{\mathcal{A}}^S \times_{\mathcal{A}^S} \alpha_{\underline{S}}$, l'homomorphisme

$$\mathrm{Hom}_{\mathbb{G}_m^{n+1}}(\mathcal{E}, \mathcal{E}_\alpha) \to \mathrm{Hom}_{\mathbb{G}_m^{n+1}}(\mathcal{E}_{S^\alpha}, \mathcal{E}_{\alpha|S^\alpha})$$

est bijectif, et l'homomorphisme

$$\mathrm{Ext}^1_{\mathbb{G}_m^{n+1}}(\mathcal{E}, \mathcal{E}_\alpha) \to \mathrm{Ext}^1_{\mathbb{G}_m^{n+1}}(\mathcal{E}_{S^\alpha}, \mathcal{E}_{\alpha|S^\alpha})$$

est injectif.

DÉMONSTRATION. Il suffit de traiter le cas où $\alpha = 0$.

On note $Y_{\underline{S}}$ la fibre $\widetilde{\mathcal{A}}^S \times_{\mathcal{A}^S} \alpha_{\underline{S}}$ dans $\widetilde{\mathcal{A}}^S$, munie de l'action induite de $\mathbb{G}_m^{n+1}$, et $Y_{\underline{S}^0}$ son sous-schéma fermé invariant $\widetilde{\mathcal{A}}^{S^0} \times_{\mathcal{A}^{S^0}} \alpha_{\underline{S}^0}$.

On considère aussi une extension $\mathbb{G}_m^{n+1}$-équivariante arbitraire $\mathcal{E}'$ de $\mathcal{E}$ par $\mathcal{E}_0$ sur Y.

Il suffit de montrer que tout homomorphisme $\mathbb{G}_m^{n+1}$-équivariant entre les restrictions à $Y_{\underline{S}^0}$

$$\mathcal{E}_{Y_{\underline{S}^0}} \to \mathcal{E}_{0|Y_{\underline{S}^0}} \quad [\text{resp. } \mathcal{E}'_{Y_{\underline{S}^0}} \to \mathcal{E}_{0|Y_{\underline{S}^0}}, \text{ resp. } \mathcal{E}_{0|Y_{\underline{S}^0}} \to \mathcal{E}_{0|Y_{\underline{S}^0}}]$$

se prolonge en un unique homomorphisme $\mathbb{G}_m^{n+1}$-équivariant sur $Y_{\underline{S}}$ tout entier

$$\mathcal{E} \to \mathcal{E}_0 \quad [\text{resp. } \mathcal{E}' \to \mathcal{E}_0, \text{ resp. } \mathcal{E}_0 \to \mathcal{E}_0].$$

On rappelle que les composantes irréductibles $Y_{S'}$ de $Y_{\underline{S}}$ sont naturellement indexées par les pavés S' du pavage $\underline{S}$ et sont les adhérences schématiques des orbites $Y_{\underline{S}} \cap \widetilde{\mathcal{A}}_{\underline{S},S'}$ des points $\alpha_{\underline{S},S'}$ sous l'action de $\mathbb{G}_m^{n+1}$. Mettons sur l'ensemble des pavés de $\underline{S}$ un ordre total qui vérifie les conclusions du lemme 4.13. Et pour tout pavé S', notons $Y_{>S'}$ [resp. $Y_{\geq S'}$] le sous-schéma fermé réduit invariant de $Y_{\underline{S}}$ qui est la réunion de $Y_{\underline{S}^0}$ et des $Y_{S''}$ indexées par les pavés $S'' > S'$ [resp. $S'' \geq S'$].

Prouvons alors par récurrence décroissante sur les pavés S' que l'homomorphisme donné sur $Y_{\underline{S}^0}$ se prolonge de manière unique sur $Y_{>S'}$ et $Y_{\geq S'}$.

Supposons le prolongement

$$\mathcal{E} \to \mathcal{E}_0 \quad [\text{resp. } \mathcal{E}' \to \mathcal{E}_0, \text{ resp. } \mathcal{E}_0 \to \mathcal{E}_0]$$

déjà construit sur $Y_{>S'}$. Il s'agit de montrer qu'il y a un unique homomorphisme équivariant $u_{S'}$

$$\mathcal{E} \to \mathcal{E}_0 \quad [\text{resp. } \mathcal{E}' \to \mathcal{E}_0, \text{ resp. } \mathcal{E}_0 \to \mathcal{E}_0]$$

sur la variété torique $Y_{S'}$ coïncidant avec l'homomorphisme $u^0_{S'}$ donné sur le sous-schéma fermé connexe invariant $Y_{S'} \cap Y_{>S'} = Y^0_{S'}$.

Pour tout sommet $\underline{i}$ du pavé S', notons ici $\alpha_{\underline{i}} \in Y_{S'}$ le point (fixé par $\mathbb{G}_m^{n+1}$) associé et $Y^{\underline{i}}_{S'}$ l'unique ouvert affine invariant de $Y_{S'}$ qui contient $\alpha_{\underline{i}}$. Les $Y^{\underline{i}}_{S'}$ forment un recouvrement de la variété torique $Y_{S'}$.

Si $\underline{i} \in S'^0 = \{(i_0, \ldots, i_n) \in S' \mid i_0 = r - d^{S'}_{\{0,\ldots,n\}-\{0\}}\}$, le cône M des caractères de $\mathbb{G}_m^{n+1}$ qui sont définis sur $Y^{\underline{i}}_{S'}$ est constitué d'éléments $(m_0, m_1, \ldots, m_n) \in \mathbb{Z}^{n+1}$ qui vérifient en particulier $m_0 + \cdots + m_n = 0$ et $m_0 \leq 0$. L'unique caractère par lequel $\mathbb{G}_m^{n+1}$ agit sur la fibre de $\mathcal{E}_0$ en $\alpha_{\underline{i}}$ est $(1, 0, \ldots, 0)$ et les caractères qui apparaissent dans la décomposition de la fibre de $\mathcal{E}, \mathcal{E}'$ ou $\mathcal{E}_0$ sont les $(0, \ldots, 0, 1, 0, \ldots, 0)$. Autrement dit, $\mathbb{G}_m^{n+1}$ agit sur les espaces de sections $\Gamma(\alpha_{\underline{i}}, \mathcal{E}_0)$ d'une part et $\Gamma(\alpha_{\underline{i}}, \mathcal{E})$, $\Gamma(\alpha_{\underline{i}}, \mathcal{E}')$ ou $\Gamma(\alpha_{\underline{i}}, \mathcal{E}_0)$ d'autre part par les caractères inverses $(-1, 0, \ldots, 0)$ et $(0, \ldots, 0, -1, 0, \ldots, 0)$ respectivement.

On déduit du lemme 4.8(ii) que l'homomorphisme donné entre les fibres en $\alpha_{\underline{i}}$ se relève de manière unique en un homomorphisme $\mathbb{G}_m^{n+1}$-équivariant $u_{S'}$ sur l'ouvert $Y^{\underline{i}}_{S'}$. Comme ces relèvements sont aussi caractérisés par leurs restrictions à n'importe quelle orbite associée à une facette de S' contenue dans S'^0, ils coïncident sur les diverses intersections de ces $Y^{\underline{i}}_{S'}$ et se recollent.

Passons maintenant à un $\underline{i} \in S'_0 = \{(i_0, \ldots, i_n) \in S' \mid i_0 = d^{S'}_{\{0\}}\}$. L'homomorphisme $u_{S'}$ est déjà bien défini sur l'orbite ouverte de $Y^{\underline{i}}_{S'}$ et on doit montrer qu'il se prolonge (de façon nécessairement unique) sur $Y^{\underline{i}}_{S'}$ tout entier. Ici encore, les caractères de $\mathbb{G}_m^{n+1}$ qui apparaissent dans la décomposition de la fibre en $\alpha_{\underline{i}}$ de $\mathcal{E}_0 \otimes \check{\mathcal{E}}$, $\mathcal{E}_0 \otimes \check{\mathcal{E}}'$ ou $\mathcal{E}_0 \otimes \check{\mathcal{E}}_0$ sont les $(1, 0, \ldots, 0, -1, 0, \ldots, 0)$ et $(0, \ldots, 0)$. Comme $\underline{i} \in S'_0$, tous sont dans le cône des caractères qui sont partout bien définis en tant que fonctions sur $Y^{\underline{i}}_{S'}$ et il en résulte que toute section invariante de $\mathcal{E}_0 \otimes \check{\mathcal{E}}$, $\mathcal{E}_0 \otimes \check{\mathcal{E}}'$ ou $\mathcal{E}_0 \otimes \check{\mathcal{E}}_0$ sur l'orbite ouverte de $Y^{\underline{i}}_{S'}$ se prolonge sur tout $Y^{\underline{i}}_{S'}$.

Plaçons-nous enfin sur l'ouvert $Y^{\underline{i}}_{S'}$ associé à un sommet $\underline{i}$ de S' qui n'est ni dans S'^0 ni dans S'_0. On a nécessairement $\alpha_{\underline{i}} \in Y^0_{S'}$. Il existe un bord S'' de S' qui contient $\underline{i}$ et qui est défini dans S' par une équation de la forme

$$\sum_{\alpha \in J} i_\alpha = d^{S'}_J \quad \text{avec } 0 \notin J.$$

L'orbite associée à ce bord S'' est contenue dans $Y^0_{\underline{S}'}$ et donc l'homomorphisme équivariant $u_{S'}$ est déjà bien défini sur son adhérence schématique dans $Y^{\underline{i}}_{\underline{S}'}$. Comme $Y^{\underline{i}}_{\underline{S}'}$ est affine, il se relève en un homomorphisme équivariant (vu comme section invariante de $\mathcal{E}_0 \otimes \check{\mathcal{E}}$, $\mathcal{E}_0 \otimes \check{\mathcal{E}}'$ ou $\mathcal{E}_0 \otimes \check{\mathcal{E}}_0$) sur tout $Y^{\underline{i}}_{\underline{S}'}$. De plus, il résulte encore une fois du lemme 4.8(ii) que ce relèvement est unique et caractérisé par sa restriction à l'orbite associée à S''. Il se recolle automatiquement.

On a fini de construire l'unique prolongement de notre homomorphisme équivariant de $Y_{>\underline{S}'}$ à $Y_{\geq \underline{S}'}$ et cela termine la démonstration du lemme 4.20 et donc de la proposition 4.18. □

Considérons encore un pavage convexe entier $\underline{S}$ d'un convexe entier S de $S^{r,n}$. Sous l'action de $\mathbb{G}_m^{n+1}$, la fibre projective $\widetilde{\mathcal{A}}^S \times_{\mathcal{A}^S} \alpha_{\underline{S}}$ est décomposée en orbites indexées par les facettes S' de $\underline{S}$ et chacune a un point distingué $\alpha_{\underline{S},S'}$.

Si S' est une facette de $\underline{S}$ et I une partie non triviale de $\{0,1,\ldots,n\}$, on note toujours S'_I la face de S' définie par l'équation $\sum_{\alpha\in I} i_\alpha = d_I^{S'}$ dans S'. Et on désigne par h_I l'homomorphisme $\mathbb{G}_m \to \mathbb{G}_m^{n+1}$ dont la composante d'indice α, $0 \leq \alpha \leq n$, est $\lambda \mapsto \lambda$ si $\alpha \in I$ et $\lambda \mapsto 1$ si $\alpha \notin I$. Le morphisme

$$\mathbb{G}_m \to \widetilde{\mathcal{A}}^S \times_{\mathcal{A}^S} \alpha_{\underline{S}} \quad \lambda \mapsto h_I(\lambda) \cdot \alpha_{\underline{S},S'}$$

se prolonge sur $\mathbb{A}^1$ et envoie 0 sur $\alpha_{\underline{S},S'_I}$ ce qu'on peut écrire

$$\lim_{\lambda\mapsto 0} h_I(\lambda) \cdot \alpha_{\underline{S},S'} = \alpha_{\underline{S},S'_I}.$$

Si maintenant $\mathcal{E}$ est un fibré localement libre de rang r et $\mathbb{G}_m^{n+1}$-équivariant sur $\widetilde{\mathcal{A}}^S \times_{\mathcal{A}^S} \alpha_{\underline{S}}$ qui vérifie la propriété $(*)$ du lemme 4.6, l'action de $\mathbb{G}_m$ via h_I sur la fibre $\mathcal{E}_{\underline{S},S'_I}$ de $\mathcal{E}$ au-dessus de $\alpha_{\underline{S},S'_I}$ ne fait intervenir que les deux caractères $\lambda \mapsto 1$ et $\lambda \mapsto \lambda$. D'après le lemme 4.9, l'homomorphisme h_I induit donc deux applications linéaires

$$\mathcal{E}_{\underline{S},S'} \to \mathcal{E}_{\underline{S},S'_I}$$
$$\mathcal{E}_{\underline{S},S'_I} \to \mathcal{E}_{\underline{S},S'}$$

de rangs respectifs $r - d_I^{S'}$ et $d_I^{S'}$ dont les noyaux et images sont égaux dans $\mathcal{E}_{\underline{S},S'}$ et $\mathcal{E}_{\underline{S},S'_I}$.

On déduit de la proposition 4.18 :

COROLLAIRE 4.21. *Considérons un point arbitraire de $\overline{\mathrm{Vec}}^{r,S}$ à valeurs dans un schéma X, consistant en un morphisme $X \to \mathcal{A}^S/\widetilde{\mathcal{A}}^S_\varnothing$ et un fibré $\mathcal{E}$ de rang r et $\mathbb{G}_m^{n+1}$-équivariant sur $\widetilde{X} = X \times_{\mathcal{A}^S/\widetilde{\mathcal{A}}^S_\varnothing} \widetilde{\mathcal{A}}^S/\widetilde{\mathcal{A}}^S_\varnothing$. Alors :*

(i) *Les conditions suivantes sont équivalentes :*

(1) *L'homomorphisme $\mathbb{G}_m^{n+1}$-équivariant de la proposition* 4.18

$$\mathcal{E} \to \bigoplus_{\alpha=0}^{n} p_X^* \mathcal{E}_\alpha$$

est un plongement dont le conoyau est localement libre.

(2) *Après tout changement de base par un point géométrique de X dont l'image dans $\mathcal{A}^S/\mathcal{A}^S_\varnothing$ est un pavage entier convexe $\underline{S}$, on a pour toute facette S' de $\underline{S}$ et toutes parties I, J non triviales de* $\{0,\ldots,n\}$

$$I \cap J = \varnothing \implies \mathrm{Im}(\mathcal{E}_{\underline{S},S'_I} \to \mathcal{E}_{\underline{S},S'}) \cap \mathrm{Im}(\mathcal{E}_{\underline{S},S'_J} \to \mathcal{E}_{\underline{S},S'}) = 0.$$

(3) *La condition de* (2) *est vérifiée par les facettes* S' *de* $\underline{S}$ *qui sont des cellules* (*de dimension maximale égale à celle de* S) *et les parties* I, J *de la forme*

$$I = \{\alpha\},\ J = \{0, \dots, n\} - \{\alpha\}, \quad 0 \leq \alpha \leq n.$$

(ii) *Pour que les conditions équivalentes de* (i) *soient vérifiées, il faut et il suffit que* $X \to \overline{\mathcal{V}ec}^{r,S}$ *se factorise à travers un certain sous-champ ouvert* $\mathcal{V}ec^{r,S}$ *de* $\overline{\mathcal{V}ec}^{r,S}$.

DÉMONSTRATION. (i) Montrons donc l'équivalence des conditions (1), (2) et (3).

(1) $\Longrightarrow$ (2). Si la condition (1) est vérifiée, elle le reste après tout changement de la base X, en particulier par un point géométrique. Par conséquent, on peut supposer que X est un point géométrique qui s'envoie sur un pavage entier convexe $\underline{S}$ de S.

Pour une facette S' de $\underline{S}$ et une partie non triviale I de $\{0, \dots, n\}$, notons $\mathcal{E}'_{\underline{S},S'_I}$ le sous-espace de $\mathcal{E}_{\underline{S},S'_I}$ sur lequel $\mathbb{G}_m \overset{h_I}{\hookrightarrow} \mathbb{G}_m^{n+1}$ agit trivialement et $\mathcal{E}''_{\underline{S},S'_I}$ le sous-espace supplémentaire sur lequel il agit par $\lambda \mapsto \lambda$. La fibre de $\bigoplus_{\alpha=0}^{n} p_X^* \mathcal{E}_\alpha$ en le point $\alpha_{\underline{S},S'_I}$ est $\bigoplus_{\alpha=0}^{n} \mathcal{E}_\alpha$ et $\mathbb{G}_m \overset{h_I}{\hookrightarrow} \mathbb{G}_m^{n+1}$ agit sur $\bigoplus_{\alpha \in I} \mathcal{E}_\alpha$ par $\lambda \mapsto \lambda$ et sur $\bigoplus_{\alpha \notin I} \mathcal{E}_\alpha$ par $\lambda \mapsto 1$. Le plongement $\mathbb{G}_m^{n+1}$-équivariant

$$\mathcal{E} \hookrightarrow \bigoplus_{\alpha=0}^{n} p_X^* \mathcal{E}_\alpha$$

induit un plongement

$$\begin{array}{ccccccccc} 0 & \longrightarrow & \mathcal{E}''_{\underline{S},S'_I} & \longrightarrow & \mathcal{E}_{\underline{S},S'} & \longrightarrow & \mathcal{E}'_{\underline{S},S'_I} & \longrightarrow & 0 \\ & & \big\downarrow & & \big\downarrow & & \big\downarrow & & \\ 0 & \longrightarrow & \bigoplus_{\alpha \in I} \mathcal{E}_\alpha & \longrightarrow & \bigoplus_{\alpha=0}^{n} \mathcal{E}_\alpha & \longrightarrow & \bigoplus_{\alpha \notin I} \mathcal{E}_\alpha & \longrightarrow & 0 \end{array}$$

entre les deux suites exactes courtes déduites du lemme 4.9 en faisant agir $\mathbb{G}_m \overset{h_I}{\hookrightarrow} \mathbb{G}_m^{n+1}$ sur $\mathcal{E}$ et $\bigoplus_{\alpha=0}^{n} p_X^* \mathcal{E}_\alpha$. Dans $\bigoplus_{\alpha=0}^{n} \mathcal{E}_\alpha$ considéré comme un espace ambiant, on a donc l'égalité

$$\mathrm{Im}(\mathcal{E}_{\underline{S},S'_I} \to \mathcal{E}_{\underline{S},S'}) = \mathcal{E}_{\underline{S},S'} \cap \bigoplus_{\alpha \in I} \mathcal{E}_\alpha$$

et cela prouve la condition (2).

(2) $\Longrightarrow$ (3) est tautologique.

(3) $\Longrightarrow$ (1). D'après la proposition 4.11, on peut supposer que $S \subseteq S^{r,n}$ est un pavé entier, c'est-à-dire un convexe entier de dimension maximale n.

D'autre part, (1) est vérifiée si et seulement si l'homomorphisme équivariant

$$\mathcal{E} \to \bigoplus_{\alpha=0}^{n} p_X^* \mathcal{E}_\alpha$$

induit un plongement en tout point géométrique de $\widetilde{X}$ fixé par $\mathbb{G}_m^{n+1}$. On peut supposer encore que X est un point géométrique qui s'envoie sur un pavage $\underline{S}$ de S, et il suffit de montrer que pour tout α, $0 \leq \alpha \leq n$, et toute facette S' de $\underline{S}$

où la coordonnée i_α est constante (c'est-à-dire dont la décomposition associée de $\{0, \ldots, n\}$ comprend le singleton $\{\alpha\}$), l'homomorphisme entre les fibres en $\alpha_{\underline{S},S'}$

$$\mathcal{E}_{\underline{S},S'} \to \mathcal{E}_\alpha$$

induit un plongement dans $\mathcal{E}_\alpha$ du sous-espace $\mathcal{E}^{\{\alpha\}}_{\underline{S},S'}$ de $\mathcal{E}_{\underline{S},S'}$ où le fixateur $(\mathbb{G}_m^{n+1})_{S'}$ agit par le caractère $\chi^{\{\alpha\}}_{S'}$ (qui est la projection sur le facteur $\mathbb{G}_m$ d'indice α).

Quitte à renuméroter, on peut prendre $\alpha = 0$.

Mettons encore une fois sur l'ensemble des pavés S' de $\underline{S}$ un ordre total qui vérifie les propriétés du lemme 4.13. Pour tout pavé S', on note S'^0 et S'_0 ses faces définies par les égalités $i_0 = r - d^{S'}_{\{0,\ldots,n\}-\{0\}}$ et $i_0 = d^{S'}_{\{0\}}$. Montrons par récurrence décroissante sur S' que les deux homomorphismes

$$\mathcal{E}^{\{0\}}_{\underline{S},S'^0} \to \mathcal{E}_0 \quad \text{et} \quad \mathcal{E}^{\{0\}}_{\underline{S},S'_0} \to \mathcal{E}_0$$

sont injectifs. Pour le premier, cela résulte de la définition de $\mathcal{E}_0$ quand $S'^0 \subseteq S^0$ et de l'hypothèse de récurrence quand $S'^0 \not\subseteq S^0$. Pour le second, on remarque qu'on a un diagramme commutatif

$$\begin{array}{ccccc}
\mathcal{E}^{\{0\}}_{\underline{S},S'_0} & \hookrightarrow & \mathcal{E}_{\underline{S},S'} & \twoheadrightarrow & \mathcal{E}^{\{0\}}_{\underline{S},S'^0} \\
\downarrow & & \downarrow & & \downarrow \\
\mathcal{E}_0 & \xrightarrow{\sim} & \mathcal{E}_0 & \xrightarrow{\sim} & \mathcal{E}_0
\end{array}$$

où les monomorphismes horizontaux de gauche sont définis par $h_{\{0\}} \colon \mathbb{G}_m \hookrightarrow \mathbb{G}_m^{n+1}$ et les épimorphismes horizontaux de droite par $h_{\{1,\ldots,n\}} \colon \mathbb{G}_m \hookrightarrow \mathbb{G}_m^{n+1}$ selon le lemme 4.9.

La condition (3) dit que le composé $\mathcal{E}^{\{0\}}_{\underline{S},S'_0} \to \mathcal{E}^{\{0\}}_{\underline{S},S'^0}$ est injectif. On conclut comme voulu que $\mathcal{E}^{\{0\}}_{\underline{S},S'_0} \to \mathcal{E}_0$ est injectif puisqu'on sait déjà que $\mathcal{E}^{\{0\}}_{\underline{S},S'^0} \to \mathcal{E}_0$ l'est.

Cela termine la preuve de (3) $\Longrightarrow$ (1).

(ii) La condition (1) de (i) définit un sous-champ ouvert $\mathcal{V}ec^{r,S}$ de $\overline{\mathcal{V}ec}^{r,S}$ car étant donné un point arbitraire $\mathcal{E}$ de $\overline{\mathcal{V}ec}^{r,S}$ à valeurs dans un schéma X, l'ensemble des points de $\widetilde{X}$ où l'homomorphisme

$$\mathcal{E} \to \bigoplus_{\alpha=0}^{n} p_X^* \mathcal{E}_\alpha$$

est injectif est un ouvert et $\widetilde{X}$ est un schéma propre sur X. □

Dans la discussion qui précède l'énoncé de la proposition 4.18, on a vu comme conséquence de la proposition 4.11 qu'à tout point $\mathcal{E}$ de $\overline{\mathcal{V}ec}^{r,S}$ à valeurs dans un schéma X sont associés des fibrés $\mathcal{E}_\alpha$, $0 \leq \alpha \leq n$, de rangs r_α sur X.

Si pour tout entier r', on note $\mathrm{Vec}^{r'}$ le champ des espaces vectoriels de rang r' (c'est-à-dire le classifiant de $\mathrm{GL}_{r'}$), cela signifie qu'on a un morphisme naturel

$$\overline{\mathcal{V}ec}^{r,S} \to \prod_{\alpha=0}^{n} \mathrm{Vec}^{r_\alpha}.$$

Pour E' un espace vectoriel de rang $\geq r'$, on a un morphisme d'oubli du plongement

$$\mathrm{Gr}^{r',E'} \to \mathrm{Vec}^{r'} ;$$

il est lisse de dimension $r' \operatorname{rg}(E')$ et ses fibres sont homogènes sous l'action du groupe $\operatorname{Aut}(E')$.

Nous pouvons maintenant montrer :

THÉORÈME 4.22. *Soient S un convexe entier de $S^{r,n}$ et $E = E_0 \oplus \cdots \oplus E_n$ un espace gradué tel que* $\operatorname{rg} E_\alpha \geq r_\alpha = r - d^S_{\{0,\ldots,n\}-\{\alpha\}}$, $0 \leq \alpha \leq n$.

Alors le morphisme du corollaire 4.7

$$\overline{\Omega}^{S,E} \to \overline{\mathcal{V}ec}^{r,S}$$

se factorise à travers le sous-champ ouvert $\mathcal{V}ec^{r,S}$ et il s'inscrit dans un carré cartésien

$$\begin{array}{ccc} \overline{\Omega}^{S,E} & \longrightarrow & \mathcal{V}ec^{r,S} \\ \downarrow & \square & \downarrow \\ \prod_{\alpha=0}^n \operatorname{Gr}^{r_\alpha,E_\alpha} & \longrightarrow & \prod_{\alpha=0}^n \operatorname{Vec}^{r_\alpha} \end{array}$$

(*où la flèche verticale de gauche est celle considérée au paragraphe* 2.7).

En particulier, le morphisme $\overline{\Omega}^{S,E} \to \mathcal{V}ec^{r,S}$ est surjectif et lisse de dimension $\sum_{\alpha=0}^n r_\alpha \operatorname{rg}(E_\alpha)$ et ses fibres sont homogènes sous l'action du groupe $\operatorname{Aut}(E_0) \times \cdots \times \operatorname{Aut}(E_n)$.

DÉMONSTRATION. On doit montrer que le morphisme $\overline{\Omega}^{S,E} \to \overline{\mathcal{V}ec}^{r,S}$ se factorise à travers l'ouvert $\mathcal{V}ec^{r,S}$, que le carré

$$\begin{array}{ccc} \overline{\Omega}^{S,E} & \longrightarrow & \mathcal{V}ec^{r,S} \\ \downarrow & & \downarrow \\ \prod_{\alpha=0}^n \operatorname{Gr}^{r_\alpha,E_\alpha} & \longrightarrow & \prod_{\alpha=0}^n \operatorname{Vec}^{r_\alpha} \end{array}$$

est commutatif et enfin qu'il est cartésien. D'après le lemme 2.12, il suffit de considérer le cas où pour tout α, $0 \leq \alpha \leq n$, E_α est de rang $r_\alpha = r - d^S_{\{0,\ldots,n\}-\{\alpha\}}$ si bien que le schéma $\operatorname{Gr}^{r_\alpha,E_\alpha}$ est trivial réduit à un point.

Rappelons comment a été construit le fibré équivariant canonique $\mathcal{E}^S$ sur $\overline{\Omega}^{S,E} \times_{\mathcal{A}^S/\widetilde{\mathcal{A}}^S_\varnothing} \widetilde{\mathcal{A}}^S/\widetilde{\mathcal{A}}^S_\varnothing$ qui définit le morphisme $\overline{\Omega}^{S,E} \to \overline{\mathcal{V}ec}^{r,S}$ au-dessus de $\mathcal{A}^S/\widetilde{\mathcal{A}}^S_\varnothing$: on est parti du fibré canonique de rang r sur la grassmannienne $\operatorname{Gr}^{r,E}$, on a formé son image réciproque par le morphisme

$$\widetilde{\mathcal{A}}^S \times_{\mathcal{A}^S} \Omega^{S,E} \to \operatorname{Gr}^{r,E}$$

puis on est passé au quotient par l'action du tore $\widetilde{\mathcal{A}}^S_\varnothing$. Or le fibré canonique de rang r sur $\operatorname{Gr}^{r,E}$ est naturellement muni d'un plongement dans le fibré trivial $E_0 \oplus \cdots \oplus E_n$. On en déduit que $\mathcal{E}^S$ est également muni d'un plongement $\mathbb{G}_m^{n+1}$-équivariant dans le fibré trivial égal à $E_0 \oplus \cdots \oplus E_n$. Par unicité des homomorphismes équivariants $\mathcal{E} \to \mathcal{E}_\alpha$ construits dans la proposition 4.18, on voit que les $\mathcal{E}_\alpha$ sont canoniquement isomorphes aux E_α et que l'homomorphisme $\mathcal{E} \to \bigoplus_{\alpha=0}^n \mathcal{E}_\alpha$ est partout un plongement. Cela montre à la fois que $\overline{\Omega}^{S,E}$ s'envoie dans l'ouvert $\mathcal{V}ec^{r,S}$ de $\overline{\mathcal{V}ec}^{r,S}$ et que le carré

$$\begin{array}{ccc} \overline{\Omega}^{S,E} & \longrightarrow & \mathcal{V}ec^{r,S} \\ \big\downarrow & & \big\downarrow \\ \bullet & \longrightarrow & \prod_{\alpha=0}^{n} \mathrm{Vec}^{r_\alpha} \end{array}$$

est commutatif.

Le produit fibré $\mathcal{V}ec^{r,S} \times_{(\prod_{\alpha=0}^{n} \mathrm{Vec}^{r_\alpha})} \bullet$ est un champ algébrique qui n'a pas d'automorphismes, donc c'est un espace algébrique (voir le corollaire 8.1.1 du livre [Laumon et Moret-Bailly, 2000]) ; il est séparé car il vérifie le critère valuatif de séparation. Comme $\overline{\Omega}^{S,E}$ est un schéma projectif, le morphisme

$$\overline{\Omega}^{S,E} \to \mathcal{V}ec^{r,S} \times_{(\prod_{\alpha=0}^{n} \mathrm{Vec}^{r_\alpha})} \bullet$$

est lui-même projectif. Pour montrer que c'est un isomorphisme, il suffit de prouver que tout point $\mathcal{E}$ de $\mathcal{V}ec^{r,S} \times_{(\prod_{\alpha=0}^{n} \mathrm{Vec}^{r_\alpha})} \bullet$ à valeurs dans un anneau artinien A se relève dans $\overline{\Omega}^{S,E}$ de manière unique.

Un tel point $\mathcal{E}$ consiste en un morphisme $\operatorname{Spec} A \to \mathcal{A}^S / \widetilde{\mathcal{A}}^S_\varnothing$, un fibré $\mathbb{G}_m^{n+1}$-équivariant et localement libre de rang r sur $\operatorname{Spec} A \times_{\mathcal{A}^S / \widetilde{\mathcal{A}}^S_\varnothing} \widetilde{\mathcal{A}}^S / \widetilde{\mathcal{A}}^S_\varnothing$ qui vérifie la propriété $(*)$ du lemme 4.6 et qu'on note aussi $\mathcal{E}$ et un homomorphisme linéaire $\mathbb{G}_m^{n+1}$-équivariant et partout injectif sur $\operatorname{Spec} A \times_{\mathcal{A}^S / \widetilde{\mathcal{A}}^S_\varnothing} \widetilde{\mathcal{A}}^S / \widetilde{\mathcal{A}}^S_\varnothing$

$$\mathcal{E} \to \bigoplus_{\alpha=0}^{n} E_\alpha .$$

On rappelle qu'on fait agir $\mathbb{G}_m^{n+1}$ sur chaque facteur E_α par son caractère $(\lambda_0, \ldots, \lambda_n) \mapsto \lambda_\alpha$.

Rappelons d'autre part que d'après la proposition 4.3(i), on a une immersion fermée équivariante naturelle

$$\widetilde{\mathcal{A}}^S \to \mathcal{A}^S \times \mathbb{P}\big((\mathbb{A}^1)^S\big).$$

Or l'espace projectif $\mathbb{P}\big((\mathbb{A}^1)^S\big)$ est muni du fibré inversible $\mathcal{O}(-1)$ dont la fibre en n'importe quel point de $\mathbb{P}\big((\mathbb{A}^1)^S\big)$ vu comme une droite vectorielle de $(\mathbb{A}^1)^S$ est l'ensemble des vecteurs de cette droite. Sur ce fibré, il y a l'action du tore $\mathbb{G}_m^{n+1}$ définie par

$$\begin{gathered} \mathbb{G}_m^{n+1} \times (\mathbb{A}^1)^S \to (\mathbb{A}^1)^S \\ \big((\lambda_0, \ldots, \lambda_n), (x_{\underline{i}})_{\underline{i} \in S}\big) \mapsto (\lambda_0^{i_0} \ldots \lambda_n^{i_n} x_{\underline{i}})_{\underline{i}=(i_0,\ldots,i_n) \in S}. \end{gathered}$$

Par image réciproque, on obtient sur $\widetilde{\mathcal{A}}^S$ un fibré inversible $\mathbb{G}_m^{n+1}$-équivariant que l'on note encore $\widetilde{\mathcal{O}}(-1)$. Pour tout $n \in \mathbb{Z}$, on peut noter $\widetilde{\mathcal{O}}(n) = \widetilde{\mathcal{O}}(-1)^{\otimes(-n)}$.

Soit $\underline{S}$ le pavage entier convexe de S qui est l'image dans $\mathcal{A}^S / \mathcal{A}^S_\varnothing$ du point fermé de $\operatorname{Spec} A$. Pour tout sommet $\underline{i}$ du pavage $\underline{S}$, le point distingué $\alpha_{\underline{S},\underline{i}}$ de la fibre $\widetilde{\mathcal{A}}^S \times_{\mathcal{A}^S} \alpha_{\underline{S}}$ qui correspond à $\underline{i}$ a pour image dans $\mathbb{P}\big((\mathbb{A}^1)^S\big)$ le point dont toutes les coordonnées sont 0 sauf celle d'indice $\underline{i}$. Il en résulte que le tore $\mathbb{G}_m^{n+1}$ agit trivialement sur la fibre en le point $\alpha_{\underline{S},\underline{i}}$ du fibré inversible $(\Lambda^r \mathcal{E}) \otimes \widetilde{\mathcal{O}}(1)$. *A fortiori*, pour toute facette S' du pavage $\underline{S}$, le fixateur $(\mathbb{G}_m^{n+1})_{S'}$ agit trivialement sur la fibre en $\alpha_{\underline{S},S'}$ de $(\Lambda^r \mathcal{E}) \otimes \widetilde{\mathcal{O}}(1)$.

On conclut alors d'après le lemme 4.12 qu'il y a un isomorphisme équivariant sur $\operatorname{Spec} A \times_{\mathcal{A}^S/\widetilde{\mathcal{A}}^S_\varnothing} \widetilde{\mathcal{A}}^S/\widetilde{\mathcal{A}}^S_\varnothing$

$$\widetilde{\mathcal{O}}(-1) \xrightarrow{\sim} \Lambda^r \mathcal{E} = \det \mathcal{E}$$

et que cet isomorphisme est unique à multiplication près par un élément inversible de A.

Considérons maintenant l'homomorphisme équivariant composé

$$\widetilde{\mathcal{O}}(-1) \xrightarrow{\sim} \Lambda^r \mathcal{E} \hookrightarrow \Lambda^r(E_0 \oplus \cdots \oplus E_n) = \bigoplus_{\underline{i} \in S^{r,n}} \Lambda^{\underline{i}} E_\bullet$$

et ses composantes d'indices les éléments $\underline{i} \in S^{r,n}$

$$\widetilde{\mathcal{O}}(-1) \to \Lambda^{\underline{i}} E_\bullet.$$

Si on les écrit dans une base de $\Lambda^{\underline{i}} E_\bullet$, on voit que ces composantes sont formées d'éléments de

$$H^0\big(\operatorname{Spec} A \times_{\mathcal{A}^S/\widetilde{\mathcal{A}}^S_\varnothing} \widetilde{\mathcal{A}}^S/\widetilde{\mathcal{A}}^S_\varnothing, \widetilde{\mathcal{O}}(1)\big)_{\chi_{\underline{i}}}$$

c'est-à-dire de sections de $\widetilde{\mathcal{O}}(1)$ sur $\operatorname{Spec} A \times_{\mathcal{A}^S/\widetilde{\mathcal{A}}^S_\varnothing} \widetilde{\mathcal{A}}^S/\widetilde{\mathcal{A}}^S_\varnothing$ sur lesquelles le tore $\mathbb{G}_m^{n+1}$ agit par le caractère

$$\chi_{\underline{i}} \colon (\lambda_0, \dots, \lambda_n) \mapsto \lambda_0^{i_0} \dots \lambda_n^{i_n}$$

où $\underline{i} = (i_0, \dots, i_n)$.

Or on a le lemme suivant :

LEMME 4.23. *Soient $\underline{S}$ un pavage entier convexe d'un convexe entier S de $S^{r,n}$ et $\underline{i} = (i_0, \dots, i_n)$ un point de $S^{r,n}$. Alors, dans les espaces de cohomologie de $\widetilde{\mathcal{O}}(1)$ sur $Y_{\underline{S}} = \widetilde{\mathcal{A}}^S \times_{\mathcal{A}^S} \alpha_{\underline{S}}$, les parties sur lesquelles $\mathbb{G}_m^{n+1}$ agit par le caractère $\chi_{\underline{i}}$ vérifient :*

(i) *Si $\underline{i} \notin S$, on a*

$$H^0\big(Y_{\underline{S}}, \widetilde{\mathcal{O}}(1)\big)_{\chi_{\underline{i}}} = 0 \quad \text{et} \quad H^1\big(Y_{\underline{S}}, \widetilde{\mathcal{O}}(1)\big)_{\chi_{\underline{i}}} = 0.$$

(ii) *Si $\underline{i} \in S$, on a*

$$H^1\big(Y_{\underline{S}}, \widetilde{\mathcal{O}}(1)\big)_{\chi_{\underline{i}}} = 0,$$

l'espace $H^0\big(Y_{\underline{S}}, \widetilde{\mathcal{O}}(1)\big)_{\chi_{\underline{i}}}$ est de dimension 1 et il est engendré par le morphisme

$$\widetilde{\mathcal{O}}(-1) \to \mathbb{A}^1$$

qui est la projection de $(\mathbb{A}^1)^S$ sur sa composante d'indice $\underline{i}$.

DÉMONSTRATION DU LEMME. Pour toute facette S' de $\underline{S}$, on note $Y_{S'}$ le sous-schéma fermé invariant de $Y_{\underline{S}}$ qui est l'adhérence schématique de l'orbite du point $\alpha_{\underline{S},S'}$ sous l'action du tore $\mathbb{G}_m^{n+1}$. Les $Y_{S'}$ sont des variétés toriques.

Le schéma $Y_{\underline{S}}$ et ses sous-schémas fermés $Y_{S'}$ sont plongés dans $\mathbb{P}\big((\mathbb{A}^1)^S\big)$ d'après la proposition 4.3(i) si bien que le fibré inversible équivariant $\widetilde{\mathcal{O}}(1)$ sur $Y_{\underline{S}}$ et les $Y_{S'}$ est très ample. Pour toute facette S' de $\underline{S}$, cela signifie d'après le théorème 13 du §3 de [Saint-Donat et Kempf, 1973] que la fonction linéaire par morceaux associée à $\widetilde{\mathcal{O}}(1)$ sur le complexe polyédral rationnel de la variété torique

$Y_{S'}$ est strictement convexe. Comme $Y_{S'}$ est propre, son complexe polyédral rationnel est l'espace vectoriel tout entier engendré par les caractères (voir le théorème 8 du §2 de [Saint-Donat et Kempf, 1973]) et *a fortiori* il est convexe. On déduit alors du corollaire 2 du §3 de [Saint-Donat et Kempf, 1973] que

$$H^i\big(Y_{S'}, \widetilde{\mathcal{O}}(1)\big) = 0, \quad \forall i \geq 1.$$

Enfin, tout sous-schéma fermé invariant Y de $Y_{\underline{S}}$ est réunion d'un nombre fini de schémas $Y_{S'}$ associés à des facettes S' de $\underline{S}$ et on obtient par dévissage

$$H^i\big(Y, \widetilde{\mathcal{O}}(1)\big) = 0, \quad \forall i \geq 1.$$

Cela est vrai en particulier pour $Y = Y_{\underline{S}}$.

Intéressons-nous maintenant aux espaces de sections $H^0\big(Y_{S'}, \widetilde{\mathcal{O}}(1)\big)_{\chi_{\underline{i}}}$ sur lesquelles le tore $\mathbb{G}_m^{n+1}$ agit par le caractère $\chi_{\underline{i}}\colon (\lambda_0, \dots, \lambda_n) \mapsto \lambda_0^{i_0} \dots \lambda_n^{i_n}$.

Comme les $Y_{S'}$ sont des variétés toriques et les $\widetilde{\mathcal{O}}(1)$ des fibrés équivariants inversibles sur celles-ci, les $H^0\big(Y_{S'}, \widetilde{\mathcal{O}}(1)\big)_{\chi_{\underline{i}}}$ sont de dimension 0 ou 1. Par ailleurs, ils contiennent le morphisme $\widetilde{\mathcal{O}}(-1) \xrightarrow{X_{\underline{i}}} \mathbb{A}^1$ de projection de $(\mathbb{A}^1)^S$ sur sa composante d'indice $\underline{i}$, et ce morphisme est non nul si et seulement si $\underline{i} \in S'$.

On voit donc que si $\underline{i} \in S'$, l'espace $H^0\big(Y_{S'}, \widetilde{\mathcal{O}}(1)\big)_{\chi_{\underline{i}}}$ est de dimension 1 et engendré par $X_{\underline{i}}$.

On prétend d'autre part que si $\underline{i} \notin S'$, alors

$$H^0\big(Y_{S'}, \widetilde{\mathcal{O}}(1)\big)_{\chi_{\underline{i}}} = 0.$$

En effet, remarquons d'abord que si $\underline{i}$ n'est pas dans le sous-espace affine de $\mathbb{R}^{r,n}$ engendré par S', le noyau de $\chi_{\underline{i}}$ ne contient pas le noyau de l'action de $\mathbb{G}_m^{n+1}$ sur $\widetilde{\mathcal{O}}(1)$ restreint à $Y_{S'}$ et on a nécessairement

$$H^0\big(Y_{S'}, \widetilde{\mathcal{O}}(1)\big)_{\chi_{\underline{i}}} = 0.$$

Supposons donc que $\underline{i}$ est dans le sous-espace affine engendré par S'.

L'éventail qui définit la variété torique $Y_{S'}$ est une décomposition de l'espace des fonctions affines $\ell\colon S' \to \mathbb{R}$ modulo les fonctions constantes : une fonction affine $\ell\colon S' \to \mathbb{R}$ est dans le cône convexe polyédral associé à une face S'' de S' si S'' est l'ensemble des points où ℓ prend sa valeur minimale $\min_{S'}(\ell)$ sur S'.

Pour que $H^0\big(Y_{S'}, \widetilde{\mathcal{O}}(1)\big)_{\chi_{\underline{i}}} \neq 0$, il faudrait que pour toute fonction affine $\ell\colon S' \to \mathbb{R}$ prolongée canoniquement sur l'espace affine engendré par S', on ait $\ell(\underline{i}) - \min_{S'}(\ell) \geq 0$. Ce n'est pas vrai, et donc $H^0\big(Y_{S'}, \widetilde{\mathcal{O}}(1)\big)_{\chi_{\underline{i}}} = 0$.

On déduit immédiatement de ce qui précède que si $\underline{i} \notin S$, on a

$$H^0\big(Y_{\underline{S}}, \widetilde{\mathcal{O}}(1)\big)_{\chi_{\underline{i}}} = 0.$$

Si au contraire $\underline{i} \in S$, notons $S'_{\underline{i}}$ la plus petite facette du pavage $\underline{S}$ qui contient le point $\underline{i}$. Pour toute facette S' de $\underline{S}$ qui ne contient pas $S'_{\underline{i}}$, on a

$$H^0\big(Y_{S'}, \widetilde{\mathcal{O}}(1)\big)_{\chi_{\underline{i}}} = 0,$$

et pour toute facette S' qui contient $S'_{\underline{i}}$, l'espace $H^0\big(Y_{S'}, \widetilde{\mathcal{O}}(1)\big)_{\chi_{\underline{i}}}$ est de dimension 1, ses éléments sont des multiples de $X_{\underline{i}}$ et les coefficients de proportionnalité ne dépendent que des restrictions des sections à $Y_{S'_{\underline{i}}} \hookrightarrow Y_{S'}$. On en déduit que l'espace $H^0\big(Y_{\underline{S}}, \widetilde{\mathcal{O}}(1)\big)_{\chi_{\underline{i}}}$ est de dimension 1 et engendré par $X_{\underline{i}}$.

Cela termine la démonstration du lemme. □

Fin de la démonstration du théorème 4.22. On peut choisir un relèvement $\operatorname{Spec} A \to \mathcal{A}^S$ du morphisme $\operatorname{Spec} A \to \mathcal{A}^S/\widetilde{\mathcal{A}}^S_{\varnothing}$.

Pour tout point x du schéma $\operatorname{Spec} A \times_{\mathcal{A}^S/\widetilde{\mathcal{A}}^S_{\varnothing}} \widetilde{\mathcal{A}}^S/\widetilde{\mathcal{A}}^S_{\varnothing} \cong \operatorname{Spec} A \times_{\mathcal{A}^S} \widetilde{\mathcal{A}}^S$ à valeurs dans un schéma X, la restriction à X de $\mathcal{E}$ vu comme sous-fibré de rang r de $E_0 \oplus \cdots \oplus E_n = E$ définit un point de la grassmannienne $\mathrm{Gr}^{r,E}$ à valeurs dans X.

Si on note $x_{\underline{i}}$, $\underline{i} \in S$, les coordonnées projectives de l'image du point x dans $\mathbb{P}\big((\mathbb{A}^1)^S\big)$, il résulte du lemme précédent que les coordonnées de Plücker dans $\Lambda^r E = \bigoplus_{\underline{i} \in S^{r,n}} \Lambda^{\underline{i}} E_\bullet$ du point $X \to \mathrm{Gr}^{r,E}$ sont de la forme

$$\big((x_{\underline{i}} \cdot a_{\underline{i}})_{\underline{i} \in S}, (0)_{\underline{i} \in S^{r,n} - S}\big)$$

où les $a_{\underline{i}}$, $\underline{i} \in S$, sont des points des $\Lambda^{\underline{i}} E_\bullet$ à valeurs dans A qui ne dépendent que du morphisme $\widetilde{\mathcal{O}}(-1) \xrightarrow{\sim} \Lambda^r \mathcal{E} \longhookrightarrow \Lambda^r E$ et pas de x.

Considérons le cas où x est le point $\alpha_{\underline{S},S'}$ associé à une cellule S' du pavage $\underline{S}$. Notant $\mathcal{E}_{\underline{S},S'}$ la fibre de $\mathcal{E}$ en ce point, on a le plongement

$$\mathcal{E}_{\underline{S},S'} \hookrightarrow E_0 \oplus \cdots \oplus E_n = E.$$

Comme on a vu dans la démonstration du corollaire 4.21(i), pour toute partie non triviale I de $\{0, 1, \ldots, n\}$, l'intersection de $\mathcal{E}_{\underline{S},S'}$ avec $E_I = \bigoplus_{\alpha \in I} E_\alpha$ s'identifie au facteur $\mathcal{E}''_{\underline{S},S'_I}$ de la fibre $\mathcal{E}_{\underline{S},S'_I}$ sur lequel l'homomorphisme $h_I \colon \mathbb{G}_m \to \mathbb{G}_m^{n+1}$ (dont les composantes d'indices α, $0 \le \alpha \le n$, sont $\lambda \mapsto \lambda$ si $\alpha \in I$ et $\lambda \mapsto 1$ sinon) agit par le caractère $\lambda \mapsto \lambda$. Comme $\mathcal{E}$ vérifie la condition $(*)$ du lemme 4.6, chaque telle intersection $\mathcal{E}_{\underline{S},S'} \cap E_I$ est de dimension $d_I^{S'_I} = d_I^{S'}$ et le point $\mathcal{E}_{\underline{S},S'}$ de $\mathrm{Gr}^{r,E}$ est dans la cellule de Schubert mince $\mathrm{Gr}^{r,E}_{S'}$.

Cela impose que tous les $a_{\underline{i}}$, $\underline{i} \in S$, sont des points à valeurs dans A des $\Lambda^{\underline{i}} E_\bullet - \{0\}$ et pris ensemble ils définissent un point à valeurs dans A de

$$\mathcal{A}^S \times \mathbb{G}_m \Big\backslash \prod_{\underline{i} \in S} (\Lambda^{\underline{i}} E_\bullet - \{0\}).$$

On prétend qu'il est dans le sous-schéma fermé $\Omega^{S,E}$. Pour cela, il faut revenir à la construction explicite de $\Omega^{S,E}$ dans la démonstration du théorème 2.4(i) : on considère n'importe quelle cellule S' du pavage $\underline{S}$ et une famille génératrice $e_{S'}$ de S'. Elle définit un scindage $\mathcal{A}^S_{\varnothing} \to \widetilde{\mathcal{A}}^S_{\varnothing}$ de la suite exacte $0 \to (\mathbb{G}_m^S)_{\varnothing}/\mathbb{G}_m \to \widetilde{\mathcal{A}}^S_{\varnothing} \to \mathcal{A}^S_{\varnothing} \to 1$ qui se prolonge en une section s de $\widetilde{\mathcal{A}}^S \to \mathcal{A}^S$ bien définie au voisinage de l'orbite $\mathcal{A}^S_{\underline{S}}$ et en particulier sur $\operatorname{Spec} A$.

D'après ce qu'on vient de voir, le point $(a_{\underline{i}})_{\underline{i} \in S}$ dans

$$\mathcal{A}^S \times \mathbb{G}_m \Big\backslash \prod_{\underline{i} \in S} (\Lambda^{\underline{i}} E_\bullet - \{0\})$$

multiplié par le uplet des coordonnées de la section s est un point de $\mathbb{G}_m \backslash (\prod_{\underline{i} \in S^{r,n}} \Lambda^{\underline{i}} E_\bullet) - \{0\}$ qui représente le point de $\mathrm{Gr}^{r,E}$ à valeurs dans A qui est l'image réciproque de $\mathcal{E} \hookrightarrow E_0 \oplus \cdots \oplus E_n = E$ sur $\operatorname{Spec} A$ via la section $s \colon \operatorname{Spec} A \to \operatorname{Spec} A \times_{\mathcal{A}^S} \widetilde{\mathcal{A}}^S$. Il vérifie donc les équations de la grassmannienne $\mathrm{Gr}^{r,E}$ dans $\mathbb{G}_m \backslash (\prod_{\underline{i} \in S^{r,n}} \Lambda^{\underline{i}} E_\bullet) - \{0\}$ et c'est ce qu'on voulait.

On a donc défini un morphisme

$$\operatorname{Spec} A \to \Omega^{S,E}$$

qui est l'unique relèvement du point donné

$$\operatorname{Spec} A \to \mathcal{V}ec^{r,S} \times_{(\prod_{\alpha=0}^{n} \mathrm{Vec}^{r_\alpha})^\bullet}$$

compatible avec le relèvement choisi

$$\operatorname{Spec} A \to \mathcal{A}^S$$

du composé $\operatorname{Spec} A \to \mathcal{V}ec^{r,S} \to \mathcal{A}^S / \widetilde{\mathcal{A}}^S_\varnothing$.

Comme on a un carré cartésien

$$\begin{array}{ccc} \Omega^{S,E} & \longrightarrow & \overline{\Omega}^{S,E} \\ \downarrow & \square & \downarrow \\ \mathcal{A}^S & \longrightarrow & \mathcal{A}^S / \widetilde{\mathcal{A}}^S_\varnothing \end{array}$$

le composé $\operatorname{Spec} A \to \Omega^{S,E} \to \overline{\Omega}^{S,E}$ est l'unique relèvement de

$$\operatorname{Spec} A \to \mathcal{V}ec^{r,S} \times_{(\prod_{\alpha=0}^{n} \mathrm{Vec}^{r_\alpha})^\bullet},$$

ce qui achève la preuve du théorème 4.22. □

4.8. Cohomologie équivariante et déformations

On considère toujours un convexe entier $S \subseteq S^{r,n} = \{(i_0, \ldots, i_n) \in \mathbb{N}^{n+1} \mid i_0 + \cdots + i_n = r\}$ et un espace gradué $E = E_0 \oplus \cdots \oplus E_n$ tel que $\operatorname{rg} E_\alpha \geq r_\alpha = r - d^S_{\{0,\ldots,n\}-\{\alpha\}}$, $0 \leq \alpha \leq n$.

Le théorème 4.22 permet maintenant de donner un critère cohomologique de lissité du morphisme $\overline{\Omega}^{S,E} \to \mathcal{A}^S / \mathcal{A}^S_\varnothing$ en n'importe quel point et une formule pour la dimension de son espace tangent relatif, comme application de la théorie générale des déformations exposée par exemple dans le livre [Illusie, 1971-1972] :

COROLLAIRE 4.24. *Soient A un anneau artinien, I un idéal de carré 0 dans A, $\overline{x}$ un point de $\overline{\Omega}^{S,E}$ à valeurs dans $\overline{A} = A/I$ et $\overline{a}$ son image dans $\mathcal{A}^S / \widetilde{\mathcal{A}}^S_\varnothing$.*

Soient $\overline{\mathcal{E}}$ l'image de $\overline{x}$ dans le champ $\mathcal{V}ec^{r,S}$ vue comme un fibré localement libre de rang r et $\mathbb{G}_m^{n+1}$-équivariant sur $\operatorname{Spec} \overline{A} \times_{\mathcal{A}^S / \widetilde{\mathcal{A}}^S_\varnothing} \widetilde{\mathcal{A}}^S / \widetilde{\mathcal{A}}^S_\varnothing$ et $\mathcal{H}om(\overline{\mathcal{E}}, \overline{\mathcal{E}} \otimes I)$ le faisceau $\mathbb{G}_m^{n+1}$-équivariant des homomorphismes linéaires $\overline{\mathcal{E}} \to \overline{\mathcal{E}} \otimes I$.

Alors :

(i) *Si a est un point de $\mathcal{A}^S / \widetilde{\mathcal{A}}^S_\varnothing$ à valeurs dans A qui relève $\overline{a}$, le point $\overline{x} \in \overline{\Omega}^{S,E}(A/I)$ se relève en un point $x \in \overline{\Omega}^{S,E}(A)$ au-dessus de a si et seulement si le fibré $\overline{\mathcal{E}}$ se relève en un fibré $\mathbb{G}_m^{n+1}$-équivariant $\mathcal{E}$ sur $\operatorname{Spec} A \times_{\mathcal{A}^S / \widetilde{\mathcal{A}}^S_\varnothing} \widetilde{\mathcal{A}}^S / \widetilde{\mathcal{A}}^S_\varnothing$.*

L'obstruction à l'existence de tels relèvements gît dans le groupe de cohomologie équivariante

$$H^2_{\mathbb{G}_m^{n+1}}\big(\operatorname{Spec}(A/I) \times_{\mathcal{A}^S / \widetilde{\mathcal{A}}^S_\varnothing} \widetilde{\mathcal{A}}^S / \widetilde{\mathcal{A}}^S_\varnothing, \mathcal{H}om(\overline{\mathcal{E}}, \overline{\mathcal{E}} \otimes I)\big).$$

Si cette obstruction est nulle, l'ensemble des classes d'isomorphie des déformations $\mathcal{E}$ de $\overline{\mathcal{E}}$ est un torseur sous l'action du groupe

$$H^1_{\mathbb{G}_m^{n+1}}\big(\operatorname{Spec}(A/I) \times_{\mathcal{A}^S / \widetilde{\mathcal{A}}^S_\varnothing} \widetilde{\mathcal{A}}^S / \widetilde{\mathcal{A}}^S_\varnothing, \mathcal{H}om(\overline{\mathcal{E}}, \overline{\mathcal{E}} \otimes I)\big)$$

et le groupe des automorphismes de chacune est canoniquement isomorphe à

$$H^0_{\mathbb{G}_m^{n+1}}\big(\mathrm{Spec}(A/I) \times_{\mathcal{A}^S/\widetilde{\mathcal{A}}^S_\varnothing} \widetilde{\mathcal{A}}^S/\widetilde{\mathcal{A}}^S_\varnothing, \mathcal{H}om(\overline{\mathcal{E}}, \overline{\mathcal{E}} \otimes I)\big).$$

(ii) *Quand A/I est un corps et si $\underline{S}$ désigne le pavage entier convexe de S associé au point $\overline{a}$, la dimension de l'espace tangent en $\overline{x}$ à la fibre de $\overline{\Omega}^{S,E}$ au-dessus du point $\mathcal{A}^S_{\underline{S}}/\mathcal{A}^S_\varnothing$ de $\mathcal{A}^S/\mathcal{A}^S_\varnothing$ est égale à*

$$\dim H^1_{\mathbb{G}_m^{n+1}}\big(\widetilde{\mathcal{A}}^S \times_{\mathcal{A}^S} \alpha_{\underline{S}}, \mathcal{H}om(\overline{\mathcal{E}}, \overline{\mathcal{E}})\big) - \dim H^0_{\mathbb{G}_m^{n+1}}\big(\widetilde{\mathcal{A}}^S \times_{\mathcal{A}^S} \alpha_{\underline{S}}, \mathcal{H}om(\overline{\mathcal{E}}, \overline{\mathcal{E}})\big) + \sum_{0 \le \alpha \le n} r_\alpha \,\mathrm{rg}(E_\alpha) - \dim(S).$$

Et pour que le morphisme de structure $\overline{\Omega}^{S,E} \to \mathcal{A}^S/\mathcal{A}^S_\varnothing$ soit lisse au point $\overline{x}$, il suffit que

$$H^2_{\mathbb{G}_m^{n+1}}\big(\widetilde{\mathcal{A}}^S \times_{\mathcal{A}^S} \alpha_{\underline{S}}, \mathcal{H}om(\overline{\mathcal{E}}, \overline{\mathcal{E}})\big) = 0.$$

Démonstration. (i) C'est une application immédiate du théorème 4.22, d'après les résultats généraux du chapitre VII, §2 de [Illusie, 1971-1972].

(ii) résulte de (i) puisque le morphisme $\overline{\Omega}^{S,E} \to \mathcal{V}ec^{r,S}$ est lisse de dimension relative $\sum_{\alpha=0}^n r_\alpha \,\mathrm{rg}(E_\alpha)$ et que $\mathcal{A}^S/\widetilde{\mathcal{A}}^S_\varnothing \to \mathcal{A}^S/\mathcal{A}^S_\varnothing$ est lisse de dimension relative $-\mathrm{rg}\,\widetilde{\mathcal{A}}^S_\varnothing + \mathrm{rg}\,\mathcal{A}^S_\varnothing = -\mathrm{rg}(\mathbb{G}^S_m)_\varnothing/\mathbb{G}_m = -\dim(S)$. □

Considérons maintenant une face S' de S.

On a le morphisme équivariant $\mathcal{A}^S \to \mathcal{A}^{S'}$ de restriction des pavages de S à S' puis, d'après le lemme 4.14, l'immersion fermée équivariante

$$\widetilde{\mathcal{A}}^{S'} \times_{\mathcal{A}^{S'}} \mathcal{A}^S \to \widetilde{\mathcal{A}}^S$$

d'identification des facettes de pavages dans S' à des facettes de pavages dans S. Elle induit un morphisme

$$\mathcal{V}ec^{r,S} \to \mathcal{V}ec^{r,S'}$$

qui s'inscrit dans un diagramme commutatif

$$\begin{array}{ccccccc}
\overline{\Omega}^{S,E} & \longrightarrow & \mathcal{V}ec^{r,S} & \longrightarrow & \mathcal{A}^S/\widetilde{\mathcal{A}}^S_\varnothing & \longrightarrow & \mathcal{A}^S/\mathcal{A}^S_\varnothing \\
\downarrow & & \downarrow & & \downarrow & & \downarrow \\
\overline{\Omega}^{S',E} & \longrightarrow & \mathcal{V}ec^{r,S'} & \longrightarrow & \mathcal{A}^{S'}/\widetilde{\mathcal{A}}^{S'}_\varnothing & \longrightarrow & \mathcal{A}^{S'}/\mathcal{A}^{S'}_\varnothing
\end{array}$$

où les flèches horizontales de droite et de gauche sont lisses.

Pour A, I, A/I, $\overline{x}$, $\overline{a}$ et $\overline{\mathcal{E}}$ comme dans l'énoncé du corollaire précédent, notons encore $\overline{x}'$ et $\overline{\mathcal{E}}'$ les points à valeurs dans A/I images de $\overline{x}$ dans $\overline{\Omega}^{S',E}$ et $\mathcal{V}ec^{r,S'}$. Via l'immersion fermée

$$\mathrm{Spec}\,A/I \times_{\mathcal{A}^{S'}/\widetilde{\mathcal{A}}^{S'}_\varnothing} \widetilde{\mathcal{A}}^{S'}/\widetilde{\mathcal{A}}^{S'}_\varnothing \hookrightarrow \mathrm{Spec}\,A/I \times_{\mathcal{A}^S/\widetilde{\mathcal{A}}^S_\varnothing} \widetilde{\mathcal{A}}^S/\widetilde{\mathcal{A}}^S_\varnothing,$$

$\overline{\mathcal{E}}'$ s'identifie à la restriction du fibré $\mathbb{G}_m^{n+1}$-équivariant $\overline{\mathcal{E}}$ et de même $\mathcal{H}om(\overline{\mathcal{E}}', \overline{\mathcal{E}}' \otimes I)$ est isomorphe à la restriction de $\mathcal{H}om(\overline{\mathcal{E}}, \overline{\mathcal{E}} \otimes I)$. Tous peuvent être vus comme des faisceaux cohérents $\mathbb{G}_m^{n+1}$-équivariants sur $\operatorname{Spec} A/I \times_{\mathcal{A}^S/\widetilde{\mathcal{A}}^S_\varnothing} \widetilde{\mathcal{A}}^S/\widetilde{\mathcal{A}}^S_\varnothing$ qui sont reliés par des homomorphismes équivariants de restriction

$$\overline{\mathcal{E}} \to \overline{\mathcal{E}}'$$
$$\mathcal{H}om(\overline{\mathcal{E}}, \overline{\mathcal{E}} \otimes I) \to \mathcal{H}om(\overline{\mathcal{E}}', \overline{\mathcal{E}}' \otimes I)\,;$$

on note $\mathcal{H}om_{S/S'}(\overline{\mathcal{E}}, \overline{\mathcal{E}} \otimes I)$ le faisceau cohérent $\mathbb{G}_m^{n+1}$-équivariant qui est le noyau du second homomorphisme.

Cette fois, on a :

COROLLAIRE 4.25. (i) *Dans la situation du corollaire précédent, soient* x' *un point de* $\overline{\Omega}^{S',E}$ *à valeurs dans* A *qui prolonge* $\overline{x}'$ *et* $\mathcal{E}'$ *le fibré* $\mathbb{G}_m^{n+1}$-*équivariant sur* $\operatorname{Spec} A \times_{\mathcal{A}^{S'}/\widetilde{\mathcal{A}}^{S'}_\varnothing} \widetilde{\mathcal{A}}^{S'}/\widetilde{\mathcal{A}}^{S'}_\varnothing$ *qui est l'image de* x' *dans* $\mathcal{V}ec^{r,S'}$ *et donc prolonge* $\overline{\mathcal{E}}'$. *Soit aussi* a *un point de* $\mathcal{A}^S/\widetilde{\mathcal{A}}^S_\varnothing$ *à valeurs dans* A *qui relève* $\overline{a}$ *et s'envoie sur l'image* a' *de* x' *dans* $\mathcal{A}^{S'}/\widetilde{\mathcal{A}}^{S'}_\varnothing$.

Alors le couple $(\overline{x}, x')$ *se relève en un point* $x \in \overline{\Omega}^{S,E}(A)$ *au-dessus de* a *si et seulement si le fibré* $\overline{\mathcal{E}}$ *se prolonge en un fibré* $\mathbb{G}_m^{n+1}$-*équivariant* $\mathcal{E}$ *sur* $\operatorname{Spec} A \times_{\mathcal{A}^S/\widetilde{\mathcal{A}}^S_\varnothing} \widetilde{\mathcal{A}}^S/\widetilde{\mathcal{A}}^S_\varnothing$ *dont la restriction à* $\operatorname{Spec} A \times_{\mathcal{A}^{S'}/\widetilde{\mathcal{A}}^{S'}_\varnothing} \widetilde{\mathcal{A}}^{S'}/\widetilde{\mathcal{A}}^{S'}_\varnothing$ *est isomorphe à* $\mathcal{E}'$.

L'obstruction à l'existence de tels relèvements gît dans le groupe de cohomologie équivariante

$$H^2_{\mathbb{G}_m^{n+1}}\big(\operatorname{Spec}(A/I) \times_{\mathcal{A}^S/\widetilde{\mathcal{A}}^S_\varnothing} \widetilde{\mathcal{A}}^S/\widetilde{\mathcal{A}}^S_\varnothing, \mathcal{H}om_{S/S'}(\overline{\mathcal{E}}, \overline{\mathcal{E}} \otimes I)\big).$$

Si cette obstruction est nulle, l'ensemble des classes d'isomorphie des déformations $\mathcal{E}$ *de* $\overline{\mathcal{E}}$ *qui induisent* $\mathcal{E}'$ *est un torseur sous l'action du groupe*

$$H^1_{\mathbb{G}_m^{n+1}}\big(\operatorname{Spec}(A/I) \times_{\mathcal{A}^S/\widetilde{\mathcal{A}}^S_\varnothing} \widetilde{\mathcal{A}}^S/\widetilde{\mathcal{A}}^S_\varnothing, \mathcal{H}om_{S/S'}(\overline{\mathcal{E}}, \overline{\mathcal{E}} \otimes I)\big)$$

et le groupe des automorphismes de chacune est canoniquement isomorphe à

$$H^0_{\mathbb{G}_m^{n+1}}\big(\operatorname{Spec}(A/I) \times_{\mathcal{A}^S/\widetilde{\mathcal{A}}^S_\varnothing} \widetilde{\mathcal{A}}^S/\widetilde{\mathcal{A}}^S_\varnothing, \mathcal{H}om_{S/S'}(\overline{\mathcal{E}}, \overline{\mathcal{E}} \otimes I)\big).$$

(ii) *Quand* A/I *est un corps et si* $\underline{S}$ *désigne le pavage de* S *associé au point* $\overline{a}$, *la dimension de l'espace tangent en* $\overline{x}$ *à la fibre de* $\overline{\Omega}^{S,E}$ *au-dessus de l'image de* $\overline{x}$ *dans* $\overline{\Omega}^{S',E} \times_{\mathcal{A}^{S'}/\mathcal{A}^{S'}_\varnothing} \mathcal{A}^S/\mathcal{A}^S_\varnothing$ *est égale à*

$$\dim H^1_{\mathbb{G}_m^{n+1}}\big(\widetilde{\mathcal{A}}^S \times_{\mathcal{A}^S} \alpha_{\underline{S}}, \mathcal{H}om_{S/S'}(\overline{\mathcal{E}}, \overline{\mathcal{E}})\big) - \dim H^0_{\mathbb{G}_m^{n+1}}\big(\widetilde{\mathcal{A}}^S \times_{\mathcal{A}^S} \alpha_{\underline{S}}, \mathcal{H}om_{S/S'}(\overline{\mathcal{E}}, \overline{\mathcal{E}})\big)$$
$$+ \sum_{\alpha=0}^{n} (r_\alpha - r'_\alpha) \operatorname{rg} E_\alpha - \dim(S) + \dim(S')$$

où on a posé $r'_\alpha = r - d^{S'}_{\{0,\dots,n\}-\{\alpha\}}$, $0 \le \alpha \le n$.

Pour que le morphisme $\overline{\Omega}^{S,E} \to \overline{\Omega}^{S',E} \times_{\mathcal{A}^{S'}/\mathcal{A}^{S'}_\varnothing} \mathcal{A}^S/\mathcal{A}^S_\varnothing$ *soit lisse au point* $\overline{x}$, *il suffit que*

$$H^2_{\mathbb{G}_m^{n+1}}\big(\widetilde{\mathcal{A}}^S \times_{\mathcal{A}^S} \alpha_{\underline{S}}, \mathcal{H}om_{S/S'}(\overline{\mathcal{E}}, \overline{\mathcal{E}})\big) = 0.$$

(iii) *Les groupes de cohomologie équivariante de* (ii) *s'inscrivent dans une suite exacte longue*

$$0 \to H^0_{\mathbb{G}_m^{n+1}}\big(\mathcal{H}om_{S/S'}(\overline{\mathcal{E}},\overline{\mathcal{E}})\big) \to H^0_{\mathbb{G}_m^{n+1}}\big(\mathcal{H}om(\overline{\mathcal{E}},\overline{\mathcal{E}})\big)$$
$$\to H^0_{\mathbb{G}_m^{n+1}}\big(\mathcal{H}om(\overline{\mathcal{E}}',\overline{\mathcal{E}}')\big) \to H^1_{\mathbb{G}_m^{n+1}}\big(\mathcal{H}om_{S/S'}(\overline{\mathcal{E}},\overline{\mathcal{E}})\big) \to \cdots$$

DÉMONSTRATION. La suite exacte longue de (iii) est associée à la suite exacte courte de faisceaux cohérents $\mathbb{G}_m^{n+1}$-équivariants sur $\widetilde{\mathcal{A}}^S \times_{\mathcal{A}^S} \alpha_{\underline{S}}$

$$0 \to \mathcal{H}om_{S/S'}(\overline{\mathcal{E}},\overline{\mathcal{E}}) \to \mathcal{H}om(\overline{\mathcal{E}},\overline{\mathcal{E}}) \to \mathcal{H}om(\overline{\mathcal{E}}',\overline{\mathcal{E}}') \to 0. \qquad \square$$

Considérons enfin un pavage entier convexe $\underline{S}$ de S et une facette S' de ce pavage. On a le morphisme équivariant $\mathcal{A}^{\underline{S}} \to \mathcal{A}^{S'}$ de restriction à S' des pavages de S qui raffinent $\underline{S}$ puis, d'après le lemme 4.16, une immersion fermée équivariante

$$\widetilde{\mathcal{A}}^{S'} \times_{\mathcal{A}^{S'}} \mathcal{A}^{\underline{S}} \to \widetilde{\mathcal{A}}^{\underline{S}}$$

où on a désigné par $\widetilde{\mathcal{A}}^{\underline{S}}$ le produit fibré $\widetilde{\mathcal{A}}^S \times_{\mathcal{A}^S} \mathcal{A}^{\underline{S}}$. Notant $\mathcal{V}ec^{r,\underline{S}} = \overline{\mathcal{V}ec}^{r,\underline{S}} \cap \mathcal{V}ec^{r,S}$ le sous-champ fermé de $\mathcal{V}ec^{r,S}$ obtenu par le changement de base $\mathcal{A}^{\underline{S}}/\widetilde{\mathcal{A}}^{\underline{S}}_{\varnothing} \to \mathcal{A}^S/\widetilde{\mathcal{A}}^S_{\varnothing}$, cette immersion fermée induit un morphisme

$$\mathcal{V}ec^{r,\underline{S}} \to \mathcal{V}ec^{r,S'}$$

qui s'inscrit dans un diagramme commutatif

$$\begin{array}{ccccccc}
\overline{\Omega}^{\underline{S},E} & \longrightarrow & \mathcal{V}ec^{r,\underline{S}} & \longrightarrow & \mathcal{A}^{\underline{S}}/\widetilde{\mathcal{A}}^{\underline{S}}_{\varnothing} & \longrightarrow & \mathcal{A}^{\underline{S}}/\mathcal{A}^{\underline{S}}_{\varnothing} \\
\downarrow & & \downarrow & & \downarrow & & \downarrow \\
\overline{\Omega}^{S',E} & \longrightarrow & \mathcal{V}ec^{r,S'} & \longrightarrow & \mathcal{A}^{S'}/\widetilde{\mathcal{A}}^{S'}_{\varnothing} & \longrightarrow & \mathcal{A}^{S'}/\mathcal{A}^{S'}_{\varnothing}
\end{array}$$

où les flèches horizontales de gauche et de droite sont lisses.

On peut alors donner pour le problème de relèvement des points infinitésimaux par le morphisme

$$\mathcal{V}ec^{r,\underline{S}} \to \mathcal{V}ec^{r,S'} \times_{\mathcal{A}^{S'}/\widetilde{\mathcal{A}}^{S'}_{\varnothing}} \mathcal{A}^{\underline{S}}/\widetilde{\mathcal{A}}^{\underline{S}}_{\varnothing}$$

ou

$$\overline{\Omega}^{r,\underline{S}} \to \overline{\Omega}^{r,S'} \times_{\mathcal{A}^{S'}/\widetilde{\mathcal{A}}^{S'}_{\varnothing}} \mathcal{A}^{\underline{S}}/\widetilde{\mathcal{A}}^{\underline{S}}_{\varnothing}$$

et pour la description des espaces tangents à leurs fibres un énoncé exactement analogue au corollaire précédent 4.25(i), (ii), (iii). Comme sa formulation serait parfaitement la même, nous ne l'écrivons pas.

Remarquons enfin que pour l'étude des groupes de cohomologie $\mathbb{G}_m^{n+1}$-équivariante qui apparaissent dans les énoncés de ce paragraphe, on dispose du résultat suivant :

LEMME 4.26. *Soit X un schéma sur un corps qui est muni de l'action d'un tore T.*

Alors pour tout $\mathcal{O}_X$-module quasi cohérent et T-équivariant $\mathcal{M}$ sur X, chaque espace de cohomologie équivariante

$$H^i_T(X,\mathcal{M})$$

s'identifie à la partie invariante sous T de l'espace de cohomologie ordinaire

$$H^i(X,\mathcal{M}).$$

DÉMONSTRATION. Il suffit de prouver que sur la catégorie abélienne des espaces vectoriels V sur un corps k munis de l'action d'un tore T, le foncteur $V \mapsto V^T$ des vecteurs fixés par T est exact.

D'après le lemme qui suit la définition 1.3 de [Mumford et Fogarty, 1982, chapitre I, §1], tout tel espace V est réunion filtrante de sous-espaces de dimension finie stables par T et on peut se limiter à la catégorie des représentations de dimension finie de T.

On peut aussi supposer que le corps de base k est algébriquement clos. Alors toute représentation de dimension finie de T est somme directe de caractères et l'assertion est évidente. □

CHAPITRE 5

Variations de variétés projectives rationnelles avec structures logarithmiques

5.1. La fibration projective canonique

On considère encore un convexe entier S dans $S^{r,n} = \{(i_0, \dots, i_n) \in \mathbb{N}^{n+1} \mid i_0 + \cdots + i_n = r\}$ et le champ algébrique de type fini $\mathcal{V}ec^{r,S}$ qui lui a été associé dans le paragraphe 4.7 comme sous-champ ouvert de $\overline{\mathcal{V}ec}^{r,S}$.

On rappelle qu'un point de $\overline{\mathcal{V}ec}^{r,S}$ à valeurs dans un schéma X consiste en un morphisme

$$X \to \mathcal{A}^S / \widetilde{\mathcal{A}}^S_\varnothing$$

et en un fibré $\mathcal{E}$ localement libre de rang r et $\mathbb{G}_m^{n+1}$-équivariant sur le schéma projectif sur X

$$\widetilde{X} = X \times_{\mathcal{A}^S / \widetilde{\mathcal{A}}^S_\varnothing} \widetilde{\mathcal{A}}^S / \widetilde{\mathcal{A}}^S_\varnothing$$

qui vérifie la propriété $(*)$ du lemme 4.6.

D'après la proposition 4.18, il existe sur X des fibrés $\mathcal{E}_\alpha$, $0 \leq \alpha \leq n$, localement libres de rangs $r_\alpha = r - d^S_{\{0,\dots,n\}-\{\alpha\}}$ et bien déterminés par $\mathcal{E}$ à unique isomorphisme près, avec des homomorphismes linéaires $\mathbb{G}_m^{n+1}$-équivariants canoniques

$$\mathcal{E} \to p_X^* \mathcal{E}_\alpha$$

sur les images réciproques des $\mathcal{E}_\alpha$ par $p_X : \widetilde{X} \to X$.

On suppose que le point $X \to \overline{\mathcal{V}ec}^{r,S}$ se factorise à travers l'ouvert $\mathcal{V}ec^{r,S}$; par définition de $\mathcal{V}ec^{r,S}$, cela signifie que l'homomorphisme somme

$$\mathcal{E} \to \bigoplus_{\alpha=0}^{n} p_X^* \mathcal{E}_\alpha$$

est injectif en tout point de $\widetilde{X}$.

On a :

PROPOSITION 5.1. *Soit $\mathcal{E}$ un point du champ $\mathcal{V}ec^{r,S}$ à valeurs dans un schéma X comme ci-dessus.*

Considérant $\mathcal{E}$ comme un schéma fibré sur $\widetilde{X}$, l'ouvert $\mathring{\mathcal{E}}$ de $\mathcal{E}$ constitué des points dont les images dans les $p_X^* \mathcal{E}_\alpha$, $0 \leq \alpha \leq n$, sont toutes non nulles, n'est pas vide si et seulement si $r_\alpha = r - d^S_{\{0,\dots,n\}-\{\alpha\}} \geq 1$, $\forall\, \alpha$, c'est-à-dire si S n'est contenu dans aucune face du simplexe $S^{r,N}$.

Dans ce cas, le quotient $\widetilde{\mathbb{P}}(\mathcal{E})$ de $\mathring{\mathcal{E}}$ par l'action libre de $\mathbb{G}_m^{n+1}$ est une fibration sur X qui est projective, plate de dimension relative $r + \dim(S) - (n+1)$ et à fibres géométriquement réduites.

Elle est munie d'un morphisme

$$\widetilde{\mathbb{P}}(\mathcal{E}) \to \widetilde{X}/\mathbb{G}_m^{n+1}$$

qui est lisse de dimension r *et* a fortiori *elle est lisse de dimension relative* $r + \dim(S) - (n+1)$ *sur*

$$\widetilde{X}/(\mathbb{G}_m^{n+1}/(\mathbb{G}_m^{n+1})_S).$$

DÉMONSTRATION. Chaque $\mathcal{E}_\alpha$, $0 \leq \alpha \leq n$, est un fibré sur X qui est localement libre de rang r_α. Pour qu'il contienne des vecteurs non nuls il faut donc avoir $r_\alpha \geq 1$.

Réciproquement, supposons cette condition vérifiée par tous les indices α. Pour montrer que $\mathring{\mathcal{E}}$ n'est pas vide, on peut supposer que X est un point (le spectre d'un corps) qui s'envoie dans $\mathcal{A}^S/\mathcal{A}^S_\varnothing$ sur le point correspondant à un pavage entier convexe $\underline{S}$ de S. Une quelconque cellule S' (de même dimension que S) de $\underline{S}$ n'est contenue dans aucune face de $S^{r,n}$. Alors, si $\mathcal{E}_{\underline{S},S'}$ désigne la fibre de $\mathcal{E}$ au-dessus du point distingué $\alpha_{\underline{S},S'}$ de $\widetilde{\mathcal{A}}^S$, tous les homomorphismes induits entre espaces vectoriels

$$\mathcal{E}_{\underline{S},S'} \to \mathcal{E}_\alpha, \quad 0 \leq \alpha \leq n,$$

sont non nuls car leurs noyaux sont de dimensions $d^{S'}_{\{0,\dots,n\}-\{\alpha\}} < r$. Par conséquent, il y a un ouvert non vide de $\mathcal{E}_{\underline{S},S'}$ où tous les vecteurs ont des images non nulles dans les $\mathcal{E}_\alpha$ et on a $\mathring{\mathcal{E}} \neq \varnothing$.

Supposons donc que $r_\alpha \geq 1$, $\forall\, \alpha$.

On a un plongement partout injectif entre fibrés vectoriels sur $\widetilde{X}$

$$\mathcal{E} \to \bigoplus_{\alpha=0}^{n} p_X^* \mathcal{E}_\alpha.$$

Si $\mathcal{E}$ est vu comme un schéma fibré sur $\widetilde{X}$ et les $\mathcal{E}_\alpha$ comme des schémas fibrés sur X, ce plongement s'interprète comme une immersion fermée

$$\mathcal{E} \hookrightarrow \widetilde{X} \times_X \mathcal{E}_0 \times_X \cdots \times_X \mathcal{E}_n$$

qui induit une immersion fermée

$$\mathring{\mathcal{E}} \hookrightarrow \widetilde{X} \times_X (\mathcal{E}_0 - \{0\}) \times_X \cdots \times_X (\mathcal{E}_n - \{0\}).$$

Mais d'après la proposition 4.3(i), le morphisme

$$p_X \colon \widetilde{X} \to X$$

est projectif ; sa source est munie d'un fibré inversible très ample relatif $\widetilde{\mathcal{O}}(1)$ (déduit du fibré $\mathcal{O}(1)$ de $\mathbb{P}\big((\mathbb{A}^1)^S\big)$ sur lequel on fait agir $\widetilde{\mathcal{A}}^S_\varnothing = \mathbb{G}_m^S/\mathbb{G}_m$ par un scindage de la suite exacte $1 \to \mathbb{G}_m \to \mathbb{G}_m^S \to \mathbb{G}_m^S/\mathbb{G}_m \to 1$) avec action naturelle du tore $\mathbb{G}_m^{n+1}$.

En faisant le quotient par les actions libres de $\mathbb{G}_m^{n+1}$, on obtient un morphisme projectif naturel

$$\widetilde{\mathbb{P}}(\mathcal{E}) \to \mathbb{P}(\mathcal{E}_0) \times_X \cdots \times_X \mathbb{P}(\mathcal{E}_n)$$

et on conclut que $\widetilde{\mathbb{P}}(\mathcal{E})$ est projectif sur X.

Enfin, comme $\mathcal{E}$ vu comme schéma est lisse de dimension relative r sur $\widetilde{X}$, il en est de même de $\widetilde{\mathbb{P}}(\mathcal{E})$ sur le champ quotient $\widetilde{X}/\mathbb{G}_m^{n+1}$. L'action de $\mathbb{G}_m^{n+1}$ sur $\widetilde{\mathcal{A}}^S$

se factorise à travers le tore quotient $\mathbb{G}_m^{n+1}/(\mathbb{G}_m^{n+1})_S$ lequel est de rang $\dim(S)$ et donc $\widetilde{\mathbb{P}}(\mathcal{E})$ est lisse de dimension relative $r+\dim(S)-(n+1)$ sur

$$\widetilde{X}/(\mathbb{G}_m^{n+1}/(\mathbb{G}_m^{n+1})_S).$$

Cela implique que $\widetilde{\mathbb{P}}(\mathcal{E})$ est plat sur X de dimension relative $r+\dim(S)-(n+1)$ et à fibres géométriquement connexes car d'après la proposition 4.3(ii), le morphisme $\widetilde{\mathcal{A}}^S \to \mathcal{A}^S$ est plat de dimension $\dim(S)$ et à fibres géométriquement connexes.

Cela achève la preuve de la proposition. □

Supposons maintenant que S est un convexe entier de $S^{r,n}$ qui n'est contenu dans aucune de ses faces. Notons p sa codimension dans $S^{r,n}$ et écrivons encore une fois les décompositions canoniques du lemme 1.7 :

$$\begin{aligned} \{0,1,\ldots,n\} &= \coprod_{i=0}^{p} J_i \quad \text{avec } |J_i| = n_i+1, \\ r &= r_0+\cdots+r_p, \\ S &= S_0\times\cdots\times S_p, \end{aligned}$$

où chaque S_i, $0\le i\le p$, est un pavé entier dans

$$S^{r_i,n_i} = \left\{ (i_\alpha)_{\alpha\in J_i} \in \mathbb{N}^{J_i} \;\middle|\; \sum_{\alpha\in J_i} i_\alpha = r_i \right\}.$$

D'après le lemme 4.10, on a deux isomorphismes canoniques au-dessus l'un de l'autre

$$\begin{aligned} \widetilde{\mathcal{A}}^S/\widetilde{\mathcal{A}}^S_\varnothing &\xrightarrow{\sim} \widetilde{\mathcal{A}}^{S_0}/\widetilde{\mathcal{A}}^{S_0}_\varnothing \times\cdots\times \widetilde{\mathcal{A}}^{S_p}/\widetilde{\mathcal{A}}^{S_p}_\varnothing, \\ \mathcal{A}^S/\widetilde{\mathcal{A}}^S_\varnothing &\xrightarrow{\sim} \mathcal{A}^{S_0}/\widetilde{\mathcal{A}}^{S_0}_\varnothing \times\cdots\times \mathcal{A}^{S_p}/\widetilde{\mathcal{A}}^{S_p}_\varnothing, \end{aligned}$$

puis, d'après la proposition 4.11, pour tout point de $\overline{\mathcal{V}ec}^{r,S}$ à valeurs dans un schéma X représenté par un fibré $\mathcal{E}$ de rang r et $\mathbb{G}_m^{n+1}$-équivariant sur $\widetilde{X}$, il existe une unique famille de points des $\overline{\mathcal{V}ec}^{r_i,S_i}$ à valeurs dans X représentés par des fibrés $\mathcal{E}_{J_i}$ de rangs r_i et $\mathbb{G}_m^{J_i}$-équivariants sur les $X\times_{\mathcal{A}^{S_i}/\widetilde{\mathcal{A}}^{S_i}_\varnothing} \widetilde{\mathcal{A}}^{S_i}/\widetilde{\mathcal{A}}^{S_i}_\varnothing$ telle que $\mathcal{E}$ s'identifie à la somme directe des images réciproques des $\mathcal{E}_{J_i}$. Cette décomposition de $\mathcal{E}$ est compatible avec les homomorphismes linéaires équivariants

$$\begin{aligned} \mathcal{E} &\to \bigoplus_{\alpha=0}^{n} p_X^*\mathcal{E}_\alpha, \\ \mathcal{E}_{J_i} &\to \bigoplus_{\alpha\in J_i} p_X^*\mathcal{E}_\alpha, \quad 0\le i\le p, \end{aligned}$$

et avec la décomposition

$$\bigoplus_{\alpha=0}^{n}\mathcal{E}_\alpha = \bigoplus_{i=0}^{p}\left(\bigoplus_{\alpha\in J_i}\mathcal{E}_\alpha\right).$$

On en déduit :

LEMME 5.2. *Pour* $S=S_0\times\cdots\times S_p$ *un convexe entier de codimension* p *dans* $S^{r,n}$ *comme ci-dessus, l'isomorphisme*

$$\overline{\mathcal{V}ec}^{r,S} \xrightarrow{\sim} \overline{\mathcal{V}ec}^{r_0,S_0}\times\cdots\times\overline{\mathcal{V}ec}^{r_p,S_p}$$

de la proposition 4.11 *fait se correspondre les ouverts*

$$\mathcal{V}ec^{r,S} \xrightarrow{\sim} \mathcal{V}ec^{r_0,S_0} \times \cdots \times \mathcal{V}ec^{r_p,S_p}.$$

Si $\mathcal{E} = (\mathcal{E}_{J_0}, \ldots, \mathcal{E}_{J_p})$ *est un point de ceux-ci à valeurs dans un schéma* X *et si* $\mathcal{E}$ *et les* $\mathcal{E}_{J_i}$ *sont vus comme des schémas sur* X, *on a des isomorphismes canoniques*

$$\mathcal{E} \xrightarrow{\sim} \mathcal{E}_{J_0} \times_X \cdots \times_X \mathcal{E}_{J_p},$$
$$\mathring{\mathcal{E}} \xrightarrow{\sim} \mathring{\mathcal{E}}_{J_0} \times_X \cdots \times_X \mathring{\mathcal{E}}_{J_p},$$

et

$$\widetilde{\mathbb{P}}(\mathcal{E}) \xrightarrow{\sim} \widetilde{\mathbb{P}}(\mathcal{E}_{J_0}) \times_X \cdots \times_X \widetilde{\mathbb{P}}(\mathcal{E}_{J_p}).$$

Ce dernier est compatible avec les morphismes lisses de structure

$$\widetilde{\mathbb{P}}(\mathcal{E}) \to \widetilde{X}/\mathbb{G}_m^{n+1},$$
$$\widetilde{\mathbb{P}}(\mathcal{E}_{J_i}) \to (X \times_{\mathcal{A}^{S_i}/\widetilde{\mathcal{A}}_{\varnothing}^{S_i}} \widetilde{\mathcal{A}}^{S_i}/\widetilde{\mathcal{A}}_{\varnothing}^{S_i})/\mathbb{G}_m^{J_i},$$

et avec les décompositions

$$\widetilde{X} \xrightarrow{\sim} (X \times_{\mathcal{A}^{S_0}/\widetilde{\mathcal{A}}_{\varnothing}^{S_0}} \widetilde{\mathcal{A}}^{S_0}/\widetilde{\mathcal{A}}_{\varnothing}^{S_0}) \times_X \cdots \times_X (X \times_{\mathcal{A}^{S_p}/\widetilde{\mathcal{A}}_{\varnothing}^{S_p}} \widetilde{\mathcal{A}}^{S_p}/\widetilde{\mathcal{A}}_{\varnothing}^{S_p}),$$
$$\mathbb{G}_m^{n+1} \xrightarrow{\sim} \mathbb{G}_m^{J_0} \times \cdots \times \mathbb{G}_m^{J_p}. \qquad \square$$

Il résulte de ce lemme que pour étudier les fibrations $\widetilde{\mathbb{P}}(\mathcal{E})$ induites par un point $\mathcal{E}$ de $\mathcal{V}ec^{r,S}$, il suffit de se limiter au cas où S est un pavé (de dimension maximale n) dans $S^{r,n}$.

Alors $\widetilde{\mathbb{P}}(\mathcal{E})$ est plat de dimension relative $r-1$ sur le schéma de base X.

5.2. Résolution canonique du champ torique des faces d'un convexe entier

Pour S un convexe entier de $S^{r,n}$, on a vu au paragraphe précédent que tout point $\mathcal{E}$ de $\mathcal{V}ec^{r,S}$ à valeurs dans un schéma X induit une fibration projective $\widetilde{\mathbb{P}}(\mathcal{E})$ sur X.

À chaque fibre d'une telle fibration est associé un pavage entier convexe $\underline{S}$ de S et elle est munie d'un morphisme lisse sur le champ quotient par $\mathbb{G}_m^{n+1}$ de $Y_{\underline{S}} = \widetilde{\mathcal{A}}^S \times_{\mathcal{A}^S} \alpha_{\underline{S}}$.

Dans le but d'étudier les fibrations $\widetilde{\mathbb{P}}(\mathcal{E})$, on commence donc par étudier les fibres $Y_{\underline{S}}$. On sait déjà d'après la proposition 4.3(ii) qu'elles sont géométriquement réduites. Sous l'action du tore $\mathbb{G}_m^{n+1}$, chaque telle $Y_{\underline{S}}$ est réunion finie disjointe d'orbites $\mathring{Y}_{S'} \cong \mathbb{G}_m^{n+1}/(\mathbb{G}_m^{n+1})_{S'}$ indexées naturellement par les facettes S' du pavage $\underline{S}$. Une orbite $\mathring{Y}_{S''}$ est dans l'adhérence d'une autre $\mathring{Y}_{S'}$ si et seulement si S'' est une face de S'. En particulier, les composantes irréductibles de $Y_{\underline{S}}$ sont les adhérences schématiques $Y_{S'}$ des orbites associées aux cellules (de même dimension que S) S' du pavage $\underline{S}$ et si S'_1, S'_2 sont deux telles cellules, l'intersection $Y_{S'_1} \cap Y_{S'_2}$ est l'adhérence $Y_{S''}$ de l'orbite associée à la plus grande face S'' commune à S'_1 et à S'_2. On a :

LEMME 5.3. (i) *Pour toute facette* S' *d'un pavage entier convexe* $\underline{S}$ *de* S *comme ci-dessus, l'adhérence schématique* $Y_{S'}$ *de l'orbite* $\mathring{Y}_{S'}$ *est une variété torique normale et projective de tore* $\mathbb{G}_m^{n+1}/(\mathbb{G}_m^{n+1})_{S'} = \mathring{Y}_{S'}$.

Elle ne dépend pas de $\underline{S}$ *ni de* S.

(ii) *Les orbites de $Y_{S'}$ (c'est-à-dire les points du champ torique $Y_{S'}/\mathring{Y}_{S'}$) correspondent naturellement aux faces du convexe entier S'.*

(iii) *L'éventail qui définit $Y_{S'}$ est une décomposition en cônes convexes polyédraux rationnels de l'espace des fonctions affines $\ell \colon S' \to \mathbb{R}$ modulo les fonctions constantes :*

Une fonction affine $\ell \colon S' \to \mathbb{R}$ est dans le cône associé à une face S'' de S' si S'' est l'ensemble des points de S' où ℓ atteint son minimum.

DÉMONSTRATION. (ii) a déjà été vu.

(i) Le schéma $Y_{S'}$ est projectif car il est plongé comme sous-schéma fermé dans $Y_{\underline{S}}$ qui est projectif d'après la proposition 4.3(i). La variété torique $\widetilde{\mathcal{A}}^S$ est normale par construction donc il en est de même de l'adhérence schématique $\overline{\widetilde{\mathcal{A}}^S_{\underline{S},S'}}$ de l'orbite $\widetilde{\mathcal{A}}^S_{\underline{S},S'}$ (voir la proposition 2 de [Saint-Donat et Kempf, 1973, §2]) puis de l'ouvert de celle-ci image réciproque de l'orbite $\mathcal{A}^S_{\underline{S}}$ et enfin de sa fibre au-dessus du point distingué $\alpha_{\underline{S}}$ qui n'est autre que $Y_{S'}$.

Pour prouver que $Y_{S'}$ ne dépend pas de $\underline{S}$ et S, il suffit de montrer (iii).

(iii) résulte de la forme des éventails $\mathcal{C}^S/\mathcal{C}^S_{\varnothing}$ et $(\widetilde{\mathcal{C}}^S + \mathbb{R})/\mathbb{R}$ qui définissent les variétés toriques $\mathcal{A}^S$ et $\widetilde{\mathcal{A}}^S$ et de ce que $Y_{S'}$ est la fibre de $\overline{\widetilde{\mathcal{A}}^S_{\underline{S},S'}}$ au-dessus du point $\alpha_{\underline{S}} \in \mathcal{A}^S_{\underline{S}} \subset \mathcal{A}^S$. □

Pour toute partie non triviale I de $\{0, 1, \ldots, n\}$, on note ℓ_I l'application affine

$$\begin{aligned} S^{r,n} &\to \mathbb{R} \\ (i_0, i_1, \ldots, i_n) &\mapsto \sum_{\alpha \in I} i_\alpha \end{aligned}$$

éventuellement prolongée à l'espace $\mathbb{R}^{r,n}$. On note de la même façon sa restriction à n'importe quel convexe entier S' de $S^{r,n}$ ou à son enveloppe convexe $S'_{\mathbb{R}}$. Par définition, la face S'_I de S' est l'ensemble des points de S' où l'application ℓ_I atteint son minimum qui est $d_I^{S'}$.

On a :

PROPOSITION 5.4. (i) *Pour toute application affine*

$$\ell \colon \mathbb{R}^{r,n} \to \mathbb{R}$$

il existe une unique suite strictement croissante de parties non triviales

$$\varnothing \subsetneq I_1 \subsetneq \cdots \subsetneq I_k \subsetneq \{0, 1, \ldots, n\}$$

et une unique suite de réels strictement positifs

$$a_1 > 0, \ldots, a_k > 0,$$

tels que la différence

$$\ell - (a_1 \ell_{I_1} + \cdots + a_k \ell_{I_k})$$

soit une fonction constante.

(ii) *Si S' est un convexe entier de $S^{r,n}$ et $\ell \colon S' \to \mathbb{R}$ a la forme de* (i), *l'intersection des faces*

$$S'_{I_1} \cap \cdots \cap S'_{I_k}$$

est l'ensemble des points de S' où ℓ prend sa valeur minimale.

Démonstration. (i) Sur $\mathbb{R}^{r,n} = \{(x_0,\dots,x_n)\in\mathbb{R}^{n+1} \mid x_0+\dots+x_n=r\}$, une fonction affine ℓ est de la forme

$$(x_0,\dots,x_n) \mapsto \ell_0 x_0 + \ell_1 x_1 + \dots + \ell_n x_n$$

où $\ell_0, \ell_1,\dots,\ell_n$ sont des coefficients réels. Quitte à modifier ℓ par une constante, on peut supposer que tous les ℓ_α sont ≥ 0 et que l'un au moins est 0.

Soit J_0 la partie non vide de $\{0,\dots,n\}$ constituée des α tels que $\ell_\alpha = 0$.

Si $J_0 \subsetneq \{0,1,\dots,n\}$, notons J_1 la partie non vide de $\{0,\dots,n\} - J_0$ où les ℓ_α sont maximaux.

Si $J_0 \cup J_1 \subsetneq \{0,1,\dots,n\}$, notons J_2 la partie non vide de $\{0,\dots,n\} - (J_0\cup J_1)$ où les ℓ_α sont maximaux.

Et ainsi de suite...

Posant alors $I_1 = J_1$, $I_2 = J_1 \amalg J_2$, $I_3 = J_1 \amalg J_2 \amalg J_3$, etc., on voit que ℓ est de la forme

$$\ell = a_1 \ell_{I_1} + \dots + a_k \ell_{I_k} \quad \text{avec } a_1 > 0,\dots,a_k > 0.$$

Cette écriture est unique car $J_0 = \{0,\dots,n\} - I_k$ est l'ensemble des indices α tels que le coefficient ℓ_α soit minimal, $J_1 = I_1$ est l'ensemble des indices $\alpha \in \{0,\dots,n\} - J_0$ tels que ℓ_α soit maximal, $J_2 = I_2 - I_1$ est l'ensemble des $\alpha \in \{0,\dots,n\} - (J_0 \amalg J_1)$ tels que ℓ_α soit maximal, etc.

(ii) Il suffit de prouver que l'intersection $S'_{I_1} \cap \dots \cap S'_{I_k}$ n'est pas vide car, comme on a demandé $a_1,\dots,a_k > 0$, il est alors équivalent que ℓ soit minimale en un point de S' ou que $\ell_{I_1},\dots,\ell_{I_k}$ le soient simultanément en ce point. Or ceci n'est autre que la caractérisation des convexes entiers donnée par le lemme 1.4. □

On déduit aussitôt de cette proposition :

Corollaire 5.5. (i) *Dans l'espace des fonctions affines*

$$\ell\colon \mathbb{R}^{r,n} \to \mathbb{R}$$

modulo les constantes, associons à toute suite strictement croissante $I_1 \subsetneq \dots \subsetneq I_k$ de parties non triviales de $\{0,\dots,n\}$ le cône convexe des fonctions de la forme

$$\ell = a_1 \ell_{I_1} + \dots + a_k \ell_{I_k} \quad \textit{avec } a_1,\dots,a_k > 0.$$

Ceci définit un éventail et donc une variété torique normale Y^n de tore $Y^n_\varnothing = \mathbb{G}_m^{n+1}/\mathbb{G}_m$.

(ii) *La variété torique Y^n est lisse et projective. Ses orbites sont naturellement indexées par les suites $I_1 \subsetneq \dots \subsetneq I_k$ de parties non triviales ; on les note $Y^n_{I_1,\dots,I_k}$. La codimension d'une orbite $Y^n_{I_1,\dots,I_k}$ est la longueur k de la suite associée.*

(iii) *Si S' est un pavé entier (de dimension maximale n) dans $S^{r,n}$, l'identification des tores $Y^n_\varnothing = \mathbb{G}_m^{n+1}/\mathbb{G}_m = \mathring{Y}_{S'}$ se prolonge en un morphisme équivariant projectif partout défini*

$$Y^n \to Y_{S'}$$

qui fait de Y^n une résolution des singularités de $Y_{S'}$.

Par ce morphisme, toute orbite $Y^n_{I_1,\dots,I_k}$ de Y^n s'envoie sur l'orbite $\mathring{Y}_{S''}$ de $Y_{S'}$ associée à la face $S'' = S'_{I_1} \cap \dots \cap S'_{I_k}$ de S'.

REMARQUE. À tout polyèdre convexe rationnel de dimension n (qu'il soit « entier » en notre sens ou non) est associé naturellement une variété torique propre de tore $\mathbb{G}_m^{n+1}/\mathbb{G}_m$ dont les orbites correspondent aux faces : son éventail est obtenu en décomposant l'espace des fonctions affines suivant les faces où elles prennent leurs valeurs minimales. Et réciproquement toute variété torique propre s'obtient de cette façon.

On sait par la théorie générale que toutes admettent des résolutions des singularités équivariantes mais non canoniques.

Nous voyons ici que celles associées aux pavés entiers de $S^{r,n}$ ont une résolution canonique qui est toujours Y^n.

DÉMONSTRATION DU COROLLAIRE. (i) D'après la proposition 5.4(i), toute ℓ a une unique écriture de la forme $a_1\ell_{I_1}+\cdots+a_k\ell_{I_k}$. Cela signifie que l'espace total des fonctions affines $\ell\colon \mathbb{R}^{r,n}\to\mathbb{R}$ modulo les constantes est la réunion disjointe des cônes $\{a_1\ell_{I_1}+\cdots+a_k\ell_{I_k}\mid a_1,\dots,a_k>0\}$. Ces cônes sont des simplexes et leurs faces sont ceux associés aux sous-suites de $I_1\subsetneq\cdots\subsetneq I_k$.

(ii) Pour toute suite $I_1\subsetneq\cdots\subsetneq I_n$ et toute fonction de la forme $\ell=a_1\ell_{I_1}+\cdots+a_n\ell_{I_n}$ avec $a_1,\dots,a_n\geq 0$, les coefficients $a_1,\dots,a_n$ sont entiers si et seulement si ℓ prend des valeurs entières sur le réseau $\mathbb{Z}^{r,n}$. En effet, quitte à renuméroter les coordonnées, on peut supposer que $I_1=\{1\}$, $I_2=\{1,2\},\dots,$ $I_n=\{1,\dots,n\}$ et alors il suffit de tester les valeurs de ℓ en les n points de coordonnées $(r-1,0,\dots,0,1,0,\dots,0)$; elles sont égales à $a_n+\cdots+a_1$, $a_n+\cdots+a_2$, $a_n+\cdots+a_3,\dots,a_n$.

Cela signifie que les cônes $\{a_1\ell_{I_1}+\cdots+a_n\ell_{I_n}\mid a_1,\dots,a_n\geq 0\}$ sont des simplexes également avec leurs structures entières et donc Y^n est lisse.

La variété torique Y^n est propre car son éventail recouvre tout l'espace des fonctions affines $\ell\colon\mathbb{R}^{r,n}\to\mathbb{R}$ modulo les constantes.

À un élément $\ell=a_1\ell_{I_1}+\cdots+a_k\ell_{I_k}$ de cet espace, associons le nombre réel

$$\varphi(\ell)=a_1+\cdots+a_k.$$

La fonction φ est affine sur chacun des cônes $\{a_1\ell_{I_1}+\cdots+a_n\ell_{I_n}\mid a_1,\dots,a_n\geq 0\}$ et si ℓ, ℓ' sont deux éléments de l'espace qui n'appartiennent pas à un même cône, on a

$$\varphi\Big(\frac{\ell+\ell'}{2}\Big)<\frac{\varphi(\ell)+\varphi(\ell')}{2}.$$

D'après le théorème 13 du §3 de [Saint-Donat et Kempf, 1973], cela implique que Y^n admet un faisceau inversible ample et donc est projective.

(iii) Il résulte de la proposition 5.4(ii) que l'éventail qui définit Y^n raffine celui qui définit $Y_{S'}$ et donc on a un morphisme birationnel équivariant partout bien défini

$$Y^n\to Y_{S'}.$$

La seconde assertion reformule alors la proposition 5.4(ii). □

Dans le cas où S' n'est pas un pavé entier mais est de codimension $p\geq 1$ dans $S^{r,n}$, on revient encore aux décompositions canoniques du lemme 1.7 :

$$\{0,1,\dots,n\}=\coprod_{i=0}^{p} J_i\quad\text{avec } |J_i|=n_i+1,$$
$$r=r_0+\cdots+r_p,$$

$$S' = S'_0 \times \cdots \times S'_p,$$

où chaque S'_i, $0 \leq i \leq p$, est un pavé entier dans

$$S^{r_i,n_i} = \left\{ (i_\alpha)_{\alpha \in J_i} \in \mathbb{N}^{J_i} \;\middle|\; \sum_{\alpha \in J_i} i_\alpha = r_i \right\}.$$

Pour résoudre les singularités de $Y_{S'}$, on a besoin de :

LEMME 5.6. *Pour $S' = S'_0 \times \cdots \times S'_p$ un convexe entier de codimension p dans $S^{r,n}$ comme ci-dessus, la variété torique $Y_{S'}$ de tore*

$$\mathbb{G}_m^{n+1}/(\mathbb{G}_m^{n+1})_{S'} = \mathbb{G}_m^{J_0}/\mathbb{G}_m \times \cdots \times \mathbb{G}_m^{J_p}/\mathbb{G}_m$$

s'identifie au produit

$$Y_{S'_0} \times \cdots \times Y_{S'_p}$$

des variétés toriques des faces des pavés entiers $S'_0, \ldots, S'_p$.

DÉMONSTRATION. Modulo les fonctions constantes, toute fonction affine $\ell\colon S' \to \mathbb{R}$ s'écrit de manière unique comme une somme $\ell_0 + \ell_1 + \cdots + \ell_p$ de fonctions affines $\ell_0\colon S'_0 \to \mathbb{R}, \ldots, \ell_p\colon S'_p \to \mathbb{R}$. Avec cette écriture le lieu où ℓ est minimale est le produit des lieux où $\ell_0, \ldots, \ell_p$ sont minimales. □

Il résulte de ce lemme que si S' est un convexe entier de codimension p écrit comme produit de $p+1$ pavés entiers $S'_0, \ldots, S'_p$ de dimensions $n_0, \ldots, n_p$, la variété torique des faces de S'

$$Y_{S'} = Y_{S'_0} \times \cdots \times Y_{S'_p}$$

admet pour résolution équivariante canonique

$$Y^{\underline{n}} = Y^{n_0} \times \cdots \times Y^{n_p}$$

où on a noté $\underline{n} = (n_0, \ldots, n_p)$.

Terminons ce paragraphe par le résultat général suivant qui s'applique en particulier aux variétés toriques $Y_{S'}$ et à leurs résolutions Y^n ou $Y^{\underline{n}}$:

LEMME 5.7. *Soient T un tore et $\overline{T}$, $\overline{T}'$ deux variétés toriques de tore T telles que l'identité $T = T$ se prolonge en un morphisme équivariant partout bien défini et propre*

$$q = \overline{T}' \to \overline{T}.$$

Alors pour tout module quasi cohérent et T-équivariant $\mathcal{M}$ sur $\overline{T}$ la flèche canonique en catégorie dérivée

$$\mathcal{M} \to Rq_* \circ Rq^* \mathcal{M}$$

est un isomorphisme.

DÉMONSTRATION. On peut supposer que la base est un corps, que la variété torique $\overline{T}$ est affine et que $\mathcal{M}$ est un module cohérent. Un tel module admet une résolution par des sommes de modules localement libres de rang 1 et donc on peut supposer encore que $\mathcal{M}$ est un module inversible.

La variété torique affine $\overline{T}$ est définie par un certain cône convexe polyédral rationnel σ et le module inversible $\mathcal{M}$ est défini par une fonction affine φ sur σ. L'éventail de $\overline{T}'$ est un pavage de σ et $q^*\mathcal{M}$ est toujours défini par φ.

D'après le corollaire 2 du §3 de [Saint-Donat et Kempf, 1973], on voit déjà que

$$R^i q_* q^* \mathcal{M} = 0, \quad \forall i > 0.$$

De plus, pour tout caractère $\chi \colon T \to \mathbb{G}_m$ du tore T et en notant φ_χ la fonction linéaire induite sur σ, l'homomorphisme entre espaces de sections sur $\overline{T}$ et $\overline{T}'$ transformées par le caractère χ

$$\Gamma(\overline{T}, \mathcal{M})_\chi \to \Gamma(\overline{T}', q^*\mathcal{M})_\chi$$

est un isomorphisme, car ces deux espaces s'identifient à la fibre de $\mathcal{M}$ en le point unité $1 \in T$ si la fonction $\varphi - \varphi_\chi$ est ≥ 0 sur σ et ils sont nuls dans le cas contraire. □

De ce lemme, on déduit aussitôt :

Corollaire 5.8. *Pour T, $\overline{T}$ et $\overline{T}'$ comme dans l'énoncé du lemme 5.7, considérons deux schémas X et X' qui s'inscrivent dans un carré cartésien*

$$\begin{array}{ccc} X' & \xrightarrow{\ q\ } & X \\ \downarrow & \square & \downarrow \\ \overline{T}'/T & \longrightarrow & \overline{T}/T \end{array}$$

où les deux flèches verticales sont plates.

Alors, pour tout module quasi cohérent $\mathcal{M}$ sur X, l'homomorphisme canonique en catégorie dérivée

$$\mathcal{M} \to Rq_* \circ Rq^*\mathcal{M}$$

est un isomorphisme. □

5.3. Géométrie des fibres

Pour S un convexe entier du simplexe $S^{r,n}$ qui n'est contenu dans aucune face de celui-ci, considérons un point $\mathcal{E}$ du champ $\mathcal{V}ec^{r,S}$ à valeurs dans un corps.

Il lui est associé un pavage entier convexe $\underline{S}$ de S et $\mathcal{E}$ peut être vu comme un fibré localement libre de rang r et $\mathbb{G}_m^{n+1}$-équivariant sur le schéma projectif $Y_{\underline{S}} = \widetilde{\mathcal{A}}^S \times_{\mathcal{A}^S} \alpha_{\underline{S}}$. Pour toute facette S' du pavage $\underline{S}$, on note ici $F_{S'}$ la fibre de $\mathcal{E}$ en le point distingué $\alpha_{\underline{S},S'}$ de l'orbite $\mathring{Y}_{S'}$ indexée par S' dans $Y_{\underline{S}}$.

D'après la proposition 4.18, on peut associer canoniquement à $\mathcal{E}$ des espaces vectoriels E_α, $0 \leq \alpha \leq n$, de rangs $r_\alpha = r - d^S_{\{0,\ldots,n\}-\{\alpha\}} \geq 1$, tels que si on fait agir $\mathbb{G}_m^{n+1}$ sur $E = E_0 \oplus \cdots \oplus E_n$ facteur par facteur, $\mathcal{E}$ est muni d'un homomorphisme équivariant

$$\mathcal{E} \to E_0 \oplus \cdots \oplus E_n = E$$

sur E vu comme fibré constant sur $Y_{\underline{S}}$; cet homomorphisme est injectif en tout point par définition du champ $\mathcal{V}ec^{r,S}$ comme ouvert de $\overline{\mathcal{V}ec}^{r,S}$. Pour toute facette S' de $\underline{S}$, la fibre $F_{S'}$ de $\mathcal{E}$ peut donc être vue comme un sous-espace de $E = E_0 \oplus \cdots \oplus E_n$ de dimension r, et on peut considérer les sous-espaces $F_{S'} \cap E_I$ intersections de $F_{S'}$ avec les sommes partielles $E_I = \bigoplus_{\alpha \in I} E_\alpha$, $I \subsetneq \{0, \ldots, n\}$. Ils sont de dimensions

$$\dim(F_{S'} \cap E_I) = d_I^{S'}.$$

Le schéma $\widetilde{\mathbb{P}}(\mathcal{E})$ associé à $\mathcal{E}$ par la proposition 5.1 est projectif et il est muni d'un morphisme lisse de dimension r

$$\widetilde{\mathbb{P}}(\mathcal{E}) \to Y_{\underline{S}}/\mathbb{G}_m^{n+1}$$

sur le champ quotient de $Y_{\underline{S}}$ par $\mathbb{G}_m^{n+1}$. Il se décompose en réunion disjointe de strates localement fermées $\widetilde{\mathbb{P}}(\mathcal{E})_{S'}$ indexées par les facettes S' du pavage $\underline{S}$ qui sont les images réciproques des points localement fermés $\mathring{Y}_{S'}/\mathbb{G}_m^{n+1} \cong \bullet/(\mathbb{G}_m^{n+1})_{S'}$ de ce champ.

Nous voulons décrire géométriquement les strates $\widetilde{\mathbb{P}}(\mathcal{E})_{S'}$ et leurs adhérences schématiques $\overline{\widetilde{\mathbb{P}}(\mathcal{E})_{S'}}$ dans $\widetilde{\mathbb{P}}(\mathcal{E})$ qui sont les images réciproques des quotients $Y_{S'}/\mathbb{G}_m^{n+1}$ par le morphisme lisse ci-dessus.

Alors la géométrie de $\widetilde{\mathbb{P}}(\mathcal{E})$ sera connue car nous voyons déjà que les composantes irréductibles de $\widetilde{\mathbb{P}}(\mathcal{E})$ sont les $\overline{\widetilde{\mathbb{P}}(\mathcal{E})_{S'}}$ indexées par les cellules (de même dimension que S) S' de $\underline{S}$ et que l'intersection de deux composantes $\overline{\widetilde{\mathbb{P}}(\mathcal{E})_{S'_1}}$ et $\overline{\widetilde{\mathbb{P}}(\mathcal{E})_{S'_2}}$ est le schéma $\overline{\widetilde{\mathbb{P}}(\mathcal{E})_{S''}}$ indexé par la plus grande face S'' commune à S'_1 et S'_2.

Considérons donc une facette arbitraire S' de $\underline{S}$.

Notant p sa codimension dans $S^{r,n}$, on a les décompositions canoniques

$$\{0,1,\ldots,n\} = \coprod_{i=0}^{p} J_i \quad \text{avec } |J_i| = n_i + 1,$$

$$r = r_0 + \cdots + r_p \quad \text{avec } r_i = d_{J_i}^{S'},$$

$$S' = S'_0 \times \cdots \times S'_p$$

où chaque S'_i est un pavé entier dans $S^{r_i,n_i} = \{(i_\alpha)_{\alpha\in J_i} \in \mathbb{N}^{J_i} \mid \sum_{\alpha\in J_i} i_\alpha = r_i\}$.

Le sous-espace $F_{S'}$ de $E_0 \oplus \cdots \oplus E_n = E$ se décompose canoniquement en une somme directe

$$F_{S'} = F_{S'}^0 \oplus \cdots \oplus F_{S'}^p$$

où chaque $F_{S'}^i = F_{S'} \cap E_{J_i}$ est un sous-espace de dimension r_i dans $E_{J_i} = \bigoplus_{\alpha\in J_i} E_\alpha$.

On a d'abord :

LEMME 5.9. *Pour $S' = S'_0 \times \cdots \times S'_p$ une facette de $\underline{S}$ comme ci-dessus et $F_{S'} = F_{S'}^0 \oplus \cdots \oplus F_{S'}^p$ la fibre de $\mathcal{E}$ en le point distingué $\alpha_{\underline{S},S'}$ de $\widetilde{\mathcal{A}}^S \times_{\mathcal{A}^S} \alpha_{\underline{S}} = Y_{\underline{S}}$, la strate localement fermée $\widetilde{\mathbb{P}}(\mathcal{E})_{S'}$ de $\widetilde{\mathbb{P}}(\mathcal{E})$ s'identifie au produit*

$$\mathring{\mathbb{P}}(F_{S'}^0) \times \cdots \times \mathring{\mathbb{P}}(F_{S'}^p)$$

où chaque $\mathring{\mathbb{P}}(F_{S'}^i)$, $0 \le i \le p$, est le complémentaire dans $\mathbb{P}(F_{S'}^i)$ des sous-espaces fermés $\mathbb{P}(F_{S'}^i \cap E_I)$, $I \subsetneq J_i$.

Elle est non vide si et seulement si S' n'est contenue dans aucune face du simplexe $S^{r,n}$.

DÉMONSTRATION. Cela résulte de ce que $\widetilde{\mathbb{P}}(\mathcal{E})_{S'}$ est le quotient par $(\mathbb{G}_m^{n+1})_{S'} = \mathbb{G}_m^{p+1} \hookrightarrow \mathbb{G}_m^{J_0} \times \cdots \times \mathbb{G}_m^{J_p} = \mathbb{G}_m^{n+1}$ de l'ouvert de $F_{S'}$ complémentaire des sous-espaces $F_{S'} \cap E_I$, $I \subsetneq \{0,\ldots,n\}$. □

Supposons donc que la facette $S' = S'_0 \times \cdots \times S'_p$ n'est contenue dans aucune face de $S^{r,n}$. Cela signifie que les dimensions r_i des espaces $F_{S'}^i = F_{S'} \cap E_{J_i}$ sont ≥ 1.

Pour tout i, $0 \le i \le p$, les $F_{S'} \cap E_I$, $I \subsetneq J_i$, sont des sous-espaces non triviaux de $F_{S'}^i$ et on peut introduire le schéma projectif $\widetilde{\mathbb{P}}(F_{S'}^i)$ qui est construit à partir de $\mathbb{P}(F_{S'}^i)$ de la manière suivante :

- Dans $\mathbb{P}(F_{S'}^i)$, on éclate les sous-espaces fermés $\mathbb{P}(F_{S'}^i \cap E_I)$ associés aux $I \subsetneq J_i$ dont le cardinal est 1.

- Dans le schéma ainsi obtenu, on éclate les transformés stricts des sous-espaces $\mathbb{P}(F^i_{S'} \cap E_I)$ associés aux $I \subsetneq J_i$ dont le cardinal est 2.
- Puis on éclate les transformés stricts des sous-espaces $\mathbb{P}(F^i_{S'} \cap E_I)$ associés aux $I \subsetneq J_i$ dont le cardinal est 3.
- Et ainsi de suite jusqu'au cardinal $|I| = n_i \ldots$

On rappelle que $Y_{S'}$ est une variété torique de tore $\mathbb{G}_m^{n+1}/(\mathbb{G}_m^{n+1})_{S'}$, qu'elle se décompose en $Y_{S'} = Y_{S'_0} \times \cdots \times Y_{S'_p}$ et que, notant $\underline{n} = (n_0, \ldots, n_p)$, elle admet la résolution canonique

$$Y^{\underline{n}} = Y^{n_0} \times \cdots \times Y^{n_p} \longrightarrow Y_{S'_0} \times \cdots \times Y_{S'_p} = Y_{S'}.$$

Nous pouvons maintenant énoncer :

Proposition 5.10. (i) *Dans la situation ci-dessus, chaque schéma projectif* $\widetilde{\mathbb{P}}(F^i_{S'})$ *est muni naturellement d'un morphisme lisse de dimension* r_i *sur le champ quotient*

$$Y^{n_i}/\mathbb{G}_m^{J_i}.$$

En particulier, il est lisse et son bord est un diviseur à croisements normaux.

(ii) *Le schéma projectif et birationnel sur la strate fermée* $\overline{\mathbb{P}(\mathcal{E})_{S'}}$ *qui est déduit de celle-ci par le morphisme de résolution* $Y^{\underline{n}}/\mathbb{G}_m^{n+1} \to Y_{S'}/\mathbb{G}_m^{n+1}$ *s'identifie au produit*

$$\widetilde{\mathbb{P}}(F^0_{S'}) \times \cdots \times \widetilde{\mathbb{P}}(F^p_{S'})$$

avec son morphisme lisse de structure sur

$$Y^{\underline{n}}/\mathbb{G}_m^{n+1} = Y^{n_0}/\mathbb{G}_m^{J_0} \times \cdots \times Y^{n_p}/\mathbb{G}_m^{J_p}. \qquad \square$$

Afin de démontrer cette proposition, on a besoin du lemme suivant qui complète le corollaire 5.5(i), (ii) :

Lemme 5.11. (i) *Pour tout entier* n, *l'homomorphisme de passage à l'inverse*

$$Y^n_\varnothing = \mathbb{G}_m^{n+1}/\mathbb{G}_m \to \mathbb{G}_m^{n+1}/\mathbb{G}_m \quad \lambda \mapsto \lambda^{-1}$$

se prolonge en un morphisme équivariant partout défini

$$Y^n \to \mathbb{P}\big((\mathbb{A}^1)^{n+1}\big).$$

(ii) *Pour toute suite* $I_1 \subsetneq \cdots \subsetneq I_k$ *de parties non triviales de* $\{0, 1, \ldots, n\}$, *ce morphisme envoie l'orbite* $Y^n_{I_1,\ldots,I_k}$ *de* Y^n *sur l'orbite*

$$\{(x_0, \ldots, x_n) \mid x_\alpha = 0 \text{ si } \alpha \notin I_1,\ x_\alpha \neq 0 \text{ si } \alpha \in I_1\}$$

de $\mathbb{P}\big((\mathbb{A}^1)^{n+1}\big)$.

(iii) *À partir de* $\mathbb{P}\big((\mathbb{A}^1)^{n+1}\big)$, Y^n *se construit de la manière suivante :*

On considère tous les fermés $\{(x_0, \ldots, x_n) \mid x_\alpha = 0 \text{ si } \alpha \notin I\}$ *associés aux parties non triviales* I *de* $\{0, \ldots, n\}$.

On éclate alors ceux associés aux parties de cardinal 1, *puis les transformés stricts de ceux associés aux parties de cardinal* 2, *puis les transformés stricts de ceux associés aux parties de cardinal* 3,*…et ainsi de suite jusqu'au cardinal* n.

Démonstration. Faisons agir $\mathbb{G}_m^{n+1}/\mathbb{G}_m$ sur $\mathbb{P}\big((\mathbb{A}^1)^{n+1}\big)$ via l'homomorphisme $\lambda \mapsto \lambda^{-1}$ de passage à l'inverse. Les orbites sont indexées par les parties $I \neq \varnothing$ de $\{0,1,\ldots,n\}$ et s'écrivent $\{(x_0,\ldots,x_n) \mid x_\alpha = 0 \text{ si } \alpha \notin I,\ x_\alpha \neq 0 \text{ si } \alpha \in I\}$. Dans l'espace $\mathbb{R}^{n+1}/\mathbb{R}$, le cône convexe polyédral qui correspond à l'orbite indexée par une partie $I \neq \varnothing$ est l'ensemble des $(\ell_0,\ldots,\ell_n)$ tels que, pour tout $\alpha \in \{0,\ldots,n\}$,

$$\alpha \in I \iff \ell_\alpha = \max\{\ell_\beta \mid 0 \leq \beta \leq n\}.$$

Si ℓ est une fonction affine sur $\mathbb{R}^{r,n}$ qui s'écrit sous la forme

$$\mathbb{R}^{r,n} \ni (x_0,\ldots,x_n) \mapsto \ell_0 x_0 + \cdots + \ell_n x_n$$

et aussi sous la forme

$$\ell = a_1 \ell_{I_1} + \cdots + a_k \ell_{I_k}$$

pour une suite $I_1 \subsetneq \cdots \subsetneq I_k$ de parties non triviales de $\{0,\ldots,n\}$ et des réels $a_1,\ldots,a_k > 0$, on a

$$\ell_\alpha = \max\{\ell_\beta \mid 0 \leq \beta \leq n\} \iff \alpha \in I_1.$$

On voit que l'éventail de Y^n raffine celui de $\mathbb{P}\big((\mathbb{A}^1)^{n+1}\big)$ et plus précisément que le cône du premier indexé par une suite $I_1 \subsetneq \cdots \subsetneq I_k$ est contenu dans le cône du second indexé par I_1.

Cela prouve (i) et (ii).

(iii) Notons Y'^0 la variété torique $\mathbb{P}\big((\mathbb{A}^1)^{n+1}\big)$ munie de sa famille de sous-schémas fermés invariants $Y_I'^0 = \{(x_0,\ldots,x_n) \mid x_\alpha = 0 \text{ si } \alpha \notin I\}$, $I \subsetneq \{0,\ldots,n\}$, $I \neq \varnothing$. Puis, pour $1 \leq k \leq n$, notons Y'^k la variété torique déduite de Y'^{k-1} en éclatant les transformés stricts des $Y_I'^0$, $|I| = k$.

Il s'agit de prouver que $Y'^n = Y^n$.

Tout d'abord on montre facilement par récurrence sur k, $0 \leq k \leq n$, que :

- La variété torique Y'^k est lisse.
- Pour $|I| > k$, le transformé strict $Y_I'^k$ de $Y_I'^0$ dans Y'^k est lisse.
- Pour $|I_1| > k$, $|I_2| > k$, l'intersection $Y_{I_1}'^k \cap Y_{I_2}'^k$ est égale à $Y_{I_1 \cap I_2}'^k$ si $|I_1 \cap I_2| > k$ et elle est vide sinon.

Pour $0 \leq k \leq n$ et $|I| > k$, notons φ_I^k la fonction affine par morceaux sur $\mathbb{R}^{n+1}/\mathbb{R}$ qui correspond à l'idéal de définition du sous-schéma fermé $Y_I'^k$ de Y'^k. On a pour $|I| > 0$

$$\varphi_I^0(\ell_0,\ldots,\ell_n) = \max\Big\{0, \max_{\alpha \in I}\{\ell_\alpha\} - \max_{\beta \notin I}\{\ell_\beta\}\Big\}$$

puis pour $k \geq 1$ et $|I| > k$ la formule de récurrence

$$\varphi_I^k = \varphi_I^{k-1} - \max_{\substack{J \subsetneq I \\ |J| = k}} \varphi_J^{k-1}$$

d'où on déduit l'expression générale

$$\varphi_I^k(\ell_0,\ldots,\ell_n) = \max\Bigg\{0, \max_{\substack{J \subseteq I \\ |J| = k+1}} \min_{\alpha \in J}\{\ell_\alpha\} - \max_{\beta \notin I}\{\ell_\beta\}\Bigg\}.$$

Il est immédiat que toutes les fonctions φ_I^k sont affines sur chacun des cônes de l'éventail qui définit la variété torique Y^n. Donc on a un morphisme équivariant partout bien défini

$$Y^n \to Y'^n.$$

C'est un isomorphisme en codimension 1. Comme il est projectif et que Y^n et Y'^n sont lisses, c'est un isomorphisme. □

On peut donner maintenant :

DÉMONSTRATION DE LA PROPOSITION 5.10. Pour tout indice i, $0 \leq i \leq p$, considérons la somme partielle

$$E_{J_i} = \bigoplus_{\alpha \in J_i} E_\alpha.$$

Notons $\widetilde{\mathbb{P}}(E_{J_i})$ le quotient du schéma produit

$$Y^{n_i} \times \prod_{\alpha \in J_i} (E_\alpha - \{0\})$$

par l'action libre du tore $\mathbb{G}_m^{J_i}$.

D'autre part, notons $\widetilde{\mathbb{P}}(E_{J_i})'$ le schéma projectif qui est construit à partir de l'espace projectif $\mathbb{P}(E_{J_i})$ de la manière suivante : On considère dans $\mathbb{P}(E_{J_i})$ tous les sous-espaces projectifs $\mathbb{P}(E_I)$ associés aux parties non triviales $I \subsetneq J_i$. On commence par éclater ceux associés aux parties I de cardinal 1, puis les transformés stricts de ceux associés aux parties de cardinal 2, et ainsi de suite ...

On prétend que $\widetilde{\mathbb{P}}(E_{J_i})'$ et $\widetilde{\mathbb{P}}(E_{J_i})$ s'identifient.

En effet, d'après le lemme 5.11(i), on a un morphisme équivariant

$$Y^{n_i} \times \prod_{\alpha \in J_i} (E_\alpha - \{0\}) \to \mathbb{P}\big((\mathbb{A}^1)^{J_i}\big) \times \prod_{\alpha \in J_i} (E_\alpha - \{0\}).$$

On peut le composer avec le morphisme

$$\begin{aligned} \mathbb{P}\big((\mathbb{A}^1)^{J_i}\big) \times \prod_{\alpha \in J_i} (E_\alpha - \{0\}) &\to \mathbb{P}(E_{J_i}) \\ \big((x_\alpha)_{\alpha \in J_i}, (e_\alpha)_{\alpha \in J_i}\big) &\mapsto (x_\alpha \cdot e_\alpha)_{\alpha \in J_i} \end{aligned}$$

lequel est respecté par l'action de $\mathbb{G}_m^{J_i}$ sur la source.

Or, par ce dernier morphisme, l'image réciproque de chaque sous-espace $\mathbb{P}(E_I)$, $I \subsetneq J_i$, $I \neq \varnothing$, est égale au sous-schéma fermé produit

$$\{(x_\alpha)_{\alpha \in J_i} \in \mathbb{P}\big((\mathbb{A}^1)^{J_i}\big) \mid x_\alpha = 0 \text{ si } \alpha \notin I\} \times \prod_{\alpha \in J_i} (E_\alpha - \{0\}).$$

D'après la définition de $\widetilde{\mathbb{P}}(E_{J_i})'$ et le lemme 5.11(iii), on a donc un morphisme

$$Y^{n_i} \times \prod_{\alpha \in J_i} (E_\alpha - \{0\}) \to \widetilde{\mathbb{P}}(E_{J_i})'$$

respecté par l'action de $\mathbb{G}_m^{J_i}$ sur la source, puis en passant au quotient un morphisme

$$\widetilde{\mathbb{P}}(E_{J_i}) \to \widetilde{\mathbb{P}}(E_{J_i})'.$$

Celui-ci est propre et c'est un isomorphisme en codimension 1. Comme $\widetilde{\mathbb{P}}(E_{J_i})$ et $\widetilde{\mathbb{P}}(E_{J_i})'$ sont tous deux lisses, c'est un isomorphisme.

Considérons enfin le produit fibré

$$\overline{\widetilde{\mathbb{P}}(\mathcal{E})_{S'}} \times_{Y_{S'}/\mathbb{G}_m^{n+1}} Y^{\underline{n}}/\mathbb{G}_m^{n+1}.$$

Comme le fibré $\mathcal{E}$ est muni d'un plongement équivariant naturel dans le fibré constant $E = E_0 \oplus \cdots \oplus E_n$, on peut le présenter comme le quotient de

$$[\mathcal{E} \times_{Y_{\underline{S}}} (Y^{n_0} \times \cdots \times Y^{n_p})] \cap \left[(Y^{n_0} \times \cdots \times Y^{n_p}) \times \prod_{\alpha=0}^{n} (E_\alpha - \{0\})\right]$$

par l'action libre de $\mathbb{G}_m^{n+1}$.

C'est un sous-schéma fermé de

$$\widetilde{\mathbb{P}}(E_{J_0}) \times \cdots \times \widetilde{\mathbb{P}}(E_{J_p})$$

qui est l'adhérence schématique de

$$\mathring{\mathbb{P}}(F_{S'}^0) \times \cdots \times \mathring{\mathbb{P}}(F_{S'}^p).$$

Comme $\widetilde{\mathbb{P}}(E_{J_0}) = \widetilde{\mathbb{P}}(E_{J_0})', \ldots, \widetilde{\mathbb{P}}(E_{J_p}) = \widetilde{\mathbb{P}}(E_{J_p})'$, on conclut que ce sous-schéma fermé s'identifie à

$$\widetilde{\mathbb{P}}(F_{S'}^0) \times \cdots \times \widetilde{\mathbb{P}}(F_{S'}^p)$$

et que chaque $\widetilde{\mathbb{P}}(F_{S'}^i)$ est lisse de dimension r_i sur le champ quotient $Y^{n_i}/\mathbb{G}_m^{J_i}$.

Cela termine la preuve de la proposition 5.10. □

Terminons ce paragraphe par le résultat général suivant qui s'applique en particulier aux résolutions

$$\overline{\widetilde{\mathbb{P}}(\mathcal{E})_{S'}} \times_{Y_{S'}/\mathbb{G}_m^{n+1}} Y^{\underline{n}}/\mathbb{G}_m^{n+1}$$

des strates fermées $\overline{\widetilde{\mathbb{P}}(\mathcal{E})_{S'}}$ de $\widetilde{\mathbb{P}}(\mathcal{E})$ et à leurs morphismes projectifs birationnels canoniques sur les $\mathbb{P}(F_{S'}^0) \times \cdots \times \mathbb{P}(F_{S'}^p)$:

LEMME 5.12. *Soient X et X' deux schémas lisses reliés par un morphisme projectif birationnel*

$$q\colon X' \to X$$

qui est une succession d'éclatements de sous-schémas fermés lisses dans des schémas lisses.

Alors, pour tout module quasi cohérent $\mathcal{M}$ sur X, l'homomorphisme en catégorie dérivée

$$\mathcal{M} \to Rq_* \circ Rq^* \mathcal{M}$$

est un isomorphisme.

DÉMONSTRATION. On peut supposer que X' est l'éclaté de X le long d'un sous-schéma fermé lisse Y, que X est affine et que $\mathcal{M}$ est un module cohérent.

Le module $\mathcal{M}$ admet une résolution par des modules libres donc il suffit de traiter le cas où $\mathcal{M} = \mathcal{O}_X$.

Comme l'assertion est préservée par tout changement lisse de la base X, on peut même supposer que $X = \mathbb{A}^n$, $Y = \{0\}$ et $\mathcal{M} = \mathcal{O}_X$.

Il s'agit de prouver que

$$\mathcal{O}_X \to Rq_* \mathcal{O}_{X'}$$

est un isomorphisme au voisinage du point 0.

Notons $\mathcal{I}$ l'idéal de définition du point 0 dans $\mathbb{A}^n = X$ et $\mathcal{I}'$ son image réciproque sur X' c'est-à-dire l'idéal de définition $\mathcal{O}_{X'}(-E)$ du diviseur exceptionnel $E = \mathbb{P}^{n-1}$ dans X'.

D'après le théorème des fonctions formelles de Grothendieck, il suffit de montrer que pour tout entier $n \geq 1$, on a

$$R^i q_* \mathcal{O}_{X'}/\mathcal{I}'^n = 0 \quad \text{si } i \geq 1$$

et

$$R^0 q_* \mathcal{O}_{X'}/\mathcal{I}'^n = \mathcal{O}_X/\mathcal{I}^n.$$

Mais ceci résulte de ce que $\mathcal{I}'/\mathcal{I}'^2$ s'identifie au fibré $\mathcal{O}(1)$ sur $E = \mathbb{P}^{n-1} = \mathbb{P}\big((\mathcal{I}/\mathcal{I}^2)^\vee\big)$ et du calcul de la cohomologie cohérente des espaces projectifs

$$H^i\big(E, \mathcal{O}(n)\big) = 0 \quad \text{si } n \geq 0,\ i > 0,$$

et

$$H^0\big(E, \mathcal{O}(n)\big) = \operatorname{Sym}^n(\mathcal{I}/\mathcal{I}^2) = \mathcal{I}^n/\mathcal{I}^{n+1} \quad \text{si } n \geq 0. \qquad \square$$

5.4. Cohomologie cohérente des fibrés tangents relatifs

Dans ce paragraphe, on considère un convexe entier S du simplexe $S^{r,n}$ qui n'est contenu dans aucune face de celui-ci et un point du champ $\mathcal{V}ec^{r,S}$ à valeurs dans un schéma X. Ce point consiste en un morphisme

$$X \to \mathcal{A}^S/\widetilde{\mathcal{A}}^S_\varnothing$$

et un fibré $\mathcal{E}$ localement libre de rang r et $\mathbb{G}_m^{n+1}$-équivariant sur

$$\widetilde{X} = X \times_{\mathcal{A}^S/\widetilde{\mathcal{A}}^S_\varnothing} \widetilde{\mathcal{A}}^S/\widetilde{\mathcal{A}}^S_\varnothing$$

qui vérifie un certain nombre de conditions ouvertes.

Il est associé à $\mathcal{E}$ une fibration $\widetilde{\mathbb{P}}(\mathcal{E})$ qui est projective et plate sur X et qui est lisse de dimension relative r sur le champ quotient

$$\widetilde{X}/\mathbb{G}_m^{n+1}.$$

On notera ici $p(\cdot, X)$ les morphismes projectifs et plats de projection sur X de $\widetilde{X}$, de $(\mathcal{E} - \{0\})/\mathbb{G}_m$ (où $\mathcal{E}$ est vu comme un schéma et $\mathcal{E} - \{0\}$ désigne l'ouvert complémentaire de la section 0) et de $\widetilde{\mathbb{P}}(\mathcal{E}) = \mathring{\mathcal{E}}/\mathbb{G}_m^{n+1}$.

Si $\mathcal{M}$ est un module cohérent $\mathbb{G}_m^{n+1}$-équivariant sur $\widetilde{X}$, il induit par image réciproque un module cohérent $\mathbb{G}_m^{n+1}$-équivariant sur $\mathcal{E}$ vu comme un schéma. Par restriction et passage au quotient, celui-ci induit à son tour un module cohérent $\mathbb{G}_m^{n+1}/\mathbb{G}_m$-équivariant sur $(\mathcal{E} - \{0\})/\mathbb{G}_m$ et un module cohérent sur $\widetilde{\mathbb{P}}(\mathcal{E}) = \mathring{\mathcal{E}}/\mathbb{G}_m^{n+1}$ qu'on notera tous deux $T_\mathcal{M}$.

On a :

LEMME 5.13. *Dans la situation ci-dessus, soit $\mathcal{M}$ un module cohérent $\mathbb{G}_m^{n+1}$-équivariant sur $\widetilde{X}$ tel que le sous-tore diagonal $\mathbb{G}_m \hookrightarrow \mathbb{G}_m^{n+1}$ agisse sur $\mathcal{M}$ par le caractère $\lambda \mapsto \lambda$.*

Alors, pour tout degré $i \geq 0$, on a une identification naturelle entre modules cohérents de cohomologie équivariante sur X

$$R^i_{\mathbb{G}_m^{n+1}} p(\widetilde{X}, X)_*(\check{\mathcal{E}} \otimes \mathcal{M}) \xrightarrow{\sim} R^i_{\mathbb{G}_m^{n+1}/\mathbb{G}_m} p\big((\mathcal{E} - \{0\})/\mathbb{G}_m, X\big)_* T_\mathcal{M}$$

et un homomorphisme naturel

$$R^i_{\mathbb{G}_m^{n+1}} p(\widetilde{X}, X)_*(\check{\mathcal{E}} \otimes \mathcal{M}) \to R^i p(\widetilde{\mathbb{P}}(\mathcal{E}), X)_* T_\mathcal{M}.$$

DÉMONSTRATION. La seconde assertion est conséquence de la première puisque $\widetilde{\mathbb{P}}(\mathcal{E})$ est le quotient par l'action libre de $\mathbb{G}_m^{n+1}/\mathbb{G}_m$ de l'ouvert $\mathring{\mathcal{E}}/\mathbb{G}_m$ de $(\mathcal{E} - \{0\})/\mathbb{G}_m$.

Pour la première, on remarque que d'après l'hypothèse le sous-tore diagonal $\mathbb{G}_m \hookrightarrow \mathbb{G}_m^{n+1}$ agit trivialement sur le produit tensoriel $\check{\mathcal{E}} \otimes \mathcal{M}$. Donc l'assertion résulte du lemme général suivant :

LEMME 5.14. *Soient Z un schéma, $\mathcal{F}$ un fibré localement libre sur Z, avec sa projection $p\colon \mathcal{F} \to Z$, et $\mathbb{P}(\mathcal{F}) = (\mathcal{F} - \{0\})/\mathbb{G}_m$ sa fibration projective associée, avec sa projection $\overline{p}\colon \mathbb{P}(\mathcal{F}) \to Z$. Soient $\mathcal{M}$ un module cohérent sur Z et $T_{\mathcal{M}}$ le module cohérent sur $\mathbb{P}(\mathcal{F})$ qui est le quotient par $\mathbb{G}_m$ du module $p^*\mathcal{M}$ sur $\mathcal{F} - \{0\}$ sur lequel on a fait agir $\mathbb{G}_m$ par le caractère $\lambda \mapsto \lambda$.*

Alors on a

$$R^i\overline{p}_*T_{\mathcal{M}} = 0 \quad \textit{si } i \geq 1$$

et

$$R^0\overline{p}_*T_{\mathcal{M}} = \check{\mathcal{F}} \otimes \mathcal{M}.$$

DÉMONSTRATION. On peut supposer que Z est un schéma affine. Alors $\mathcal{M}$ admet une résolution par des modules libres et il suffit de traiter le cas où $\mathcal{M} = \mathcal{O}_Z$.

Or, si $\mathcal{M} = \mathcal{O}_Z$, $T_{\mathcal{M}}$ s'identifie au fibré inversible canonique $\mathcal{O}(1)$ sur la fibration projective $\mathbb{P}(\mathcal{F})$ et on est ramené à

$$R^i\overline{p}_*\mathcal{O}(1) = 0 \quad \text{si } i \geq 1$$

et

$$R^0\overline{p}_*\mathcal{O}(1) = \check{\mathcal{F}}.$$

Ceci prouve le lemme 5.14 et donc aussi le lemme 5.13. □

Nous pouvons maintenant énoncer :

THÉORÈME 5.15. *Pour S un convexe entier de $S^{r,n}$ qui n'est contenu dans aucune face, soient $\mathcal{E}$ un point du champ $\mathcal{V}ec^{r,S}$ à valeurs dans un schéma X et $\widetilde{\mathbb{P}}(\mathcal{E})$ la fibration projective associée sur X.*

Soit aussi $\mathcal{I}$ un module cohérent sur X, muni de l'action triviale du tore $\mathbb{G}_m^{n+1}$.

Alors $\mathcal{M} = \mathcal{E} \otimes \mathcal{I}$ est un module cohérent $\mathbb{G}_m^{n+1}$-équivariant sur $\widetilde{X}$ sur lequel la diagonale $\mathbb{G}_m$ agit par le caractère $\lambda \mapsto \lambda$, le module $\check{\mathcal{E}} \otimes \mathcal{M}$ sur $\widetilde{X}$ s'identifie à $\mathcal{H}om(\mathcal{E}, \mathcal{E} \otimes \mathcal{I})$ et le module $T_{\mathcal{M}}$ sur $\widetilde{\mathbb{P}}(\mathcal{E})$ s'identifie à $T_{\mathcal{E}} \otimes \mathcal{I}$ où $T_{\mathcal{E}}$ est le fibré tangent relatif du morphisme lisse de dimension r

$$\widetilde{\mathbb{P}}(\mathcal{E}) \to \widetilde{X}/\mathbb{G}_m^{n+1}.$$

De plus, tous les homomorphismes naturels

$$R^i_{\mathbb{G}_m^{n+1}}p(\widetilde{X}, X)_*\mathcal{H}om(\mathcal{E}, \mathcal{E} \otimes \mathcal{I}) \to R^ip(\widetilde{\mathbb{P}}(\mathcal{E}), X)_*(T_{\mathcal{E}} \otimes \mathcal{I})$$

sont des isomorphismes.

REMARQUE. D'après la proposition 5.1, la fibration projective $\widetilde{\mathbb{P}}(\mathcal{E})$ sur X est plate de dimension relative $r + \dim(S) - (n+1) \leq r - 1$.

Il résulte donc du théorème que les faisceaux de cohomologie équivariante $R^i_{\mathbb{G}_m^{n+1}}p(\widetilde{X}, X)_*\mathcal{H}om(\mathcal{E}, \mathcal{E} \otimes \mathcal{I})$ sont nuls en tous les degrés $i \geq r$. Cela n'était nullement évident *a priori* car la dimension relative de la fibration $\widetilde{X}$ sur X est égale à $\dim S$.

Dans le cas particulier $r = 2$, on voit que les $R^2_{\mathbb{G}_m^{n+1}} p(\widetilde{X}, X)_* \mathcal{H}om(\mathcal{E}, \mathcal{E} \otimes \mathcal{I})$ sont toujours nuls. En combinant ceci avec le corollaire 4.24(ii), on obtient une nouvelle démonstration de ce qu'en rang $r = 2$ les morphismes de structure $\overline{\Omega}^{S,E} \to \mathcal{A}^S / \mathcal{A}^S_{\varnothing}$ sont toujours lisses.

DÉMONSTRATION. Les premières assertions sont évidentes. Le module $T_{\mathcal{E}}$ sur $\widetilde{\mathbb{P}}(\mathcal{E})$ est le fibré tangent du morphisme lisse

$$\widetilde{\mathbb{P}}(\mathcal{E}) \to \widetilde{X} / \mathbb{G}_m^{n+1}$$

car $\mathcal{E}$ vu comme module localement libre sur $\mathcal{E}$ vu comme schéma est son fibré tangent relatif au-dessus de $\widetilde{X}$.

Reste à prouver la dernière assertion qui est le point essentiel.

On rappelle que d'après le lemme 4.26, les $R^i_{\mathbb{G}_m^{n+1}} p(\widetilde{X}, X)_* \ \mathcal{H}om(\mathcal{E}, \mathcal{E} \otimes \mathcal{I})$ sont les sous-modules des invariants sous $\mathbb{G}_m^{n+1}$ dans les $R^i p \ (\widetilde{X}, X)_* \mathcal{H}om(\mathcal{E}, \mathcal{E} \otimes \mathcal{I})$. Ceci permet d'appliquer le thèorème des fonctions formelles de Grothendieck et on est ramené au cas où X est un schéma artinien concentré en un point.

Par dévissage, on se ramène au cas où le module $\mathcal{I}$ est annulé par l'idéal maximal de X et finalement on peut supposer que X est le spectre d'un corps et $\mathcal{I} = \mathcal{O}_X$.

Alors le produit fibré $\widetilde{X}$ est de la forme

$$\widetilde{\mathcal{A}}^S \times_{\mathcal{A}^S} \alpha_{\underline{S}} = Y_{\underline{S}}$$

pour un certain pavage entier convexe $\underline{S}$ de S, et $\mathcal{E}$ est un fibré localement libre de rang r et $\mathbb{G}_m^{n+1}$-équivariant sur ce schéma. Le schéma projectif $\widetilde{\mathbb{P}}(\mathcal{E})$ est muni d'un morphisme lisse de dimension relative r sur

$$(\widetilde{\mathcal{A}}^S \times_{\mathcal{A}^S} \alpha_{\underline{S}}) / \mathbb{G}_m^{n+1} = Y_{\underline{S}} / \mathbb{G}_m^{n+1}$$

et $T_{\mathcal{E}}$ est son fibré tangent relatif.

Comme on a vu au paragraphe 5.2, le schéma $Y_{\underline{S}}$ est la réunion disjointe des orbites $\mathring{Y}_{S'}$ (dont les adhérences schématiques sont les variétés toriques $Y_{S'}$) indexées par les facettes S' du pavage $\underline{S}$. Le schéma $\widetilde{\mathbb{P}}(\mathcal{E})$ est décomposé en strates localement fermées $\widetilde{\mathbb{P}}(\mathcal{E})_{S'}$ qui sont les images réciproques des points $\mathring{Y}_{S'} / \mathbb{G}_m^{n+1}$. Leurs adhérences schématiques $\overline{\widetilde{\mathbb{P}}(\mathcal{E})_{S'}}$ sont les images réciproques des fermés $Y_{S'} / \mathbb{G}_m^{n+1}$ et la restriction du fibré $T_{\mathcal{E}}$ à chaque $\overline{\widetilde{\mathbb{P}}(\mathcal{E})_{S'}}$ est le fibré tangent relatif du morphisme lisse de dimension r

$$\overline{\widetilde{\mathbb{P}}(\mathcal{E})_{S'}} \to Y_{S'} / \mathbb{G}_m^{n+1}.$$

Tout d'abord on a :

LEMME 5.16. (i) *Si $\Delta Y_{\underline{S}}$ désigne le fermé de $Y_{\underline{S}}$ qui est la réunion des strates fermées $Y_{S'}$ associées aux facettes S' de $\underline{S}$ qui sont contenues dans une face de $S^{r,n}$, tous les homomorphismes de restriction*

$$H^i_{\mathbb{G}_m^{n+1}}\big(Y_{\underline{S}}, \mathcal{E}nd(\mathcal{E})\big) \to H^i_{\mathbb{G}_m^{n+1}}\big(Y_{\underline{S}} - \Delta Y_{\underline{S}}, \mathcal{E}nd(\mathcal{E})\big), \quad i \geq 0,$$

sont des isomorphismes.

(ii) *De même, si S' est une facette de $\underline{S}$ qui n'est contenue dans aucune face de $S^{r,n}$ et si on note $\Delta Y_{S'} = Y_{S'} \cap \Delta Y_{\underline{S}}$, tous les homomorphismes de restriction*

$$H^i_{\mathbb{G}_m^{n+1}}\big(Y_{S'}, \mathcal{E}nd(\mathcal{E})\big) \to H^i_{\mathbb{G}_m^{n+1}}\big(Y_{S'} - \Delta Y_{S'}, \mathcal{E}nd(\mathcal{E})\big), \quad i \geq 0,$$

sont des isomorphismes.

DÉMONSTRATION DU LEMME. Pour $0 \leq k < n$, notons $\Delta_k Y_{\underline{S}}$ [resp. $\Delta_k Y_{S'}$] le fermé de $\Delta Y_{\underline{S}}$ [resp. $\Delta Y_{S'}$] réunion des orbites de dimension $\leq k$. Nous allons prouver par récurrence sur k que les homomorphismes de restriction de $Y_{\underline{S}}$ à $Y_{\underline{S}} - \Delta_k Y_{\underline{S}}$ [resp. de $Y_{S'}$ à $Y_{S'} - \Delta_k Y_{S'}$] sont des isomorphismes. Supposons le résultat déjà connu en dimension $k-1$ et montrons-le en dimension k.

Il suffit de prouver que pour tout module cohérent et équivariant d'idéaux fractionnaires $\mathcal{J}$ sur $Y_{\underline{S}}$ [resp. $Y_{S'}$] qui contient le faisceau de structure $\mathcal{O}_{Y_{\underline{S}}}$ [resp. $\mathcal{O}_{Y_{S'}}$] et coïncide avec lui en dehors de $\Delta_k Y_{\underline{S}}$ [resp. $\Delta_k Y_{S'}$], les homomorphismes

$$H^i_{\mathbb{G}_m^{n+1}}\big(Y_{\underline{S}}, \mathcal{E}nd(\mathcal{E})\big) \to H^i_{\mathbb{G}_m^{n+1}}(Y_{\underline{S}}, \mathcal{E}nd(\mathcal{E}) \otimes \mathcal{J})$$
$$\text{[resp. } H^i_{\mathbb{G}_m^{n+1}}\big(Y_{S'}, \mathcal{E}nd(\mathcal{E})\big) \to H^i_{\mathbb{G}_m^{n+1}}(Y_{S'}, \mathcal{E}nd(\mathcal{E}) \otimes \mathcal{J})]$$

sont des isomorphismes, c'est-à-dire que

$$H^i_{\mathbb{G}_m^{n+1}}\big(Y_{\underline{S}}, \mathcal{E}nd(\mathcal{E}) \otimes (\mathcal{J}/\mathcal{O}_{Y_{\underline{S}}})\big) = 0, \quad \forall i$$
$$\text{[resp. } H^i_{\mathbb{G}_m^{n+1}}\big(Y_{S'}, \mathcal{E}nd(\mathcal{E}) \otimes (\mathcal{J}/\mathcal{O}_{Y_{S'}})\big) = 0, \quad \forall i].$$

Par dévissage et compte tenu de l'hypothèse de récurrence, on a seulement à montrer que pour toute facette S' du pavage $\underline{S}$ et tout $i \geq 0$,

$$H^i_{\mathbb{G}_m^{n+1}}\big(Y_{S'} - \Delta_{k-1} Y_{S'}, \mathcal{E}nd(\mathcal{E}) \otimes (\mathcal{J}/\mathcal{O}_{Y_{S'}})\big) = 0.$$

Le module cohérent $\mathcal{J}/\mathcal{O}_{Y_{S'}}$ se dévisse en sous-quotients $\mathcal{J}'$ qui sont des modules cohérents sur $\Delta_k Y_{S'}$ et il suffit de prouver que pour ces sous-quotients

$$H^i_{\mathbb{G}_m^{n+1}}(\Delta_k Y_{S'} - \Delta_{k-1} Y_{S'}, \mathcal{E}nd(\mathcal{E}) \otimes \mathcal{J}') = 0.$$

Or $\Delta_k Y_{S'} - \Delta_{k-1} Y_{S'}$ est réunion disjointe d'orbites $\mathring{Y}_{S''}$ de dimension k contenues dans des faces de $S^{r,n}$.

Si $\mathring{Y}_{S''}$ est une telle orbite contenue dans la face d'équation $i_\alpha = 0$, le facteur $\mathbb{G}_m$ d'indice α dans $\mathbb{G}_m^{n+1}$ agit trivialement sur $\mathring{Y}_{S''}$ et sur $\mathcal{E}$ (puisque celui-ci vérifie la propriété $(*)$ du lemme 4.6), mais tous les caractères par lesquels il agit sur $\mathcal{J}'$ sont non triviaux (puisque $\mathcal{J}'$ est un sous-quotient de $\mathcal{J}/\mathcal{O}$) et cela entraîne comme voulu

$$H^i_{\mathbb{G}_m^{n+1}}(\mathring{Y}_{S''}, \mathcal{E}nd(\mathcal{E}) \otimes \mathcal{J}') = 0. \qquad \square$$

D'après ce lemme et par dévissage de $Y_{\underline{S}}$ en les strates $Y_{S'}$, la démonstration du théorème 5.15 est ramenée à l'énoncé suivant :

PROPOSITION 5.17. *Pour toute facette S' du pavage $\underline{S}$ qui n'est contenue dans aucune face de $S^{r,n}$, les homomorphismes naturels*

$$H^i_{\mathbb{G}_m^{n+1}}\big(Y_{S'}, \mathcal{E}nd(\mathcal{E})\big) \cong H^i_{\mathbb{G}_m^{n+1}}\big(Y_{S'} - \Delta Y_{S'}, \mathcal{E}nd(\mathcal{E})\big) \to H^i(\overline{\widetilde{\mathbb{P}}(\mathcal{E})_{S'}}, T_{\mathcal{E}}), \quad i \geq 0,$$

sont des isomorphismes.

DÉMONSTRATION. On peut supposer que $S' = S$.

Notant p la codimension de S dans $S^{r,n}$, on écrit encore une fois les décompositions canoniques du lemme 1.7 :

$$\{0,1,\ldots,n\} = \coprod_{i=0}^{p} J_i \quad \text{avec } |J_i| = n_i + 1,$$
$$r = r_0 + \cdots + r_p \quad \text{avec } r_i = d_{J_i}^{S'} \geq 1,$$
$$S = S_0 \times \cdots \times S_p,$$

où chaque S_i est un pavé entier dans $S^{r_i,n_i} = \{(i_\alpha)_{\alpha\in J_i} \in \mathbb{N}^{J_i} \mid \sum_{\alpha\in J_i} i_\alpha = r_i\}$.

Le sous-tore $\mathbb{G}_m^{p+1} = \mathbb{G}_m \times \cdots \times \mathbb{G}_m \hookrightarrow \mathbb{G}_m^{J_0} \times \cdots \times \mathbb{G}_m^{J_p} = \mathbb{G}_m^{n+1}$ agit trivialement sur Y_S qui d'après le lemme 5.6 s'identifie au produit

$$Y_{S_0} \times \cdots \times Y_{S_p}.$$

D'après la proposition 4.11, le fibré $\mathcal{E}$ sur Y_S se décompose canoniquement en

$$\mathcal{E} = q_0^*\mathcal{E}_0 \oplus \cdots \oplus q_p^*\mathcal{E}_p$$

où, pour $0 \leq i \leq p$, q_i désigne la projection de Y_S sur son facteur Y_{S_i} et $\mathcal{E}_i$ est un fibré $\mathbb{G}_m^{J_i}$-équivariant de rang r_i sur Y_{S_i} tel que le sous-tore diagonal $\mathbb{G}_m \hookrightarrow \mathbb{G}_m^{J_i}$ agisse par le caractère $\lambda_i \mapsto \lambda_i$.

En notant $H^\bullet(\cdot,\cdot)$ l'espace gradué somme des espaces de cohomologie en les différents degrés, on obtient des isomorphismes canoniques

$$\begin{aligned} H^\bullet_{\mathbb{G}_m^{n+1}}\big(Y_S, \mathcal{E}nd(\mathcal{E})\big) &\cong H^\bullet_{\mathbb{G}_m^{n+1}}\left(Y_{S_0} \times \cdots \times Y_{S_p}, \bigoplus_{i=0}^{p} q_i^*\mathcal{E}nd(\mathcal{E}_i)\right) \\ &\cong \bigoplus_{i=0}^{p} H^\bullet_{\mathbb{G}_m^{J_i}}\big(Y_{S_i}, \mathcal{E}nd(\mathcal{E}_i)\big) \end{aligned}$$

puisque, d'après le lemme 5.7 et l'existence de morphismes projectifs birationnels équivariants

$$Y_{S_j} \leftarrow Y^{n_j} \rightarrow \mathbb{P}\big((\mathbb{A}^1)^{S_j}\big),$$

on a pour tout indice j

$$H^\bullet(Y_{S_j}, \mathcal{O}_{Y_{S_j}}) \cong H^\bullet(Y^{n_j}, \mathcal{O}_{Y^{n_j}}) \cong H^\bullet\big(\mathbb{P}\big((\mathbb{A}^1)^{S_j}\big), \mathcal{O}_{\mathbb{P}((\mathbb{A}^1)^{S_j})}\big) = \mathcal{O}.$$

De même, on a d'après le lemme 5.2 un carré commutatif canonique où les flèches horizontales sont des isomorphismes

$$\begin{array}{ccc} \overline{\widetilde{\mathbb{P}}(\mathcal{E})_S} & \xrightarrow{\sim} & \overline{\widetilde{\mathbb{P}}(\mathcal{E}_0)_{S_0}} \times \cdots \times \overline{\widetilde{\mathbb{P}}(\mathcal{E}_p)_{S_p}} \\ \downarrow & & \downarrow \\ Y_S/\mathbb{G}_m^{n+1} & \xrightarrow{\sim} & Y_{S_0}/\mathbb{G}_m^{J_0} \times \cdots \times Y_{S_p}/\mathbb{G}_m^{J_p} \end{array}$$

et, en notant encore $q_0, \ldots, q_p$ les $p+1$ projections de $\overline{\widetilde{\mathbb{P}}(\mathcal{E})_S} = \overline{\widetilde{\mathbb{P}}(\mathcal{E}_0)_{S_0}} \times \cdots \times \overline{\widetilde{\mathbb{P}}(\mathcal{E}_p)_{S_p}}$ sur ses facteurs, on a sur $\overline{\widetilde{\mathbb{P}}(\mathcal{E})_S}$ une décomposition canonique

$$T_{\mathcal{E}} = \bigoplus_{i=0}^{p} q_i^* T_{\mathcal{E}_i}.$$

On en déduit

$$\begin{aligned} H^\bullet(\overline{\widetilde{\mathbb{P}}(\mathcal{E})_S}, T_\mathcal{E}) &\cong \bigoplus_{0\le i\le p} H^\bullet(\overline{\widetilde{\mathbb{P}}(\mathcal{E}_0)_{S_0}} \times \cdots \times \overline{\widetilde{\mathbb{P}}(\mathcal{E}_p)_{S_p}}, q_i^* T_{\mathcal{E}_i}) \\ &\cong \bigoplus_{i=0}^{p} H^\bullet(\overline{\widetilde{\mathbb{P}}(\mathcal{E}_i)_{S_i}}, T_{\mathcal{E}_i}) \end{aligned}$$

puisque, d'après la proposition 5.10(ii), le corollaire 5.8 appliqué aux carrés cartésiens

$$\begin{array}{ccc} \widetilde{\mathbb{P}}(F_{S_j}) & \longrightarrow & \overline{\widetilde{\mathbb{P}}(\mathcal{E}_j)_{S_j}} \\ \Big\downarrow & \square & \Big\downarrow \\ Y^{n_j}/\mathbb{G}_m^{J_j} & \longrightarrow & Y_{S_j}/\mathbb{G}_m^{J_p} \end{array}$$

(où, pour $0 \le j \le p$, F_{S_j} désigne la fibre de $\mathcal{E}_j$ en le point distingué $\alpha_{S_j} = 1$ de $\mathbb{G}_m^{J_j}/\mathbb{G}_m \hookrightarrow Y_{S_j}$) et le lemme 5.12 appliqué aux morphismes projectifs birationnels

$$\widetilde{\mathbb{P}}(F_{S_j}) \to \mathbb{P}(F_{S_j}),$$

on a

$$H^\bullet(\overline{\widetilde{\mathbb{P}}(\mathcal{E}_j)_{S_j}}, \mathcal{O}) \cong H^\bullet(\widetilde{\mathbb{P}}(F_{S_j}), \mathcal{O}) \cong H^\bullet(\mathbb{P}(F_{S_j}), \mathcal{O}_{\mathbb{P}(F_{S_j})}) = \mathcal{O}.$$

En résumé, on a deux isomorphismes canoniques

$$\begin{aligned} H^\bullet_{\mathbb{G}_m^{n+1}}\big(Y_S, \mathcal{E}nd(\mathcal{E})\big) &\cong \bigoplus_{0\le i\le p} H^\bullet_{\mathbb{G}_m^{J_i}}\big(Y_{S_i}, \mathcal{E}nd(\mathcal{E}_i)\big), \\ H^\bullet(\overline{\widetilde{\mathbb{P}}(\mathcal{E})_S}, T_\mathcal{E}) &\cong \bigoplus_{0\le i\le p} H^\bullet(\overline{\widetilde{\mathbb{P}}(\mathcal{E}_i)_{S_i}}, T_{\mathcal{E}_i}), \end{aligned}$$

et on est ramené au cas où $S' = S$ est de dimension maximale n (c'est-à-dire est un pavé entier) dans $S^{r,n}$.

Ce cas va faire l'objet du paragraphe suivant.

5.5. Le cas d'un pavé entier et de son pavage trivial

Nous allons démontrer ici la proposition 5.17 dans le cas (auquel nous nous sommes réduits) où $S = S'$ est un pavé entier de $S^{r,n}$.

On considère toujours un fibré $\mathcal{E}$ de rang r et $\mathbb{G}_m^{n+1}$-équivariant sur la variété torique Y_S de tore $\mathbb{G}_m^{n+1}/\mathbb{G}_m \cong \mathring{Y}_S$ qui définit un point du champ $\mathcal{V}ec^{r,S}$.

Notons simplement F l'espace vectoriel de dimension r qui est la fibre de $\mathcal{E}$ en le point distingué $\alpha_S = 1$ de $\mathring{Y}_S \hookrightarrow Y_S$. Le fibré $\mathcal{E}$ est muni canoniquement d'un morphisme vers une somme $\mathcal{E}_0 \oplus \cdots \oplus \mathcal{E}_n$ de fibrés constants $\mathcal{E}_i$ qui, par définition de $\mathcal{V}ec^{r,S}$ comme sous-champ ouvert de $\overline{\mathcal{V}ec}^{r,S}$, est un plongement en tout point. Ainsi F est-il un sous-espace de la somme $E = E_0 \oplus \cdots \oplus E_n$ des fibres E_i des $\mathcal{E}_i$ en le point $\alpha_S = 1$.

Pour toute partie non triviale I de $\{0, 1, \ldots, n\}$, on dispose de la somme partielle $E_I = \bigoplus_{\alpha\in I} E_\alpha$ et de l'intersection $F_I = F \cap E_I$ qui est un sous-espace de F de dimension d_I^S.

La démonstration de la proposition 5.17 passe par celle de l'énoncé plus précis suivant :

PROPOSITION 5.18. *Si $S' = S$ est un pavé entier de $S^{r,n}$ et F désigne la fibre de $\mathcal{E}$ au point distingué $\alpha_S = 1$ de $\overset{\circ}{Y}_S \hookrightarrow Y_S$ avec sa collection canonique de sous-espaces emboîtés F_I de dimensions d_I^S, $I \subsetneq \{0, \ldots, n\}$, on a :*

(i) *Les espaces de cohomologie équivariante*

$$H^i_{\mathbb{G}_m^{n+1}}\big(Y_S, \mathcal{E}nd(\mathcal{E})\big) \cong H^i_{\mathbb{G}_m^{n+1}}\big(Y_S - \Delta Y_S, \mathcal{E}nd(\mathcal{E})\big)$$

s'identifient en tous les degrés i aux groupes de cohomologie du complexe associé au complexe simplicial dont la composante de degré k est

$$\bigoplus_{I_1 \subsetneq \cdots \subsetneq I_k \subsetneq \{0,\ldots,n\}} \mathrm{Hom}(F_{I_1}, F/F_{I_k})$$

(avec $\mathrm{Hom}(F,F)$ *en degré* 0*).*

(ii) *Dans cette sommation, on peut aussi ne conserver que les indices $(I_1 \subsetneq \cdots \subsetneq I_k)$ composés de parties $I \subsetneq \{0, \ldots, n\}$ qui sont « minimales pour F » au sens que*

$$\forall J, \quad J \subsetneq I \Longrightarrow F_J \subsetneq F_I.$$

(iii) *Les espaces de cohomologie cohérente*

$$H^i(\overline{\widetilde{\mathbb{P}}(\mathcal{E})_S}, T_{\mathcal{E}})$$

s'identifient aussi en tous degrés aux groupes de cohomologie du complexe des

$$\bigoplus_{I_1 \subsetneq \cdots \subsetneq I_k \subsetneq \{0,\ldots,n\}} \mathrm{Hom}(F_{I_1}, F/F_{I_k}).$$

REMARQUE. Les complexes

$$0 \to \mathrm{Hom}(F,F) \to \bigoplus_{I_1} \mathrm{Hom}(F_{I_1}, F/F_{I_1}) \to \cdots \to \bigoplus_{I_1 \subsetneq \cdots \subsetneq I_k} \mathrm{Hom}(F_{I_1}, F/F_{I_k}) \to \cdots$$

qui apparaissent dans l'énoncé de cette proposition sont assez proches (mais différents) des complexes introduits par Faltings dans la version préliminaire de son article [Faltings, 2001] pour étudier les déformations de ses « schémas de Deligne ».

DÉMONSTRATION. (i) Notant encore $\mathcal{E}nd(\mathcal{E})$ le fibré équivariant sur la résolution Y^n de Y_S obtenu comme image réciproque par le morphisme $Y^n \to Y_S$, on a d'après le lemme 5.7 des isomorphismes canoniques

$$H^i_{\mathbb{G}_m^{n+1}}\big(Y_S, \mathcal{E}nd(\mathcal{E})\big) \xrightarrow{\sim} H^i_{\mathbb{G}_m^{n+1}}\big(Y^n, \mathcal{E}nd(\mathcal{E})\big).$$

La variété torique Y^n est lisse. Son bord est un diviseur à croisements normaux dont les composantes irréductibles sont les adhérences $\overline{Y_I^n}$ des orbites Y_I^n indexées par les parties non triviales I de $\{0, \ldots, n\}$. Si $I_1, \ldots, I_k$ sont des parties deux à deux distinctes, l'intersection $\overline{Y_{I_1}^n} \cap \cdots \cap \overline{Y_{I_k}^n}$ est non vide si et seulement si on a $I_1 \subsetneq \cdots \subsetneq I_k$ après permutation convenable de $I_1, \ldots, I_k$ et dans ce cas elle est égale à l'adhérence $\overline{Y_{I_1,\ldots,I_k}^n}$ de l'orbite $Y_{I_1,\ldots,I_k}^n$. En notant $S_I = \big\{(i_0, \ldots, i_n) \in S \mid \sum_{\alpha \in I} i_\alpha = d_I^S\big\}$ et $S_{I_1,\ldots,I_k} = S_{I_1} \cap \cdots \cap S_{I_k}$ les faces du pavé entier S, on sait d'après le corollaire 5.5(iii) que chaque orbite $Y_{I_1,\ldots,I_k}^n$ de Y^n s'envoie sur l'orbite $\overset{\circ}{Y}_{S_{I_1,\ldots,I_k}}$ de Y_S qui est indexée par la face $S_{I_1,\ldots,I_k}$ de S.

Soient $\mathcal{O}(\partial Y^n)$ le fibré inversible équivariant sur Y^n associé au diviseur de bord $\partial Y^n = \sum_I \overline{Y_I^n}$ et $\mathcal{O}(\partial Y^n)_{I_1,\ldots,I_k}$ ses restrictions aux strates fermées $\overline{Y_{I_1,\ldots,I_k}^n}$ de Y^n.

On a sur la variété torique Y^n une suite exacte canonique de faisceaux cohérents équivariants

$$0 \to \mathcal{O} \to \mathcal{O}(\partial Y^n) \to \bigoplus_{I_1} \mathcal{O}(\partial Y^n)_{I_1} \to \cdots \to \bigoplus_{I_1 \subsetneq \cdots \subsetneq I_k} \mathcal{O}(\partial Y^n)_{I_1,\ldots,I_k} \to \cdots$$

En formant le produit tensoriel avec $\mathcal{E}nd(\mathcal{E})$, on voit que pour prouver (i), il suffit de montrer les assertions suivantes :

(1) On a
$$H^0_{\mathbb{G}_m^{n+1}}\big(Y^n, \mathcal{E}nd(\mathcal{E}) \otimes \mathcal{O}(\partial Y_n)\big) = \mathrm{Hom}(F,F)$$
et
$$H^i_{\mathbb{G}_m^{n+1}}\big(Y^n, \mathcal{E}nd(\mathcal{E}) \otimes \mathcal{O}(\partial Y_n)\big) = 0 \quad \text{si } i \geq 1.$$

(2) Pour toute suite $I_1 \subsetneq \cdots \subsetneq I_k$, on a
$$H^0_{\mathbb{G}_m^{n+1}}\big(\overline{Y^n_{I_1,\ldots,I_k}}, \mathcal{E}nd(\mathcal{E}) \otimes \mathcal{O}(\partial Y_n)\big) = \mathrm{Hom}(F_{I_1}, F/F_{I_k})$$
et
$$H^i_{\mathbb{G}_m^{n+1}}\big(\overline{Y^n_{I_1,\ldots,I_k}}, \mathcal{E}nd(\mathcal{E}) \otimes \mathcal{O}(\partial Y_n)\big) = 0 \quad \text{si } i \geq 1.$$

Dans ce but, considérons une suite $I_1 \subsetneq \cdots \subsetneq I_k$ et notons $J_0 = I_1$, $J_1 = I_2 - I_1, \ldots, J_k = \{0,\ldots,n\} - I_k$. Le sous-tore de $\mathbb{G}_m^{n+1} = \mathbb{G}_m^{J_0} \times \cdots \times \mathbb{G}_m^{J_k}$ fixateur de n'importe quel point de l'orbite $Y^n_{I_1,\ldots,I_k}$ est le produit $\mathbb{G}_m^{k+1} = \mathbb{G}_m \times \cdots \times \mathbb{G}_m$ des diagonales. Tout scindage de la suite

$$1 \to \mathbb{G}_m^{k+1} \to \mathbb{G}_m^{J_0} \times \cdots \times \mathbb{G}_m^{J_k} \to \mathbb{G}_m^{J_0}/\mathbb{G}_m \times \cdots \times \mathbb{G}_m^{J_k}/\mathbb{G}_m \to 1$$

se prolonge en un isomorphisme équivariant du plus petit ouvert invariant de Y^n qui contient $Y^n_{I_1,\ldots,I_k}$ sur le produit

$$Y^n_{I_1,\ldots,I_k} \times \mathbb{A}\left[\frac{\lambda_0}{\lambda_1}, \ldots, \frac{\lambda_{k-1}}{\lambda_k}\right]$$

où $\mathbb{A}[\lambda_0/\lambda_1, \ldots, \lambda_{k-1}/\lambda_k]$ désigne l'espace affine en les coordonnées $\lambda_0/\lambda_1, \ldots, \lambda_{k-1}/\lambda_k$.

De plus, la fibre de $\mathcal{E}nd(\mathcal{E})$ en le point distingué de l'orbite $Y^n_{I_1,\ldots,I_k}$ s'identifie à la somme directe

$$\bigoplus_{0 \leq i,j < k} \mathrm{Hom}(F_{I_{i+1}}/F_{I_i}, F_{I_{j+1}}/F_{I_j})$$

(en notant $F_{I_0} = 0$ et $F_{I_{k+1}} = F$) où le fixateur $\mathbb{G}_m^{k+1}$ agit sur le facteur d'indice (i,j) par le caractère

$$(\lambda_0, \lambda_1, \ldots, \lambda_k) \mapsto \lambda_j \lambda_i^{-1}.$$

La fibre de $\mathcal{E}nd(\mathcal{E}) \otimes \mathcal{O}(\partial Y_n)$ en ce point s'identifie également à la somme des facteurs

$$\mathrm{Hom}(F_{I_{i+1}}/F_{I_i}, F_{I_{j+1}}/F_{I_j})$$

mais cette fois l'action de $\mathbb{G}_m^{k+1}$ se fait par les caractères

$$(\lambda_0, \lambda_1, \ldots, \lambda_k) \mapsto \lambda_j \lambda_i^{-1} \left(\frac{\lambda_0}{\lambda_1} \cdots \frac{\lambda_{k-1}}{\lambda_k}\right) = \lambda_j \lambda_i^{-1} \lambda_0 \lambda_k^{-1}.$$

On remarque que tous ces caractères sont des combinaisons multiplicatives à coefficients dans $\mathbb{N}$ des $\lambda_0/\lambda_1, \ldots, \lambda_{k-1}/\lambda_k$ et que le seul facteur sur lequel l'action de $\mathbb{G}_m^{k+1}$ est triviale est

$$\mathrm{Hom}(F_{I_1}, F/F_{I_k}).$$

Il en résulte que toute section invariante de $\mathcal{E}nd(\mathcal{E}) \otimes \mathcal{O}(\partial Y^n)$ sur le tore $\mathbb{G}_m^{n+1}/\mathbb{G}_m$ se prolonge sur Y^n tout entier, que l'espace des sections invariantes de $\mathcal{E}nd(\mathcal{E}) \otimes \mathcal{O}(\partial Y^n)$ sur l'orbite $Y^n_{I_1,\ldots,I_k}$ s'identifie à $\mathrm{Hom}(F_{I_1}, F/F_{I_k})$ et aussi que toute telle section se prolonge sur l'adhérence $\overline{Y^n_{I_1,\ldots,I_k}}$ de $Y^n_{I_1,\ldots,I_k}$ (puisque l'homomorphisme de restriction $\mathrm{Hom}(F,F) \to \mathrm{Hom}(F_{I_1}, F/F_{I_k})$ est surjectif).

On en déduit aussitôt les assertions (1) et (2), invoquant le lemme général suivant :

Lemme 5.19. *Soient $\overline{T}$ une variété torique, T son tore, T' un tore muni d'un homomorphisme surjectif $T' \to T$ et $\mathcal{F}$ un fibré localement libre et T'-équivariant sur $\overline{T}$ tel que toute section invariante par T' de $\mathcal{F}$ sur T se prolonge sur $\overline{T}$ tout entier.*

Alors on a un isomorphisme

$$H^0_{T'}(\overline{T},\mathcal{F}) \xrightarrow{\sim} H^0_{T'}(T,\mathcal{F})$$

et

$$H^i_{T'}(\overline{T},\mathcal{F}) = 0, \quad \forall\, i \geq 1.$$

Démonstration du lemme. La première assertion reformule l'hypothèse car l'homomorphisme de restriction

$$H^0_{T'}(\overline{T},\mathcal{F}) \to H^0_{T'}(T,\mathcal{F})$$

est injectif dès lors que $\mathcal{F}$ est un fibré localement libre et que T est schématiquement dense dans $\overline{T}$.

La seconde assertion résulte de ce que les $H^i_{T'}(\overline{T},\mathcal{F})$ se calculent « à la Čech » : Si $\overline{T}_1,\ldots,\overline{T}_n$ est une famille d'ouverts invariants de $\overline{T}$ qui sont affines et recouvrent $\overline{T}$, les $H^i_{T'}(\overline{T},\mathcal{F})$ sont les groupes de cohomologie du complexe des

$$\bigoplus_{1\leq i_1<\cdots<i_k\leq n} H^0_{T'}(\overline{T}_{i_1}\cap\cdots\cap\overline{T}_{i_k},\mathcal{F}).$$

Or on a

$$H^0_{T'}(\overline{T}_{i_1}\cap\cdots\cap\overline{T}_{i_k},\mathcal{F}) = \begin{cases} H^0_{T'}(T,\mathcal{F}) & \text{si } \overline{T}_{i_1}\cap\cdots\cap\overline{T}_{i_k} \neq \varnothing,\\ 0 & \text{sinon,}\end{cases}$$

si bien que la cohomologie de ce complexe est triviale. □

Suite de la démonstration de la proposition 5.18. (ii) Notons $H^\bullet$ notre complexe dont la composante de degré k est

$$H^k = \bigoplus_{I_1\subsetneq\cdots\subsetneq I_k\subsetneq\{0,\ldots,n\}} \mathrm{Hom}(F_{I_1}, F/F_{I_k}).$$

Puis, pour tout entier $m \in \{0,1,\ldots,n-2\}$, notons $H^\bullet_{\geq m}$ [resp. $H^\bullet_{=m}$] le complexe obtenu en restreignant les sommations aux familles $(I_1 \subsetneq \cdots \subsetneq I_k)$ qui comptent au moins [resp. exactement] m parties I_i qui ne soient pas minimales.

On a des suites exactes de complexes

$$0 \to H^\bullet_{\geq 1} \to H^\bullet \to H^\bullet_{=0} \to 0,$$
$$0 \to H^\bullet_{\geq m+1} \to H^\bullet_{\geq m} \to H^\bullet_{=m} \to 0.$$

Pour montrer que $H^\bullet \to H^\bullet_{=0}$ est un quasi-isomorphisme, il suffit donc de prouver que pour tout $m \geq 1$, la cohomologie du complexe $H^\bullet_{=m}$ est 0.

Pour toute suite $(M_1 \subsetneq \cdots \subsetneq M_m)$ de parties non minimales de $\{0,\ldots,n\}$, notons $H^\bullet_{M_1,\ldots,M_m}$ le complexe dont la composante de degré k est la somme

$$\bigoplus_{I_1\subsetneq\cdots\subsetneq I_k} \mathrm{Hom}(F_{I_1}, F/F_{I_k})$$

restreinte aux suites $(I_1 \subsetneq \cdots \subsetneq I_k)$ qui comprennent m parties non minimales égales à $M_1,\ldots,M_m$ et $k-m$ parties minimales.

Pour tout $m \geq 1$, le complexe $H^\bullet_{=m}$ est la somme directe des complexes $H^\bullet_{M_1,\ldots,M_m}$ et il suffit de démontrer que chaque complexe $H^\bullet_{M_1,\ldots,M_m}$ est homotope à 0.

Dans le complexe $H^\bullet_{M_1,\ldots,M_m}$, la différentielle d va du degré k vers le degré $k+1$. Si $(I_1 \subsetneq \cdots \subsetneq I_k)$ et $(J_1 \subsetneq \cdots \subsetneq J_{k+1})$ sont deux indices qui apparaissent dans la définition de $H^\bullet_{M_1,\ldots,M_m}$, la projection de d sur

$$\mathrm{Hom}\big(\mathrm{Hom}(F_{I_1}, F/F_{I_k}), \mathrm{Hom}(F_{J_1}, F/F_{J_{k+1}})\big)$$

est égale à

- la projection naturelle

$$\mathrm{Hom}(F_{I_1}, F/F_{I_k}) \to \mathrm{Hom}(F_{J_1}, F/F_{J_{k+1}})$$

  multipliée par le signe $(-1)^{j-1}$ si $\{J_1,\ldots,J_{k+1}\}$ est la réunion de $\{I_1,\ldots,I_k\}$ et d'une partie J_j,
- 0 sinon.

Afin de construire une homotopie h de $H^\bullet_{M_1,\ldots,M_m}$, remarquons que pour toute partie non triviale I de $\{0,\ldots,n\}$, l'ensemble des parties $I' \subseteq I$ telles que $F_{I'} = F_I$ est stable par intersections ; il contient une plus petite partie qu'on note $I^{\min}$ car elle est minimale.

L'homotopie h de $H^\bullet_{M_1,\ldots,M_m}$ doit aller du degré k vers le degré $k-1$. Définissons-la en demandant que si $(I_1 \subsetneq \cdots \subsetneq I_k)$ et $(J_1 \subsetneq \cdots \subsetneq J_{k-1})$ sont deux indices qui apparaissent dans $H^\bullet_{M_1,\ldots,M_m}$, sa projection sur

$$\mathrm{Hom}\big(\mathrm{Hom}(F_{I_1}, F/F_{I_k}), \mathrm{Hom}(F_{J_1}, F/F_{J_{k-1}})\big)$$

est égale à

- l'isomorphisme réciproque de

$$\mathrm{Hom}(F_{J_1}, F/F_{J_{k-1}}) \xrightarrow{=} \mathrm{Hom}(F_{I_1}, F/F_{I_k})$$

  multiplié par le signe $(-1)^{i+1}$ si $\{J_1,\ldots,J_{k-1}\}$ est déduit de $\{I_1,\ldots,I_k\}$ en enlevant une partie I_i et si $I_{i+1} = M_1$ et $I_i = M_1^{\min}$,
- 0 sinon.

Si $(I_1 \subsetneq \cdots \subsetneq I_k)$ et $(J_1 \subsetneq \cdots \subsetneq J_k)$ sont deux indices qui apparaissent dans $H^\bullet_{M_1,\ldots,M_m}$, voyons maintenant les projections de dh, hd puis $dh + hd$ sur

$$\mathrm{Hom}(\mathrm{Hom}(F_{I_1}, F/F_{I_k}), \mathrm{Hom}(F_{J_1}, F/F_{J_k})).$$

Si $\{J_1,\ldots,J_k\} \neq \{I_1,\ldots,I_k\}$, il faut pour que la projection de dh ou de hd soit non nulle qu'il existe deux indices i et j tels que

$$I_i = M_1^{\min}, \quad I_{i+1} = M_1, \quad J_j \neq M_1^{\min}$$

et

$$\{J_1,\ldots,J_k\} = \{I_1,\ldots,I_k\} - \{I_i\} \cup \{J_j\}.$$

Dans ce cas, la projection de $dh + hd$ est égale à l'homomorphisme naturel

$$\mathrm{Hom}(F_{I_1}, F/F_{I_k}) \to \mathrm{Hom}(F_{J_1}, F/F_{J_k})$$

multipliée par le scalaire

$$(-1)^{i+1} \cdot (-1)^{j-1} + (-1)^{j-1} \cdot (-1)^{i+2} \quad \text{si } J_j \subsetneq M_1,$$

ou

$$(-1)^{i+1} \cdot (-1)^{j-1} + (-1)^{j} \cdot (-1)^{i+1} \quad \text{si } J_j \supseteq M_1.$$

Elle est donc nulle.

Si au contraire $\{J_1, \ldots, J_k\} = \{I_1, \ldots, I_k\}$, notons i l'unique indice tel que $I_{i+1} = J_{i+1} = M_1$. Comme la partie $I_i = J_i$ est minimale et $F_{I_i} = F_{I_i} \cap F_{M_1} = F_{I_i} \cap F_{M_1^{\min}} = F_{I_i \cap M_1^{\min}}$, on a $I_i \subseteq M_1^{\min}$. Alors la projection de $dh + hd$ est égale à l'identité

$$\mathrm{Hom}(F_{I_1}, F/F_{I_k}) \xrightarrow{=} \mathrm{Hom}(F_{J_1}, F/F_{J_k})$$

multipliée par le scalaire

$$(-1)^{i+1} \cdot (-1)^{i-1} = 1 \quad \text{si } I_i = M_1^{\min},$$

ou

$$(-1)^{i} \cdot (-1)^{i+2} = 1 \quad \text{si } I_1 \subsetneq M_1^{\min}.$$

On a montré comme voulu que dans le complexe $H^{\bullet}_{M_1, \ldots, M_m}$ l'identité est homotope à 0. Cela achève la preuve de (ii).

(iii) On revient au schéma projectif $\widetilde{\mathbb{P}}(F)$ déduit de $\mathbb{P}(F)$ en éclatant successivement tous les sous-espaces $\mathbb{P}(F_I)$ (ou plutôt leurs transformés stricts). D'après la proposition 5.10, on a un carré cartésien où les flèches verticales sont lisses

$$\begin{array}{ccc}
\widetilde{\mathbb{P}}(F) & \longrightarrow & \overline{\widetilde{\mathbb{P}}(\mathcal{E})_S} \\
\downarrow & & \downarrow \\
Y^n/\mathbb{G}_m^{n+1} & \longrightarrow & Y_S/\mathbb{G}_m^{n+1}
\end{array}$$

et l'image réciproque $\widetilde{T}_F$ sur $\widetilde{\mathbb{P}}(F)$ du fibré $T_{\mathcal{E}}$ sur $\overline{\widetilde{\mathbb{P}}(\mathcal{E})_S}$ est le fibré tangent relatif du morphisme $\widetilde{\mathbb{P}}(F) \to Y^n/\mathbb{G}_m^{n+1}$. Les homomorphismes canoniques

$$H^i(\overline{\widetilde{\mathbb{P}}(\mathcal{E})_S}, T_{\mathcal{E}}) \to H^i(\widetilde{\mathbb{P}}(F), \widetilde{T}_F)$$

sont des isomorphismes d'après le corollaire 5.8.

Le schéma $\widetilde{\mathbb{P}}(F)$ est lisse et son bord $\partial\widetilde{\mathbb{P}}(F)$ est un diviseur à croisements normaux dont les composantes irréductibles $\widetilde{\mathbb{P}}(F)_I$ sont indexées par les parties non triviales I de $\{0, \ldots, n\}$ qui sont « minimales pour F » au sens de (ii). L'intersection de composantes deux à deux distinctes $\widetilde{\mathbb{P}}(F)_{I_1}, \ldots, \widetilde{\mathbb{P}}(F)_{I_k}$ est non vide si et seulement si on a $I_1 \subsetneq \cdots \subsetneq I_k$ après permutation convenable des parties minimales $I_1, \ldots, I_k$; on la note alors $\widetilde{\mathbb{P}}(F)_{I_1, \ldots, I_k}$.

L'espace projectif $\mathbb{P}(F) = (F - \{0\})/\mathbb{G}_m$ est muni d'un morphisme $\mathbb{P}(F) \to \bullet/\mathbb{G}_m = \mathrm{B}\,\mathbb{G}_m$ qui n'est autre que le fibré inversible $\mathcal{O}(1)$. On note T_F le fibré localement libre de rang r sur $\mathbb{P}(F)$ qui est le fibré tangent relatif au morphisme $\mathbb{P}(F) \to \bullet/\mathbb{G}_m$. Sur le schéma $\widetilde{\mathbb{P}}(F)$ on dispose des trois fibrés localement libres de rang r que sont $\widetilde{T}_F$, l'image réciproque de T_F par le morphisme $\widetilde{\mathbb{P}}(F) \to \mathbb{P}(F)$ encore notée T_F et le fibré constant égal à F.

On dispose aussi sur $\widetilde{\mathbb{P}}(F)$ des fibrés inversibles $\mathcal{O}(n)$, $n \in \mathbb{Z}$, images réciproques de ceux de $\mathbb{P}(F)$.

On a besoin du lemme suivant :

LEMME 5.20. *Soit* $I_1 \subsetneq \cdots \subsetneq I_k$ *une suite de parties minimales de* $\{0, \dots, n\}$. *Alors* :

(i) *La strate fermée* $\widetilde{\mathbb{P}}(F)_{I_1,\dots,I_k}$ *s'identifie au produit*

$$\widetilde{\mathbb{P}}(F_{I_1}) \times \widetilde{\mathbb{P}}(F_{I_2}/F_{I_1}) \times \cdots \times \widetilde{\mathbb{P}}(F/F_{I_k}).$$

(ii) *Si* $q_0, q_1, \dots, q_k$ *désignent les* $k+1$ *projections de* $\widetilde{\mathbb{P}}(F)_{I_1,\dots,I_k}$ *sur ses facteurs, la restriction à* $\widetilde{\mathbb{P}}(F)_{I_1,\dots,I_k}$ *du fibré tangent relatif* $\widetilde{T}_F$ *s'identifie à*

$$q_0^*\widetilde{T}_{F_{I_1}} \oplus q_1^*\widetilde{T}_{F_{I_2}/F_{I_1}} \oplus \cdots \oplus q_k^*\widetilde{T}_{F/F_{I_k}}.$$

(iii) *La restriction à* $\widetilde{\mathbb{P}}(F)_{I_1,\dots,I_k}$ *du fibré* T_F *de* $\widetilde{\mathbb{P}}(F)$ *s'inscrit dans une suite exacte*

$$0 \to q_0^* T_{F_{I_1}} \to T_{F|\widetilde{\mathbb{P}}(F)_{I_1,\dots,I_k}} \to q_0^*\big(\mathcal{O}(1)\big) \otimes (F/F_{I_1}) \to 0.$$

DÉMONSTRATION DU LEMME. (i) résulte de la construction de $\widetilde{\mathbb{P}}(F)$ par éclatements successifs à partir de $\mathbb{P}(F)$.

(ii) Notons $J_0 = I_1$, $J_1 = I_2 - I_1, \dots,$ $J_k = \{0, \dots, n\} - I_k$ et $|J_i| = n_i + 1$, $\forall\, i$. Cette identification résulte de ce qu'on a un diagramme commutatif et cartésien :

$$\begin{array}{ccccc}
\widetilde{\mathbb{P}}(F_{I_1}) \times \widetilde{\mathbb{P}}(F_{I_2}/F_{I_1}) \times \cdots \times \widetilde{\mathbb{P}}(F/F_{I_k}) & \xleftarrow{\ \sim\ } & \widetilde{\mathbb{P}}(F)_{I_1,\dots,I_k} & \hookrightarrow & \widetilde{\mathbb{P}}(F) \\
\downarrow & & \downarrow & \square & \downarrow \\
Y^{n_0}/\mathbb{G}_m^{J_0} \times Y^{n_1}/\mathbb{G}_m^{J_1} \times \cdots \times Y^{n_k}/\mathbb{G}_m^{J_k} & \xleftarrow{\ \sim\ } & \overline{Y^n_{I_1,\dots,I_k}} & \hookrightarrow & Y^n/\mathbb{G}_m^{n+1}
\end{array}$$

(iii) Le fibré T_F sur $\mathbb{P}(F)$ tangent au morphisme $\mathbb{P}(F) \to \bullet/\mathbb{G}_m$ s'identifie au quotient de $(F - \{0\}) \times F$ par $\mathbb{G}_m$ agissant par $\lambda \mapsto (\lambda, \lambda)$. Sa restriction au sous-espace $\mathbb{P}(F_{I_1}) = (F_{I_1} - \{0\})/\mathbb{G}_m$ s'inscrit dans une suite exacte où le sous-objet est

$$[(F_{I_1} - \{0\}) \times F_{I_1}]/\mathbb{G}_m = T_{F_{I_1}}$$

et l'objet quotient est

$$[(F_{I_1} - \{0\}) \times (F/F_{I_1})]/\mathbb{G}_m$$

lequel s'identifie au produit tensoriel du fibré inversible $\mathcal{O}(1)$ par le fibré constant égal à F/F_{I_1}.

La conclusion résulte de ce que la strate fermée $\widetilde{\mathbb{P}}(F)_{I_1,\dots,I_k}$ de $\widetilde{\mathbb{P}}(F)$ s'envoie sur $\mathbb{P}(F_{I_1})$ par le morphisme $\widetilde{\mathbb{P}}(F) \to \mathbb{P}(F)$. $\square$

SUITE DE LA DÉMONSTRATION DE LA PROPOSITION 5.18(iii). On rappelle que d'après le lemme 5.11 l'isomorphisme

$$\mathbb{G}_m^{n+1}/\mathbb{G}_m \xrightarrow{\sim} \mathbb{G}_m^{n+1}/\mathbb{G}_m$$
$$\lambda \mapsto \lambda^{-1}$$

se prolonge en un morphisme projectif équivariant

$$Y^n \to \mathbb{P}\big((\mathbb{A}^1)^{n+1}\big).$$

Or l'action de $\mathbb{G}_m^{n+1}/\mathbb{G}_m$ sur $\mathbb{P}\big((\mathbb{A}^1)^{n+1}\big)$ se relève naturellement en une action de $\mathbb{G}_m^{n+1}$ sur le fibré $\mathcal{O}(1)$. L'image réciproque de $\mathcal{O}(1)$ sur Y^n est un fibré inversible $\mathbb{G}_m^{n+1}$-équivariant qu'on peut voir comme un morphisme

$$Y^n/\mathbb{G}_m^{n+1} \to \bullet/\mathbb{G}_m.$$

Ce morphisme rend commutatif le carré

$$\begin{array}{ccc} \widetilde{\mathbb{P}}(F) & \longrightarrow & \mathbb{P}(F) \\ \downarrow & & \downarrow \\ Y^n/\mathbb{G}_m^{n+1} & \longrightarrow & \bullet/\mathbb{G}_m \end{array}$$

car le composé $\widetilde{\mathbb{P}}(F) \to \mathbb{P}(F) \hookrightarrow \mathbb{P}(E_0 \oplus \cdots \oplus E_n)$ est le quotient par $\mathbb{G}_m^{n+1}$ du composé de l'immersion fermée

$$Y^n \times_{Y^n/\mathbb{G}_m^{n+1}} \widetilde{\mathbb{P}}(F) \hookrightarrow Y^n \times [(E_0 - \{0\}) \times \cdots \times (E_n - \{0\})],$$

du produit par $(E_0 - \{0\}) \times \cdots \times (E_n - \{0\})$ de $Y^n \to \mathbb{P}\big((\mathbb{A}^1)^{n+1}\big)$ et de

$$\begin{aligned} \mathbb{P}\big((\mathbb{A}^1)^{n+1}\big) \times [(E_0 - \{0\}) \times \cdots \times (E_n - \{0\})] &\to \mathbb{P}(E_0 \oplus \cdots \oplus E_n) \\ \big((\lambda_0, \ldots, \lambda_n), (e_0, \ldots, e_n)\big) &\mapsto (\lambda_0 e_0, \ldots, \lambda_n e_n). \end{aligned}$$

Le carré commutatif ci-dessus induit un homomorphisme entre fibrés de rang r sur $\widetilde{\mathbb{P}}(F)$

$$\widetilde{T}_F \to T_F.$$

D'après le lemme 5.20(iii), il y a sur $\widetilde{\mathbb{P}}(F)$ un complexe simplicial de faisceaux cohérents dont le terme de degré 0 est

$$T_F$$

et dont les termes de degrés $k \geq 1$ sont les

$$\bigoplus_{I_1 \subsetneq \cdots \subsetneq I_k} q\big(\widetilde{\mathbb{P}}(F_{I_1,\ldots,I_k}), \mathbb{P}(F_{I_1})\big)^* \mathcal{O}(1) \otimes (F/F_{I_k})$$

où $(I_1 \subsetneq \cdots \subsetneq I_k)$ décrit l'ensemble des suites strictement croissantes de parties non triviales de $\{0, \ldots, n\}$ qui sont minimales et $q\big(\widetilde{\mathbb{P}}(F_{I_1,\ldots,I_k}), \mathbb{P}(F_{I_1})\big)$ désigne la projection

$$\widetilde{\mathbb{P}}(F_{I_1,\ldots,I_k}) \to \widetilde{\mathbb{P}}(F_{I_1}) \to \mathbb{P}(F_{I_1})$$

si bien que $q\big(\widetilde{\mathbb{P}}(F_{I_1,\ldots,I_k}), \mathbb{P}(F_{I_1})\big)^* \mathcal{O}(1) \otimes (F/F_{I_k})$ est un fibré localement libre de rang $\dim(F/F_{I_k})$ sur $\widetilde{\mathbb{P}}(F)_{I_1,\ldots,I_k}$ que l'on voit comme un faisceau cohérent sur $\widetilde{\mathbb{P}}(F)$.

Comme le bord $\partial\widetilde{\mathbb{P}}(F)$ de $\widetilde{\mathbb{P}}(F)$ est un diviseur à croisements normaux, le complexe différentiel de faisceaux cohérents associé à ce complexe simplicial est exact en tous les degrés ≥ 1 et son faisceau de cohomologie en degré 0 est localement libre de rang r. D'après le lemme 5.20(ii) et (iii), ce faisceau de cohomologie s'identifie à $\widetilde{T}_F$ en codimension 1 donc il s'identifie à $\widetilde{T}_F$ sur $\widetilde{\mathbb{P}}(F)$ tout entier.

En utilisant la proposition 5.18(ii), on voit que pour prouver la proposi tion 5.18(iii) il suffit de montrer les assertions suivantes :

(1′) On a
$$H^0(\widetilde{\mathbb{P}}(F), T_F) = \mathrm{Hom}(F,F)$$
et
$$H^i(\widetilde{\mathbb{P}}(F), T_F) = 0 \quad \text{si} \quad i \geq 1.$$

(2′) Pour toute suite $I_1 \subsetneq \cdots \subsetneq I_k$ de parties minimales, on a
$$H^0(\widetilde{\mathbb{P}}(F)_{I_1,\ldots,I_k}, q_0^*\mathcal{O}(1) \otimes F/F_{I_k}) = \mathrm{Hom}(F_{I_1}, F/F_{I_k})$$
et
$$H^i(\widetilde{\mathbb{P}}(F)_{I_1,\ldots,I_k}, q_0^*\mathcal{O}(1) \otimes F/F_{I_k}) = 0 \quad \text{si } i \geq 1,$$
en notant q_0 la projection
$$\widetilde{\mathbb{P}}(F)_{I_1,\ldots,I_k} = \widetilde{\mathbb{P}}(F_{I_1}) \times \cdots \times \widetilde{\mathbb{P}}(F/F_{I_k}) \to \widetilde{\mathbb{P}}(F_{I_1}).$$

Pour (1'), on a d'après le lemme 5.12 et le lemme 5.14 des isomorphismes canoniques
$$H^\bullet(\widetilde{\mathbb{P}}(F), T_F) \xleftarrow{\sim} H^\bullet(\mathbb{P}(F), T_F) \xleftarrow{\sim} F^\vee \otimes F = \mathrm{Hom}(F,F).$$

Et pour (2'), on a d'après le lemme 5.12, la formule de Künneth et les formules connues pour la cohomologie des espaces projectifs
$$\begin{aligned}
&H^\bullet(\widetilde{\mathbb{P}}(F)_{I_1,\ldots,I_k}, q_0^*\mathcal{O}(1) \otimes F/F_{I_k}) \\
&\quad \cong H^\bullet\big(\mathbb{P}(F_{I_1}), \mathcal{O}(1)\big) \otimes H^\bullet(\mathbb{P}(F_{I_2}/F_{I_1}), \mathcal{O}) \otimes \cdots \otimes H^\bullet(\mathbb{P}(F/F_{I_k}), \mathcal{O}) \otimes F/F_{I_k} \\
&\quad \cong F_{I_1}^\vee \otimes (F/F_{I_k}) = \mathrm{Hom}(F_{I_1}, F/F_{I_k}).
\end{aligned}$$

Cela termine la démonstration de la proposition 5.18. □

Fin de la démonstration de la proposition 5.17. Il reste seulement à vérifier que, dans le cas où $S' = S$ est un pavé entier de $S^{r,n}$, les deux familles d'isomorphismes qu'on a construits des $H^i_{\mathbb{G}_m^{n+1}}\big(Y_S, \mathcal{E}nd(\mathcal{E})\big)$ et des $H^i(\overline{\widetilde{\mathbb{P}}(\mathcal{E})_S}, T_\mathcal{E})$ sur les groupes de cohomologie du complexe des $\bigoplus_{I_1 \subsetneq \cdots \subsetneq I_k} \mathrm{Hom}(F_{I_1}, F/F_{I_k})$ commutent avec les homomorphismes de restriction
$$H^i_{\mathbb{G}_m^{n+1}}\big(Y_S, \mathcal{E}nd(\mathcal{E})\big) \to H^i(\overline{\widetilde{\mathbb{P}}(\mathcal{E})_S}, T_\mathcal{E}).$$

Comme le carré cartésien
$$\begin{array}{ccc}
\widetilde{\mathbb{P}}(F) & \longrightarrow & \overline{\widetilde{\mathbb{P}}(\mathcal{E})_S} \\
\big\downarrow & \square & \big\downarrow \\
Y^n/\mathbb{G}_m^{n+1} & \longrightarrow & Y_S/\mathbb{G}_m^{n+1}
\end{array}$$
induit des carrés commutatifs
$$\begin{array}{ccc}
H^i(\overline{\widetilde{\mathbb{P}}(\mathcal{E})_S}, T_\mathcal{E}) & \xrightarrow{\sim} & H^i(\widetilde{\mathbb{P}}(F), T_\mathcal{E}) \\
\big\uparrow & & \big\uparrow \\
H^i_{\mathbb{G}_m^{n+1}}\big(Y_S, \mathcal{E}nd(\mathcal{E})\big) & \xrightarrow{\sim} & H^i_{\mathbb{G}_m^{n+1}}\big(Y^n, \mathcal{E}nd(\mathcal{E})\big)
\end{array}$$
où les flèches horizontales sont des isomorphismes, il suffit de le prouver pour les homomorphismes de restriction
$$H^i_{\mathbb{G}_m^{n+1}}\big(Y^n, \mathcal{E}nd(\mathcal{E})\big) \to H^i(\widetilde{\mathbb{P}}(F), T_\mathcal{E}).$$

Les $H^i_{\mathbb{G}_m^{n+1}}\big(Y^n, \mathcal{E}nd(\mathcal{E})\big)$ ont été calculés concrètement en exhibant pour $\mathcal{E}nd(\mathcal{E})$ sur Y^n une résolution par des faisceaux cohérents équivariants acycliques qui sont les

$$\bigoplus_{I_1 \subsetneq \cdots \subsetneq I_k} \mathcal{E}nd(\mathcal{E}) \otimes \mathcal{O}(\partial Y^n)_{I_1,\ldots,I_k}.$$

On remarque que chaque composante $\mathcal{E}nd(\mathcal{E}) \otimes \mathcal{O}(\partial Y^n)_{I_1,\ldots,I_k}$ est de la forme

$$\mathcal{E}^\vee \otimes \mathcal{M}_{I_1,\ldots,I_k}$$

où $\mathcal{M}_{I_1,\ldots,I_k} = \mathcal{E} \otimes \mathcal{O}(\partial Y^n)_{I_1,\ldots,I_k}$ est un module cohérent $\mathbb{G}_m^{n+1}$-équivariant de Y^n sur lequel la diagonale $\mathbb{G}_m \hookrightarrow \mathbb{G}_m^{n+1}$ agit par le caractère $\lambda \to \lambda$.

D'après le lemme 5.13, le fibré $(\mathbb{G}_m^{n+1}/\mathbb{G}_m)$-équivariant $T_\mathcal{E}$ sur la fibration projective $\mathbb{P}(\mathcal{E}) = (\mathcal{E} - \{0\})/\mathbb{G}_m$ au-dessus de Y^n se trouve muni d'une résolution acyclique par les faisceaux équivariants

$$\bigoplus_{I_1 \subsetneq \cdots \subsetneq I_k} T_{\mathcal{M}_{I_1,\ldots,I_k}}$$

et pour toute suite $(I_1 \subsetneq \cdots \subsetneq I_k)$, on a

$$\begin{aligned} H^0_{\mathbb{G}_m^{n+1}/\mathbb{G}_m}(\mathbb{P}(\mathcal{E}), T_{\mathcal{M}_{I_1,\ldots,I_k}}) &\cong H^0_{\mathbb{G}_m^{n+1}}(Y^n, \mathcal{E}nd(\mathcal{E}) \otimes \mathcal{O}(\partial Y^n)_{I_1,\ldots,I_k}) \\ &\cong \mathrm{Hom}(F_{I_1}, F/F_{I_k}). \end{aligned}$$

D'autre part, le schéma projectif $\widetilde{\mathbb{P}}(F)$ est le quotient par l'action libre de $\mathbb{G}_m^{n+1}/\mathbb{G}_m$ d'un certain ouvert invariant $\mathring{\mathbb{P}}(\mathcal{E}) = \mathring{\mathcal{E}}/\mathbb{G}_m$ de $\mathbb{P}(\mathcal{E})$.

Les images réciproques dans $\mathring{\mathbb{P}}(\mathcal{E})$ des faisceaux cohérents de $\widetilde{\mathbb{P}}(F)$ indexés par les suites $(I_1 \subsetneq \cdots \subsetneq I_k)$ de parties minimales de $\{0, \ldots, n\}$

$$q\big(\widetilde{\mathbb{P}}(F)_{I_1,\ldots,I_k}, \mathbb{P}(F_{I_1})\big)^* \mathcal{O}(1) \otimes (F/F_{I_k}) \quad (\text{et } T_F \text{ si } k = 0)$$

sont des faisceaux cohérents $(\mathbb{G}_m^{n+1}/\mathbb{G}_m)$-équivariants

$$\mathcal{F}_{I_1,\ldots,I_k}$$

qui sont acycliques et vérifient

$$H^0_{\mathbb{G}_m^{n+1}/\mathbb{G}_m}(\mathring{\mathbb{P}}(\mathcal{E}), \mathcal{F}_{I_1,\ldots,I_k}) \cong \mathrm{Hom}(F_{I_1}, F/F_{I_k}).$$

Le complexe des

$$\bigoplus_{I_1 \subsetneq \cdots \subsetneq I_k} \mathcal{F}_{I_1,\ldots,I_k}$$

constitue une résolution équivariante de la restriction $T_{\mathcal{E}|\mathring{\mathbb{P}}(\mathcal{E})}$ de $T_\mathcal{E}$ à l'ouvert $\mathring{\mathbb{P}}(\mathcal{E})$ de $\mathbb{P}(\mathcal{E})$.

Sur cet ouvert, $T_{\mathcal{E}|\mathring{\mathbb{P}}(\mathcal{E})}$ admet aussi une résolution par les restrictions

$$\bigoplus_{I_1 \subsetneq \cdots \subsetneq I_k} T_{\mathcal{M}_{I_1,\ldots,I_k}|\mathring{\mathbb{P}}(\mathcal{E})}$$

et on remarque qu'une telle restriction $T_{\mathcal{M}_{I_1,\ldots,I_k}|\mathring{\mathbb{P}}(\mathcal{E})}$ n'est non nulle que si les parties $I_1, \ldots, I_k$ sont toutes minimales.

Comme sur $\widetilde{\mathbb{P}}(F)$ on a l'encadrement

$$\widetilde{T}_F \hookrightarrow T_F \hookrightarrow \widetilde{T}_F \otimes \mathcal{O}\big(\partial\widetilde{\mathbb{P}}(F)\big),$$

on a sur $\mathring{\mathbb{P}}(\mathcal{E})$ des homomorphismes naturels

$$\mathcal{F}_{I_1,\ldots,I_k} \to T_{\mathcal{M}_{I_1,\ldots,I_k}|\mathring{\mathbb{P}}(\mathcal{E})}$$

qui font commuter les diagrammes

$$\begin{array}{ccc} \operatorname{Hom}(F_{I_1}, F/F_{I_k}) & \xrightarrow{\sim} & H^0_{\mathbb{G}_m^{n+1}/\mathbb{G}_m}(\mathbb{P}(\mathcal{E}), T_{\mathcal{M}_{I_1,\dots,I_k}}) \\ \downarrow \wr & & \downarrow \\ H^0_{\mathbb{G}_m^{n+1}/\mathbb{G}_m}(\mathring{\mathbb{P}}(\mathcal{E}), \mathcal{F}_{I_1,\dots,I_k}) & \longrightarrow & H^0_{\mathbb{G}_m^{n+1}/\mathbb{G}_m}(\mathring{\mathbb{P}}(\mathcal{E}), T_{\mathcal{M}_{I_1,\dots,I_k}|\mathring{\mathbb{P}}(\mathcal{E})}) \end{array}$$

et qui définissent un homomorphisme entre les deux résolutions de $T_{\mathcal{E}|\mathring{\mathbb{P}}(\mathcal{E})}$ qu'on note $\mathcal{F}^\bullet$ et $T_{\mathcal{M}^\bullet|\mathring{\mathbb{P}}(\mathcal{E})}$.

La résolution $\mathcal{F}^\bullet$ est composée de faisceaux acycliques, la résolution $T_{\mathcal{M}^\bullet|\mathring{\mathbb{P}}(\mathcal{E})}$ ne l'est pas a priori mais il existe certainement une autre résolution équivariante acyclique $\mathcal{F}'^\bullet$ de $T_{\mathcal{E}|\mathring{\mathbb{P}}(\mathcal{E})}$ avec un homomorphisme de résolutions

$$T_{\mathcal{M}^\bullet|\mathring{\mathbb{P}}(\mathcal{E})} \to \mathcal{F}'^\bullet.$$

L'homomorphisme composé

$$\mathcal{F}^\bullet \to T_{\mathcal{M}^\bullet|\mathring{\mathbb{P}}(\mathcal{E})} \to \mathcal{F}'^\bullet$$

induit nécessairement un quasi-isomorphisme

$$H^0_{\mathbb{G}_m^{n+1}/\mathbb{G}_m}(\mathring{\mathbb{P}}(\mathcal{E}), \mathcal{F}^\bullet) \to H^0_{\mathbb{G}_m^{n+1}/\mathbb{G}_m}(\mathring{\mathbb{P}}(\mathcal{E}), \mathcal{F}'^\bullet)$$

et cela prouve ce qu'on voulait.

On a terminé la démonstration de la proposition 5.17 et donc du théorème 5.15. □

Pour être complet et bien que cela ne soit pas nécessaire pour la suite, montrons encore :

LEMME 5.21. *Sous les hypothèses de la proposition* 5.18, *les espaces de cohomologie*

$$H^i_{\mathbb{G}_m^{n+1}}(Y_S, \mathcal{E}nd(\mathcal{E})) \cong H^i_{\mathbb{G}_m^{n+1}}(Y_S - \Delta Y_S, \mathcal{E}nd(\mathcal{E})) \cong H^i(\overline{\widetilde{\mathbb{P}}(\mathcal{E})_S}, T_\mathcal{E})$$

s'identifient également aux groupes de cohomologie du complexe dont la composante de degré k, $0 \leq k \leq n$, *est*

$$\bigoplus_{\substack{I_1 \subsetneq \cdots \subsetneq I_{k'} \subsetneq \{0,\dots,n\} \\ k'=n-k}} \operatorname{End}_{F_{I_1},\dots,F_{I_{k'}}}(F)$$

où, pour toute suite $(I_1 \subsetneq \cdots \subsetneq I_{k'})$ *de parties non triviales de* $\{0,\dots,n\}$, $\operatorname{End}_{F_{I_1},\dots,F_{I_{k'}}}(F)$ *désigne l'espace des endomorphismes de* F *qui respectent la filtration* $F_{I_1} \subseteq \cdots \subseteq F_{I_{k'}} \subseteq F$.

DÉMONSTRATION. C'est un calcul de cohomologie de Čech.

D'après le lemme 5.7, on a des isomorphismes

$$H^i_{\mathbb{G}_m^{n+1}}(Y_S, \mathcal{E}nd(\mathcal{E})) \xrightarrow{\sim} H^i_{\mathbb{G}_m^{n+1}}(Y^n, \mathcal{E}nd(\mathcal{E}))$$

et on peut travailler sur la résolution Y^n de Y_S.

Pour toute suite $I_1 \subsetneq \cdots \subsetneq I_{k'}$, notons $U_{I_1,\dots,I_{k'}}$ le plus petit ouvert invariant de la variété torique Y^n qui contient l'orbite $Y^n_{I_1,\dots,I_{k'}}$ et notons $u_{I_1,\dots,I_{k'}}$ son immersion ouverte dans Y^n.

Sur Y^n, le complexe

$$\bigoplus_{\substack{I_1 \subsetneq \cdots \subsetneq I_{k'} \subsetneq \{0,\ldots,n\} \\ k'=n-k}} (u_{I_1,\ldots,I_{k'}})_* (u_{I_1,\ldots,I_{k'}})^* \mathcal{E}nd(\mathcal{E})$$

fournit une résolution de $\mathcal{E}nd(\mathcal{E})$ par des modules quasi cohérents et équivariants. Ces modules sont acycliques car tous les ouverts $U_{I_1,\ldots,I_{k'}}$ sont affines.

Comme on a vu dans la démonstration de la proposition 5.18(i), chaque ouvert $U_{I_1,\ldots,I_{k'}}$ est de la forme

$$U_{I_1,\ldots,I_{k'}} \cong Y^n_{I_1,\ldots,I_{k'}} \times \mathbb{A}\left[\frac{\lambda_0}{\lambda_1}, \ldots, \frac{\lambda_{k'-1}}{\lambda_{k'}}\right]$$

et la fibre de $\mathcal{E}nd(\mathcal{E})$ en le point distingué de l'orbite $Y^n_{I_1,\ldots,I_k}$ s'identifie à la somme directe

$$\bigoplus_{0 \leq i,j < k'} \operatorname{Hom}(F_{I_{i+1}}/F_{I_i}, F_{I_{j+1}}/F_{I_j})$$

(en notant $F_{I_0} = 0$ et $F_{I_{k'+1}} = F$) où le fixateur $\mathbb{G}_m^{k'+1}$ agit sur le facteur d'indice (i,j) par le caractère

$$(\lambda_0, \lambda_1, \ldots, \lambda_{k'}) \mapsto \lambda_j \lambda_i^{-1}.$$

On en déduit

$$H^0_{\mathbb{G}_m^{n+1}}\big(U_{I_1,\ldots,I_{k'}}, \mathcal{E}nd(\mathcal{E})\big) \cong \operatorname{End}_{F_{I_1},\ldots,F_{I_{k'}}}(F)$$

et cela démontre le lemme. □

Remarque. Comme Ofer Gabber l'a montré à l'auteur, il est possible de prouver directement que les deux complexes

$$k \mapsto \bigoplus_{I_1 \subsetneq \cdots \subsetneq I_k \subsetneq \{0,\ldots,n\}} \operatorname{Hom}(F_{I_1}, F/F_{I_k})$$

et

$$k \mapsto \bigoplus_{\substack{I_1 \subsetneq \cdots \subsetneq I_{k'} \subsetneq \{0,\ldots,n\} \\ k'=n-k}} \operatorname{End}_{F_{I_1},\ldots,F_{I_{k'}}}(F)$$

sont quasi isomorphes. Il suffit de remplacer dans le second complexe chaque espace $\operatorname{End}_{F_{I_1},\ldots,F_{I_{k'}}}(F)$ par sa résolution

$$\ell \mapsto \bigoplus_{1 \leq i_1 < \cdots < i_\ell \leq k'} \operatorname{Hom}(F_{I_{i_1}}, F/F_{I_{i_\ell}})$$

puis de simplifier ce qui peut l'être dans le complexe double obtenu.

5.6. Fibrés inversibles sur la fibration projective canonique

On considère encore un convexe entier S de $S^{r,n}$ qui n'est contenu dans aucune face et un point du champ $\mathcal{V}ec^{r,S}$ à valeurs dans un schéma X arbitraire.

Ce point consiste en un morphisme $X \to \mathcal{A}^S/\widetilde{\mathcal{A}}^S_\varnothing$ et en un fibré $\mathcal{E}$ localement libre de rang r et équivariant qui vérifie un certain nombre de conditions ouvertes, sur le produit fibré $\widetilde{X} = X \times_{\mathcal{A}^S/\widetilde{\mathcal{A}}^S_\varnothing} \widetilde{\mathcal{A}}^S/\widetilde{\mathcal{A}}^S_\varnothing$ muni de l'action naturelle de $\mathbb{G}_m^{n+1}$.

On a défini dans $\mathcal{E}$ vu comme schéma affine sur $\widetilde{X}$ un ouvert invariant $\mathring{\mathcal{E}}$ sur lequel $\mathbb{G}_m^{n+1}$ agit librement et on a posé

$$\widetilde{\mathbb{P}}(\mathcal{E}) = \mathring{\mathcal{E}}/\mathbb{G}_m^{n+1}.$$

C'est un schéma projectif et plat sur X dont le morphisme de projection $p_X : \widetilde{\mathbb{P}}(\mathcal{E}) \to X$ se relève en un morphisme lisse de dimension relative r

$$\widetilde{\mathbb{P}}(\mathcal{E}) \to \widetilde{X}/\mathbb{G}_m^{n+1}.$$

Montrons :

PROPOSITION 5.22. *Pour tout point $\mathcal{E}$ du champ $\mathcal{V}ec^{r,S}$ à valeurs dans un schéma X comme ci-dessus, la cohomologie au-dessus de X du faisceau de structure $\mathcal{O}_{\widetilde{\mathbb{P}}(\mathcal{E})}$ de la fibration projective $\widetilde{\mathbb{P}}(\mathcal{E})$ est triviale au sens que*

$$\mathcal{O}_X \to (p_X)_* \mathcal{O}_{\widetilde{\mathbb{P}}(\mathcal{E})}$$

est un isomorphisme et que

$$R^i(p_X)_* \mathcal{O}_{\widetilde{\mathbb{P}}(\mathcal{E})} = 0, \quad \forall i \geq 1.$$

DÉMONSTRATION. Comme la fibration $\widetilde{\mathbb{P}}(\mathcal{E})$ est projective et plate au-dessus de X, il suffit de traiter le cas où X est un point c'est-à-dire le spectre d'un corps K. Alors X s'envoie sur un point du champ $\mathcal{A}^S/\widetilde{\mathcal{A}}^S_\varnothing$ qui correspond à un certain pavage entier convexe $\underline{S}$ du convexe entier S et on peut supposer que $\mathcal{E}$ est un fibré $\mathbb{G}_m^{n+1}$-équivariant sur la fibre $Y_{\underline{S}} = \widetilde{\mathcal{A}}^S \times_{\mathcal{A}^S} \alpha_{\underline{S}}$ de la variété torique $\widetilde{\mathcal{A}}^S$ au-dessus du point distingué $\alpha_{\underline{S}}$ de $\mathcal{A}^S$.

On a déjà décrit au paragraphe 5.3 la géométrie du schéma $\widetilde{\mathbb{P}}(\mathcal{E})$ géométriquement réduit et projectif sur K. Il est réunion de strates localement fermées $\widetilde{\mathbb{P}}(\mathcal{E})_{S'}$, indexées par les facettes S' du pavage $\underline{S}$ qui ne sont contenues dans aucune face de $S^{r,n}$ et l'adhérence schématique $\overline{\widetilde{\mathbb{P}}(\mathcal{E})_{S'}}$ d'une telle strate est la réunion des strates $\widetilde{\mathbb{P}}(\mathcal{E})_{S''}$ associées aux facettes S'' qui sont des faces de S'.

Supposons que pour toute facette S' de $\underline{S}$ qui n'est pas contenue dans l'intersection ΔS de S avec la réunion des faces de $S^{r,n}$, on sache que

$$(1) \qquad \begin{cases} H^0(\overline{\widetilde{\mathbb{P}}(\mathcal{E})_{S'}}, \mathcal{O}) = K, \\ \text{et } H^i(\overline{\widetilde{\mathbb{P}}(\mathcal{E})_{S'}}, \mathcal{O}) = 0 \quad \text{si } i \geq 1. \end{cases}$$

On en déduit que les $H^i(\widetilde{\mathbb{P}}(\mathcal{E}), \mathcal{O})$, $i \geq 0$, s'identifient aux groupes d'homologie singulière à coefficients dans K du polyèdre réel convexe $S_\mathbb{R}$ privé de son intersection $\Delta S_\mathbb{R}$ avec les faces de $S_\mathbb{R}^{r,n}$. Comme $S_\mathbb{R} - \Delta S_\mathbb{R}$ est homotope à un point, ces groupes d'homologie valent K en degré 0 et 0 en les degrés $i \geq 1$.

On est donc réduit à démontrer (1). Notant p la codimension de S' dans $S^{r,n}$, on a les décompositions canoniques

$$\{0, \ldots, n\} = \coprod_{i=0}^{p} J_i \quad \text{avec } |J_i| = n_i + 1,$$

$$r = r_0 + \cdots + r_p \quad \text{avec } r_i = d_{J_i}^{S'},$$

$$S' = S'_0 \times \cdots \times S'_p,$$

où chaque S'_i est un pavé entier dans $S^{r_i,n_i} = \{(i_\alpha)_{\alpha \in J_i} \in \mathbb{N}^{J_i} \mid \sum_{\alpha \in J_i} i_\alpha = r_i\}$. Le produit $Y^{\underline{n}} = Y^{n_0} \times \cdots \times Y^{n_p}$ est une résolution $\mathbb{G}_m^{n+1}$-équivariante de la variété torique $Y_{S'} \cong Y_{S'_0} \times \cdots \times Y_{S'_p}$ et d'après la proposition 5.10(ii), le produit fibré

$$\overline{\widetilde{\mathbb{P}}(\mathcal{E})_{S'}} \times_{Y_{S'}/\mathbb{G}_m^{n+1}} Y^{\underline{n}}/\mathbb{G}_m^{n+1}$$

s'identifie au produit

$$\widetilde{\mathbb{P}}(F^0_{S'}) \times \cdots \times \widetilde{\mathbb{P}}(F^p_{S'})$$

où $F_{S'} = F^0_{S'} \oplus \cdots \oplus F^p_{S'}$ est la décomposition canonique de la fibre $F_{S'}$ de $\mathcal{E}$ au point distingué $\alpha_{\underline{S},S'}$ de $\mathring{Y}_{S'} \hookrightarrow Y_{S'} \hookrightarrow Y_{\underline{S}}$.

D'après le corollaire 5.8 et la formule de Künneth, on a un isomorphisme

$$H^\bullet(\overline{\widetilde{\mathbb{P}}(\mathcal{E})_{S'}}, \mathcal{O}) \cong H^\bullet(\widetilde{\mathbb{P}}(F^0_{S'}), \mathcal{O}) \otimes \cdots \otimes H^\bullet(\widetilde{\mathbb{P}}(F^p_{S'}), \mathcal{O})$$

tandis que d'après le lemme 5.12 on a des isomorphismes

$$H^\bullet(\mathbb{P}(F^i_{S'}), \mathcal{O}) \xrightarrow{\sim} H^\bullet(\widetilde{\mathbb{P}}(F^i_{S'}), \mathcal{O}), \quad 0 \leq i \leq p,$$

et la proposition résulte des formules connues pour la cohomologie des espaces projectifs

$$H^0(\mathbb{P}(F^i_{S'}), \mathcal{O}) = K,$$

et

$$H^i(\mathbb{P}(F^i_{S'}), \mathcal{O}) = 0 \quad \text{si } i \geq 1.$$

□

La proposition 5.22 permet d'appliquer aux fibrations $\widetilde{\mathbb{P}}(\mathcal{E}) \to X$ toutes les conclusions de la proposition générale suivante :

PROPOSITION 5.23. *Soit $p\colon P \to X$ un morphisme projectif et plat entre deux schémas.*

(i) *Supposons que pour tout changement de base $X' \to X$ l'homomorphisme naturel*

$$\mathcal{O}_{X'} \to p_*(\mathcal{O}_{P \times_X X'})$$

soit un isomorphisme.

Alors le champ $\mathcal{P}ic_{P/X}$ qui associe à tout schéma X' sur X le groupoïde des fibrés inversibles sur $P \times_X X'$ est algébrique au sens d'Artin et localement de type fini sur X.

Il admet un espace de modules grossier $\mathrm{Pic}_{P/X}$ qui représente le faisceau associé au préfaisceau des classes d'isomorphie de fibrés inversibles. C'est un espace algébrique en groupes commutatifs sur X qui est localement de type fini. Sa fibre en tout point x de X est l'extension d'un groupe commutatif discret engendré par un nombre fini d'éléments par un schéma en groupes commutatifs connexe et de type fini.

(ii) *Supposons de plus qu'en tout point x de X, la fibre $P_x = P \times_X x$ de P vérifie*

$$H^2(P_x, \mathcal{O}) = 0.$$

Alors le champ $\mathcal{P}ic_{P/X}$ et l'espace algébrique $\mathrm{Pic}_{P/X}$ sont lisses sur X.

(iii) *Supposons enfin qu'en tout point x de X, on ait à la fois*

$$H^1(P_x, \mathcal{O}) = 0 \quad \text{et} \quad H^2(P_x, \mathcal{O}) = 0.$$

Alors $\mathrm{Pic}_{P/X}$ est un groupe commutatif discret (engendré par un nombre fini d'éléments) localement constant sur X.

DÉMONSTRATION. (i) La première assertion est un cas particulier du théorème 4.6.2.1 du livre [Laumon et Moret-Bailly, 2000]. Le champ $\mathcal{P}ic_{P/X}$ a un espace grossier associé $\mathrm{Pic}_{P/X}$ d'après le corollaire 10.8 de ce livre car le schéma en groupes des automorphismes de n'importe quel point de $\mathcal{P}ic_{P/X}$ est égal à $\mathbb{G}_m$. Enfin, en tout point x de X, le groupe des composantes connexes de la fibre de $\mathrm{Pic}_{P/X}$ est engendré par un nombre fini d'éléments d'après le théorème de Néron-Severi (voir par exemple [Berthelot, Grothendieck et Illusie, 1971, exposé XIII, théorème 5.1]).

(ii) Si $H^2(P_x, \mathcal{O}) = 0$ en tout point x de X, il n'y a jamais d'obstruction à relever les points infinitésimaux du champ $\mathcal{P}ic_{P/X}$ ce qui signifie que celui-ci est formellement lisse.

(iii) Si $H^1(P_x, \mathcal{O}) = 0$, la composante neutre de la fibre de $\mathrm{Pic}_{P/X}$ en x n'a pas d'algèbre de Lie et elle est triviale. □

Revenant à notre fibration $\widetilde{\mathbb{P}}(\mathcal{E}) \to X$ associée au point $\mathcal{E} \in \mathcal{V}ec^{r,S}(X)$, il résulte des deux propositions précédentes que le groupe de Picard relatif $\mathrm{Pic}_{\widetilde{\mathbb{P}}(\mathcal{E})/X}$ est un groupe commutatif discret engendré par un nombre fini d'éléments et localement constant sur X.

On peut se demander quels éléments de $\mathrm{Pic}_{\widetilde{\mathbb{P}}(\mathcal{E})/X}$ on connaît.

Tout d'abord, rappelons que, d'après la proposition 4.18, sont canoniquement associés à $\mathcal{E}$ des fibrés $\mathcal{E}_\alpha$, $0 \leq \alpha \leq n$, localement constants de rangs $r_\alpha = r - d^S_{\{0,\ldots,n\}-\{\alpha\}}$ sur X et un homomorphisme $\mathbb{G}_m^{n+1}$-équivariant sur $\widetilde{X}$

$$\mathcal{E} \to (\mathcal{E}_0 \times_X \cdots \times_X \mathcal{E}_n) \times_X \widetilde{X}$$

qui est un plongement par définition de $\mathcal{V}ec^{r,S}$ comme sous-champ ouvert de $\overline{\mathcal{V}ec}^{r,S}$. L'ouvert $\mathring{\mathcal{E}}$ de $\mathcal{E}$ est l'image réciproque de $(\mathcal{E}_0 - \{0\}) \times_X \cdots \times_X (\mathcal{E}_n - \{0\})$, et en passant au quotient par l'action libre de $\mathbb{G}_m^{n+1}$ on obtient $n+1$ morphismes

$$\widetilde{\mathbb{P}}(\mathcal{E}) \to \mathbb{P}(\mathcal{E}_\alpha), \quad 0 \leq \alpha \leq n,$$

sur les fibrés projectifs $\mathbb{P}(\mathcal{E}_\alpha)$ sur X. Ceux-ci sont munis des fibrés inversibles $\mathcal{O}(k)$, $k \in \mathbb{Z}$, et on peut noter $\mathcal{O}_\alpha(k)$, $0 \leq \alpha \leq n$, leurs images réciproques sur $\widetilde{\mathbb{P}}(\mathcal{E})$. Bien sûr, dans le cas des espaces de configurations tous les rangs r_α valent 1 et tous les fibrés $\mathcal{O}_\alpha(k)$ sont triviaux mais quand $r_\alpha \geq 2$, les fibrés $\mathcal{O}_\alpha(k)$, $k \neq 0$, sont non triviaux.

D'autre part, on a le morphisme lisse de structure

$$\widetilde{\mathbb{P}}(\mathcal{E}) \to \widetilde{X}/\mathbb{G}_m^{n+1}$$

où on a noté $\widetilde{X} = X \times_{\mathcal{A}^S/\widetilde{\mathcal{A}}^S_\varnothing} \widetilde{\mathcal{A}}^S/\widetilde{\mathcal{A}}^S_\varnothing$. D'après la proposition 4.3, on a une immersion fermée

$$\widetilde{\mathcal{A}}^S \hookrightarrow \mathcal{A}^S \times \mathbb{P}\big((\mathbb{A}^1)^S\big)$$

qui est équivariante relativement aux actions de $\mathbb{G}_m^S$ et donc aussi de $\mathbb{G}_m^{n+1}$ puisque $\mathbb{G}_m^{n+1}$ agit via l'homomorphisme

$$\begin{aligned} \mathbb{G}_m^{n+1} &\to \mathbb{G}_m^S \\ (\lambda_0, \ldots, \lambda_n) &\mapsto (\lambda_0^{i_0} \ldots \lambda_n^{i_n})_{(i_0,\ldots,i_n)=\underline{i}\in S}. \end{aligned}$$

Les fibrés inversibles $\mathcal{O}(k)$, $k \in \mathbb{Z}$, sur $\mathbb{P}\big((\mathbb{A}^1)^S\big)$ sont munis d'actions naturelles de $\mathbb{G}_m^S$ et $\mathbb{G}_m^{n+1}$ qui relèvent celles sur $\mathbb{P}\big((\mathbb{A}^1)^S\big)$ et il en est de même de leurs images réciproques sur $\widetilde{\mathcal{A}}^S$. Pour tout choix d'un scindage de la suite exacte

$$1 \to \mathbb{G}_m \to \mathbb{G}_m^S \to \mathbb{G}_m^S/\mathbb{G}_m = \widetilde{\mathcal{A}}_\varnothing^S \to 1,$$

le passage au quotient par les actions induites de $\widetilde{\mathcal{A}}_\varnothing^S$ définit des fibrés inversibles sur $\widetilde{X}/\mathbb{G}_m^{n+1}$ puis $\widetilde{\mathbb{P}}(\mathcal{E})$ qu'on note $\widetilde{\mathcal{O}}(k)$.

Enfin, le fibré tangent $\widetilde{T}_\mathcal{E}$ au morphisme lisse

$$\widetilde{\mathbb{P}}(\mathcal{E}) \to \widetilde{X}/\mathbb{G}_m^{n+1}$$

est localement libre de rang r sur $\widetilde{\mathbb{P}}(\mathcal{E})$ et on peut considérer le fibré inversible dual de son fibré déterminant

$$\widetilde{\omega}_\mathcal{E} = (\Lambda^r \widetilde{T}_\mathcal{E})^\vee.$$

Toutefois, $\widetilde{\omega}_\mathcal{E}$ définit le même point de $\mathrm{Pic}_{\widetilde{\mathbb{P}}(\mathcal{E})/X}$ que le fibré inversible $\widetilde{\mathcal{O}}(1)$:

LEMME 5.24. *Pour tout point $\mathcal{E}$ du champ $\mathcal{V}ec^{r,S}$ à valeurs dans un schéma X, les fibrés inversibles $\widetilde{\omega}_\mathcal{E}$ et $\widetilde{\mathcal{O}}(1)$ sur $\widetilde{\mathbb{P}}(\mathcal{E})$ sont isomorphes localement sur X pour la topologie de Zariski.*

DÉMONSTRATION. Le fibré $\Lambda^r \widetilde{T}_\mathcal{E}$ s'identifie à l'image réciproque par le morphisme $\widetilde{\mathbb{P}}(\mathcal{E}) \to \widetilde{X}/\mathbb{G}_m^{n+1}$ du quotient par $\mathbb{G}_m^{n+1}$ du fibré inversible $\det(\mathcal{E})$ sur $\widetilde{X}$.

Il s'agit donc de prouver que les deux fibrés inversibles $\mathbb{G}_m^{n+1}$-équivariants $\det(\mathcal{E})$ et $\widetilde{\mathcal{O}}(-1)$ sur $\widetilde{X}$ sont isomorphes localement sur X pour la topologie de Zariski. Or ceci a déjà été vu au cours de la démonstration du théorème 4.22 :

On remarque que si x est un point de X et $\underline{S}$ le pavage correspondant de S avec donc

$$\widetilde{X} \times_X x \cong \widetilde{\mathcal{A}}^S \times_{\mathcal{A}^S} \alpha_{\underline{S}} = Y_{\underline{S}} \hookrightarrow \mathbb{P}\big((\mathbb{A}^1)^S\big),$$

et si $\underline{i} = (i_0, \ldots, i_n) \in S$ est un sommet du pavage $\underline{S}$, l'action du tore $\mathbb{G}_m^{n+1}$ sur les fibres de $\det(\mathcal{E})$ et de $\widetilde{\mathcal{O}}(-1)$ au point distingué $\alpha_{\underline{S},\underline{i}}$ de $Y_{\underline{S}}$ est donnée par le même caractère

$$(\lambda_0, \ldots, \lambda_n) \mapsto \lambda_0^{i_0} \ldots \lambda_n^{i_n}.$$

Et on conclut d'après le lemme 4.12. □

On a déjà vu que le morphisme plat de projection

$$\widetilde{\mathbb{P}}(\mathcal{E}) \to X$$

est projectif. Il est facile d'exhiber sur $\widetilde{\mathbb{P}}(\mathcal{E})$ un fibré inversible universel très ample relativement à ce morphisme :

LEMME 5.25. *Pour tout point $\mathcal{E}$ de $\mathcal{V}ec^{r,S}$ à valeurs dans un schéma X, le fibré inversible sur $\widetilde{\mathbb{P}}(\mathcal{E})$*

$$\widetilde{\mathcal{O}}(1) \otimes \bigotimes_{\alpha=0}^{n} \mathcal{O}_\alpha(r_\alpha + 1)$$

(où $r_\alpha = r - d^S_{\{0,\ldots,n\}-\{\alpha\}}$, $0 \leq \alpha \leq n$) est très ample relativement au morphisme

$$\widetilde{\mathbb{P}}(\mathcal{E}) \to X.$$

Démonstration. Le morphisme $\widetilde{\mathbb{P}}(\mathcal{E}) \to X$ se factorise en

$$\widetilde{\mathbb{P}}(\mathcal{E}) \to \mathbb{P}(\mathcal{E}_0) \times_X \cdots \times_X \mathbb{P}(\mathcal{E}_n) \to X$$

où $\mathcal{E}_0, \ldots, \mathcal{E}_n$ sont les fibrés localement libres de rangs $r_0, \ldots, r_n$ sur X associés à $\mathcal{E}$.

Le premier morphisme en facteur est le quotient par l'action libre de $\mathbb{G}_m^{n+1}$ de

$$\mathring{\mathcal{E}} \to (\mathcal{E}_0 - \{0\}) \times_X \cdots \times_X (\mathcal{E}_n - \{0\})$$

qui s'écrit comme le composé de l'immersion fermée

$$\begin{aligned}\mathring{\mathcal{E}} &\hookrightarrow (\mathcal{E}_0 - \{0\}) \times_X \cdots \times_X (\mathcal{E}_n - \{0\}) \times_X \widetilde{X} \\ &\qquad = (\mathcal{E}_0 - \{0\}) \times_X \cdots \times_X (\mathcal{E}_n - \{0\}) \times_{\mathcal{A}^S/\widetilde{\mathcal{A}}^S_\varnothing} \widetilde{\mathcal{A}}^S/\widetilde{\mathcal{A}}^S_\varnothing \\ &\hookrightarrow (\mathcal{E}_0 - \{0\}) \times_X \cdots \times_X (\mathcal{E}_n - \{0\}) \times_{\mathcal{A}^S/\widetilde{\mathcal{A}}^S_\varnothing} (\mathcal{A}^S \times \mathbb{P}((\mathbb{A}^1)^S)/\widetilde{\mathcal{A}}^S_\varnothing\end{aligned}$$

et de l'oubli du facteur $\mathbb{P}\big((\mathbb{A}^1)^S\big)$. Le fibré inversible équivariant $\widetilde{\mathcal{O}}(1)$ sur $\mathring{\mathcal{E}}$ est donc très ample relativement au morphisme

$$\mathring{\mathcal{E}} \to \mathcal{E}_0 - \{0\} \times_X \cdots \times_X \mathcal{E}_n - \{0\}.$$

Le morphisme $\mathring{\mathcal{E}} \to \mathbb{P}\big((\mathbb{A}^1)^S\big)$ est défini par la famille de sections de $\widetilde{\mathcal{O}}(1)$ fournies par les coordonnées $X_{\underline{i}}$ de $(\mathbb{A}^1)^S$ indexées par les points $\underline{i}$ de S. Pour tout tel point $\underline{i} = (i_0, \ldots, i_n) \in S$, le tore $\mathbb{G}_m^{n+1}$ agit sur la section $X_{\underline{i}}$ par le caractère

$$(\lambda_0, \ldots, \lambda_n) \mapsto \lambda_0^{i_0} \ldots \lambda_n^{i_n}.$$

Si donc on choisit localement sur X des sections non nulles $e_0^\vee, \ldots, e_n^\vee$ des fibrés $\operatorname{Sym}^{i_0} \mathcal{E}_0^\vee, \ldots, \operatorname{Sym}^{i_n} \mathcal{E}_n^\vee$, le produit

$$\mathring{\mathcal{E}} \ni e \mapsto \frac{1}{e_0^\vee(e)} \cdots \frac{1}{e_n^\vee(e)} X_{\underline{i}}(e)$$

définit une section rationnelle de $\widetilde{\mathcal{O}}(1)$ sur $\mathring{\mathcal{E}}$ qui est invariante par $\mathbb{G}_m^{n+1}$, c'est-à-dire une section rationnelle notée $X_{\underline{i}}/(e_0^\vee \ldots e_n^\vee)$ de $\widetilde{\mathcal{O}}(1)$ sur $\widetilde{\mathbb{P}}(\mathcal{E})$. Les éléments $e_0^\vee, \ldots, e_n^\vee$ peuvent aussi être vus comme des sections invariantes des fibrés $\mathcal{O}_0(i_0)$, $\ldots, \mathcal{O}_n(i_n)$ et le produit tensoriel

$$\frac{X_{\underline{i}}}{e_0^\vee \ldots e_n^\vee} \otimes (e_0^\vee \otimes \cdots \otimes e_n^\vee)$$

est une section partout définie du fibré inversible $\widetilde{\mathcal{O}}(1) \otimes \big(\mathcal{O}_0(i_0) \otimes \cdots \otimes \mathcal{O}_n(i_n)\big)$ sur $\widetilde{\mathbb{P}}(\mathcal{E})$. Comme $\underline{i} = (i_0, \ldots, i_n)$ est un point de S, on a nécessairement

$$i_0 \leq r_0, \quad \ldots, \quad i_n \leq r_n,$$

et tout choix de nouvelles sections $e_0'^\vee, \ldots, e_n'^\vee$ de $\operatorname{Sym}^{r_0 - i_0} \mathcal{E}_0^\vee, \ldots, \operatorname{Sym}^{r_n - i_n} \mathcal{E}_n^\vee$ localement sur X définit une section globale

$$\frac{X_{\underline{i}}}{e_0^\vee \ldots e_n^\vee} \otimes \big((e_0^\vee \otimes e_0'^\vee) \otimes \cdots \otimes (e_n^\vee \otimes e_n'^\vee)\big)$$

de $\widetilde{\mathcal{O}}(1) \otimes \big(\mathcal{O}_0(r_0) \otimes \cdots \otimes \mathcal{O}_n(r_n)\big)$ sur $\widetilde{\mathbb{P}}(\mathcal{E})$.

Pour tout point de $\mathbb{P}(\mathcal{E}_0) \times_X \cdots \times_X \mathbb{P}(\mathcal{E}_n)$, on a pu choisir les sections $e_0^\vee, \ldots, e_n^\vee$ et $e_0'^\vee, \ldots, e_n'^\vee$ ne s'annulant pas en ce point et cela signifie que localement sur X le fibré inversible sur $\widetilde{\mathbb{P}}(\mathcal{E})$

$$\widetilde{\mathcal{O}}(1) \otimes \bigotimes_{\alpha=0}^{n} \mathcal{O}_\alpha(r_\alpha)$$

a suffisamment de sections globales pour définir un plongement dans le produit de $\mathbb{P}(\mathcal{E}_0) \times_X \cdots \times_X \mathbb{P}(\mathcal{E}_n)$ et d'un espace projectif.

On conclut que le produit tensoriel

$$\left[\widetilde{\mathcal{O}}(1) \otimes \bigotimes_{\alpha=0}^{n} \mathcal{O}_\alpha(r_\alpha)\right] \otimes \left[\bigotimes_{\alpha=0}^{n} \mathcal{O}_\alpha(1)\right]$$

est très ample relativement au morphisme

$$\widetilde{\mathbb{P}}(\mathcal{E}) \to X. \qquad \square$$

Dans le cas des espaces de configurations où tous les r_α, $0 \leq \alpha \leq n$, valent 1, la démonstration ci-dessus se réduit à dire que le quotient par les actions libres de $\mathbb{G}_m^{n+1}$ de l'immersion fermée

$$\mathring{\mathcal{E}} \hookrightarrow (\mathcal{E}_0 - \{0\}) \times_X \cdots \times_X (\mathcal{E}_n - \{0\}) \times_X \widetilde{X}$$

est une immersion fermée

$$\widetilde{\mathbb{P}}(\mathcal{E}) \hookrightarrow \widetilde{X}$$

qu'on peut composer avec l'immersion fermée

$$\widetilde{X} = X \times_{\mathcal{A}^S/\widetilde{\mathcal{A}}_\varnothing^S} \widetilde{\mathcal{A}}^S/\widetilde{\mathcal{A}}_\varnothing^S \hookrightarrow X \times_{\mathcal{A}^S/\widetilde{\mathcal{A}}_\varnothing^S} \left[\mathcal{A}^S \times \mathbb{P}\big((\mathbb{A}^1)^S\big)\right]/\widetilde{\mathcal{A}}_\varnothing^S$$

pour conclure que le fibré inversible $\widetilde{\mathcal{O}}(1)$ sur $\widetilde{\mathbb{P}}(\mathcal{E})$ est très ample relativement à X.

5.7. Universalité de la fibration projective canonique

Pour tout schéma X muni d'un morphisme $X \to \mathcal{A}^S/\widetilde{\mathcal{A}}_\varnothing^S$, on a noté $\widetilde{X} = X \times_{\mathcal{A}^S/\widetilde{\mathcal{A}}_\varnothing^S} \widetilde{\mathcal{A}}^S/\widetilde{\mathcal{A}}_\varnothing^S$. C'est une fibration projective et plate sur X, munie d'une action du tore $\mathbb{G}_m^{n+1}$ et dont les fibres sont géométriquement réduites et ne comptent qu'un nombre fini d'orbites sous l'action de $\mathbb{G}_m^{n+1}$.

On a vu qu'à tout point $\mathcal{E}$ du champ $\mathcal{V}ec^{r,S}$ à valeurs dans un schéma arbitraire X est associée une fibration propre et plate $\widetilde{\mathbb{P}}(\mathcal{E}) \to X$ munie d'un morphisme lisse de dimension relative r

$$\widetilde{\mathbb{P}}(\mathcal{E}) \to \widetilde{X}/\mathbb{G}_m^{n+1}$$

et qui admet un fibré très ample $\widetilde{\omega}_\mathcal{E} \bigotimes_{\alpha=0}^{n} \mathcal{O}_\alpha(r_\alpha+1)$. Il est donc naturel de chercher à classifier ce type de structures. On commence par le résultat suivant :

PROPOSITION 5.26. *Le champ $\mathcal{P}roj$ qui à tout schéma X associe le groupoïde des fibrations projectives et plates*

$$p \colon P \to X$$

telles que

$$R^i p_* \mathcal{O}_P = 0, \quad \forall\, i \geq 2,$$

est un champ algébrique au sens d'Artin et localement de type fini.

DÉMONSTRATION. Si P_1 et P_2 sont deux points de $\mathcal{P}roj$ à valeurs dans un schéma X, le foncteur qui associe à tout schéma X' sur X l'ensemble des isomorphismes

$$P_1 \times_X X' \xrightarrow{\sim} P_2 \times_X X'$$

est représentable par un sous-schéma ouvert de présentation finie dans le « schéma de Hilbert » classifiant les sous-schémas fermés Γ de $P_1 \times_X P_2$ au-dessus de X : il est défini par la condition ouverte que les deux projections $\Gamma \to P_1$ et $\Gamma \to P_2$ soient des isomorphismes.

Ainsi, le morphisme diagonal

$$\mathcal{P}roj \to \mathcal{P}roj \times \mathcal{P}roj$$

est représentable et de présentation finie.

D'autre part, pour toute application polynomiale $\chi \colon \mathbb{N} \to \mathbb{N}$, notons $\mathcal{P}roj^\chi$ le champ sur $\mathcal{P}roj$ qui associe à tout schéma X le groupoïde des fibrations $p \colon P \to X$ comme dans l'énoncé qui sont munies d'un fibré inversible $\mathcal{L}$ de P vérifiant :

- $\mathcal{L}$ est très ample relativement à p,
- pour tout entier $n \geq 1$,

$$p_* \mathcal{L}^{\otimes n}$$

est un fibré localement libre de rang $\chi(n)$ sur X et on a

$$R^i p_* \mathcal{L}^{\otimes n} = 0, \ \forall i \geq 1.$$

Pour toute χ, le champ $\mathcal{P}roj^\chi$ s'écrit comme un quotient par le groupe $\mathrm{PGL}_{\chi(1)}$ d'un sous-schéma ouvert du « schéma de Hilbert » classifiant les sous-schémas fermés de $\mathbb{P}(\mathbb{A}^{\chi(1)})$ dont le polynôme de Hilbert est χ. Il est algébrique au sens d'Artin et localement de type fini.

D'après l'hypothèse d'annulation des $R^i p_* \mathcal{O}_P$, $i \geq 2$, le morphisme d'oubli du fibré très ample $\mathcal{L}$

$$\mathcal{P}roj^\chi \to \mathcal{P}roj$$

est formellement lisse. Si U^χ est une présentation de $\mathcal{P}roj^\chi$ c'est-à-dire un schéma de type fini muni d'un morphisme lisse $U^\chi \to \mathcal{P}roj^\chi$, le morphisme composé

$$U^\chi \to \mathcal{P}roj^\chi \to \mathcal{P}roj$$

est représentable de présentation finie et formellement lisse donc lisse.

Comme tout point géométrique de $\mathcal{P}roj$ est dans l'image d'au moins un $\mathcal{P}roj^\chi$, on peut conclure que le champ $\mathcal{P}roj$ est algébrique au sens d'Artin et localement de type fini. □

Revenant à notre convexe entier S de $S^{r,n}$, nous pouvons maintenant montrer :

PROPOSITION 5.27. *Soit* $\mathcal{P}roj^{r,S}$ *le champ sur* $\mathcal{A}^S/\widetilde{\mathcal{A}}^S_\varnothing$ *qui associe à tout schéma* X *muni d'un morphisme* $X \to \mathcal{A}^S/\widetilde{\mathcal{A}}^S_\varnothing$ *le groupoïde des fibrations projectives et plates*

$$p \colon P \to X$$

munies d'un morphisme lisse de dimension relative r *qui relève* p

$$\widetilde{p} \colon P \to \widetilde{X}/\mathbb{G}_m^{n+1}$$

et telles que l'homomorphisme naturel

$$\mathcal{O}_X \to p_* \mathcal{O}_P$$

soit un isomorphisme et que

$$R^i p_* \mathcal{O}_P = 0, \quad \forall i \geq 1.$$

Alors $\mathcal{P}roj^{r,S}$ est un champ algébrique au sens d'Artin et localement de type fini.

DÉMONSTRATION. D'après la proposition précédente, il suffit de montrer que la fibre du morphisme d'oubli

$$\mathcal{P}roj^{r,S} \to \mathcal{A}^S/\widetilde{\mathcal{A}}^S_{\varnothing} \times \mathcal{P}roj$$

au-dessus de n'importe quel point $(X \to \mathcal{A}^S/\widetilde{\mathcal{A}}^S_{\varnothing},\ P \xrightarrow{p} X)$ à valeurs dans un schéma X est un champ algébrique localement de type fini sur X.

Tout d'abord, les conditions supplémentaires

$$\mathcal{O}_X \xrightarrow{\sim} p_* \mathcal{O}_P, \quad R^1 p_* \mathcal{O}_P = 0,$$

sont représentables par une immersion ouverte et si on les suppose vérifiées par p, il ne reste plus qu'à classifier les relèvements lisses $\widetilde{p}$.

Or construire $\widetilde{p}$ signifie par définition construire un $\mathbb{G}_m^{n+1}$-torseur $\mathcal{G}$ sur P et un morphisme $\mathbb{G}_m^{n+1}$-équivariant

$$h \colon \mathcal{G} \to \widetilde{X}$$

au-dessus de X.

Le choix du $\mathbb{G}_m^{n+1}$-torseur $\mathcal{G}$ équivaut au choix de $n+1$ fibrés inversibles sur P. Il est représentable par le champ $(\mathcal{P}ic_{P/X})^{n+1}$ qui est algébrique au sens d'Artin et localement de type fini sur X.

Une fois fixé $\mathcal{G}$, se donner h revient à se donner un sous-schéma fermé

$$\Gamma \hookrightarrow (\mathcal{G} \times_X \widetilde{X})/\mathbb{G}_m^{n+1}$$

dans le quotient de $\mathcal{G} \times_X \widetilde{X}$ par l'action libre de $\mathbb{G}_m^{n+1}$ qui est plat sur X et dont l'image réciproque Γ' dans $\mathcal{G} \times_X \widetilde{X}$ est telle que la projection

$$\Gamma' \to \mathcal{G}$$

soit un isomorphisme.

Le quotient $(\mathcal{G} \times_X \widetilde{X})/\mathbb{G}_m^{n+1}$ est un schéma projectif et plat sur X et le choix de Γ est représentable par le « schéma de Hilbert » de $\mathcal{G} \times_X \widetilde{X}$ sur X dont on sait qu'il est localement de type fini sur X.

La projection $\Gamma' \to \mathcal{G}$ est un isomorphisme si et seulement si $\Gamma \to P = \mathcal{G}/\mathbb{G}_m^{n+1}$ est un isomorphisme et cette condition est représentable par une immersion ouverte.

Enfin, demander que le morphisme $\widetilde{p}\colon P \to \widetilde{X}/\mathbb{G}_m^{n+1}$ défini par h soit lisse de dimension relative r est représentable par une immersion ouverte, ce qui achève de démontrer la proposition. □

Voici enfin le théorème principal du présent chapitre 5 :

THÉORÈME 5.28. *Soit S un convexe entier de $S^{r,n}$ qui n'est contenu dans aucune face.*

Le foncteur qui associe à tout point $\mathcal{E}$ du champ $\mathcal{V}ec^{r,S}$ à valeurs dans un schéma X muni d'un morphisme $X \to \mathcal{A}^S/\widetilde{\mathcal{A}}^S_{\varnothing}$ la fibration projective plate

$$\widetilde{\mathbb{P}}(\mathcal{E}) \to X$$

munie du morphisme lisse de dimension relative r

$$\widetilde{\mathbb{P}}(\mathcal{E}) \to \widetilde{X}/\mathbb{G}_m^{n+1} = [X \times_{\mathcal{A}^S/\widetilde{\mathcal{A}}^S_\varnothing} \widetilde{\mathcal{A}}^S/\widetilde{\mathcal{A}}^S_\varnothing]/\mathbb{G}_m^{n+1}$$

définit un morphisme de champs

$$\mathcal{V}ec^{r,S} \to \mathcal{P}roj^{r,S}$$

au-dessus de $\mathcal{A}^S/\widetilde{\mathcal{A}}^S_\varnothing$.

C'est une immersion ouverte du champ algébrique de type fini $\mathcal{V}ec^{r,S}$ dans le champ algébrique localement de type fini $\mathcal{P}roj^{r,S}$.

Remarque. L'auteur ignore comment caractériser l'image de $\mathcal{V}ec^{r,S}$ en tant qu'ouvert dans $\mathcal{P}roj^{r,S}$.

Démonstration du théorème. Si $\mathcal{E}$ est un point de $\mathcal{V}ec^{r,S}$ à valeurs dans un schéma X, la fibration $\widetilde{\mathbb{P}}(\mathcal{E})$ sur X munie du morphisme $\widetilde{\mathbb{P}}(\mathcal{E}) \to \widetilde{X}/\mathbb{G}_m^{n+1}$ vérifie toutes les propriétés qui définissent les points de $\mathcal{P}roj^{r,S}$ d'après la proposition 5.1 et la proposition 5.22. Cela signifie que le foncteur

$$\mathcal{E} \mapsto \widetilde{\mathbb{P}}(\mathcal{E})$$

définit un morphisme de champs algébriques

$$\mathcal{V}ec^{r,S} \to \mathcal{P}roj^{r,S}.$$

Considérons un anneau artinien A, un idéal J de A de carré $J^2 = 0$ et un point $\overline{\mathcal{E}}$ du champ $\mathcal{V}ec^{r,S}$ à valeurs dans A/J. Si on note $x = \operatorname{Spec} A$, $\widetilde{x} = (\operatorname{Spec} A) \times_{\mathcal{A}^S/\widetilde{\mathcal{A}}^S_\varnothing} \widetilde{\mathcal{A}}^S/\widetilde{\mathcal{A}}^S_\varnothing$ puis $\overline{x}$, $\overline{\widetilde{x}}$ les réductions de x, $\widetilde{x}$ modulo J, on a d'après le théorème 5.15 des isomorphismes

$$H^2_{\mathbb{G}_m^{n+1}}\big(\overline{\widetilde{x}}, \mathcal{H}om(\overline{\mathcal{E}}, \overline{\mathcal{E}} \otimes J)\big) \xrightarrow{\sim} H^2(\widetilde{\mathbb{P}}(\overline{\mathcal{E}}), T_{\overline{\mathcal{E}}} \otimes J),$$
$$H^1_{\mathbb{G}_m^{n+1}}\big(\overline{\widetilde{x}}, \mathcal{H}om(\overline{\mathcal{E}}, \overline{\mathcal{E}} \otimes J)\big) \xrightarrow{\sim} H^1(\widetilde{\mathbb{P}}(\overline{\mathcal{E}}), T_{\overline{\mathcal{E}}} \otimes J),$$
$$H^0_{\mathbb{G}_m^{n+1}}\big(\overline{\widetilde{x}}, \mathcal{H}om(\overline{\mathcal{E}}, \overline{\mathcal{E}} \otimes J)\big) \xrightarrow{\sim} H^0(\widetilde{\mathbb{P}}(\overline{\mathcal{E}}), T_{\overline{\mathcal{E}}} \otimes J).$$

Interprétés géométriquement en termes de la théorie des déformations, ils signifient que :

- pour tout morphisme $x = \operatorname{Spec} A \to \mathcal{A}^S/\widetilde{\mathcal{A}}^S_\varnothing$ qui relève $\overline{x} = \operatorname{Spec} A/J \to \mathcal{A}^S/\widetilde{\mathcal{A}}^S_\varnothing$, le point $\widetilde{\mathbb{P}}(\overline{\mathcal{E}})$ de $\mathcal{P}roj^{r,S}(\overline{x})$ peut être relevé en un point de $\mathcal{P}roj^{r,S}(x)$ si et seulement si le point $\overline{\mathcal{E}}$ de $\mathcal{V}ec^{r,S}(\overline{x})$ peut être relevé en un point de $\mathcal{V}ec^{r,S}(x)$,
- s'il existe de tels relèvements, le foncteur

  $$\mathcal{E} \mapsto \widetilde{\mathbb{P}}(\mathcal{E})$$

  définit une équivalence du groupoïde des relèvements $\mathcal{E}$ de $\overline{\mathcal{E}}$ sur le groupoïde des relèvements de $\widetilde{\mathbb{P}}(\overline{\mathcal{E}})$ (c'est-à-dire que les ensembles de classes d'isomorphie sont en bijection et que les groupes d'automorphismes sont isomorphes).

Par conséquent, le morphisme

$$\mathcal{V}ec^{r,S} \to \mathcal{P}roj^{r,S}$$

est lisse et sa fibre au-dessus de n'importe quel point de $\mathcal{P}roj^{r,S}$ à valeurs dans un schéma X est un champ algébrique au sens de Deligne-Mumford (d'après le théorème 8.1 de [Laumon et Moret-Bailly, 2000]) qui est étale sur X.

Pour conclure, il reste seulement à vérifier que si $\mathcal{E}_1$ et $\mathcal{E}_2$ sont deux points du champ $\mathcal{V}ec^{r,S}$ à valeurs dans le spectre x d'un corps algébriquement clos, tout isomorphisme

$$\widetilde{\mathbb{P}}(\mathcal{E}_1) \xrightarrow[\sim]{u} \widetilde{\mathbb{P}}(\mathcal{E}_2)$$

dans $\mathcal{P}roj^{r,S}(x)$ se relève de manière unique en un isomorphisme

$$\mathcal{E}_1 \xrightarrow{\sim} \mathcal{E}_2$$

dans $\mathcal{V}ec^{r,S}(x)$.

Le point géométrique x s'envoie sur un point de $\mathcal{A}^S/\widetilde{\mathcal{A}}^S_\varnothing$ qui correspond à un pavage entier convexe $\underline{S}$ de S. Notant toujours $Y_{\underline{S}}$ la fibre de $\widetilde{\mathcal{A}}^S$ au-dessus du point distingué $\alpha_{\underline{S}}$ de $\mathcal{A}^S$, $\mathcal{E}_1$ et $\mathcal{E}_2$ peuvent être vus comme des fibrés localement libres de rang r sur le champ quotient $Y_{\underline{S}}/\mathbb{G}_m^{n+1}$ tandis que $\widetilde{\mathbb{P}}(\mathcal{E}_1)$ et $\widetilde{\mathbb{P}}(\mathcal{E}_2)$ sont des schémas projectifs sur x munis de morphismes lisses de dimension relative r

$$\widetilde{\mathbb{P}}(\mathcal{E}_1) \xrightarrow{\widetilde{p}_1} Y_{\underline{S}}/\mathbb{G}_m^{n+1}, \quad \widetilde{\mathbb{P}}(\mathcal{E}_2) \xrightarrow{\widetilde{p}_2} Y_{\underline{S}}/\mathbb{G}_m^{n+1}$$

dont les images sont égales à l'ouvert

$$(Y_{\underline{S}} - \Delta Y_{\underline{S}})/\mathbb{G}_m^{n+1}$$

(où $\Delta Y_{\underline{S}}$ désigne le sous-schéma fermé invariant de $Y_{\underline{S}}$ réunion des orbites correspondant aux facettes du pavage $\underline{S}$ qui sont contenues dans une face de $S^{r,n}$).

Les fibrés tangents relatifs $\widetilde{T}_{\mathcal{E}_1}$ et $\widetilde{T}_{\mathcal{E}_2}$ aux morphismes de structure $\widetilde{p}_1$ et $\widetilde{p}_2$ sont munis d'isomorphismes canoniques sur $\widetilde{\mathbb{P}}(\mathcal{E}_1)$ et $\widetilde{\mathbb{P}}(\mathcal{E}_2)$

$$\widetilde{T}_{\mathcal{E}_1} \cong \widetilde{p}_1^*\mathcal{E}_1, \quad \widetilde{T}_{\mathcal{E}_2} \cong \widetilde{p}_2^*\mathcal{E}_2.$$

L'isomorphisme

$$u\colon \widetilde{\mathbb{P}}(\mathcal{E}_1) \xrightarrow{\sim} \widetilde{\mathbb{P}}(\mathcal{E}_2)$$

au-dessus de $Y_{\underline{S}}/\mathbb{G}_m^{n+1}$ se relève en un isomorphisme

$$\widetilde{T}_{\mathcal{E}_1} \xrightarrow{\sim} u^*\widetilde{T}_{\mathcal{E}_2}.$$

Pour $i = 1$ ou 2, les deux images réciproques de $\widetilde{T}_{\mathcal{E}_i}$ sur $\widetilde{\mathbb{P}}(\mathcal{E}_i) \times_{Y_{\underline{S}}/\mathbb{G}_m^{n+1}} \widetilde{\mathbb{P}}(\mathcal{E}_i)$ s'identifient aux fibrés tangents relatifs des deux projections et donc la permutation des deux facteurs des $\widetilde{\mathbb{P}}(\mathcal{E}_i) \times_{Y_{\underline{S}}/\mathbb{G}_m^{n+1}} \widetilde{\mathbb{P}}(\mathcal{E}_i)$ échange les deux images réciproques de l'isomorphisme

$$\widetilde{T}_{\mathcal{E}_1} \xrightarrow{\sim} u^*\widetilde{T}_{\mathcal{E}_2}.$$

Cela signifie que celui-ci se descend de manière unique en un isomorphisme entre les restrictions à l'ouvert $Y_{\underline{S}} - \Delta Y_{\underline{S}}$

$$\mathcal{E}_{1|Y_{\underline{S}}-\Delta Y_{\underline{S}}} \xrightarrow{\sim} \mathcal{E}_{2|Y_{\underline{S}}-\Delta Y_{\underline{S}}}$$

de $\mathcal{E}_1$ et $\mathcal{E}_2$ vus comme fibrés $\mathbb{G}_m^{n+1}$-équivariants sur $Y_{\underline{S}}$.

La conclusion résulte du lemme suivant :

LEMME 5.29. *Soient S un convexe entier de $S^{r,n}$ qui n'est contenu dans aucune face et $\underline{S}$ un pavage entier convexe de S.*

Étant donnés deux fibrés $\mathcal{E}_1$ et $\mathcal{E}_2$ localement libres de rang r et $\mathbb{G}_m^{n+1}$-équivariants sur $Y_{\underline{S}}$ qui vérifient la propriété $(*)$ du lemme 4.6, tout homomorphisme équivariant

$$\mathcal{E}_{1|Y_{\underline{S}}-\Delta Y_{\underline{S}}} \to \mathcal{E}_{2|Y_{\underline{S}}-\Delta Y_{\underline{S}}}$$

entre leurs restrictions à l'ouvert $Y_{\underline{S}} - \Delta Y_{\underline{S}}$ se prolonge de manière unique sur $Y_{\underline{S}}$ tout entier.

DÉMONSTRATION DU LEMME. L'unicité résulte de ce que l'ouvert $Y_{\underline{S}} - \Delta Y_{\underline{S}}$ est dense dans $Y_{\underline{S}}$.

Pour l'existence il suffit, l'unicité étant connue, de traiter le cas où $\underline{S}$ est le pavage trivial de S. Puis, d'après la proposition 4.11, on est ramené au cas où S est un pavé entier (de dimension maximale n) dans $S^{r,n}$.

Considérant la résolution canonique du corollaire 5.5

$$Y^n \to Y_S,$$

il suffit d'après le lemme 5.7 de montrer que l'homomorphisme $\mathcal{E}_1 \to \mathcal{E}_2$ se prolonge sur Y^n tout entier.

Rappelons que les orbites $Y^n_{I_1,\dots,I_k}$ de Y^n sont indexées par les suites $(I_1 \subsetneq \cdots \subsetneq I_k)$ de parties non triviales de $\{0,\dots,n\}$. Pour chacune, notons $U_{I_1,\dots,I_k}$ le plus petit ouvert affine invariant qui la contient.

On doit prouver que pour toute suite de longueur maximale $(I_1 \subsetneq \cdots \subsetneq I_n)$, l'homomorphisme $\mathcal{E}_1 \to \mathcal{E}_2$ se prolonge sur $U_{I_1,\dots,I_n}$ tout entier. Quitte à réordonner les indices, on peut supposer

$$I_1 = \{0\}, \quad I_2 = \{0,1\}, \quad \dots, \quad I_n = \{0,1,\dots,n-1\}.$$

Les restrictions de $\mathcal{E}_1$ et $\mathcal{E}_2$ à $U_{I_1,\dots,I_n}$ sont isomorphes à des sommes directes

$$\mathcal{E}_1 = \bigoplus_{\alpha=0}^{n} \mathcal{E}_1^\alpha, \quad \mathcal{E}_2 = \bigoplus_{\alpha=0}^{n} \mathcal{E}_2^\alpha,$$

où, pour tout α, $\mathcal{E}_1^\alpha$ et $\mathcal{E}_2^\alpha$ sont des faisceaux libres sur lesquels le tore $\mathbb{G}_m^{n+1}$ agit par le caractère $(\lambda_0,\dots,\lambda_n) \mapsto \lambda_\alpha$.

Ces décompositions étant choisies, l'homomorphisme induit par $\mathcal{E}_1 \to \mathcal{E}_2$ entre les fibres au-dessus du point unité de la variété torique Y^n s'écrit sous la forme d'une matrice par blocs

$$M = (M_{\alpha,\alpha'})^n_{\alpha,\alpha'=0}.$$

Pour toute sous-suite $(I_{j_1} \subsetneq \cdots \subsetneq I_{j_k})$ de $(I_1 \subsetneq \cdots \subsetneq I_n)$, l'homomorphisme $\mathcal{E}_1 \to \mathcal{E}_2$ se prolonge sur l'ouvert $U_{I_{j_1},\dots,I_{j_k}}$ tout entier si et seulement si on a les propriétés d'annulation

$$1 \le \ell \le k \implies M_{\alpha,\alpha'} = 0,\ \forall\, \alpha \in I_{i_\ell},\ \forall\, \alpha' \notin I_{i_\ell}.$$

D'autre part, l'orbite $Y^n_{I_1,\dots,I_n}$ est un point fixe ; elle s'envoie sur un point fixe de Y_S qui correspond à un sommet $\underline{i} = (i_0,\dots,i_n)$ du pavé S. Et pour toute sous-suite $(I_{j_1} \subsetneq \cdots \subsetneq I_{j_k})$ de $(I_1 \subsetneq \cdots \subsetneq I_n)$, l'ouvert $U_{I_{j_1},\dots,I_{j_k}}$ de Y^n s'envoie dans l'ouvert $Y_S - \Delta Y_S$ de Y_S si et seulement si on a les inégalités strictes

$$0 < \sum_{\alpha \in I_{j_1}} i_\alpha < \sum_{\alpha \in I_{j_2}} i_\alpha < \cdots < \sum_{\alpha \in I_{j_k}} i_\alpha < \sum_{\alpha=0}^{n} i_\alpha = r.$$

On conclut en remarquant que puisque $\mathcal{E}_1$ et $\mathcal{E}_2$ vérifient par hypothèse la condition $(*)$ du lemme 4.6, on a pour tout indice α, $0 \le \alpha \le n$,

$$i_\alpha = 0 \implies \mathcal{E}_1^\alpha = 0 \text{ et } \mathcal{E}_2^\alpha = 0.$$

Cela achève la démonstration du lemme et donc aussi du théorème 5.28. □

On se souvient que si S est un convexe entier de $S^{r,n}$ et $E = E_0 \oplus \cdots \oplus E_n$ un espace gradué tel que $\operatorname{rg} E_\alpha \geq r_\alpha = r - d^S_{\{0,\ldots,n\}-\{\alpha\}}$, $0 \leq \alpha \leq n$, alors d'après le théorème 4.22 on a un carré cartésien

$$\begin{array}{ccc} \overline{\Omega}^{S,E} & \longrightarrow & \mathcal{V}ec^{r,S} \\ \big\downarrow & \square & \big\downarrow \\ \prod_{\alpha=0}^{n} \mathrm{Gr}^{r_\alpha, E_\alpha} & \longrightarrow & \prod_{\alpha=0}^{n} \mathrm{Vec}^{r_\alpha} \end{array}$$

où les deux flèches horizontales sont surjectives et lisses de dimension relative $\sum_{\alpha=0}^{n} r_\alpha \operatorname{rg}(E_\alpha)$.

Et on a vu dans les paragraphes 4.5 et 4.6 que le passage des schémas projectifs $\overline{\Omega}^{S,E}$ aux champs algébriques $\mathcal{V}ec^{r,S}$ est bien adapté pour décrire aussi bien les isomorphismes de factorisation induits par la décomposition d'un convexe entier en produit de pavés entiers que les morphismes de restriction aux faces d'un convexe entier ou aux facettes d'un pavage.

Dans le cas de convexes entiers $S \subseteq S^{r,n}$ qui ne sont contenus dans aucune face du simplexe $S^{r,n}$, le passage des $\overline{\Omega}^{S,E}$ aux champs algébriques $\mathcal{P}roj^{r,S}$ via l'immersion ouverte $\mathcal{V}ec^{r,S} \hookrightarrow \mathcal{P}roj^{r,S}$ est compatible avec les isomorphismes de factorisation (d'après le lemme 5.2) mais il ne semble pas qu'il permette de décrire facilement les morphismes de restriction aux faces d'un convexe entier ou aux facettes d'un pavage.

Quand $S = S^{r,n}$ et $E_\alpha = \mathbb{A}^r$, $0 \leq \alpha \leq n$, $\overline{\Omega}^{S,E}$ est la compactification équivariante $\overline{\Omega}^{r,n}$ de $\mathrm{PGL}_r^{n+1}/\mathrm{PGL}_r$. Comme le schéma $\overline{\Omega}^{r,n}$ est projectif, tout point $(g_0, \ldots, g_n)$ de $\mathrm{PGL}_r^{n+1}/\mathrm{PGL}_r = \overline{\Omega}^{r,n}_\varnothing$ à valeurs dans le corps des fractions K d'un anneau de valuation discrète A se prolonge de manière unique en un morphisme

$$\operatorname{Spec} A \to \overline{\Omega}^{r,n}.$$

L'image réciproque par ce morphisme de la fibration projective canonique de $\overline{\Omega}^{r,n}$ est une fibration projective et plate sur $\operatorname{Spec} A$ dont la fibre générique (sur K) est isomorphe à $\mathbb{P}^{r-1}$. C'est le « modèle minimal de l'espace projectif $\mathbb{P}^{r-1}$ » associé par Faltings au point $(g_0, \ldots, g_n) \in (\mathrm{PGL}_r^{n+1}/\mathrm{PGL}_r)(K)$. Il est muni d'un morphisme lisse de dimension relative r sur

$$(\operatorname{Spec} A \times_{\mathcal{A}^{r,n}/\widetilde{\mathcal{A}}^{r,n}_\varnothing} \widetilde{\mathcal{A}}^{r,n}/\widetilde{\mathcal{A}}^{r,n}_\varnothing)/\mathbb{G}_m^{n+1}$$

(ce qui précise le théorème 7.a de [Faltings, 2001]).

Le paragraphe 5.5 s'applique en particulier dans ce cas et donne une description géométrique de la fibre spéciale de cette fibration en fonction du pavage entier convexe $\underline{S}$ de $S^{r,n}$ associé.

On voit aussi que le lemme 5.25 du paragraphe 5.6 généralise le théorème 7.b de [Faltings, 2001].

5.8. Retour sur la dualité

Plaçons-nous dans la situation du paragraphe 2.8.

On fixe des entiers $e_0, \ldots, e_n \geq 1$ de somme $e = e_0 + \cdots + e_n$.

Si S est un convexe entier de $S^{r,n}$ tel que

$$e_\alpha \geq r_\alpha = r - d^S_{\{0,\ldots,n\}-\{\alpha\}}, \quad \forall \alpha,\ 0 \leq \alpha \leq n,$$

l'application

$$\underline{i} = (i_0, \ldots, i_n) \mapsto (e_0 - i_0, \ldots, e_n - i_n) = \underline{i}^\vee$$

définit une bijection de S sur un convexe entier $S^\vee$ de $S^{r^\vee, n}$ (en ayant noté $r^\vee = e - r$).

Les isomorphismes

$$\mathbb{G}_m^{S^\vee}/\mathbb{G}_m \xrightarrow{\sim} \mathbb{G}_m^S/\mathbb{G}_m, \quad \mathbb{G}_m^{S^\vee}/(\mathbb{G}_m^{S^\vee})_\varnothing \xrightarrow{\sim} \mathbb{G}_m^S/(\mathbb{G}_m^S)_\varnothing$$

se prolongent en des isomorphismes équivariants compatibles

$$\widetilde{\mathcal{A}}^{S^\vee} \xrightarrow{\sim} \widetilde{\mathcal{A}}^S, \quad \mathcal{A}^{S^\vee} \xrightarrow{\sim} \mathcal{A}^S$$

où l'échange des orbites correspond à l'échange des pavages convexes entiers et de leurs facettes via la bijection $S \xrightarrow{\sim} S^\vee$.

Si maintenant $E = E_0 \oplus \cdots \oplus E_n$ est un espace gradué dont les facteurs sont de rangs $\operatorname{rg} E_\alpha = e_\alpha$, $0 \leq \alpha \leq n$, et si $E^\vee = E_0^\vee \oplus \cdots \oplus E_n^\vee$ désigne l'espace gradué dual, on a d'après la proposition 2.13 un isomorphisme canonique

$$\overline{\Omega}^{S,E} \xrightarrow{\sim} \overline{\Omega}^{S^\vee, E^\vee}$$

au-dessus de $\mathcal{A}^S/\mathbb{G}_m^S \xrightarrow{\sim} \mathcal{A}^{S^\vee}/\mathbb{G}_m^{S^\vee}$.

Supposons que S et $S^\vee$ ne sont contenus dans aucune face de $S^{r,n}$ et $S^{r^\vee,n}$. On dispose du morphisme composé

$$\overline{\Omega}^{S,E} \to \mathcal{V}ec^{r,S} \hookrightarrow \mathcal{P}roj^{r,S}$$

qui, d'après le théorème 4.22 et le théorème 5.28, est lisse de dimension relative

$$\sum_{\alpha=0}^{n} r_\alpha e_\alpha$$

et de même du morphisme

$$\overline{\Omega}^{S^\vee, E^\vee} \to \mathcal{V}ec^{r^\vee, S^\vee} \hookrightarrow \mathcal{P}roj^{r^\vee, S^\vee}$$

qui est lisse de dimension relative

$$\sum_{\alpha=0}^{n} (e_\alpha - d_{\{\alpha\}}^S) e_\alpha$$

puisque, pour $0 \leq \alpha \leq n$,

$$\begin{aligned} r^\vee - d_{\{0,\ldots,n\}-\{\alpha\}}^{S^\vee} &= \max\{j_\alpha \mid \underline{j} = (j_0, \ldots, j_n) \in S^\vee\} \\ &= \max\{e_\alpha - i_\alpha \mid \underline{i} = (i_0, \ldots, i_n) \in S\} = e_\alpha - d_{\{\alpha\}}^S. \end{aligned}$$

Considérons alors un point de $\overline{\Omega}^{S,E} \cong \overline{\Omega}^{S^\vee, E^\vee}$ à valeurs dans le spectre s d'un corps et les deux points images P et $P^\vee$ dans les champs $\mathcal{P}roj^{r,S}$ et $\mathcal{P}roj^{r^\vee, S^\vee}$. Ce sont des schémas projectifs sur s munis de deux morphismes

$$\begin{array}{ccc} P & \longrightarrow & (s \times_{\mathcal{A}^S/\mathbb{G}_m^S} \widetilde{\mathcal{A}}^S/\mathbb{G}_m^S)/\mathbb{G}_m^{n+1} \\ & & \| \wr \\ P^\vee & \longrightarrow & (s \times_{\mathcal{A}^{S^\vee}/\mathbb{G}_m^{S^\vee}} \widetilde{\mathcal{A}}^{S^\vee}/\mathbb{G}_m^{S^\vee})/\mathbb{G}_m^{n+1} \end{array}$$

lisses de dimensions relatives r et $r^\vee = e - r$. On note T_P et $T_{P^\vee}$ les fibrés tangents relatifs de ces morphismes sur P et $P^\vee$.

On obtient une égalité

$$\dim H^1(P,T_P) - \dim H^0(P,T_P) + \sum_{\alpha=0}^{n} r_\alpha e_\alpha$$
$$= \dim H^1(P^\vee, T_{P^\vee}) - \dim H^0(P^\vee, T_{P^\vee}) + \sum_{\alpha=0}^{n} (e_\alpha - d^S_{\{\alpha\}}) e_\alpha$$

car ces deux entiers valent la dimension de l'espace tangent du morphisme $\overline{\Omega}^{S,E} \cong \overline{\Omega}^{S^\vee,E^\vee} \to \mathcal{A}^S/\widetilde{\mathcal{A}}^S_\varnothing \cong \mathcal{A}^{S^\vee}/\widetilde{\mathcal{A}}^{S^\vee}_\varnothing$ au point considéré.

En fait, et bien qu'en général les schémas projectifs P et $P^\vee$ soient de dimensions différentes, on peut relier $H^i(P,T_P)$ et $H^i(P^\vee, T_{P^\vee})$ pour tout degré $i \geq 0$. Limitons-nous au cas où le point considéré de $\overline{\Omega}^{S,E} \cong \overline{\Omega}^{S^\vee,E^\vee}$ est dans la strate ouverte c'est-à-dire où s s'envoie sur le point de $\mathcal{A}^S/\mathcal{A}^S_\varnothing \cong \mathcal{A}^{S^\vee}/\mathcal{A}^{S^\vee}_\varnothing$ qui correspond au pavage trivial de S :

PROPOSITION 5.30. *Pour S, E et $S^\vee$, $E^\vee$ comme ci-dessus, considérons un point de $\mathrm{Gr}_S^{r,E} \cong \mathrm{Gr}_{S^\vee}^{r^\vee,E^\vee}$ à valeurs dans un corps K. Il est représenté par un sous-espace de dimension r*

$$F \hookrightarrow E$$

ou de manière équivalente par son orthogonal de dimension $r^\vee = e - r$

$$F^\perp = \mathrm{Ker}[E^\vee \twoheadrightarrow F^\vee] \hookrightarrow E^\vee.$$

Soient P et $P^\vee$ les points induits des champs $\mathcal{P}roj^{r,S}$ et $\mathcal{P}roj^{r^\vee,S^\vee}$. Notant $Y_S \cong Y_{S^\vee}$ la variété torique des faces du convexe entier S ou $S^\vee$, ce sont des variétés projectives munies de deux morphismes

$$\begin{array}{ccc} P & \longrightarrow & Y_S/\mathbb{G}_m^{n+1} \\ & & \| \wr \\ P^\vee & \longrightarrow & Y_{S^\vee}/\mathbb{G}_m^{n+1} \end{array}$$

lisses de dimensions relatives r et $r^\vee = e - r$.

Si T_P et $T_{P^\vee}$ désignent les fibrés tangents relatifs de ces morphismes sur P et $P^\vee$, on a :

(i) *Il existe un espace vectoriel de dimension finie H s'inscrivant dans deux suites exactes naturelles*

$$0 \to H^0(P,T_P) \to \bigoplus_{\alpha=0}^{n} \mathrm{Hom}(F/F_{\{0,\ldots,n\}-\{\alpha\}}, E_\alpha) \to H \to H^1(P,T_P) \to 0,$$
$$0 \to H^0(P^\vee,T_{P^\vee}) \to \bigoplus_{\alpha=0}^{n} \mathrm{Hom}(F^\perp/F^\perp_{\{0,\ldots,n\}-\{\alpha\}}, E^\vee_\alpha) \to H \to H^1(P^\vee,T_{P^\vee}) \to 0.$$

(ii) *Pour tout degré $i \geq 2$, il y a un isomorphisme canonique*

$$H^i(P,T_P) \xrightarrow{\sim} H^i(P^\vee, T_{P^\vee}).$$

DÉMONSTRATION. On rappelle que pour toute partie I de $\{0,1,\ldots,n\}$, on a noté $E_I = \bigoplus_{\alpha\in I} E_\alpha$, $E_I^\vee = \bigoplus_{\alpha\in I} E_\alpha^\vee$, $F_I = F \cap E_I$ et $F_I^\perp = F^\perp \cap E_I = \mathrm{Ker}[E_I^\vee \to (F/F_{I^c})^\vee]$ avec $I^c = \{0,\ldots,n\} - I$.

Si p désigne la codimension de S dans $S^{r,n}$, écrivons les décompositions canoniques du lemme 1.7

$$\begin{gathered}\{0,1,\dots,n\} = J_0 \amalg \cdots \amalg J_p \quad \text{avec } |J_i| = n_i + 1,\ 0 \le i \le p, \\ r = r_0 + \cdots + r_p \quad \text{avec } r_i = d^S_{J_i}, \\ r^\vee = r_0^\vee + \cdots + r_p^\vee \quad \text{avec } r_i^\vee = \left(\sum_{\alpha\in J_i} e_\alpha\right) - r_i, \\ S = S_0 \times \cdots \times S_p, \\ S^\vee = S_0^\vee \times \cdots \times S_p^\vee,\end{gathered}$$

où, pour $0 \le i \le p$, S_i est un pavé entier dans S^{r_i,n_i} et $S_i^\vee$ le pavé entier dual dans $S^{r_i^\vee,n_i}$.

Elles induisent des décompositions en facteurs

$$\begin{aligned} F &= F_{J_0} \oplus \cdots \oplus F_{J_p}, \\ F^\perp &= F^\perp_{J_0} \oplus \cdots \oplus F^\perp_{J_p}, \end{aligned}$$

puis

$$\begin{aligned} P &= P_0 \times \cdots \times P_p \\ P^\vee &= P_0^\vee \times \cdots \times P_p^\vee \end{aligned}$$

où, pour $0 \le i \le p$, P_i et $P_i^\vee$ sont les points images dans $\mathcal{P}roj^{r_i,S_i}$ et $\mathcal{P}roj^{r_i^\vee,S_i^\vee}$ du point F_{J_i} ou $F^\perp_{J_i}$ de $\mathrm{Gr}^{r_i,E_{J_i}}_{S_i} \cong \mathrm{Gr}^{r_i^\vee,E^\vee_{J_i}}_{S_i^\vee}$.

Si $q_0,\dots,q_p$ désignent les projections de P et $P^\vee$ sur leurs $p+1$ facteurs on a encore

$$\begin{aligned} T_P &= q_0^* T_{P_0} \oplus \cdots \oplus q_p^* T_{P_p}, \\ T_{P^\vee} &= q_0^* T_{P_0^\vee} \oplus \cdots \oplus q_p^* T_{P_p^\vee}. \end{aligned}$$

La formule de Künneth et la proposition 5.22 nous ramènent alors au cas où S est un pavé entier (de dimension maximale n) dans $S^{r,n}$.

Dans ce cas et d'après la proposition 5.18, les $H^i(P,T_P)$ sont les espaces de cohomologie du complexe $C_\bullet$

$$0 \to \mathrm{Hom}(F,F) \to \cdots \to \bigoplus_{I_1 \subsetneq \cdots \subsetneq I_k} \mathrm{Hom}(F_{I_1}, F/F_{I_k}) \to \cdots$$

et les $H^i(P^\vee, T_{P^\vee})$ sont les espaces de cohomologie du complexe $C_\bullet^\perp$

$$0 \to \mathrm{Hom}(F^\perp,F^\perp) \to \cdots \to \bigoplus_{I_1 \subsetneq \cdots \subsetneq I_k} \mathrm{Hom}(F^\perp_{I_1}, F^\perp/F^\perp_{I_k}) \to \cdots$$

Afin de relier ces deux complexes, dessinons pour toute partie I non triviale de $\{0,\dots,n\}$ le diagramme commutatif suivant où toutes les lignes et toutes les colonnes sont exactes :

$$\begin{array}{ccccccccc}
 & & 0 & & 0 & & 0 & & \\
 & & \downarrow & & \downarrow & & \downarrow & & \\
0 & \longrightarrow & F_{I^c}^{\perp} & \longrightarrow & F^{\perp} & \longrightarrow & F^{\perp}/F_{I^c}^{\perp} & \longrightarrow & 0 \\
 & & \downarrow & & \downarrow & & \downarrow & & \\
0 & \longrightarrow & E_{I^c}^{\vee} & \longrightarrow & E^{\vee} & \longrightarrow & E_I^{\vee} & \longrightarrow & 0 \\
 & & \downarrow & & \downarrow & & \downarrow & & \\
0 & \longrightarrow & (F/F_I)^{\vee} & \longrightarrow & F^{\vee} & \longrightarrow & F_I^{\vee} & \longrightarrow & 0 \\
 & & \downarrow & & \downarrow & & \downarrow & & \\
 & & 0 & & 0 & & 0 & &
\end{array}$$

On introduit le complexe $A_\bullet$

$$0 \to \mathrm{Hom}(E^{\vee}, F^{\vee}) \to \cdots \to \bigoplus_{I_1 \subsetneq \cdots \subsetneq I_k} \mathrm{Hom}(E_{I_k^c}^{\vee}, F_{I_1}^{\vee}) \to \dots$$

qui est la somme des complexes $A_\bullet^\alpha$, $0 \le \alpha \le n$,

$$0 \to \mathrm{Hom}(E_\alpha^{\vee}, F^{\vee}) \to \cdots \to \bigoplus_{\substack{I_1 \subsetneq \cdots \subsetneq I_k \\ \alpha \notin I_k}} \mathrm{Hom}(E_\alpha^{\vee}, F_{I_1}^{\vee}) \to \cdots$$

puis le complexe $B_\bullet$

$$0 \to \mathrm{Hom}(F^{\perp}, F^{\vee}) \to \cdots \to \bigoplus_{I_1 \subsetneq \cdots \subsetneq I_k} \mathrm{Hom}(F_{I_k^c}^{\perp}, F_{I_1}^{\vee}) \to \cdots$$

et enfin le complexe $A'_\bullet$

$$0 \to \mathrm{Hom}(F^{\perp}, E^{\vee}) \to \cdots \to \bigoplus_{I_1 \subsetneq \cdots \subsetneq I_k} \mathrm{Hom}(F_{I_k^c}^{\perp}, E_{I_1}^{\vee}) \to \cdots$$

qui est la somme des complexes $A_\bullet'^\alpha$, $0 \le \alpha \le n$:

$$0 \to \mathrm{Hom}(F^{\perp}, E_\alpha^{\vee}) \to \cdots \to \bigoplus_{\substack{I_1 \subsetneq \cdots \subsetneq I_k \\ \alpha \in I_1}} \mathrm{Hom}(F_{I_k^c}^{\perp}, E_\alpha^{\vee}) \to \cdots$$

On a les suites exactes de complexes

$$0 \to C_\bullet \to A_\bullet \to B_\bullet \to 0,$$
$$0 \to C_\bullet^{\perp} \to A'_\bullet \to B_\bullet \to 0.$$

Elles induisent des suites exactes longues de cohomologie et comme $A_\bullet = \bigoplus_{\alpha=0}^n A_\bullet^\alpha$, $A'_\bullet = \bigoplus_{\alpha=0}^n A_\bullet'^\alpha$, il suffira de poser $H = H^0(B_\bullet)$ si l'on montre que pour tout α

$$H^0(A_\bullet^\alpha) = \mathrm{Hom}(E_\alpha^{\vee}, (F/F_{\{0,\dots,n\}-\{\alpha\}})^{\vee}) = \mathrm{Hom}(F/F_{\{0,\dots,n\}-\{\alpha\}}, E_\alpha),$$
$$H^0(A_\bullet'^\alpha) = \mathrm{Hom}(F^{\perp}/F_{\{0,\dots,n\}-\{\alpha\}}^{\perp}, E_\alpha^{\vee}),$$

et

$$H^i(A^\alpha_\bullet) = 0 = H^i(A'^\alpha_\bullet) \quad \text{si } i \geq 1.$$

Le complexe $A'^\alpha_\bullet$ se déduit de $A^\alpha_\bullet$ en remplaçant E par $E^\vee$, E_α par $E^\vee_\alpha$ et F par $F^\perp$ donc il suffit de traiter le cas de $A^\alpha_\bullet$. Pour celui-ci, on a seulement besoin de remarquer que le complexe

$$0 \leftarrow F_{\{0,\ldots,n\}-\{\alpha\}} \leftarrow \cdots \leftarrow \bigoplus_{\substack{I_1 \subsetneq \cdots \subsetneq I_k \\ \alpha \notin I_k}} F_{I_1}$$

est exact puisque les indices se regroupent par paires de la forme $\big((I_1 \subsetneq \cdots \subsetneq I_{k-1}), (I_1 \subsetneq \cdots \subsetneq I_{k-1} \subsetneq I_k)\big)$ avec $I_{k-1} \subsetneq \{0,\ldots,n\}-\{\alpha\}$ et $I_k = \{0,\ldots,n\}-\{\alpha\}$.

Ceci termine la démonstration de la proposition. □

Références bibliographiques

E. ARTIN, *Geometric algebra*, Interscience, New York-Londres, 1957 ; traduction française, Gauthier-Villars, Paris, 1962.

P. BERTHELOT, A. GROTHENDIECK et L. ILLUSIE (éd.), *Théorie des intersections et théorème de Riemann-Roch*, Lecture Notes in Math., vol. 569, Springer-Verlag, Berlin-New York, 1971.

I. CIOCAN-FONTANINE et M. KAPRANOV, *Derived Quot schemes*, Ann. Sci. École Norm. Sup. (4) **34** (2001), n° 3, 403–440.

C. DE CONCINI et C. PROCESI, *Complete symmetric varieties*, Invariant Theory, (Montecatini, 1982) (F. GHERARDELLI, éd.) Lecture Notes in Math., vol. 996, Springer, Berlin, 1983, p. 1–44

G. FALTINGS, Explicit resolution of local singularities of moduli-spaces, J. Reine Angew. Math **483** (1997), 183–196.

———, *Toroidal resolutions for some matrix singularities*, Moduli of Abelian Varieties (Texel, 1999) (C. FABER, G. VAN DER GEER et F. OORT, éd), Progr. Math., vol. 195, Birkhäuser, Bâle, 2001, p. 157–184.

I.M. GEL'FAND, R.M. GORESKY, R.D. MACPHERSON et V.V. SERGANOVA, *Combinatorial geometries, convex polyedra and Schubert cells*, Adv. in Math. **63** (1987), n° 3, 301–316.

I.M. GEL'FAND, M.M. KAPRANOV et A.V. ZELEVINSKY, *Discriminants, resultants and multidimensional determinants*, Math. Theory Appl., Birkhaüser, Boston, MA, 1994.

I.M. GEL'FAND et R.D. MACPHERSON, *Geometry in Grassmanniann s and a generalization of the dilogarithm*, Adv. in Math. **44** (1982), n° 3, 279–312.

I.M. GEL'FAND et V.V. SERGANOVA, Combinatorial geometries and torus strata on compact homogeneous spaces, Uspekhi Mat. Nauk **42** (1987), n° 2, p. 107–134 (russe) ; traduction anglaise, Russian Math. Surveys **42** (1987), n° 2, 133–168.

A. GROTHENDIECK, *Éléments de géométrie algébrique*. I. Le langage des schémas, Inst. Hautes Études Sci. Publ. Math., n° 4, 1960 ; II. Étude globale élémentaire de quelques classes de morphismes, n° 8, 1961 ; III. Étude cohomologique des faisceaux cohérents. I, n° 11, 1961 ; III. Étude cohomologique des faisceaux cohérents. II, n° 17, 1963 ; IV. Étude locale des schémas et des morphismes de schémas. I, n° 20, 1964 ; IV. Étude locale des schémas et des morphismes de schémas. II, n° 24, 1965 ; IV. Étude locale des schémas et des morphismes de schémas. III, n° 28, 1966 ; IV. Étude locale des schémas et des morphismes de schémas IV, n° 32, 1967.

———, *Fondements de la géométrie algébrique*, Séminaire Bourbaki 1957–62, Secrétariat mathématique, Paris, 1962.

H. GÜNZEL, *The universal partition theorem for oriented matroids*, Discrete Comput. Geom. **15** (1996), n° 2, 121–145.

L. ILLUSIE, *Complexe cotangent et déformations*. I, Lecture Notes in Math., vol. 239, Springer-Verlag, Berlin-New York, 1971 ; II, vol. 283, 1972.

M.M. KAPRANOV, *Chow quotients of Grassmannians*. I, I.M. Gelfand Seminar (S. Gelfand et S. Gindikin, éd.), Adv. Soviet Math., vol. 16, 2^e^partie, Amer. Math. Soc., Providence, RI, 1993, p. 29-110.

L. LAFFORGUE, *Compactification de* $(\mathrm{PGL}_r \times \mathrm{PGL}_r \times \mathrm{PGL}_r)/\mathrm{PGL}_r$ *et de l'isogénie de Lang dans* PGL_r*, et dégénérescence des structures de niveau simple des chtoucas de Drinfeld*, Prépublication d'Orsay (1^er^trimestre 1998).

———, *Pavages des simplexes, schémas de graphes recollés et compactification des* PGL_r^{n+1}/PGL_r, Invent. Math. **136** (1999), n° 1, 233–271.

———, *Chtoucas de Drinfeld et correspondance de Langlands*, Invent. Math. **147** (2002), n° 1, 1–241.

G. Laumon et L. Moret-Bailly, *Champs algébriques*, Ergeb. Math. Grenzgeb. (3), vol. 39, Springer-Verlag, Berlin, 2000.

N.E. Mnëv, *The universality theorems on the classification problem of configuration varieties and convex polytopes varieties* , Topology and Geometry—Rohlin Seminar, Lecture Notes in Math., vol. 1346, Springer, Berlin, 1988, p. 527–543.

D. Mumford et F. Fogarty, *Geometric invariant theory*, 2ᵉédition, Ergeb. Math. Grenzgeb., vol. 34, Springer-Verlag, Berlin, 1982.

J. Richter-Gebert, *Realization spaces of polytopes*, Lecture Notes in Math., vol. 1643, Springer-Verlag, Berlin, 1996.

B. Saint-Donat et G. Kempf, *Equivariant embeddings of tori*, Toroidal Embeddings. I, Lecture Notes in Math., vol. 339, Springer-Verlag, Berlin-New York, 1973, p. 1–52.

G. Voronoï, *Nouvelles applications des paramètres continus à la théorie des formes quadratiques*, J. Reine Angew. Math **133** (1907), p. 97-178.

Titles in This Series

19 **L. Lafforgue,** Chirurgie des grassmanniennes, 2003

18 **G. Lusztig,** Hecke algebras with unequal parameters, 2003

17 **Michael Barr,** Acyclic models, 2002

16 **Joel Feldman, Horst Knörrer, and Eugene Trubowitz,** Fermionic functional integrals and the renormalization group, 2002

15 **José I. Burgos Gil,** The regulators of Beilinson and Borel, 2002

14 **Eyal Z. Goren,** Lectures on Hilbert modular varieties and modular forms, 2002

13 **Michael Baake and Robert V. Moody, Editors,** Directions in mathematical quasicrystals, 2000

12 **Masayoshi Miyanishi,** Open algebraic surfaces, 2001

11 **Spencer J. Bloch,** Higher regulators, algebraic K-theory, and zeta functions of elliptic curves, 2000

10 **James D. Lewis,** A survey of the Hodge conjecture, Second Edition, 1999

9 **Yves Meyer,** Wavelets, vibrations and scaling, 1998

8 **Ioannis Karatzas,** Lectures on the mathematics of finance, 1996

7 **John Milton,** Dynamics of small neural populations, 1996

6 **Eugene B. Dynkin,** An introduction to branching measure-valued processes, 1994

5 **Andrew Bruckner,** Differentiation of real functions, 1994

4 **David Ruelle,** Dynamical zeta functions for piecewise monotone maps of the interval, 1994

3 **V. Kumar Murty,** Introduction to Abelian varieties, 1993

2 **M. Ya. Antimirov, A. A. Kolyshkin, and Rémi Vaillancourt,** Applied integral transforms, 1993

1 **D. V. Voiculescu, K. J. Dykema, and A. Nica,** Free random variables, 1992